普通高等教育“十四五”计算机基础系列教材

信息技术素养

（第二版）

主　编◎李培英　刘明利　暴占彪
副主编◎张　琳　周　扬　刘钟涛　付媛媛

中国铁道出版社有限公司
CHINA RAILWAY PUBLISHING HOUSE CO., LTD.

内容简介

本书根据当前普通高等学校对计算机教学改革的要求，将课程思政融入教材内容中，既考虑到计算机及信息技术教育的基础性、广泛性和一定的理论性，又兼顾了计算机教育的实践性、实用性和更新发展。

本书共分 11 章，主要内容包括计算机与计算思维、操作系统、数据处理基础、计算机网络技术与应用、信息检索、数据库基础、云计算、大数据、物联网、人工智能及其应用、信息安全和职业道德等。

本书内容翔实，结构严谨，知识覆盖面广，叙述准确，适合作为普通高等学校大学计算机基础课程的教材，也可作为计算机爱好者的自学参考书。

图书在版编目（CIP）数据

信息技术素养/李培英，刘明利，暴占彪主编. —2 版. —北京：中国铁道出版社有限公司，2023. 8（2024.7 重印）
普通高等教育“十四五”计算机基础系列教材
ISBN 978-7-113-30368-6

Ⅰ. ①信… Ⅱ. ①李… ②刘… ③暴… Ⅲ. ①电子计算机-高等学校-教材 Ⅳ. ①TP3

中国国家版本馆 CIP 数据核字（2023）第 123843 号

书　　名： 信息技术素养
作　　者： 李培英　刘明利　暴占彪

策　　划： 韩从付　　**编辑部电话：**（010）63549508
责任编辑： 陆慧萍
封面设计： 付　巍
封面制作： 刘　颖
责任校对： 苗　丹
责任印制： 樊启鹏

出版发行： 中国铁道出版社有限公司（100054，北京市西城区右安门西街 8 号）
网　　址： https:// www.tdpress.com/51eds/
印　　刷： 河北京平诚乾印刷有限公司
版　　次： 2020 年 8 月第 1 版　2023 年 8 月第 2 版　2024 年 7 月第 3 次印刷
开　　本： 787 mm×1 092 mm 1/16　**印张：** 20　**字数：** 475 千
书　　号： ISBN 978-7-113-30368-6
定　　价： 56.00 元

前言

以物联网、云计算、大数据、人工智能为代表的新一代信息技术快速发展，并与其他专业学科的交叉融合，涌现出“四新”专业体系——新工科、新医科、新农科和新文科，使当今社会对新一代信息技术的需求有增无减。每个人都应该学习信息技术，掌握信息技术的应用，适应信息社会发展，与时代同行。

本书作为普通高等学校计算机基础教学用书，旨在培养学生的计算机技能、信息化素养、计算思维能力，为各专业后续课程学习奠定基础。

本书按照2023年教育部高等学校大学计算机课程教学指导委员会发布的《新时代大学计算机基础课程教学基本要求》，结合《中国高等院校计算机基础教育课程体系》报告中有关大学计算机基础教学的要求组织编写。内容取材既考虑到计算机及信息技术教育的基础性、广泛性和一定的理论性，又兼顾了计算机教育的实践性、实用性和更新发展性；既照顾到很少接触计算机的部分高校新生，又兼顾了具有一定计算机基础的同学的学习要求。

本次修订，在保持原教材体系和特色的基础上，按照党的二十大报告提出的“到二〇三五年，我国要实现高水平科技自立自强，进入创新型国家前列”的发展目标，对原有内容进行了梳理、精简和充实，将新理念、新知识、新技术融入教材，主要体现在：

（1）修订计算机与计算思维、操作系统的部分内容。更新了国产超级计算机的排名与算法的相关描述，新增了我国自主研发的高性能芯片的相关描述；新增了我国在操作系统的发展现状，同时完善了Windows操作系统发展的介绍。

（2）修订数据处理基础的部分内容。将学校加强学风建设的系列主题宣传教育活动以文字等不同的形式融入教学案例中，从而体现课程思政主题；以实际问题为引例，导出相关知识点，以激发学生探究式学习。

（3）新增了计算机网络技术与应用的部分内容。新增了电子商务、即时通信和网络教学这三项互联网应用。

（4）修订信息检索的部分内容。基于最新知网页面，增加了体现国家自主研发科技发展的实例。

（5）修订数据库基础的部分内容。新增了MySQL数据库管理系统的介绍，删除了原有 Visual FoxPro 数据库管理系统这一部分。

（6）修订云计算的部分内容。新增了关于云计算平台分类的相关内容。

（7）修订大数据的部分内容。新增了数据可视化中基于 Python 库的数据可视化这一小节。

（8）修订物联网的部分内容。新增了物联网特征的内容，新增了对 6G 通信技术发展展望和二维码支付这项物联网的应用，完善了物联网在国内的发展的内容。

（9）修订了人工智能的部分内容。增加了智能车辆这一人工智能的典型应用，完善了人工智能战略持续发力的内容，删除了我国人工智能的判断与思考这一小节。

本书修订的宗旨是为了满足当前高校对计算机教学改革的要求，将课程思政贯穿于课程内容中，使读者较全面、系统地了解计算机基础知识，具备计算机实际应用能力，并能在各自的专业领域自觉地应用计算机进行学习与研究。全书共分 11 章，主要内容包括：计算机与计算思维、操作系统、数据处理基础、计算机网络技术与应用、信息检索、数据库基础、云计算、大数据、物联网、人工智能及其应用、信息安全和职业道德等。本书内容丰富、知识覆盖面广、结构严谨、层次分明、叙述准确，为教师发挥个人教学特长留有很大余地。在教学内容上，各高校可根据教学课时进行选取。

参加本书编写的人员是多年从事一线教学的教师，具有较为丰富的教学经验。在编写时注重理论与实践紧密结合；案例的选取上注意来源于读者日常学习和工作的需要。

本书由李培英、刘明利、暴占彪任主编，张琳、周扬、刘钟涛、付媛媛任副主编。其中：李培英编写第 2 章和第 9 章；刘明利编写第 3 章的 3.1 节、3.3 节和第 5 章；暴占彪编写第 3 章的 3.2 节和第 10 章；张琳编写第 1 章和第 11 章；周扬编写第 4 章和第 8 章；刘钟涛编写第 7 章；付媛媛编写第 6 章。刘明利负责本书的组织和统稿工作。感谢翁玉玲、任剑锋对全书的修订提出了许多宝贵意见；感谢中国铁道出版社有限公司的领导和编辑对本书的出版给予的大力支持和帮助。

由于时间仓促，编者水平有限，书中难免存在疏漏和不足之处，敬请各位读者和专家批评、指正。

编　者
2023 年 5 月

目录

第1章　计算机与计算思维 1
1.1　计算机概述 1
1.1.1　初识计算机 1
1.1.2　计算机的产生与发展 1
1.1.3　计算机的发展趋势 3
1.1.4　计算机的分类 4
1.1.5　微机的发展历程 5
1.1.6　计算机的应用 6
1.2　计算机系统 8
1.2.1　计算机的硬件系统 8
1.2.2　计算机的软件系统 10
1.2.3　计算机的工作原理 12
1.3　微机及其硬件系统 13
1.3.1　微机的硬件结构 13
1.3.2　主机系统 14
1.3.3　总线和接口 18
1.3.4　输入/输出设备 19
1.3.5　微机主要性能指标 21
1.3.6　如何选购微机 22
1.4　数制和信息编码 23
1.4.1　数据和编码 23
1.4.2　进位制计数制 23
1.4.3　常用进位计数制及其转换 24
1.4.4　常用数据编码 26
1.5　计算思维和算法基础 29
1.5.1　计算思维的概念 29
1.5.2　计算思维的主要方法 29
1.5.3　计算思维应用 30
1.5.4　算法基础 31
本章小结 34
思考与练习 34
第2章　操作系统 36
2.1　操作系统基础 36
2.1.1　操作系统的含义 36
2.1.2　操作系统的分类 37
2.1.3　常用操作系统简介 38
2.1.4　操作系统的功能 40
2.2　Windows 10 的应用 44
2.2.1　Windows 10 基础 44
2.2.2　Windows 10 文件管理 48
2.2.3　Windows 10 系统管理 53
本章小结 60
思考与练习 60
第3章　数据处理基础 62
3.1　文字处理 62
3.1.1　创建和编辑文档 62
3.1.2　文档排版 65
3.1.3　图文混排 71
3.1.4　表格 73
3.2　幻灯片 75
3.2.1　建立和保存演示文稿 75
3.2.2　视图方式 76
3.2.3　编辑幻灯片 76
3.2.4　幻灯片插入对象 77
3.2.5　美化 80
3.2.6　设置动画效果 82
3.2.7　幻灯片放映 83
3.3　电子表格 85
3.3.1　电子表格基础 85
3.3.2　输入数据 87
3.3.3　单元格的格式与样式 89
3.3.4　公式与函数 91
3.3.5　数据管理 95
3.3.6　图表 98
本章小结 100
思考与练习 100

第 4 章　计算机网络技术与应用 103
4.1　认识计算机网络 103
4.1.1　计算机网络的概念 103
4.1.2　计算机网络的功能 104
4.1.3　计算机网络的分类 104
4.2　计算机网络体系结构和参考模型 107
4.2.1　计算机网络体系结构...............107
4.2.2　了解 OSI 参考模型 108
4.2.3　TCP/IP 模型和网络协议 110
4.2.4　TCP/IP 模型与 OSI 模型的对比 111
4.2.5　IP 协议...................................112
4.3　网络传输介质 114
4.4　局域网技术基础 114
4.4.1　了解局域网.............................114
4.4.2　以太网 115
4.4.3　局域网设备.............................116
4.4.4　无线局域网.............................120
4.4.5　虚拟局域网.............................122
4.5　Internet 基础与应用 123
4.5.1　Internet 简介 123
4.5.2　Internet 中的应用.....................124
4.6　计算机网络安全 127
4.6.1　影响网络安全的主要因素 127
4.6.2　计算机网络安全技术...............127
4.6.3　网络安全协议 128
4.6.4　数据加密技术 128
4.6.5　防火墙技术.............................129
4.6.6　入侵检测技术 131
4.6.7　虚拟专用网技术 132
4.6.8　网络安全技术发展趋势 132
4.7　计算机网络检测命令 132
4.7.1　网络连通测试命令 ping...........133
4.7.2　路由追踪命令 tracert 133
4.7.3　地址配置命令 ipconfig 133
4.7.4　路由跟踪命令 pathping............134
4.7.5　网络状态命令 netstat 135
本章小结 135
思考与练习 135

第 5 章　信息检索 137
5.1　信息概述 137
5.2　信息检索 138
5.2.1　信息的基本原理 138
5.2.2　信息检索的类型 139
5.2.3　计算机检索的方法.................. 140
5.3　中国知网 143
5.3.1　检索技术................................ 144
5.3.2　CNKI 期刊检索....................... 145
5.3.3　检索结果原文浏览、下载 147
5.3.4　CNKI 常用软件....................... 148
本章小结 148
思考与练习 148

第 6 章　数据库基础............................150
6.1　数据库概述 150
6.1.1　数据库技术的发展.................. 150
6.1.2　数据库系统的组成.................. 151
6.1.3　常用数据库管理系统介绍 152
6.2　数据模型 154
6.2.1　数据模型介绍 154
6.2.2　关系模型的基本术语 156
6.3　Access 数据库及其应用 156
6.3.1　Access 数据库概述 156
6.3.2　创建 Access 数据库 157
6.3.3　在 Access 数据库中创建表 160
6.3.4　表的维护与操作 168
6.4　数据库查询 175
6.4.1　选择查询................................ 175
6.4.2　参数查询................................ 179
6.4.3　交叉表查询 180
本章小结 183
思考与练习 183

第 7 章　云计算 187
7.1　云计算概述 187
7.1.1　云计算的概念 187
7.1.2　云计算的特点 189
7.1.3　云计算的发展 190
7.1.4　云计算的类型 194
7.1.5　云计算的部署模式.................. 198
7.1.6　云计算的优势 199

7.1.7 云计算的劣势......200
7.1.8 云计算的应用......201
7.2 云计算关键技术......205
7.2.1 云计算的体系结构......205
7.2.2 虚拟化技术......206
7.2.3 海量分布式数据存储技术......208
7.2.4 大规模数据管理......209
7.2.5 并行编程模式......210
7.2.6 分布式资源管理......211
7.2.7 云计算平台管理......211
7.2.8 运营支撑管理......211
7.2.9 绿色节能技术......213
7.3 云计算与大数据......214
7.3.1 认识大数据......214
7.3.2 大数据与云计算关系......215
7.4 云计算平台......216
7.4.1 国外云平台提供商......217
7.4.2 国内云平台提供商......220
本章小结......226
思考与练习......226

第 8 章 大数据......228
8.1 大数据概述......228
8.1.1 大数据的发展历程......228
8.1.2 大数据的概念和特征......230
8.1.3 大数据时代的思维变革......231
8.2 大数据技术......232
8.2.1 大数据技术发展历程......232
8.2.2 大数据关键技术......233
8.2.3 大数据架构......233
8.2.4 分布式存储和计算平台 Hadoop......234
8.2.5 分布式文件系统（HDFS）......237
8.2.6 分布式数据库 HBase......240
8.2.7 NoSQL 数据库......241
8.2.8 编程模型 MapReduce......243
8.2.9 新一代资源管理调度框架 YARN......246
8.2.10 轻量级的分布式内存计算系统 Spark......246
8.2.11 流计算......247
8.2.12 图计算......249
8.3 数据可视化......249
8.3.1 入门级工具......250
8.3.2 在线数据可视化工具......250
8.3.3 互动图形用户界面（GUI）控制......250
8.3.4 地图工具......250
8.3.5 专家级工具......250
8.3.6 基于 Python 库的数据可视化......251
8.4 大数据的应用......252
8.4.1 大数据在互联网领域的应用......252
8.4.2 大数据在医疗卫生领域的应用......252
8.4.3 大数据在金融行业的应用......253
8.4.4 大数据在智能交通领域的应用......254
本章小结......254
思考与练习......255

第 9 章 物联网......256
9.1 物联网概述......256
9.1.1 物联网的概念......256
9.1.2 物联网的发展......257
9.1.3 物联网的特征......259
9.2 物联网的关键技术......259
9.2.1 自动识别技术......260
9.2.2 传感器技术......263
9.2.3 物联网通信技术......265
9.2.4 物联网网络服务......269
9.2.5 中间件......269
9.2.6 智能技术......271
9.3 物联网的应用......272
本章小结......274
思考与练习......274

第 10 章 人工智能及其应用......275
10.1 人工智能概述......275
10.1.1 人工智能的概念......275
10.1.2 人工智能的起源和发展......276
10.1.3 弱人工智能与强人工智能......279
10.1.4 人工智能各学派的认知观......280
10.2 人工智能的研究与应用......281

10.2.1 智能感知 282
10.2.2 知识推理 284
10.2.3 机器学习 286
10.2.4 智能行动 290
10.3 新一轮人工智能的发展特征 294
10.3.1 进入大数据驱动智能发展阶段 294
10.3.2 进入智能技术产业化阶段 295
10.3.3 进入认知智能探索阶段 295
10.4 我国的人工智能战略布局 295
本章小结 297
思考与练习 297

第 11 章 信息安全和职业道德 299
11.1 信息安全概述及技术 299
11.1.1 信息安全概述 299
11.1.2 信息安全的主要威胁 300
11.1.3 信息安全策略 301
11.1.4 信息安全技术 301
11.2 计算机中的信息安全.............303
11.2.1 计算机病毒及其防范 303
11.2.2 网络黑客及其防范 306
11.3 职业道德与相关法规.............308
11.3.1 使用计算机应遵守的道德规范 308
11.3.2 网络社会应遵守的道德规范 308
11.3.3 有关知识产权和软件使用...... 308
11.3.4 我国信息安全的相关法律法规 309
本章小结 309
思考与练习 310

参考文献 311

第1章　计算机与计算思维

计算机及相关技术应用在当今信息社会占据重要地位，已经融入社会日常工作、生活和学习中，是人们不可或缺的工具。因此，更多地了解计算机是大学生必备的信息素养。

本章从计算机的发展开始，介绍了计算机的发展趋势、计算机的分类和应用领域；然后介绍计算机系统的组成和简单的工作原理、微机系统的组成及如何选购微机，以及数制的概念和信息编码方法；最后介绍计算思维和算法的基础知识。

1.1　计算机概述

1.1.1　初识计算机

最早计算机只被定义成一种计算机器，但现在计算机几乎无所不能。它所处理的信息不仅是数值，还包括文本、图像、声音、视频等多种媒体。可以将计算机看作一种能快速、高效、准确地进行信息处理的数字化电子设备，它能按照人们事先编写的程序自动地对信息进行加工和处理，输出人们所需要的结果，从而完成特定的工作。

由于计算机的组成结构和工作过程与人脑有许多相似之处，具有人脑处理分析问题的功能，因此计算机也被称为“电脑”。不过，在思维原理上，计算机与人是截然不同的。计算机是由许许多多的电子元件组成，它能理解的是类似“开”“关”这样的电子信号。这些电子元件之间有着精确的逻辑关系，好像大脑的神经元，互相配合协调，用来存储数据或者进行各种复杂的运算和操作。计算机在数值计算或数据处理方面的能力，是人脑所望尘莫及的。

1.1.2　计算机的产生与发展

1. 计算机的产生

在数的概念出现以后，人们就遇到了计算问题。首先用十个手指计数，因此，十进制就成为人们最熟悉的进制计数法。随着人类社会的发展和进步，计算变得越来越重要，于是人们便开始研究和利用计算工具。人类第一个简单的人造计算工具是“算筹”；另一个重要的计算工具是算盘，在计算工具的历史上占有很重要的地位。

随着生产的发展，计算也日趋复杂，于是人们一直在追求得到更先进的计算工具。1641 年，英国人冈特（E. Gunter）发明了计算尺，开创了模拟计算的先河。1642 年，法国数学家帕斯卡（Blaise Pascal）发明了帕斯卡加法器，这是人类历史上第一台机械式计算工具，其原理对后来的计算工具产生了持久的影响；1822 年，英国数学家巴贝奇（C.Babbage）发明了巴贝奇差分机，这是最早采用寄存器来存储数据的计算工具，体现了早期程序设计思想的萌芽，使计算工具从手动机械跃入自动机械的新时代。

1936 年，美国哈佛大学应用数学教授霍华德·艾肯（Howard Aiken）在读过巴贝奇笔记后，被巴贝奇的远见卓识所震惊。艾肯提出用机电的方法，而不是纯机械的方法来实现巴贝奇的分析机。在 IBM 公司的资助下，1944 年研制成功了继电式计算机 Mark-I。Mark-I 只是部分使用了继电器，1947 年研制成功的计算机 Mark-Ⅱ全部使用继电器。

人们普遍认为人类历史上第一台电子数字计算机的名称为 ENIAC（埃尼阿克），如图 1-1 所示。它是由美国宾夕法尼亚大学莫奇莱（John William Mauchly）教授和他的学生埃克特（J. Presper Eckert）设计，并于 1946 年 2 月 15 日在宾夕法尼亚大学成功投入运行。ENIAC 是电子数字积分计算机（Electronic Numberical Integrator and Computer）的缩写，它使用了 17 468 个真空电子管，功率为 174 kW，占地 170 m^2，质量为 30 t，每秒可进行 5 000 次加法运算。

图 1-1　世界上第一台计算机 ENIAC

虽然它还比不上今天最普通的一台微型计算机，但在当时它已是运算速度的绝对冠军，并且其运算的精确度和准确度也是史无前例的。以圆周率 π 的计算为例，中国古代科学家祖冲之利用算筹，耗费 15 年心血，才把圆周率计算到小数点后 7 位数。一千多年后，英国人香克斯以毕生精力计算圆周率，才计算到小数点后 707 位。而使用 ENIAC 进行计算，仅用了 40 s 就达到了这个记录，还发现香克斯的计算中，第 528 位是错误的。

ENIAC 奠定了电子计算机的发展基础，在计算机发展史上具有划时代的意义，这台机器虽然无法存储大量的数据与程序，但是它的诞生无疑是一个历史性的创举，是计算机科学史上的一个里程碑，标志着科学技术发展进入计算机时代。

1951 年 6 月 14 日，UNIVAC（通用自动计算机）诞生，并交付美国人口统计局使用。舆论普遍认为，UNIVAC 的使用标志着人类进入了计算机时代。原因有两个：一是 UNIVAC 先后生产了近 50 台，并作为商品出售，而 ENIAC 只有一台；二是 UNIVAC 用于公众数据处理，从实验室走到了社会，而 ENIAC 用于军事目的，只在实验室中使用。

在同一个时期，作为第一台计算机 ENIAC 研制顾问的美籍匈牙利数学家冯·诺依曼（John von Neumann）（见图 1-2）领导的研究小组对电子数字计算机提出了一些基本构想：计算机应当采用二进制运算；计算机中应当配置存储程序和数据的存储器；计算机应具有自动实现程序控制的功能等。他还认为一台电子数字计算机必须具备运算、控制、存储、输入和输出这五个部件。这些基本构想，实际上成为半个多世纪以来电子数字计算机体系结构的基础。

真正符合冯·诺依曼基本构想的第一台电子数据存储自动计算机是由英国剑桥大学教授威尔克斯（Wilkes）等人于1946年设计、制造，并于1949年投入运行。人们习惯于把具有五大功能部件组成的计算机称为冯·诺依曼计算机，冯·诺依曼也被称为现代计算机的"鼻祖"。

图1-2　冯·诺依曼

2. 计算机的发展

ENIAC从诞生到现在仅70多年，但计算机的发展突飞猛进。根据计算机所采用的物理元件的不同，一般将计算机的发展划分为以下四个时代：

（1）第一代电子管计算机（1946—1957年）

采用电子管作为逻辑元件，它用阴极射线管或汞延迟线作为主存储器，外存主要使用纸带、卡片等。程序设计主要使用机器指令或符号指令，其应用领域主要是科学计算。

（2）第二代晶体管计算机（1958—1964年）

晶体管比电子管小得多，不需要暖机时间，消耗能量较少，处理更迅速、更可靠。第二代计算机的程序语言从机器语言发展到汇编语言，接着，高级语言FORTRAN语言和COBOL语言相继开发出来并被广泛使用，这时也开始使用磁盘和磁带作为辅助存储器。程序设计使用了更接近于人类自然语言的高级程序设计语言，计算机的应用领域也从科学计算扩展到了事务处理、工业设计等多个方面。

（3）第三代中小规模集成电路计算机（1965—1970年）

采用中小规模的集成电路块代替了晶体管元件，半导体存储器逐步取代了磁芯存储器的主存储器地位，磁盘成了不可缺少的辅助存储器。第三代计算机的特点是体积更小、价格更低、可靠性更高、计算速度更快。系统软件和应用软件迅速发展，出现了分时操作系统和会话式语言；在程序中采用了结构化、模块化的设计方法。

（4）第四代大规模集成电路计算机（1971年至今）

采用的元件依然是集成电路，不过这种集成电路已经大大改善，它包含着几十万到上百万个晶体管，称为大规模集成电路和超大规模集成电路。应用领域从科学计算、事务管理、过程控制逐步走向家庭。这一时期还产生了新一代的程序设计语言，以及数据库管理系统和网络软件等。

1.1.3　计算机的发展趋势

未来的计算机将以超大规模集成电路为基础，向网络化、超大型化、微型化与智能化方向发展。

1. 网络化

网络就是通过通信线路和网络设备将不同地点的计算机连接起来。网络的功能一方面使联网的用户能共享网络上的资源；另一方面网络上连接的计算机之间能互相通信。网络应用大大丰富了计算机的内涵和外延，大家平时接触最多的网络就是因特网（Internet）。这是一个覆盖全球的网络，它发展到今天仅50多年的历史，但已给人们的日常生活带来了重大影响，其本身的技术也在不断地发展和完善。

2. 超大型化

超大型化是指计算机的运算速度更快、存储容量更大、功能更强。超级计算机具有很强的计算和数据处理能力，同时配有多种外围设备及丰富的软件系统，多用于国家高科技领域和尖端技术研究。超级计算机是一个国家科研实力的体现，它对国家安全、经济和社会发展具有举足轻重的意义。我国的超级计算机“天河二号”和“神威·太湖之光”曾经多次在超算 TOP 500 榜单折桂，图 1-3 所示为“天河二号”的机房。

图 1-3 “天河二号”机房

3. 微型化

20 世纪 70 年代以来，由于大规模和超大规模集成电路的飞速发展，微处理器芯片连续更新换代，微型计算机连年降价，加上丰富的软件和外围设备，操作简单，使微型计算机很快普及到社会各个领域并走进千家万户。随着微电子技术的进一步发展，微型计算机将发展得更加迅速，其中笔记本型、掌上型等微型计算机必将以更优的性能价格比受到人们的欢迎。

4. 智能化

计算机人工智能的研究是建立在现代科学基础之上的。智能化是计算机发展的一个重要方向，新一代计算机将可以模拟人的感觉行为和思维过程的机理，进行“看”“听”“说”“想”“做”等行为，具有逻辑推理、学习与证明的能力，能模拟人的感觉和思维能力。智能化的研究领域很多，其中最有代表性的领域是专家系统和机器人。目前，已研制出的机器人可以代替人从事危险环境的劳动。

展望未来，计算机的发展必然要经历很多新的突破。从目前的发展趋势来看，未来的计算机将是微电子技术、光学技术、量子技术和电子仿生技术相互结合的产物。在不久的将来，量子计算机、神经网络计算机等全新的计算机也会诞生，届时计算机将发展到一个更高、更先进的水平。

1.1.4 计算机的分类

随着计算机发展和计算应用的推动，计算机的类型越来越多样化。根据用途和使用范围可以分为通用计算机和专用计算机；根据数据处理方式可以分为数字计算机、模拟计算机和数模混合计算机；但人们更习惯根据处理速度和性能指标来划分计算机的类别，具体分为：

1. 高性能计算机

高性能计算机运行速度最快、处理能力最强，但价格相当昂贵，数量不多，有重要和特殊用途。在军事上，可用于战略防御系统、大型预警系统、航天测控系统等；在民用方面，可用于大区域中长期天气预报、大面积物探信息处理、大型科学计算和系统模拟等。近年来，我国高性能计算机的研发取得了很大成绩，推出了“曙光”“天河”等系列高性能计算机。

2. 服务器

服务器是一种在网络环境下对外提供服务的计算机系统。根据服务器所提供的服务，一般来说服务器都具备承担响应服务请求、承担服务、保障服务的能力。与微型计算机相比，服务器在稳定性、安全性、性能方面要求更高，硬件系统要求也更高。

3. 工作站

工作站是介于微型计算机和小型计算机之间的高档微型计算机系统。工作站通常配有高分辨率的大屏幕显示器和大容量的内、外存储器，具有较强的信息处理功能和高性能的图形、图像处理功能，以及网络功能。工作站主要应用在计算机辅助设计、辅助制造、动画设计、地理信息系统、图像处理、模拟仿真等领域。

4. 微型计算机

微型计算机，简称微机，是以运算器和控制器为核心，加上由大规模集成电路制作的存储器、输入/输出接口和系统总线构成。微型计算机因其小、巧、轻、使用方便、价格便宜等优点迅速得以发展并成为计算机市场的主流。微型计算机主要分为四类：台式计算机、笔记本计算机、平板计算机和智能手机。

5. 嵌入式计算机

嵌入式计算机是指作为信息处理部件，嵌入到应用系统中的计算机。嵌入式计算机与通用计算机相比，主要区别在于系统和功能软件集成于计算机硬件系统之中，也就是系统的应用软件和硬件一体化。嵌入式计算机广泛用于各种家用电器之中，如电冰箱、自动洗衣机、数字电视机等。

1.1.5 微机的发展历程

微机由于结构简单、通用性强、价格便宜，已成为现代计算机领域中的一个重要组成部分。微机的发展主要表现在其核心部件微处理器的发展上，每当一款新型的微处理器出现时，就会带动微机系统其他部件的相应发展，如微机体系结构的进一步优化，存储器存取容量的不断增大、存取速度的不断提高、外围设备的不断改进，以及新设备的不断出现等。从 1971 年诞生微机以来，至今微机的发展经历了六个阶段。

1. 第一代（1971—1973 年）：4 位或低档 8 位微处理器

代表产品是美国 Intel 公司首推的 4004 微处理器和由它组成的 MCS-4 微型计算机。随后又制成 8008 微处理器及由它组成的 MCS-8 微型计算机。第一代微机指令系统比较简单，运算功能较差，速度较慢，系统结构停留在台式计算机的水平，软件主要采用机器语言或简单的汇编语言，用于简单的控制场合。

2. 第二代（1974—1977 年）：中高档 8 位微处理器

其典型产品是 Intel 8080/8085、Motorola 公司的 M6800，以及 Zilog 公司的 Z80 等。它们的特点是采用 NMOS 工艺，集成度提高约 4 倍，运算速度提高 10～15 倍，指令系统比较完善，具有典型的计算机体系结构和中断、DMA（直接存储器访问）等控制功能。软件方面除了汇编语言外，还有 BASIC、FORTRAN 等高级语言和相应的解释程序和编译程序，在后期还出现了操作系统。

3. 第三代（1978—1984 年）：16 位微处理器

其典型产品是 Intel 8086、Z8000 和 MC68000。这类 16 位微型计算机通常都具有丰富的指令系统，其特点是采用 HMOS 工艺，集成度和运算速度都比第二代提高了一个数量级。

指令系统更加丰富、完善，并配置了强有力的系统软件。这一时期 IBM 公司推出了自己的个人计算机，由于在发展个人计算机时采用了技术开放的策略，使个人计算机风靡世界。

4. 第四代（1985—1992 年）：**32 位微处理器**

其典型产品是 Intel 80386/80486、M69030/68040 等。其特点是采用 HMOS 或 CMOS 工艺，集成度高达 100 万个晶体管/片，具有 32 位地址线和 32 位数据总线。每秒可完成 600 万条指令。微型计算机的功能已经达到甚至超过超级小型计算机，完全可以胜任多任务、多用户的作业。

5. 第五代（1993—2004 年）：**奔腾系列微处理器**

其典型产品是 Intel 公司的奔腾系列芯片及与之兼容的 AMD 的 K6 系列微处理器芯片。内部采用了超标量指令流水线结构，并具有相互独立的指令和数据高速缓存。随着 MMX（MultiMedia eXtended）微处理器的出现，微机的发展在网络化、多媒体化和智能化等方面跨上了更高的台阶。

6. 第六代（2005 年至今）：**酷睿系列微处理器**

奔腾系列芯片之后 Intel 公司推出酷睿（Core）、Core2，目前市场上酷睿系列 CPU 的主流产品是 i5、i7 和 i9，如图 1-4 所示。酷睿微体系结构是一款领先节能的新型微架构，面向服务器、台式计算机和笔记本计算机等多种处理器进行了多核优化，其创新特性可带来更出色的性能、更强大的多任务处理性能和更高的能效水平。

图 1-4　酷睿 i 系列芯片

64 位技术和多核技术的应用使微型计算机进入一个新的时代，纵观微型计算机发展的 40 多年历史，工艺的进步和体系结构的发展促进了微处理器性能不断提升，现在微处理器的性能远远超过了早期的巨型机。微处理器正朝着多核、流处理、可重构、多态方向不断进步。由于它结构简单、通用性强、价格便宜，正以令人炫目的高速度进行更新换代，向前发展。

1.1.6　计算机的应用

现代电子计算机已广泛应用于人类生活的各个领域。大到宇宙飞船，小到每一个家庭，都有计算机在发挥作用。计算机的应用归纳起来主要有以下几方面：

1. 数值计算

数值计算就是利用计算机来完成科学研究和工程设计中的数学计算，这是计算机最基本的应用，如人造卫星轨道的计算、气象预报等。这些工作由于计算量大、速度和精度要求都十分高，离开了计算机是根本无法完成的。通过特殊的软件，计算机不仅能解代数方程，而且还可以解微分方程及不等式组，并且能将计算速度提高到人类无法想象的程度。

2. 信息处理

信息处理是计算机的一个重要应用领域。由于计算机的海量存储，可以把大量的数据输入计算机中进行存储、加工、计算、分类和整理，因此它广泛用于工农业生产计划的制订、科技资料的管理、财务管理、人事档案管理、火车调度管理、飞机订票等。使用计算机管理与统计数据具有统计速度快、统计精度高、错误率小、统计成本低等诸多优点。现在应用比较广泛的是大型网站数据管理、银行数据管理、大型公司的数据管理。当前，我国服务于信息处理的计算机占整个计算机应用的 60%左右，而有些国家达 80%以上。

3. 过程控制

过程控制又称实时控制，它要求及时地搜集检测数据，按最佳值进行自动控制或自动调节控制对象，这是实现生产自动化的重要手段。例如，用计算机控制发电，对锅炉水位、温度、压力等参数进行优化控制，可使锅炉内燃料充分燃烧，提高发电效率。同时，计算机可完成超限报警，使锅炉安全运行。计算机的过程控制已广泛应用于大型电站、火箭发射、雷达跟踪、炼钢等方面。

4. 计算机辅助工程

计算机辅助工程包括计算机辅助设计、辅助制造、辅助教学等。

计算机辅助设计（Computer Aided Design，CAD）：用计算机帮助人们进行产品的设计，不仅可以加快设计过程，还可缩短产品的研制周期。广泛应用于船舶设计、飞机设计、建筑设计、服装设计、电子设备设计和各种机械行业设计。

计算机辅助制造（Computer Aided Manufacture，CAM）：利用计算机通过各种数值控制设备，完成产品的加工、装配、检测、包装等生产过程的技术。计算机辅助制造可以提高产品质量、降低产品成本和劳动力强度。

计算机辅助教学（Computer Assisted Instruction，CAI）：将教学内容、教学方法及学生的学习情况等存储在计算机中，帮助学生轻松地学习所学的知识，同时还可通过交互操作激发学习兴趣、提高教学效率。

5. 人工智能

人工智能是新兴起的一门学科，所指的是设计出智能的计算机系统，让计算机具有通常只有人才具有的那种智能特性，模拟人类的某些智力活动，如识别图形与声音、学习过程、探索过程、推理过程，以及对环境的适应过程等。这是近年来开辟的计算机应用的新领域。

自然语言理解是人工智能应用的一个分支，它研究如何使计算机理解人类的自然语言（如汉语或英语），如根据一段文章的上下文来判断文章的含义，这是一个十分复杂的问题。

专家系统是人工智能应用的另一个重要分支，它的作用是使计算机具有某一方面专家的专门知识，利用这些知识去处理所遇到的问题。例如，计算机辅助医生看病、专业领域咨询系统等。

机器人是人工智能领域最伟大的发明之一，有仿人形机器人、农业机器人、服务机器人、水下机器人、医疗机器人、军用机器人、娱乐机器人等。图 1-5 所示为一个由斯坦福大学开发的 OceanOne 水下机器人，它可以帮助人类探索大海的深处。机器人技术正在迅速向实用化迈进，机器人可以工作在各种恶劣环境下，如高温、高辐射、剧毒等。

图 1-5　OceanOne 水下机器人

6. 计算机网络应用

通过计算机网络可以实现计算机之间的通信、各种软硬件资源的共享。人们可以进行很多不受地域、区域限制的活动，如网上购物、网上银行、网上炒股、网上订票等，此外还可以进行远程教学、科研、娱乐、交友等。

1.2　计算机系统

概括来说，一个完整的计算机系统由硬件系统和软件系统两部分组成。

1.2.1　计算机的硬件系统

计算机的硬件系统指的是组成计算机的各种电子物理设备。由冯·诺依曼提出的计算机的体系结构指出计算机由运算器、控制器、存储器、输入设备和输出设备五部分组成；冯·诺依曼还提出存储程序原理，即把程序也当作数据来对待，程序和程序要处理的数据用同样的方式存储；提出“存储程序，程序控制”的基本工作方法，指出计算机中要使用二进制。

冯·诺依曼理论的重点在于“存储程序”，计算机应按照事先存储的程序顺序执行。冯·诺依曼体系结构奠定了现代计算机结构理念，尽管半个多世纪以来计算机制造技术发生了巨大变化，但冯·诺依曼体系结构依然沿用至今。计算机的基本结构如图 1-6 所示。

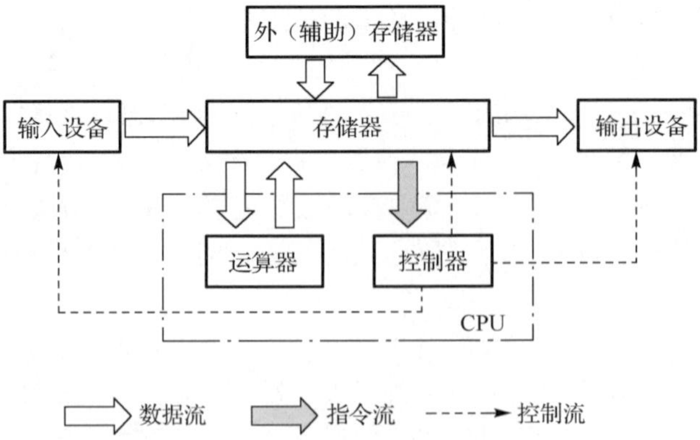

图 1-6　计算机的基本结构

冯·诺依曼系统结构的计算机具有以下功能：把需要的程序和数据送至计算机中；必须具有保存程序、数据、中间结果及最终运算结果的能力；能够完成各种算术运算、逻辑运算和数据传送等数据加工处理能力；能够根据需要控制程序走向，并能根据指令控制机器的各部件协调操作；能够按照要求将处理结果输出。以上这些功能都可以通过计算机的五大部件来完成。

1. 运算器

运算器主要由算术逻辑单元（Arithmetic and Logic Unit，ALU）和一些寄存器构成。它的功能是进行算术运算和逻辑运算。算术运算指加、减、乘、除等操作，而逻辑运算一般泛指非算术性质的运算，如比较大小、移位、逻辑加、逻辑乘等。在执行程序指令时，各种复杂的运算往往先分解为一系列的算术运算和逻辑运算，然后再由运算器执行。运算器的数据存取是在控制器的控制下，在内存储器或内部寄存器中完成的，在运算器中设置寄存器是为了减少中央处理器（Central Processing Unit，CPU）对内存储器的访问，便于节省时间。

2. 控制器

控制器是计算机的指挥中心。一般由指令寄存器、程序计数器、指令译码器、时序部件和控制电路等组成。它的主要功能是按时钟提供的统一节拍，从内存储器中取出指令，并分析执行，使计算机各个部件能够协调工作。在执行程序时，计算机的工作是周期性的，取指令、分析指令、执行指令，周而复始地进行。这一系列的操作顺序，都需要精确确定，时序部件就是产生定时信号的部件，类似计算机的脉搏。计算机大致的工作过程是，控制器首先按照程序计数器中的地址从内存中取出指令，并对指令进行分析，然后根据指令的功能向有关部件发出控制信号，指挥它们执行相应的操作。然后再取出下一条指令，重复上述过程。这样逐一执行程序指令，就能完成程序所设置的任务。

控制器和运算器合在一起称为 CPU，CPU 是计算机的核心部件。

3. 存储器

存储器是计算机用来存储程序和数据的部件，由一系列的存储单元组成。每个存储单元按顺序进行编号，这种编号称为存储单元的地址。如同一座楼房的房间编号一样，每个存储单元都对应着唯一的地址。存储器是计算机的重要组成部分，有了存储器，计算机才有记忆功能，才能存储程序和数据，使计算机能够自动工作。

CPU 和内存储器合称为主机。当计算机执行程序时，相应的指令和数据就会送到内存中，再由 CPU 读取执行，处理的结果也会首先放置到内存中，再输送到外存保存或在输出设备中显示。

4. 输入设备

输入设备用来将外部数据（如文字、数值、声音、图像等）转变为计算机可识别的二进制代码输入到计算机中，以便加工、处理。最常用的输入设备是键盘，随着多媒体技术的发展，出现了多种多样的输入设备，常用的有扫描仪、光笔、手写输入板、游戏杆、数码照相机等。

5. 输出设备

输出设备的作用是将计算机处理的结果用人们所能接收的形式（如字符、图像、语音、视频等）表示出来。显示器、打印机、绘图仪等都属于输出设备。

输入/输出设备通常放置于主机外部，故又称外围设备。它们实现了外部世界与主机之间的信息交换，提供了人机交互的硬件环境。

在计算机中，各部件之间传输的信息可分成三种类型：地址信息、数据信息和控制信息。大部分计算机，特别是微机的各部件之间传输信息是通过总线进行的。

1.2.2 计算机的软件系统

计算机软件是指在硬件上运行的程序和相关的数据及文档，是计算机系统中不可缺少的主要组成部分。根据功能，计算机软件可分为两大部分：系统软件和应用软件。

1. 系统软件

系统软件是计算机最基本的软件，它负责管理计算机的软件与硬件资源，并为应用软件提供一个统一的平台。系统软件主要包括操作系统、程序设计语言和语言处理程序、数据库管理系统和各种服务程序。

（1）操作系统

操作系统是控制和管理计算机的软硬件资源、合理安排计算机的工作流程，以及方便用户使用计算机的一组软件集合。它在计算机系统中的作用可以从两方面理解：对内，操作系统管理计算机的所有资源，扩充硬件；对外，操作系统提供良好的人机界面，方便用户使用计算机。目前广泛流行的操作系统有 Windows、UNIX、Linux、Mac OS 等。

（2）程序设计语言和语言处理程序

为了告诉计算机应当做什么和如何做，必须把处理问题的方法、步骤用计算机可以识别和执行的操作表示出来，也就是说要编制程序。这种用于书写计算机程序所使用的语言称为程序设计语言。

按照程序设计语言发展的过程，程序设计语言大概分为三类：机器语言、汇编语言、高级语言。机器语言和汇编语言属于低级语言。机器语言可以直接执行，汇编语言和高级语言需要相应的语言处理程序进行翻译，将汇编语言和高级语言编写的源程序翻译成机器语言程序（称为目标程序）后才能执行。

① 机器语言：以二进制代码形式表示的机器基本指令的集合，是计算机硬件唯一可以直接识别和执行的语言。

例如，实现 s=10+5 的机器语言程序：

```
1011000000001010           ;把 10 放入累加器 A 中
0010110000000101           ;5 与累加器 A 中的值相加，结果仍放入 A 中
11110100                   ;结束
```

特点：运算速度快，与机器设计相关，难阅读，难修改，目前基本不使用。

② 汇编语言：一种符号化的机器语言，它不再使用难以记忆的二进制代码，而是使用比较容易识别、记忆的助记符号代替操作码，用符号代替操作数或地址码。但汇编语言源程序不能直接执行，需要汇编程序翻译成机器语言程序后才能执行。

例如，实现 s=10+5 的汇编语言程序：

```
MOV  A, 10                 ;把 10 放入累加器 A 中
ADD  A, 5                  ;5 与累加器 A 中的值相加，结果仍放入 A 中
```

HLT ;结束

特点：一条指令对应一条语句，执行效率比较高，与特定机器相关，通用性、可移植性差，但和机器语言相比可读性大大提高。

③ 高级语言：用接近于自然语言和数学算式的语句构成的语言。高级语言不依赖于任何机器指令系统，因此通用性好。

例如，实现 s=10+5 的 Python 语言程序：

```
s=10+5              ;计算 10+5 的和并放入变量 s 中
print  s            ;输出 s
```

特点：编程效率高，执行速度相对低级语言慢，可移植性好，执行需要翻译。

高级语言和汇编语言相同，要用翻译的方法把高级语言源程序翻译成等价的机器语言程序（称为目标程序）才能执行。通常情况下翻译有两种方式：解释方式和编译方式。

- 解释方式：解释途径是按照源程序中语句的执行顺序，逐句翻译并立即予以执行，如图 1-7 所示。

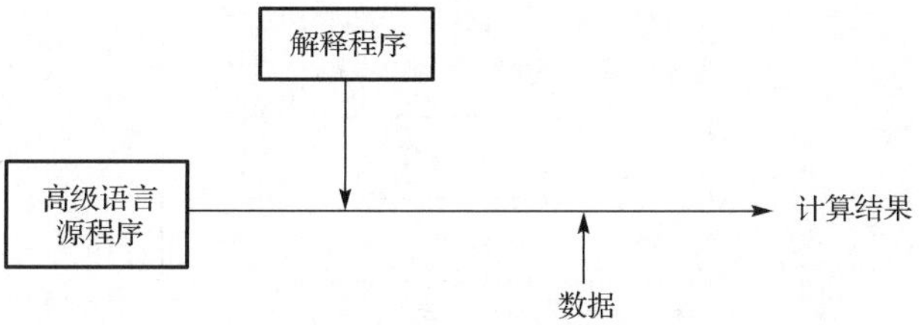

图 1-7 解释方式的工作过程

- 编译方式：先由编译程序把源程序全部翻译成目标程序，然后再由计算机执行目标程序，如图 1-8 所示。

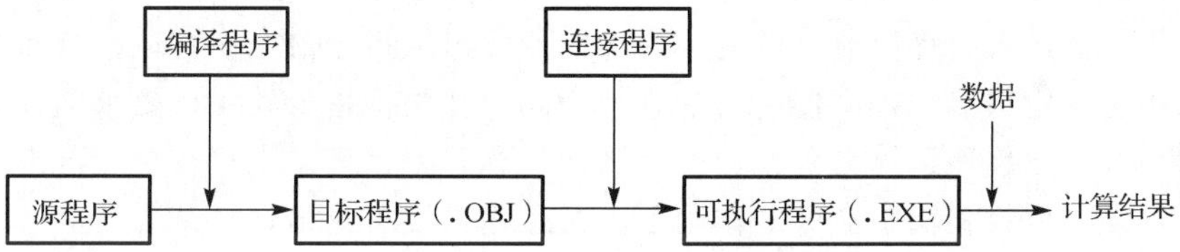

图 1-8 编译方式的工作过程

编译方式和解释方式相比，编译方式将产生中间程序，也就是目标程序，解释方式不需要。但编译方式因为执行的是翻译后的目标程序，所以速度更快，效率更高。

（3）数据库管理系统

数据库是存储在一起的相互有联系的数据的集合，它能被多个用户、多个应用程序共享。创建数据库时有一定的规则，具有最小的冗余度，数据之间联系密切，且独立于程序之外。

数据库管理系统是对数据库进行组织、管理、查询并提供强大处理功能的计算机软件。它为用户提供了一套数据描述和操作语言，用户只需使用这些语言，就可以方便地建立数据库，并对数据进行存储、修改、增加、删除、查找。

Oracle、DB2、Sybase、Informix、SQL Sever、MySQL 是目前世界上流行的大、中型数据库管理系统，微机上广泛使用 Access 小型数据库管理系统。

（4）服务程序

服务程序包括协助用户进行软件开发或硬件维护的软件，如编辑程序、连接装配程序、纠错程序、诊断程序和防病毒程序等。

2. 应用软件

应用软件是为解决实际问题所编写的软件的总称，涉及计算机应用的各个领域，包括文字处理软件、图形软件、视频音频软件和各种专业软件。同时，各个软件公司也在不断开发各种应用软件来满足各行各业的信息处理需求，如铁路售票系统、选课系统、一卡通管理系统等。

通过以上学习，得出一个计算机系统的层次结构，如图 1-9 所示。最内层是硬件，然后从里向外依次为操作系统、其他系统软件、应用软件，最外层是用户。

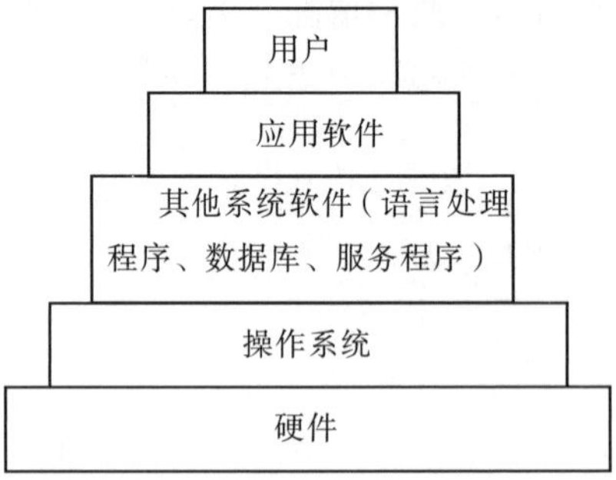

图 1-9　计算机系统层次结构

1.2.3　计算机的工作原理

计算机的简单工作原理：首先通过输入设备接收外界信息（程序和数据），控制器发出指令将数据送入内存储器，然后向内存储器发出取指令命令；在取指令命令下，程序指令逐条送入控制器，控制器对指令进行译码，并根据指令的操作要求向存储器和运算器发出存数、取数和运算命令，经过运算器计算并把计算结果存在存储器内；最后，在控制器发出的取数和输出命令的作用下，通过输出设备输出计算结果。

1. 指令和指令系统

指令是计算机硬件可执行的、完成一个基本操作所发出的命令。全部指令的集合称为计算机的指令系统。不同类型的计算机，由于硬件结构不同，指令系统也不同。一般均包含算术运算型、逻辑运算型、数据传送型、判断控制型和输入/输出型等指令。一台计算机的指令系统是否丰富完备，在很大程度上说明了该计算机对数据信息的运算和处理能力。

一条计算机指令用一串二进制代码表示，它由操作码和操作数两部分组成。操作码指明该指令要完成什么样的操作，操作数是指参加运算的数或者操作数所在的地址。不同的指令，其长度一般不同。

2. 程序

程序就是一组指令序列。要使计算机解决某一问题，就需要按照问题的要求写出一个指令序列，这个指令序列就是程序，它表达了计算机解决问题需要完成的所有操作。一台计算机的指令是有限的，但用它们可以编写出各种不同的程序，完成的任务是无限的。

3. 程序自动控制的实现

计算机要自动执行连续的操作，需要由硬件部件和程序共同解决以下三个问题：一是告诉计算机在什么情况下到哪个地址去取指定的指令；二是对指令要进行分析和执行；三是当执行完一条指令后，能自动地去取下一条要执行的指令。

计算机的控制器由五个重要部件组成：指令寄存器、程序计数器、操作控制器、地址生成部件、时序电路等。程序存放到内存中，但计算机开始工作时，程序中的第一条指令的地址号放置在程序计数器中，这是个特殊功能的寄存器，具有“自动加 1”功能，用来自动生成“下一条”指令的地址，所以程序中后续各条指令的地址都由它自动产生，从而实现了程序的自动控制。

完成一条指令的操作可分为三个阶段：

① 取指令：根据程序计数器的内容（指令地址）到内存中取出指令，并放置到指令寄存器（Instruction Register，IR）中，指令寄存器也是一个专用寄存器，用来临时存放当前执行的指令代码，等待译码器来分析指令。当一条指令被取出后，程序计数器便自动加 1，使之指向下一条要执行的指令地址，为取下一条指令做好准备。

② 分析指令：控制器中的操作码译码器对操作码进行译码，然后送往操作控制器进行分析，以识别不同的指令类别及各种获取操作数的方法，产生执行指令的操作命令，发往计算机需要执行的各个部件。

③ 执行指令：根据操作命令取出操作数，完成指定的动作。

取指令→分析指令→执行指令→再取下一条指令，依次周而复始地执行指令序列的过程就是程序自动控制的过程，计算机的所有工作就是由这样一个简单过程实现的，如图 1-10 所示。

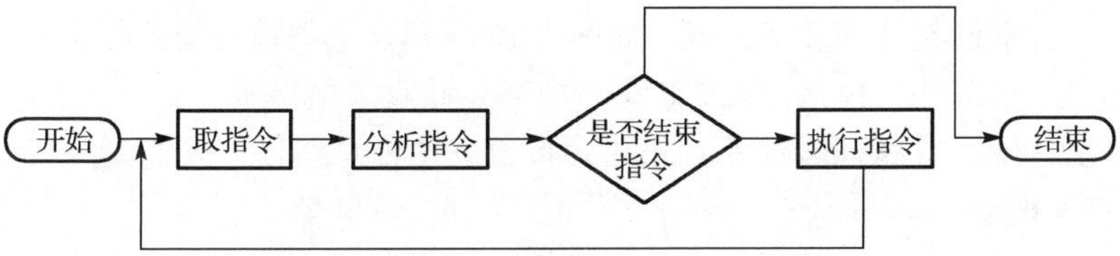

图 1-10　程序执行过程

概括地说，计算机的基本工作方式可以看成程序输入到计算机中存储起来，并且能够自动执行，以此来完成预先设置的任务，这就是“存储程序”原理的基本思想。这个思想奠定了计算机的基本工作原理。想象一下，当我们在计算机上进行计算时，每个操作数或运算符都需要一步步输入，计算效率是相当低的。如果编写一个程序送到计算机中自动执行，则很快就能得到处理结果，而且可以完成复杂的任务。

1.3　微机及其硬件系统

微机主要面向个人用户，最常用的有台式计算机、笔记本计算机和平板计算机等。

1.3.1　微机的硬件结构

微机硬件结构遵循冯·诺依曼型计算机的基本思想，但其硬件组成也有自身的特点。

微机采用总线结构，其体系结构示意图如图 1-11 所示。可以看出，微机硬件系统由 CPU、主存储器和输入、输出设备组成。其中，核心部件 CPU 通过总线连接主存储器构成微型计算机的主机。主机通过接口电路配上输入、输出设备就构成了微机系统的基本硬件结构。通常它们按照一定的方式连接在主板上，通过总线交换信息。

所谓总线就是一组公共信息传输线路。总线按传送信息类别分成三种：数据总线、地址总线、控制总线。三者在物理上做在一起，工作时各司其职。总线可以单向传输数据，也可以双向传输数据，并能在多个设备之间选择出唯一的源地址和目的地址。早期的微型计算机采用单总线结构，当前较先进的微型计算机采用面向 CPU 或面向主存储器的双总线结构。

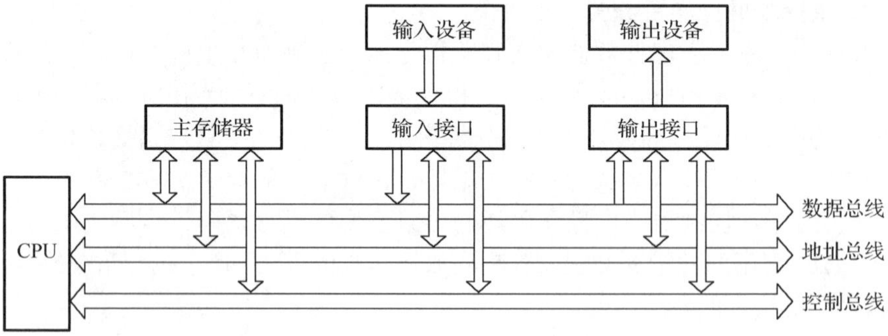

图 1-11　微机体系结构示意图

1.3.2　主机系统

微机由主机系统与外围设备组成，如图 1-12 所示。主机系统安装在主机箱内，主机装有计算机的主要部件，包括主板、CPU、内存、硬盘、电源等，如图 1-13 所示。外部有鼠标、键盘、显示器和打印机等，外围设备通过各种总线接口连接到主机系统。

1. 机箱与电源

机箱与电源在市场上一般都是搭配出售的，但两者的作用不同，需要分别对其性能参数进行考察。对于机箱，主要应考查的相关参数包括品牌、用料、做工、外形结构、散热装置，特殊环境下还应考虑电磁屏蔽情况。对于电源，主要应考查的相关参数包括品牌、功率、用料、做工以及认证情况。另外，Windows 操作系统支持软关机、远程唤醒等功能，因此应选择 ATX 电源，而 AT 电源不支持软关机等功能，在选购时要特别注意。

图 1-12　微机的组成

图 1-13　主机箱内部组成

2. 主板

主机芯片都安装在一块电路板上，这块电路板称为主板，如图 1-14 所示。主机由中央处理器和内存储器组成，也在主板上。在主板上还安装有若干个接口插槽，可以在这些插槽上插入与不同外围设备连接的接口卡。主板是微型计算机系统的主体和控制中心，它几乎集合了全部系统的功能，控制着各部分之间的指令流和数据流。主板的类型和性能决定了系统可安装的各部件的类型和性能，它影响整个系统的性能。

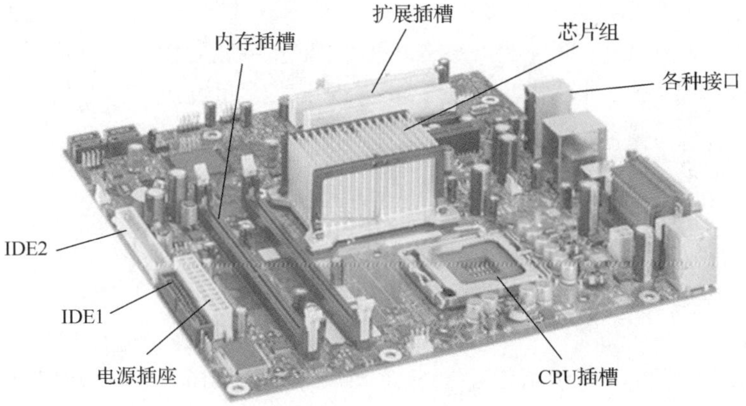

图 1-14　主板内部结构

主板由两大部分组成：一部分是各种芯片，主要有芯片组、BIOS 芯片、集成芯片（如声卡、网卡）等，计算机系统的性能跟这些芯片密切相关；另一部分是各种插槽和接口，主要有 CPU 插槽、内存条插槽、PCI 插槽、PCI-E 插槽、SATA 接口、键盘/鼠标接口、USB 接口、音频接口、HDMI 接口等。

3. 中央处理器

中央处理器（CPU）是计算机的大脑，主要由运算器和控制器两个部件构成，CPU 插在主板上专门的插槽中以实现与计算机相连。CPU 的性能决定计算机的基本性能，CPU 品质高低直接决定计算机系统的档次。

虽然全世界 99%的 CPU 都是英特尔和 AMD 公司的产品，但是我国目前已经自主研制成功首款 4nm 芯片，标志着我国芯片产业迈向了更高层次。

CPU 的主要性能指标如下：

（1）主频

主频又称时钟频率，单位是 MHz。主频表示在 CPU 内数字脉冲信号振荡的速度，CPU 的主频=外频×倍频系数。

主频和实际的运算速度是有关的，但主频仅仅是 CPU 性能表现的一个方面，而不能代表 CPU 的整体性能。CPU 的运算速度还要看 CPU 其他方面的性能指标。

（2）CPU 字长

CPU 的字长取决于 CPU 中寄存器、加法器和数据总线的位数。字长的长短直接影响计算机的计算精度、功能和速度。字长越长，CPU 性能越好，速度越快。

（3）外频

外频也是 CPU 的基准频率，单位也是 MHz。CPU 的外频决定着整个主板的运行速度。目前大部分计算机系统中外频也是内存与主板之间同步运行的速度，在这种方式下，可以理解为 CPU 的外频直接与内存相连通，实现两者之间的同步运行状态。

（4）倍频系数

倍频系数是指 CPU 主频与外频之间的相对比例关系。但实际上，相同外频的前提下，高倍频的 CPU 本身意义并不大，这是因为 CPU 系统之间的数据传输速度是有限的，一味追求高倍频而得到高主频的 CPU 就会出现明显的“瓶颈”效应，CPU 从系统中得到数据的极限速度不能满足 CPU 运算的速度。

（5）高速缓冲存储器

高速缓冲存储器（Cache）的大小也是 CPU 的重要指标之一，而且缓存的结构和大小对 CPU 速度的影响也非常大。CPU 的运算速度大大超过访问内存的速度，使得 CPU 在进行数据存取时都要等待，从而降低了整个计算机系统的运行速度，为解决这一问题引入了 Cache 技术。

Cache 是一个容量小、访问速度快的特殊存储器。系统按照一定的方式对 CPU 访问的内存数据进行统计，将内存中被 CPU 频繁存取的数据存入 Cache。当 CPU 要读取这些数据时，直接从 Cache 中读取，加快了 CPU 访问这些数据的速度，从而提高了整体运行速度。

Cache 分为一级、二级、三级，每级 Cache 比前一级 Cashe 速度慢且容量大。Cache 最重要的技术指标是它的命中率，它是指 CPU 中找到有用的数据占数据总量的比率。

4. 内存储器

在微机系统内部，内存储器（简称内存，又称主存储器）是仅次于 CPU 的最重要的器件之一，是影响微机整体性能的重要部分。内存一般按字节分成许多存储单元，每个存储单元均有一个编号，称为地址。CPU 通过地址查找所需要的存储单元，此操作称为读操作；把数据写入指定的存储单元称为写操作。读、写操作通常又称为“访问”或“读取”操作。

存储容量和存取时间是内存性能优劣的两个重要指标。存储容量指存储器可容纳的二进制信息量，在内存的性能指标中，常说 4 GB、8 GB 等，是指内存的容量。通常情况下，内存容量越大，程序运行的速度相对越快。存取时间即指存储器收到有效地址到其输出端出现有效数据的时间间隔，存取时间越短，性能越好。

下面介绍一下数据容量单位：

① 位（bit）：是计算机中信息表示的最小单位，它表示一位“0”或“1”。

② 字节（byte）：是计算机进行信息处理的基本单位，简写为 B，1 字节由 8 个二进制数位组成。

除了字节外，计算机经常使用的计量单位还有 KB、MB、GB 和 TB，其中 KB 为千字节、MB 为兆字节、GB 为吉（千兆）字节、TB 为太（万亿）字节。它们之间的换算关系是：1 KB=1 024 B，1 MB=1 024 KB，1 GB=1 024 MB，1 TB=1 024 GB。

按照功能内存又分为随机存储器（Random Access Memory，RAM）和只读存储器（Read Only Memory，ROM）。RAM 是内存储器的主体部分，它既能读出信息又可写入信息，当计算机掉电后，信息将全部丢失。

ROM 存储器主要用来存放计算机厂家的出厂固化程序、计算机的引导程序和基本的输入/输出底层模块。它只能读出信息不能写入信息，一旦信息写入则不能更改，可以长期保存，即使计算机掉电后信息也不会丢失。

还有一个称为 CMOS 的小存储器，它保存着计算机当前的配置信息，如日期和时间、硬盘格式和容量、内存容量等。这些信息是计算机调入操作系统之前必须知道的信息。如果将这些文件保存在 ROM 中，这些信息就不能被修改，因而也就不能将硬盘升级。所以，计算机必须使用一种灵活的方式来保存这些引导数据。引导数据保存的时间要比 RAM 长，但又不像 ROM 那样不能修改，CMOS 刚好满足这一要求。当计算机系统配置发生变化时，可按【Del】键进入 CMOS Setup 程序对上述参数进行修改。

另外，计算机中还有虚拟存储器，它是用来解决内存不足的问题。虚拟内存存储技术是通过软件方法，将一部分外存空间和内存构成一个整体，为用户提供一个比实际物理存储器大得多的存储器。

5. 外存储器

外存储器又称辅助存储器，它既是输入设备，又是输出设备，是内存的后备与补充。与内存相比，外存容量大，关机后信息不会丢失，但存取速度较慢，一般用来存放暂时不用的程序和数据。外存只能与内存交换信息，不能被其他计算机部件直接访问。当 CPU 需要访问外存的数据时，需要先将数据读入到内存中，然后 CPU 再从内存中访问该数据。当 CPU 需要输出数据时，也要将数据先写入内存，然后再由内存写入到外存中。常用的外存储器有硬盘、光盘和 U 盘。

（1）硬盘

硬盘是目前计算机上使用最广泛的外存设备，其外观及内部结构如图 1-15 所示。硬盘以铝合金或塑料为基体，两面涂有一层磁性胶体材料。通过电子方法可以控制磁盘表面的磁化，以达到记录信息的目的。磁盘的读/写是通过磁盘驱动器完成的。

硬盘安装在主机箱内，盘片与读/写驱动器均组合在一起，成为一个整体。硬盘的指标主要体现在容量和转速上，磁盘转速越快，存取速度也就越快，但对磁盘读/写性能要求也就越高。磁盘的容量从过去的几十兆字节（MB）、几百兆字节，发展到现在上百吉字节（GB）甚至上太字节（TB）。微型计算机中的大量程序、数据和文件通常都保存在硬盘上，一般的计算机可配置不同数量的硬盘且都有扩充硬盘的余地。

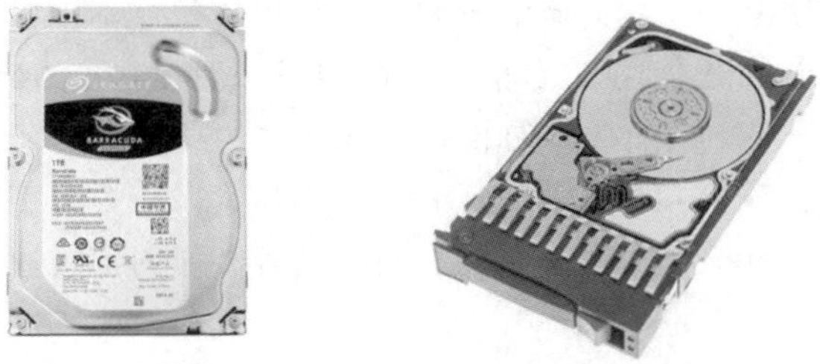

（a）外观　　　　（b）结构

图 1-15　硬盘外观及内部结构

硬盘格式化分为低级格式化和高级格式化。低级格式化就是将硬盘划分磁道和扇区，一般由厂家完成。只有当硬盘出现严重问题或被病毒感染无法清除时，用户才需要对硬盘重新进行低级格式化。进行低级格式化必须使用专门的软件。在安装系统前，还要对硬盘进行分区和高级格式化。分区是将一个硬盘划分成几个逻辑盘，分别标识为 C 盘、D 盘、E 盘等，并设置主分区。高级格式化的作用是建立文件分配表和文件目录表。硬盘必须经过低级格式化、分区和高级格式化后才能使用。

（2）光盘

光盘存储容量大，价格便宜，保存时间长，适宜保存大量的数据，它可以存放各种文字、声音、图形、图像和动画等多媒体数字信息。光盘需要光盘驱动器才能使用，光盘和光盘驱动器如图 1-16 所示。

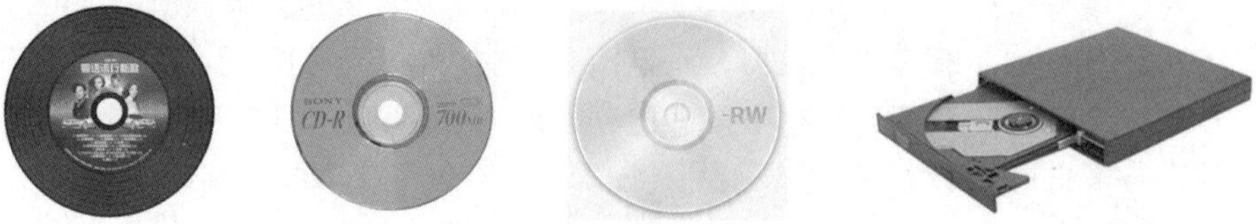

（a）光盘　　（b）光盘驱动器

图 1-16　光盘和光盘驱动器

光盘只是一个统称，它分为两类：一类是只读型光盘，其中包括 CD-Audio、CD-Video、CD-ROM、DVD-Audio、DVD-Video、DVD-ROM 等；另一类是可记录型光盘，包括 CD-R、CD-RW、DVD-R、DVD+R、DVD+RW、DVD-RAM、Double Layer DVD+R 等各种类型。CD-R 只能写入一次，以后不能改写；CD-RW 是可以重复改写的光盘。

（3）移动存储设备

通用串行总线目前使用非常流行，借助 USB 接口，移动存储产品已经成为现在的主流产品，并作为随身携带的存储设备广泛使用。常用移动存储设备如图 1-17 所示。

（a）U 盘　　（B）移动硬盘　　（c）存储卡

图 1-17　U 盘、移动硬盘和存储卡

U 盘是一种基于 USB 接口的移动存储设备，它可使用在不同的硬件平台上，图 1-17 中的 U 盘可以在手机和微机中通用。目前 U 盘的容量一般在几十吉字节甚至上百吉字节。U 盘的价格便宜，体积很小，使用方便，是非常适宜随身携带的存储设备。

移动硬盘也是基于 USB 接口的存储产品，它的容量在几百吉字节甚至达到太字节级别。移动硬盘体积小、质量小，携带方便，同时具有极强的抗震性，是一款实用、稳定的存储产品。

存储卡是很多小巧的 IT 电子产品的必要配备，如数码照相机、数码摄像机、掌上计算机或 MP3 随身听等。将数据保存在存储卡中，通过读卡器可以方便地与计算机进行数据交换。现在存储卡的容量也越来越大。

1.3.3　总线和接口

1. 总线

总线（Bus）是连接 CPU、存储器和外围设备的公共信息通道，各部件均通过总线连接在一起进行通信。总线的性能主要由总线宽度和总线频率来表示。总线宽度为一次能并行传输的二进制位数，总线越宽，速度越快。总线频率即总线中数据传输的速度，单位为 MHz。总线时钟频率越快，数据传输越快。根据总线连接部件的不同，总线又分为内部总线、系统总线和外部总线。

内部总线用于计算机部件之间的连接，如 CPU 内部连接各寄存器和运算器的总线。

系统总线用于连接同一计算机的各部件，如 CPU、内存储器、I/O 设备等接口之间的互相连接的总线。系统总线按照功能分为控制总线、数据总线和地址总线，分别用来传送控制信号、数据信息和地址信息。

外部总线是指与外围设备接口相连的总线，实际上一种外围设备的接口标准，负责与外围设备之间的通信。例如，目前计算机上流行的接口标准有 IDE、SCSI、USB 和 IEEE 1394 等，前两种主要是与硬盘、光驱等 IDE 设备接口相连，后两种新型外部总线可以用来连接移动硬盘、数码照相机、摄像机等多种外围设备。

目前，微机常见的总线有 PCI 总线和 PCI-E 总线。PCI 总线是 Intel 公司 1991 年推出的局部总线标准，它是一种 32 位的并行总线，总线频率为 33 MHz（可提高到 66 MHz），最大传输速率可达 66 MHz × 64 位/8=528 KB/s。PCI 总线的最大优点是结构简单、成本低、容易设计。PCI-E 是一种新型扩展总线标准，它是一种多通道的串行总线。它的主要优势就是数据传输速率高，而且总线带宽是各个设备独享的。

2. 接口

各种外围设备通过接口与计算机主机相连。通过接口计算机可以连接打印机、扫描仪、U 盘、MP3 播放机、数码照相机、数码摄像机、移动硬盘、手机等外围设备。主板上最常见的接口有 USB 接口、网卡接口、VGA 接口、DVI 接口等，如图 1-18 所示。

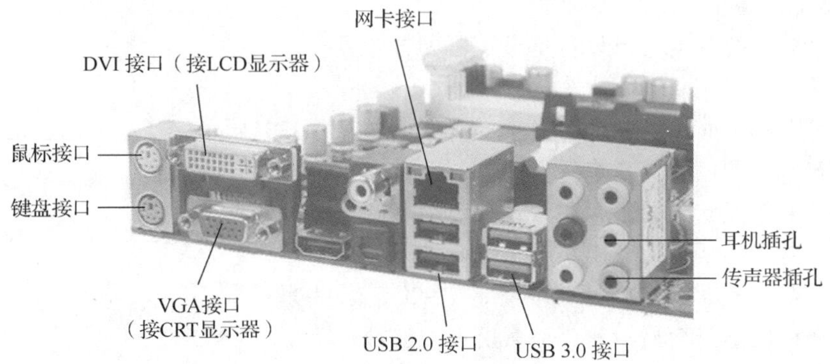

图 1-18 各种外围设备接口

1.3.4 输入/输出设备

输入/输出设备又称外围设备，是计算机系统的重要组成部分。各种类型的信息通过输入设备输入到计算机，计算机处理的结果由输出设备输出。

1. 输入设备

微型计算机的基本输入设备有键盘、鼠标、扫描仪、触摸屏。

（1）键盘

键盘是微型计算机必备的输入设备，用户不仅可以通过按键盘上的键输入命令或数据，还可以通过键盘控制计算机的运行，如热启动、命令中断、命令暂停等。键盘通常连接到主机箱的 PS/2（紫色）口或 USB 口上，近年来无线键盘也越来越多。

（2）鼠标

鼠标是微型计算机的基本输入设备，通过单击或拖动鼠标，可实现对计算机的操作。鼠标分为机械式、光电式和光机式三类，通常连接到主机箱的 PS/2（绿色）口或 USB 口上。同键盘一样，近年来无线鼠标也越来越多。

（3）扫描仪

扫描仪是一种将图片和文字转换为数字信息的输入设备，有手持式扫描仪、平板式扫描仪和滚筒式扫描仪，如图 1-19 所示。文本信息扫描并存储到计算机后通过文字识别软件技术可迅速转换为文字。

（a）手持式　　（b）平板式　　（c）滚筒式

图 1-19　手持式、平板式和滚筒式扫描仪

（4）触摸屏

触摸屏是一种新型的输入设备，它是目前最简单、方便的一种人机交互设备。它可以代替鼠标或模拟键盘，多用在公共信息查询和多媒体应用等领域。

2. 输出设备

微型计算机的基本输出设备是显示器和打印机。

（1）显示器

目前常用的显示器是液晶显示器（LCD），如图 1-20 所示。液晶显示器的主要技术指标有分辨率、颜色质量与响应时间。

图 1-20　液晶显示器

分辨率是指显示器的像素数量，分辨率越高，显示器的像素越多。常见的分辨率有 1 024 × 768 像素、1 280 × 1 024 像素、1 600 × 800 像素、1 920 × 1 200 像素等。颜色质量是指显示一个像素所占的位数，单位是位（bit）。颜色位数决定颜色数量，位数越多显示数量越多，如将颜色设置为 24 位（真彩色），则颜色数量为 2^{24} 种。响应时间指屏幕上的像素由亮转暗或由暗转亮所需要的时间，单位是毫秒（ms）。响应时间越短，显示器闪动就越少，在观看动态画面时就不会有尾影。目前液晶显示器的响应时间是 16 ms 和 12 ms。

（2）打印机

打印机主要的性能指标有两个：一是打印速度，单位 ppm，即每分钟打印 A4 纸的页数；二是分辨率，单位是 dpi，即每英寸的点数，分辨率越高打印质量越好。

目前使用的打印机有四种：针式打印机、喷墨打印机、激光打印机和 3D 打印机。前三种打印机如图 1-21 所示。

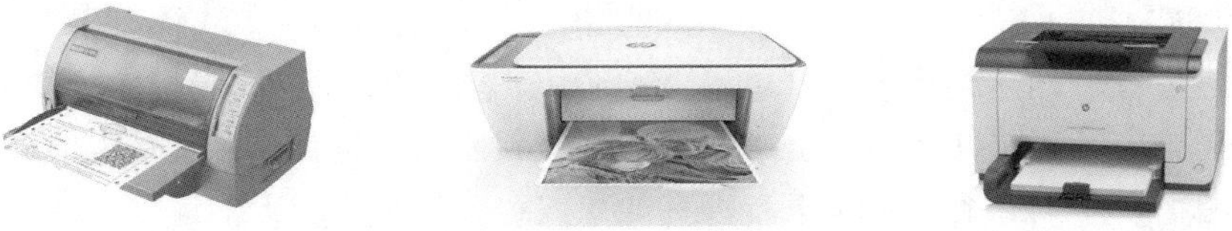

（a）针式打印机　　（b）喷墨式打印机　　（c）激光打印机

图 1-21　针式、喷墨、激光打印机

① 针式打印机：利用打印钢针按字符的点阵打印出文字和图形。针式打印机按打印头的针数可分为 9 针打印机、24 针打印机等。针式打印机工作时噪声较大，而且打印质量不好，但是它具有价格便宜、能进行多层打印等优点，被银行和超市广泛使用。

② 喷墨打印机：将墨水通过精致的喷头喷到纸面上形成文字和图像。喷墨打印机体积小、重量轻、噪声低，打印精度较高，特别是彩色印刷能力很强，但打印成本较高，适于小批量打印。

③ 激光打印机：利用激光扫描主机送来的信息，将要输出的信息在磁鼓上形成静电潜像并转换成磁信号，它将碳粉吸附到纸上，经加热定影后输出。激光打印机具有最好的打印质量和最快的打印速度，可以输出高质量的文稿。

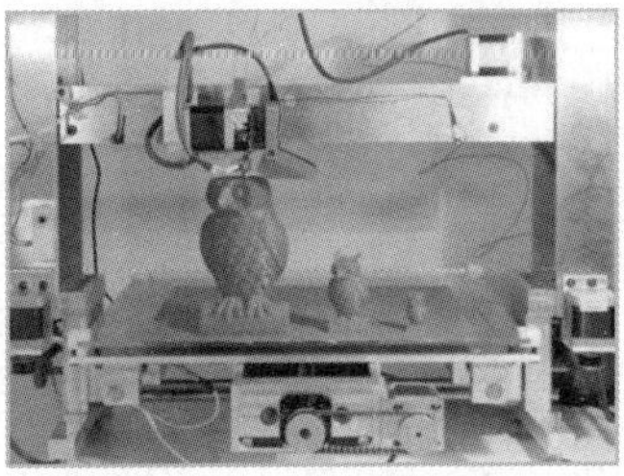

图 1-22　3D 打印机

④ 3D 打印机：3D 打印机（见图 1-22）是一种以计算机模型文件为基础，运用粉末状塑料或金属等可黏合材料，通过逐层打印的方式来构造物体的技术。3D 打印是一种新型的快速成型技术，常被用于模具制造、工业设计等领域制造模型，后逐渐用于一些产品的直接制造，已经有使用这种技术打印而成的零部件。3D 打印具有广泛的应用领域和广阔的应用前景。

1.3.5　微机主要性能指标

一台微型计算机性能的好坏，不是由某一项指标来决定的，而是由它的系统结构、指令系统、硬件组成、软件配置等多方面的因素综合决定的。对于大多数普通用户来说，可以从以下几个指标来评价微型计算机的性能。

1. 运算速度

运算速度是衡量微机性能的一项重要指标。通常所说的运算速度是指每秒所能执行的指令条数，一般用每秒百万条指令（MIPS）来描述。同一台微机，执行不同的运算所需的时间可能不同，因而对运算速度的描述常采用不同的方法。常用的有 CPU 时钟频率（主频）、每秒平均执行指令数（IPS）等。例如，同系列的酷睿 i7，主频为 2.3 GHz 的要比主频为 3.3 GHz 的速度慢。一般来说，主频越高，运算速度就越快。

微机的速度是一个综合指标，影响微机速度的因素很多，如存储器的存取速度、内存大小、字长、系统总线的时钟频率等。

2. 字长

字长是 CPU 在同一时间内处理的一组二进制位数。字长越大计算机处理数据的速度就越快。早期微型计算机的字长是 4 位、8 位、16 位和 32 位，目前酷睿 i 系列 CPU 都是 64 位。

3. 存储容量

存储容量指微机能存储的信息总量，包括内存容量和外存容量，但主要指内存容量。内存容量越大，计算机能运行的程序就越大，处理能力就越强。尤其是当前微机要处理多媒体信息，要求内存容量会越来越大，如果内存容量小，就无法运行某些软件。当前微机的内存都在 2 GB 以上，外存容量在几百 GB 以上。

4. 存取周期

存储器完成一次读（或写）操作的时间为存储器的存取时间或访问时间。连续两次读（或写）所需的最短时间称为存取周期。内存的存取周期也是影响整个微机系统性能的主要指标之一。例如，从内存频率来看，DDR4 相比 DDR3 提升很大，因此 DDR4 存取周期更短。

5. 可靠性

计算机的可靠性以平均无故障时间表示，平均无故障时间越长，系统性能就越好。

6. 性价比

性价比也是一种衡量微机产品优劣的概括性技术指标。性能代表系统的使用价值，包括计算机的运算速度、内存容量和存取周期、通道信息流量速率、输入/输出设备配置、计算机的可靠性等。价格是指计算机的售价。性价比越高，表明计算机越物有所值。

以上就是衡量微机的主要性能指标。除了上述这些主要性能指标外，还有其他指标，如微机所配置的系统软件和应用软件情况等。

1.3.6 如何选购微机

随着计算机应用的普及，很多人都想购买一台属于自己的微机。选择一台适合自己的微机可以从以下几方面做起：

1. 做好购机预案

在购买微机前，先做好准备工作，一是确定自己的预算；二是明确购机的主要用途和相关需求；三是确定需要的外围设备。

2. 选择机型和品牌

机型包括台式计算机、笔记本计算机和平板计算机三种。如果摆放位置固定且空间充分，可选择台式计算机；如果需要异地使用，方便携带，可选择笔记本计算机；如果对性能和存储空间要求不高，主要用于娱乐和上网，可选择平板计算机。

微机有兼容机和品牌机两种。如果具备一定的计算机硬件知识，可以自行维护，预算不多，同样价位想买性能高一些的微机可选择自行组装兼容机。如果对计算机维修和保养知识了解不多，需要良好的售后服务，可以选择品牌机。

3. 确定主要性能指标

主要包括：

① CPU：品牌、主频、内核数、高速缓存。

② 内存：容量和类型。

③ 硬盘：容量、机械硬盘还是固态硬盘（SSD）、机械硬盘的转速。

④ 显示器：尺寸、集成显卡还是独立显卡、显存大小。

⑤ 售后：保修时间，送修方式。

从上面几方面考量以后，可以利用网络搜索出符合选定条件的几台微机备选，然后到实体店实际考察一番，最终确定自己满意的微机。

1.4 数制和信息编码

1.4.1 数据和编码

数据是对客观事物性质、状态及相互关系的记载，是可识别的、抽象的符号。这些符号不仅指数字，还包括字符、文字、图形、图像等。只有对数据进行加工处理，使数据成为信息才有意义。信息是经过加工的对客观世界产生影响的数据。

在计算机中需要对各种数据进行编码才能存放处理。计算机中所有的数据均采用二进制编码，采用二进制进行编码的原因有以下几点：

① 二进制只有两种基本状态，在电器元件中最容易实现，而且稳定、可靠。例如用高、低两个电位，脉冲的有、无，电容的充电、放电等都可以方便地表示“1”和“0”。

② 二进制的编码、计数和运算规则都很简单，可以简化硬件结构。

③ 符号“1”和“0”正好与逻辑运算的“真”和“假”两个值相对应，为计算机实现逻辑运算和逻辑判断提供了便利的条件。

1.4.2 进位制计数制

人们在生产实践和日常生活中，创造了各种数的表示方法，称为数制。例如，十进制逢十进一；一周有七天逢七进一；一分有六十秒逢六十进一等，无论哪一种都是进位计数制。无论何种进位计数制都包括两个基本要素：基数和位权。

1. 基数

所谓基数是指进位计数制中允许使用的基本数字符号的个数。基数为 D 的进制中，包含 D 个不同的数字符号，每个数位计满 D 后就向高位进一，也就是逢 D 进一。例如，最常用的十进制数，使用 0、1、2、3、4、5、6、7、8、9 共 10 个数字来表示所有的数，则基数为 10，每满十就向高位进一。同理，二进制使用 0 和 1 两个数字，基数为 2，逢二进一。

2. 位权

一个数字符号处在数码的不同位置时，它所代表的数值是不同的。每个数字符号所表示的数值等于该数字符号乘以一个与数码所在位置有关的常数，这个常数就称为“位权”，也称为“权”。位权的大小是以基数为底，数字符号所在位置的序号为指数的整数次幂。例如，十进制中的数码 3，在个位上表示的是 3，在十位上表示的是 30，在百位上表示的是 300。

【例 1.1】十进制数 1530.86 用位权和基数表示为：

$$1530.86 = 1\times10^3 + 5\times10^2 + 3\times10^1 + 0\times10^0 + 8\times10^{-1} + 6\times10^{-2}$$

1.4.3 常用进位计数制及其转换

1. 二进制

二进制采用 0、1 两个数字符号来表示所有的数，2 是二进制的基数，其运算规则是逢二进一。使用基数及位权可以将二进制数展开成多项式和的表达式。展开后所得结果就是该二进制数所对应的十进制数。例如：

$(10100.01)_2=1\times2^4+0\times2^3+1\times2^2+0\times2^1+0\times2^0+0\times2^{-1}+1\times2^{-2}=20.25$

计算机内所有数据均采用二进制表示。二进制表示的数比等值的十进制数占更多的位数，因此计算机中常用八进制或十六进制来弥补这个缺点。

为了区分各种数制，在数后加 D、B、O、H 后缀分别表示十进制、二进制、八进制、十六进制，也可用下标来表示各种数字的数。例如，36D、110B、78O、37H，根据它们的标识字母就可以知道它们分别是十进制、二进制、八进制和十六进制数；也可以写成 $(36)_{10}$、$(110)_2$、$(78)_8$、$(37)_{16}$ 。十进制下标可以省去不写。

2. 八进制

八进制采用 0～7 共八个数字符号来表示所有的数，其运算规则是逢八进一。使用基数及位权可以将八进制数展开成多项式和的表达式。展开后所得结果就是该八进制数所对应的十进制数。例如：

$157.2O=1\times8^2+5\times8^1+7\times8^0+2\times8^{-1}=111.25$

采用八进制可以弥补二进制书写与叙述的缺陷，3 位二进制数可以用 1 位八进制数表示，反之，1 位八进制数又可以分解成 3 位二进制数。由于其对应关系非常简单，所以二进制数与八进制数的换算非常方便。

3. 十六进制

十六进制采用 0 ~ 9、A ~ F 共 16 个数字及字母来表示所有的数，其中字母 A、B、C、D、E、F 分别代表 10、11、12、13、14、15，其运算规则是逢十六进一。使用基数及位权可以将十六进制数展开成多项式和的表达式，展开后所得结果就是该十六进制数所对应的十进制数。例如：

$2CB.8H=2\times16^2+12\times16^1+11\times16^0+8\times16^{-1}=715.5$

同样，采用十六进制可以弥补二进制书写与叙述的缺陷，因为 4 位二进制数可以用 1 位十六进制数表示；反之，1 位十六进制数又可以分解成 4 位二进制。与八进制数相比，较长的二进制数用十六进制数表示将会更简洁。

4. 不同进制之间的等值转换

（1）二进制、八进制、十六进制数转换为十进制数

根据二进制、八进制、十六进制的定义，只要将二进制、八进制、十六进制数按照基数及位权展开后所得结果就是它们所对应的十进制数。

（2）十进制数转换为二进制、八进制、十六进制数

十进制数转换为其他进制数时，整数部分与小数部分换算方法不同，需要分别计算。

下面以十进制数转换为二进制数为例，进行介绍：

① 整数部分转换（除 2 留余法）：将需要转换的十进制整数除以 2，所得余数作为二进制数的最低位数，将商的整数部分再除以 2，所得余数为次低位，如此反复，直到商为 0

为止。所得到的从低位到高位的余数序列便构成对应的二进制整数。

【例 1.2】 把十进制整数 18 转换为二进制数。

```
2|18                 低位
2|9   ...... 0        ↑
2|4   ...... 1       书
2|2   ...... 0       写
2|1   ...... 0       顺
  0   ...... 1       序
                     高位
```

因此有：18 = 10010B

② 小数部分转换（乘 2 取整法）：将需要转换的十进制小数乘以 2，所得整数作为二进制的最高位数，将乘积的小数部分再乘以 2，所得整数为次低位，如此反复，直到积为 0 或者达到规定的精度为止。所得到的从高位到低位的整数序列便构成对应的二进制小数。

【例 1.3】 把十进制小数 0.8125 转换为二进制数。

```
  0.8125               高位
×      2
 1.6250...... 1        书
×      2               写
 1.2500...... 1        顺
×      2               序
 0.5000...... 0
×      2                ↓
 1.0000...... 1        低位
```

因此有：0.8125 = 0.1101B

与十进制数转换为二进制数的方法相似，十进制数转换为八进制数和十进制数转换为十六进制数均分为整数和小数两部分进行。

十进制数转换为八进制数：整数部分采用“除 8 留余法”，小数部分采用“乘 8 取整法”。十进制数转换为十六进制数：整数部分采用“16 除留余法”，小数部分采用“16 乘取整法”。但一般不这样做，而是先把十进制数转换为二进制数，再把二进制数转换成八进制数或十六进制数。因为二进制数转换为八进制数和十六进制数相对很简单。

（3）二进制与八进制之间的转换

由于 1 位八进制数对应 3 位二进制数，所以从二进制转换为八进制时，只需要以小数点为基点，整数部分从低位到高位，小数部分从高位到低位，每 3 位二进制数为一组，转换成所对应的八进制数。每组不足 3 位的情况下，小数部分在低位补 0，整数部分在高位补 0。反之，如果要将八进制转换为二进制，只需要将每1位八进制数还原成 3 位二进制数。

【例 1.4】 将二进制数 11011. 1011B 转换为八进制数。

```
11011.1011B  =  011  011.101  100 B
             =   3    3 . 5    4 0
```

【例 1.5】将八进制数 247.640 转换为二进制数。

247.640 = 010 100 111.110 100

= 10100111.1101B

（4）二进制与十六进制之间的转换

由于 1 位十六进制数对应 4 位二进制数，所以二进制与十六进制之间的转换，类似于二进制与八进制之间的转换。所不同的就是要以小数点为基点，整数部分从低位到高位，小数部分从高位到低位，每 4 位二进制数作为一组，转换成所对应的十六进制数。反之，如果要将十六进制数转换为二进制数，只需要将每 1 位十六进制数还原成 4 位二进制数即可。

1.4.4 常用数据编码

在信息社会，编码和人们密切相关，如身份证号、电话号码、邮政编码、条形码、学号等都是编码。用数字、字母等按规定的方法和位数来代表特定的信息即为编码，编码主要是为了人与计算机之间进行信息交流和处理。下面介绍几种计算机中常用的数据编码。

1. ASCII 码

ASCII（American Standard Code for Information，美国标准信息交换标准代码）由 7 位二进制数组成，可以表示 $2^7=128$ 个字符，见表 1-1。其中包括 52 个大、小写英文字母，10 个阿拉伯数字，32 个专用符号和 34 个控制符号，而且每个二进制代码都可用与其对应的十六进制数表示。

表 1-1 ASCII 码表

$d_4d_3d_2d_1$	$d_7d_6d_5$							
	000	001	010	011	100	101	110	111
0000	NUL	DLE	SP	0	@	P	、	p
0001	SOH	DC1	!	1	A	Q	a	q
0010	STX	DC2	"	2	B	R	b	r
0011	EXT	DC3	#	3	C	S	c	s
0100	EOT	DC4	$	4	D	T	d	t
0101	ENQ	NAK	%	5	E	U	e	u
0110	ACK	SYN	&	6	F	V	f	v
0111	BEL	ETB	'	7	G	W	g	w
1000	BS	CAN	(	8	H	X	h	x
1001	HT	EM	)	9	I	Y	i	y
1010	LF	SUB	*	:	J	Z	j	z
1011	VT	ESC	+	;	K	[	k	{
1100	FF	FS	,	<	L	\	l	|
1101	CR	GS	−	=	M	]	m	}
1110	SO	RS	.	>	N	↑	n	～
1111	SI	US	/	?	O	↓	o	DEL

虽然 ASCII 码只用了 7 位二进制代码，但由于计算机的基本存储单位是一个字节（8 个二进制位），所以每个 ASCII 码也用一个字节表示，最高的二进制位为 0，通常用作奇偶校验或当作其他标志位。

从表 1-1 中可以查出一些常用字符的 ASCII 码：

①“a”字符的编码值为 1100001，对应的十、十六进制数分别为 97 和 61H。

②“A”字符的编码值为 1000001，对应的十、十六进制数分别为 65 和 41H。

③“0”字符的编码值为 0110000，对应的十、十六进制数分别为 48 和 30H。

④“ ”空格字符的编码值为 0100000，对应的十、十六进制数分别为 32 和 20H。

2. 汉字编码

为了在计算机中表示、处理汉字，需要对汉字进行编码。据统计，在我国使用的汉字有 50 000 个左右，常用的汉字有 7 000 个左右。汉字属于图形符号，结构复杂，多音字和多义字比例较大。这些导致汉字编码处理和西文有很大的区别，在键盘上输入和处理都困难得多。所以，在汉字输入、存储、加工、传输等各个不同的阶段，需要有不同的编码。这些编码有汉字输入码、汉字机内码、汉字字形码等。

（1）汉字输入码

为将汉字输入计算机而编制的代码称为汉字输入码，又称外码。目前汉字输入码已有数百种，主要分为流水码（如区位码、电报码等）、拼音码（如全拼码、双拼码等）、字形码（如五笔字型码、纵横码等、字源码）、音形码（如自然码）等。

对于同一个汉字，不同的输入法有不同的输入码。但不管采用什么输入方法，输入的汉字都会转换成对应的机内码并存储在存储介质中。

（2）汉字机内码

汉字机内码是为解决汉字在计算机内部存储、处理而设置的汉字编码，简称内码。它应能满足在计算机内部存储、处理和传输的要求。当一个汉字输入计算机时就转换成了内码，然后才能在机器内存储和处理。一个汉字内码用两个字节存储，并把每个字节的最高位置 1 作为汉字内码的标识，以免和 ASCII 码混淆。

（3）汉字字形码

汉字字形码是表示汉字字形信息的编码，大多以点阵的方式形成汉字。汉字字形码指确定一个汉字字形点阵的编码，也称为字模或汉字输出码。

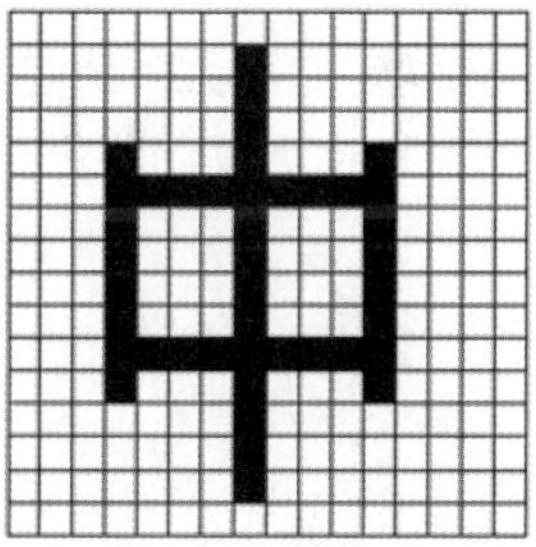

图 1-23　汉字点阵“中”

汉字是方块字，将方块等分为 n 行 n 列的格子，就称为点阵。凡笔画所到的格子点为黑点，用二进制“1”表示，否则为白点，用二进制“0”表示。这样，一个汉字的字形就可用一串二进制数表示。图 1-23 所示为一个 16×16 点阵的汉字“中”。每一个点用一位二进制数来表示，则一个 16×16 的汉字字模要用 32 字节来存储。点阵的规格有简易型 16×16 点阵、普通型 24×24 点阵和提高型 32×32 点阵等。点越密表现出来的汉字就越美观、准确，但是所占的存储空间就越大。例如，16×16 点阵的字形码要占 32 字节存储，而 32×32 点阵字形码要占 128 字节存储。国标码中的 6 763 个汉字及符号码要用 261 696 字节存储。以这种形式存储所有汉字字形信息的集合称为汉字字库。可以看出，随着点阵的增大，所需存储容量也很快变大，其字形质量也越好，但成本也越高。目前汉字信息处理系统中，屏幕显示一般用 16×16 点阵，打印输出时采用 32×32 点阵，在质量要求较高时可以采用更高的点阵。

点阵字库汉字最大的缺点是不能放大，一旦放大后就会发现文字边缘的锯齿。矢量字库可以解决这个问题。矢量表示方式存储的是描述汉字字形的轮廓特征，当要输出汉字时，通过计算机的计算，由汉字字形生成所需大小和形状的汉字。矢量化字形描述与最终文字显示的大小、分辨率无关，因此可产生高质量的汉字输出。

点阵和矢量方式的区别：前者编码、存储方式简单、无须转换直接输出，但字形放大后产生的效果差；矢量方式特点正好与前者相反。

3. 数值在计算机中的编码

计算机中的数值分为整数和实数，下面简单介绍一下整数和实数在计算机中如何表示。

（1）整数的表示

在计算机中，因为只有“0”和“1”两种形式，所以数的正负用“0”和“1”表示。通常把一个数的最高位定义为符号位，用 0 表示正，1 表示负，称为数符。其余位仍表示数值。例如，真值为(+1010011) B 的机器数为 01010011，存放在机器中，等效于+83。

需注意的是，机器数表示的范围受到字长和数据类型的限制。字长和数据类型定了，机器数能表示的数值范围也就定了。例如，若表示一个整数，字长为 8 位，则最大的正数为 01111111，最高位为符号位，即最大值为 127。若数值超出 127，就要“溢出”。

（2）浮点数的表示

实数在计算机中用浮点数来表示，浮点数是定点整数和定点小数的结合。

① 定点整数：指小数点隐含固定在机器数的最右边，如图 1-24 所示。定点整数是纯整数。

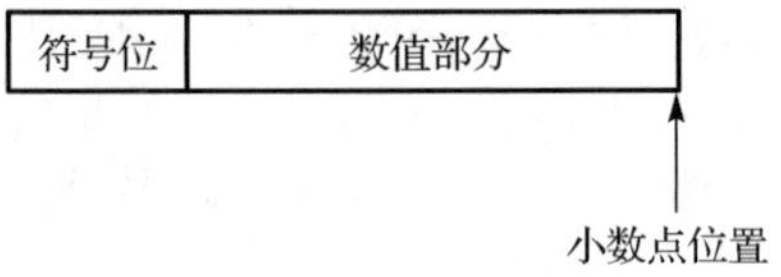

图 1-24　定点整数表示

② 定点小数：约定小数点位置在符号位和有效数值部分之间，如图 1-25 所示。定点小数是纯小数，即所有小数的绝对值均小于 1。

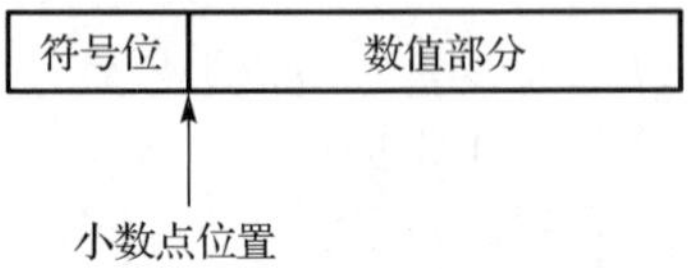

图 1-25　定点小数表示

③ 浮点数：定点数表示的范围在实际应用中是不够的。我们可以把两者结合起来采用浮点数来表示更大或更小的数。浮点表示法对应于科学（指数）计数法，例如，二进制数 $110.011=1.10011\times2^{10}$，也可以写作如图 1-26 所示的形式。

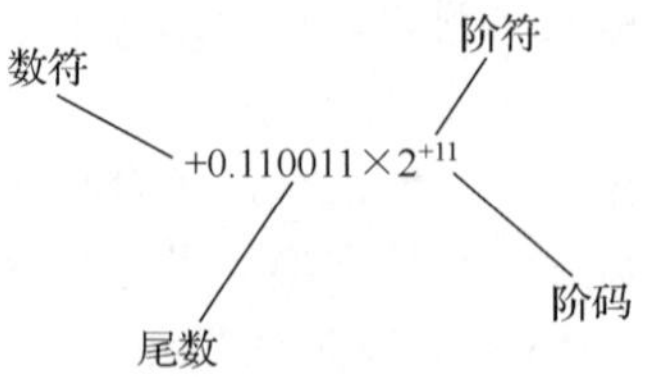

图 1-26　浮点数的表示

浮点数由阶码和尾数两部分组成（见图 1-26）：阶码用定点整数来表示，阶码所占的位数确定了数的范围；尾数用定点小数表示，尾数所占的位数确定了数的精度。为了唯一地表示浮点数在计算机中的存放，对尾数采用了规格化的处理，即规定尾数的最高位为 1，通过阶码进行调整，这也是浮点数的来历。图 1-26 所示为一个规格化处理后的浮点数。

在高级程序设计语言中，通常有单精度和双精度两种浮点数，单精度浮点数占 4 字节（32 位），阶码部分占 7 位，尾数部分占 23 位，阶符和数符各占 1 位；双精度浮点数占 8 字节（64 位），阶码部分占 10 位，尾数部分占 52 位，阶符和数符各占 1 位。

例如，28.5 作为单精度在计算机中存储，$28.5=(11100.1)_2$，其规格化表示为 $0.111001\times 2^{+101}$，在计算机中存储为图 1-27 所示。

1位	7位	1位	23位
0	0000101	0	11100100000000000000000
↑	↑	↑	↑
阶符	阶码	数符	尾数

图 1-27　单精度浮点数的存储

1.5　计算思维和算法基础

1.5.1　计算思维的概念

计算思维是由美国卡内基·梅隆大学计算机科学教授周以真教授于 2006 年提出的。她指出，计算思维是运用计算机科学的基础概念进行问题求解、系统设计，以及人类行为理解等涵盖计算机科学广度的一系列思维活动。计算思维代表着一种普遍的态度和一类普适的技能，每个人都应该学习和运用它。

计算思维是人类求解问题的一条途径，属于人的思维方式。计算机之所以能求解问题，是因为人将计算思维的思想赋予了计算机。例如，递归、迭代思想都是计算机发明之前人类已经提出，人类将这些思想赋予计算机后计算机才能进行这些计算。

计算思维的本质是抽象和自动化。计算思维中的抽象完全超越物理的时空观，它要求能够对问题进行抽象表示、形式化表达，设计问题求解过程达到精确、可行，并通过程序作为方法和手段对求解过程予以精确地实现。也就是说，抽象最终结果是能够机械地一步步自动执行。

1.5.2　计算思维的主要方法

利用计算机求解问题包含许多共性的方法，即构成计算思维的基本方法，典型的有以下几类：

1. 抽象

在计算机问题求解中，首先要进行问题定义和形式化，以及建立问题逻辑模型，这就是对问题的抽象过程，它给问题提供了一个信息化的逻辑视图。抽象是从许多事物中舍弃个别的、非本质的属性，抽取共同的、本质的属性的过程。共同属性是指那些能把事物与其他类事物区分开的特征，这些具体区分作用的属性又称为本质属性。

2. 分解

分解是最常用的和设计复杂问题的方法。当面临一个庞杂的任务或要设计一个复杂的系统时，采用任务分解和模块化思想，把一个复杂的任务或系统拆分成相对简单的若干子系统。如果某个子系统还比较复杂，则需要进一步细分，直到每个部分相对简单为止。问题分解要遵循各子系统相对独立的原则，即要保证高内聚、低耦合。

3. 约简

约简就是保证在能反映原问题或数据本质特征的情况下，对问题或数据进行简化。例如，高维数据空间的降维处理。

4. 递归

递归可以把一个复杂问题通过层层转化，变为一个与原问题相似的规模较小的问题。在计算机程序中，使用递归只需要少量程序代码就可以解决多次的重复计算，大大减少了程序代码量。例如，汉诺塔、求 $n!$ 等问题可以使用递归求解。

5. 仿真

仿真就是利用模型复现实际系统发生的本质过程，并通过对系统模型的实验来研究存在的或设计中的系统，又称模拟。仿真模型是被仿真对象的相似物或其结构形式，可以是物理模型或数学模型。

6. 推理

计算思维利用启发式推理来寻求解答，就是在不确定情况下的规划、学习和调度。它就是搜索、搜索、再搜索，结果也许是一系列的网页，也许是一个赢得游戏的策略，或者一个反例。计算思维利用海量数据来加快计算，在时间和空间之间、在处理能力和存储容量之间进行权衡。

1.5.3 计算思维应用

计算思维不仅渗透到每个人的生活里，而且影响了其他学科的发展，创造和形成了一系列新的学科分支。计算思维渗透到物理、化学、生物学、经济学等学科，形成计算物理学、计算化学、计算生物学、计算经济学等；各学科应用计算手段进行研究和创新，将成为未来各学科创新的重要手段。2013 年，诺贝尔化学奖获奖理由是“为复杂化学系统创立了多尺度模型”，获奖的三位科学家就是利用计算机对化学学科进行研究，经过模拟，化学家能更快地获得比传统实验更精准的预测结果。

随着信息化的深入，计算机的广泛应用使计算思维成为人们认识和解决问题的基本能力之一。不仅计算机专业人员应该具备这种能力，所有使用计算机工作的人都应该具备这种能力。它蕴含着一整套解决一般问题的方法和技术，为此应该大力推广计算思维的观念，使人们更好地利用计算机解决实际问题。

1.5.4 算法基础

1. 算法的概念

计算机是一种“存储程序、控制程序”的自动化机器，也就是说人们在用计算机解决问题时，要先编写程序，然后执行程序得到结果。编写程序前，要有一系列在计算机上可执行的步骤，这些步骤就是算法。

算法是解决问题的方法和步骤，解决问题的过程就是算法实现的过程。

【例 1.6】写出猜数游戏的算法，计算机随机产生一个 1～100 之间的整数让用户来猜，直到猜中为止。

分析：我们可以在猜数范围内随意猜，这种方法效率低，最坏的结果是猜 100 次才猜中。还可以采用二分法猜，就是每次猜中间的数，这种方法效率高。下面给出二分法的算法描述：

① 机器产生一个 1～100 之间的随机数 m。

② 取猜数区间的中间值作为所猜数。

③ 比较所猜数 x 和机器产生的数 m 的大小。

④ 若 $x=m$，则游戏结束；若 $x>m$，则继续猜数的范围缩小为前半个区间；若 $x<m$，则继续猜数的范围缩小为后半个区间。

⑤ 重复第①～③步，直到猜中，游戏结束。

2. 算法的特点

算法有以下五个特点：

① 有穷性：一个算法必须在执行有限的操作步骤后结束。

② 确定性：算法中的每一步操作必须是确切的，不可以出现二义性。

③ 可行性：有限个步骤应该在一个合理的范围内进行。

④ 有零个或多个输入：这里的输入是指在算法开始之前所需要的初始数据。输入的个数取决于特定的问题。有些算法也可以没有输入。

⑤ 有一个或多个输出：一般有若干个输出信息，是反映对输入数据加工后的结果。由于算法需要给出解决问题的结果，因此没有输出结果的算法是毫无意义的。

3. 算法的分类

算法可以分为如下两大类：

① 数值计算算法：目的是用于科学计算，其特点是少量的输入、输出，复杂的运算。例如，求高次方程的近似根、求圆周率 π 的值等。

② 非数值计算算法：目的是对数据进行管理，其特点是大量地输入、输出，简单地进行算术运算和大量的逻辑运算。例如，对数据的排序、查找等算法。

4. 算法的表示

为了描述算法，可以使用多种方法。常用的有自然语言、传统流程图、N-S 图、伪代码、计算机语言程序等。

（1）自然语言

用人们使用的语言，即自然语言描述算法，例 1.6 的算法就是利用自然语言来描述的。

用自然语言描述算法通俗易懂，但存在以下缺陷：一是易产生歧义性，往往通过上下文才能判别其含义，不太严格；二是语句比较烦琐、冗长，并且很难清楚地表达算法的逻辑流程，尤其对描述含有选择、循环结构的算法，不太方便和直观。

（2）传统流程图

传统流程图是用特定的框、程序指向线及文字说明来形象、直观地描述算法。传统流程图中常用的符号见表 1-2。

表 1-2　传统流程图中常用的符号

符号名称	图　形	功　能
起止框	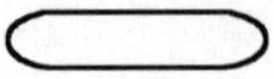	表示算法的开始和结束
输入/ 输出框		表示算法的输入和输出操作
处理框		表示算法中的各种处理操作
判断框	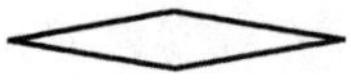	表示算法中的条件判断操作
流程线		表示算法的执行方向
连接点		表示流程图的延续

【例 1.7】用传统流程图描述计算 $1\times2\times\cdots\times n$ 积的算法。

分析：首先输入乘数的终值 n；然后刻画初始状态，plus 表示累乘积，初值设为 1，i 用来计数，初值为 1；然后不断将 i 的值累乘到 plus 中，累乘一次，i 的值就增 1；当 i 的值超过 n 时，停止继续累乘；最后输出累乘积 plus。

用传统流程图描述该算法，如图 1-28 所示。

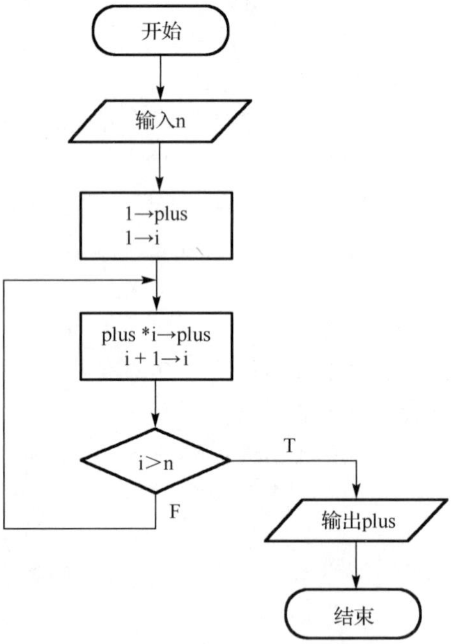

图 1-28　计算 $1\times2\times\cdots\times n$ 的传统流程图

（3）N-S 图

随着结构化程序的兴起，美国学者 I.Nassi 和 B.Shneiderman 提出了 N-S 图，取的是两位科学家的名字首字母命名。N-S 图中完全去掉流程线，全部算法以一个大的矩形框表示，该框内还可以包含一些从属于它的小矩形框，适用于结构化程序设计。图 1-29 表示了结构化程序设计的几种基本结构。

【例 1.8】用 N-S 图描述计算 $1\times2\times\cdots\times n$ 之积的算法。

用 N-S 图描述该算法如图 1-30 所示。

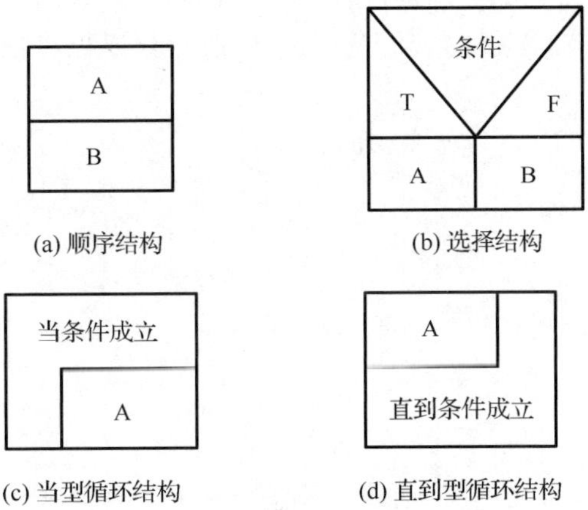

图 1-29　N-S 图的几种基本结构

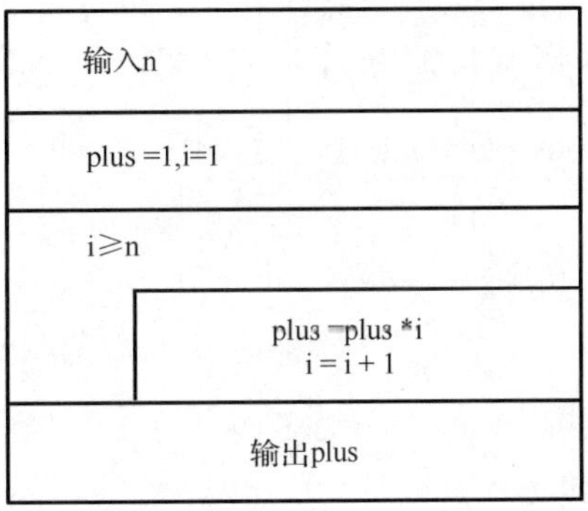

图 1-30　计算 $1\times2\times\cdots\times n$ 的 N-S 图

（4）伪代码

由于绘制流程图比较麻烦，用自然语言容易产生歧义且难以清楚地表达算法的逻辑流程等缺陷，又出现了伪代码来描述算法。伪代码产生于 20 世纪 70 年代，也是一种描述程序设计逻辑的工具。它接近自然语言，易理解和修改，书写自由；与一般程序语言结构相同，易过渡到计算机语言。

使用伪代码描述算法有以下约定：

① 每个算法从 Begin 开始，到 End 结束；若仅表示部分实现代码可省略。

② 每一条指令占一行，指令后不跟任何符号。

③ “//”标志表示注释的开始，一直到行尾。

④ 算法的输入/输出以 Input/Print 后加参数表的形式表示。

⑤ 用“←”表示赋值。

⑥ 用缩进表示代码块结构，包括 while 和 for 循环、if 分支判断等；块中多条语句用{ }括起来。

⑦ 函数调用或者处理简单的任务可以用一句自然语言代替。

【例 1.9】用伪代码法描述计算 $1\times2\times\cdots\times n$ 之积的算法。

用伪代码法描述该算法如下：

```
Begin
    输入 n
    plus←1
    i←1
    while i≤n
    {
       plus←plus*i
         i←i+1
```

```
    }
    输出 plus
End
```

可以看出，伪代码非常接近于高级语言，用伪代码写的算法很容易修改。

（5）计算机语言程序

算法最终要在计算机上实现，并且计算机不能识别流程图和伪代码，只有用计算机语言编写的程序，经过该语言处理程序，才能在计算机上执行。因此，可以把流程图或伪代码描述的算法转换成计算机语言程序。

【例 1.10】用 Python 语言编写计算 $1\times2\times\cdots\times n$ 之积的程序。

```
n=eval(input("n="))    #提供一个整数 n
plus=1
i=1
while i<=n:
   plus=plus*i
   i=i+1
print("plus=",plus)
```

需要注意的是，虽然写出了 Python 程序，也只是描述了算法，并未实现算法。只有在 Python 环境中运行该程序才能实现算法。应该说计算机程序是可执行的算法。

本 章 小 结

通过学习了解计算机的发展历程和趋势、微机的发展历程及特点,清楚了计算机系统的组成及微机系统的组成；学会了二进制及计算机中信息的编码方法；了解了计算思维的概念和算法的概念及描述方法。本章既是了解计算机的入门内容，也是学习后面各章的起点。

思考与练习

一、选择题

1．世界上第一台电子计算机是（　　）问世的。

A．1887 年　　B．1946 年　　C．1956 年　　D．1958 年

2．计算机操作系统的功能是.(　　)。

A．把源程序代码转换成目标代码

B．实现计算机与用户之间的交流

C．完成计算机硬件与软件之间的转换

D．控制、管理计算机资源和程序的执行

3．在计算机中，地址和数据等全部信息的存储和运算都是采用（　　）。

A．二进制数　　B．八进制数

C. 十进制数　　D. 十六进制数

4. 以二进制和存储程序为基础的计算机结构是由（　　）最早提出的。

A. 布尔　　B. 卡诺　　C. 冯·诺依曼　　D. 图灵

5. 人们使用高级语言编写出来的程序，一般首先应当翻译成（　　）。

A. 编译程序　　B. 解释程序　　C. 执行程序　　D. 目标程序

6. 操作系统是一种（　　）。

A. 系统软件　　B. 操作规范

C. 语言编译程序　　D. 面板操作程序

7. 微型计算机系统中的中央处理器通常是指（　　）。

A. 内存储器和控制器　　B. 内存储器和运算器

C. 控制器和运算器　　D. 内存储器、控制器和运算器

8. 计算机的主要部件包括（　　）。

A 电源、打印机、主机　　B. 硬件、软件、固件

C. CPU、控制器、存储器　　D. CPU、存储器、I/O 设备

9. 计算机按（　　）的程序进行工作。

A. 预先编制　　B. 自动生成　　C. 机内固有　　D. 解释方式

二、简答题

1. 计算机应用的主要领域有哪些？
2. 完整的计算机系统由哪两部分组成？
3. 运算器可以实现哪些运算？
4. 系统软件的作用是什么？
5. 衡量计算机性能的主要指标有哪些？
6. 如何选购微机？
7. 计算机中为什么要采用二进制？
8. 如何描述算法？

第2章 操 作 系 统

任何一台计算机的工作都离不开操作系统。一台刚刚组装起来的计算机，在没有安装任何软件的情况下，是不能运行和工作的，此时的计算机称为“裸机”。要想让计算机正常运行，必须安装系统软件与其他应用软件。

操作系统是计算机必须配置的最基本、最重要的系统软件，它统一管理计算机的硬件资源和软件资源，控制计算机的各个部件协调工作。同时，操作系统也是人与计算机进行交流的桥梁，人们必须通过操作系统才能使用和控制计算机。目前比较流行、比较新的操作系统是 Windows 10，本章主要学习操作系统的相关知识与 Windows 10 的基本操作。

2.1 操作系统基础

2.1.1 操作系统的含义

在任一计算机系统中，无一例外都配置了操作系统，那么，计算机为什么需要配置操作系统呢？

早期，计算机的运行需要在人工干预下才能进行，效率非常低下。为了使计算机系统中所有软、硬件资源协调一致，有条不紊地工作，就必须有一个软件来进行统一管理和调度，这种软件就是操作系统。所以，操作系统就是管理和控制计算机中所有软硬件资源、控制程序执行、改善人机界面、合理组织计算机工作流程和为用户使用计算机提供良好运行环境的一种系统软件。正如人不能没有大脑一样，计算机系统不能缺少操作系统，并且操作系统的性能很大程度上直接决定了整个计算机系统的性能。

操作系统直接运行在裸机之上，是对计算机硬件系统的第一次扩充。在操作系统的支持下，计算机才能运行其他软件。从用户的角度看，操作系统加上计算机硬件系统形成一台虚拟机（通常广义上的计算机），它为用户构成了一个方便、高效、友好的使用环境。因此，操作系统不但是计算机硬件与其他软件的接口，而且也是用户和计算机的接口。硬件、操作系统和应用软件之间的关系如图 2-1 所示，操作系统在计算机中的地位如图 2-2 所示。

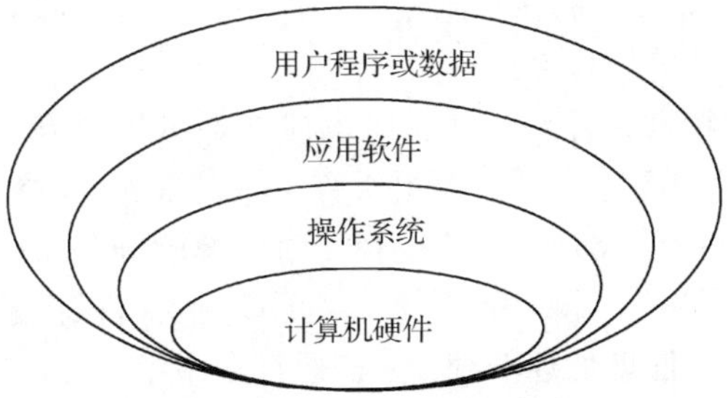

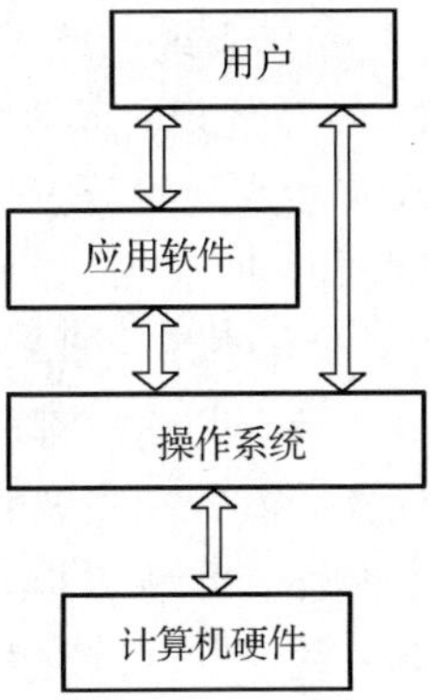

图 2-1　硬件、操作系统和应用软件之间的关系　图 2-2　操作系统在计算机系统中的地位

在计算机中引入操作系统有如下两个目的：

① 操作系统将裸机扩充成一台虚拟机，使用户无须了解一些硬件和软件细节就能够使用计算机，从而提高用户的工作效率。

② 操作系统能够合理地使用系统内包含的各种软硬件资源，提高整个系统的使用效率。

2.1.2　操作系统的分类

经过半个多世纪的发展，操作系统已经能够适应各种不同的应用和各种不同的硬件配置，并呈现出种类繁多，功能差异很大的现象。目前，操作系统有多种分类标准，具体介绍如下：

1. 以与用户交互的界面分类

① 命令行界面（CLI）操作系统。在此类系统中，用户需要记忆各种命令，只能在命令提示符后输入命令才能操作计算机，界面不友好，如 MS DOS、Novell 等系统。

② 图形用户界面（GUI）操作系统。在此类系统中，用户不需要记忆命令，而是可以根据界面上的图形对象进行操作，如 Windows 等操作系统。

2. 以能支持用户的数量分类

① 单用户操作系统。在此类系统中，一台计算机在同一时间只能由一个用户使用，该用户独自享用计算机系统的全部软硬件资源，如 MS DOS、CP/M、OS/2 等系统。

② 多用户操作系统。在此类系统中，一台计算机在同一时间允许多个用户同时使用，如 Linux、UNIX 等操作系统。

3. 以能运行任务的数量分类

① 单任务操作系统。在此类系统中，每次只能执行一个程序，不能再进行其他工作，如早期的 DOS 等系统。

② 多任务操作系统。在此类系统中，允许同时运行两个及以上的程序，如 Linux、UNIX、Windows NT、Windows 2000/XP/Vista/7/10/11 等操作系统。

4. 以系统的功能分类

① 批处理操作系统。此类系统的工作方式是将批量的用户作业输给系统，系统在无用户交互的情况下自动地、顺序完成这些作业。其主要特点是用户将作业提交系统后就不再与作业有任何联系，并且作业成批处理，提高了系统资源的利用率和系统的吞吐量，如 MVX、DOS/VSE 等系统。

② 分时操作系统。此类系统的主要特点是多个用户终端共享一台计算机，即将计算机系统的 CPU 处理时间划分成时间片，轮流地切换给各个终端用户的程序使用。由于计算机的高速性及其并行工作的特点，使得每个用户都感觉自己独占计算机资源，从而有效提高资源的使用率，如 UNIX、XENIX 等操作系统。

③ 实时操作系统。此类系统的主要特点是计算机能及时响应外部事件的请求，对信号的输入、计算和输出都能在规定的时间内完成，并控制所有实时设备和实时任务协调一致地工作。其特别强调对外部事件响应的及时性和快捷性，对资源的分配和调度首先要考虑实时性，然后才是效率。根据具体应用领域的不同，又可以将实时操作系统分成实时控制系统（如导弹发射系统）和实时信息处理系统（如机票订购系统），如 IRMX、VRTX 等操作系统。

5. 以硬件结构分类

① 网络操作系统。网络操作系统是基于计算机网络的，是用来管理连接在网络上的多个独立的计算机系统，能够管理网络通信和网络上的共享资源，并向用户提供统一、高效、方便易用的网络接口的一种操作系统，如 Windows NT、Windows Sever、NetWare 等系统。

② 分布式操作系统。分布式操作系统也是通过计算机网络将物理上分布存在的、具有独立运算功能的数据处理系统或计算机系统连接在一起，从而可以获得极高的运算能力、广泛的资源共享和协作完成任务的一种操作系统，具有分布性、并行性、透明性、共享性、健壮性、容错性等特点。在物理连接上分布式操作系统与网络操作系统非常相似，其主要区别是用户向系统发出命令后能迅速得到结果，无须知道是在哪台计算机上完成。由于分布式操作系统不像网络分布得那样广，并且还要支持并行处理，所以它要求通信速度快，如 Amoeba 操作系统。

③ 多媒体操作系统。多媒体操作系统是指利用计算机技术和数字通信技术来处理和控制文字、图形、声音、图像、视频等多媒体信息和资源的一种操作系统，包括数据压缩、声音同步、文件格式管理、设备管理和提供用户接口等，如 Windows 7/8/10/11 等操作系统。

6. 以设备可移动性分类

① 非移动设备操作系统。此类系统主要用于服务器、台式计算机等设备上，如 Windows 7/8/10/11 等。

② 可移动设备操作系统。此类系统是常用于平板计算机、移动设备和高端智能手机的一种操作系统。目前常用的有 Android、iOS、Harmony 和 Windows Mobile 等操作系统。

2.1.3 常用操作系统简介

世界上第一台计算机是没有操作系统的，但是随着计算机技术的发展，已经出现了各种类型的操作系统，目前常用的主要有 Windows、UNIX、Linux、macOS、Android 和 HarmonyOS 等操作系统。20 世纪 80 年代，安装在个人计算机上的 DOS 操作系统曾经辉煌一时，故在此进行简要介绍。

1. DOS

DOS（Disk Operating System，磁盘操作系统）是微软公司研制的配置在 PC（个人计算机）上的单用户命令行界面操作系统。从 1981 年至 1995 年的 15 年间，DOS 最广泛地使用在 PC 上，在市场上具有举足轻重的作用。

DOS 操作系统的主要功能是进行文件管理和设备管理，其特点是只要掌握了命令，就可以方便地执行操作，并且对计算机的硬件要求低，但存储能力有限。基本的 DOS 系统是由一个基于 MBR 的 BOOT 引导程序和输入/输出模块（IO.SYS）、文件管理模块（MSDOS.SYS）及命令解释模块（COMMAND.SYS）三个文件模块组成。除此之外，DOS 系统包中还加入了若干标准的外部命令，与内部命令一同构建起一个在磁盘操作时代相对完备的人机交互环境。

2. Windows

Windows 是美国微软公司开发的基于图形用户界面的操作系统。它有着生动形象的用户界面、简便易懂的操作方式，即使对于非计算机专业的人员也非常易于学习和掌握，因此它对全球范围内应用和普及个人计算机起到了重要的推动作用，成为目前装机普及率最高的一种操作系统。

Windows 1.0 由微软公司在 1983 年 11 月宣布，并在 1985 年 11 月发行；1987 年 11 月正式在市场上推出 Windows 2.0，该版本对用户界面做了一些改进，还增强了键盘和鼠标界面，特别是加入了功能表和对话框；1990 年 5 月 22 日发布的 Windows 3.0，将 Windows 286 和 Windows 386 结合到同一种产品中；1992 年 4 月发布 Windows 3.1，只能在保护模式下运行，并且要求至少配置了 1 MB 内存的 286 或 386 处理器的 PC；1993 年 7 月发布的 Windows NT 是第一个支持 Intel 386、Intel 486 和 Pentium CPU 的 32 位保护模式的版本；1995 年 8 月发布 Windows 95，虽然缺少了 Windows NT 中诸如高安全性和对 RISC 机器的可携性等功能，但是却具有需要较少硬件资源的优点；1998 年 6 月发布的 Windows 98，具有执行效能提高、更好的硬件支持，以及国际网络和全球资讯网更紧密的结合等许多加强功能；2000 年 2 月 17 日发布的 Windows 2000 操作系统由 NT 发展而来，同时正式抛弃了 9X 的内核，性能更加稳定；同年又发行了 Windows ME 操作系统，它是介于 Windows 98SE 和 Windows 2000 的一个操作系统，应用时间较短；2001 年 10 月 25 日，Windows XP 诞生，其在 Windows 2000 的基础上，增强了安全特性，同时加大了验证盗版的技术，具有界面时尚、使用便捷、集成度高、安全性好等优点，从某种角度看，Windows XP 是最为易用的操作系统之一；2006 年 11 月，发布具有跨时代意义的 Windows Vista 系统，引发了一场硬件革命；Windows 7 于 2009 年 10 月 22 日在美国发布，于 2009 年 10 月 23 日下午在中国正式发布，它是除 Windows XP 之外又一经典的 Windows 系统；2012 年 10 月 26 日，Windows 8 在美国正式推出，支持来自 Intel、AMD 和 ARM 的芯片架构，被应用于个人计算机和平板计算机上，具有良好的续航能力，且启动速度更快、占用内存更少，并兼容 Windows 7 所支持的软件和硬件；2015 年 7 月 29 日，Windows 10 正式发布，更好地整合了传统 PC 与触屏设备的需求，同时也再次引领了技术的创新；2021 年 6 月 24 日，全新的 Windows 11 操作系统正式亮相，它不仅带来全新现代化的半透明界面设计，同时在窗口管理和社交沟通等功能方面也得到了显著提高，积极地为 PC 新技术做好了准备。

3. UNIX

UNIX 是一个早期发展起来的强大的多用户、多任务操作系统，一直占有操作系统市场较大的份额。它支持多用户、多任务、多处理、网络管理和网络应用，具有技术成熟、架构简练、可靠性高、可移植性好、可操作性强、网络和数据库功能强、伸缩性突出和开放性好等特点，它是目前唯一可稳定运行于各种类型的计算机硬件平台上的操作系统。其设计理念先进，当前许多技术和方法（如微内核技术、TCP/IP 协议、客户/服务器模式等）都源自 UNIX，它对近代的操作系统有着不可估量的影响，但缺乏统一标准、应用程序不够丰富、不易学习等缺点限制了它的普及和应用。

4. Linux

Linux 是一种源代码开放的操作系统，它是基于 Linux 内核，并且使用了 GNU 计划的各种工具和数据库的操作系统。用户可以通过 Internet 免费获取 Linux 及其生成工具的源代码，并且可以根据自己的需要对其进行必要的修改，无偿使用。

Linux 的设计定位于网络操作系统，它实际上是从 UNIX 发展而来，与 UNIX 兼容，其命令的设计比较简洁，是一个性能稳定的多用户网络操作系统。同时，由于纯文本文件可以很好地跨网络工作，所以 Linux 的配置文件及数据都是以文本为基础进行工作的。Linux 系统软件可以免费获取，具有可移植性好、对硬件平台要求低等特点，近年来发展十分迅猛。厂商利用 Linux 的核心程序，再加上一些外挂程序，就变成了现在的各种 Linux 版本。

5. macOS

macOS 是运行于 Apple 公司的 Macintosh 系列计算机上的操作系统。它以美丽的外观著称，是基于 ONEX 内核、首个运用图形界面操作，并在商用领域获得成功的操作系统。

macOS 系统具有更高的稳定性和安全性，并且具有独特的图形处理能力，其色彩表现完美，在出版和计算机图形图像设计等领域具有广泛的应用。但是，macOS 与 Windows 缺乏较好的兼容性，因而影响了它的普及。

6. Android

Android 操作系统是一种基于 Linux 的自由及开放源代码的操作系统，主要应用于移动设备（如智能手机和平板计算机），由谷歌公司和开放手机联盟领导及开发。Android 操作系统最初由 Andy Rubin 开发，主要支持智能手机，随后逐渐扩展到平板计算机及电视、数码照相机、游戏机、智能手表等其他领域。目前，Android 是智能手机等移动设备上最流行的操作系统之一。

7. HarmonyOS

华为鸿蒙（HarmonyOS）操作系统是华为公司于 2019 年 8 月 9 日发布的操作系统。它是一款面向万物互联时代的、全新的、全场景的分布式操作系统，提出了基于同一套系统能力、适配多种终端形态的分布式理念，能够支持手机、平板计算机、智能穿戴、智慧屏、车机、PC、智能音箱、耳机、AR/VR 眼镜等多种终端设备，提供了全场景（移动办公、运动健康、社交通信、媒体娱乐等）业务能力。

2.1.4 操作系统的功能

操作系统的主要功能是管理计算机系统中所有的软硬件资源并进行合理而有效的调度，从而提高计算机系统的整体性能。具体而言，操作系统的基本功能是处理器管理、存储管理、设备管理、文件管理和作业管理。

1. 处理器管理

程序是以文件的形式静态地存放在外存储器上，而进程是一个动态的过程，是一个正在执行的程序，是系统进行资源调度和分配的独立单位。当操作系统将一个存放在磁盘上静止的程序从外存储器调入内存时，程序就变成了进程。当一个程序被执行多次时，就会有多个进程，即使它们对应的是同一个程序。

现代计算机多采用多道程序技术，操作系统能够同时对多个加载到内存中的进程进行管理。从宏观上看，系统中是多道程序在并行运行；但从微观上看，任一时刻 CPU 仅能执行一道程序，其他程序需要 CPU 为其分配时间片并交替执行。如果有两个（及以上）程序同时被加载到内存中，处理器能够按照一定的策略选择并决定哪一个进程被 CPU 执行。

处理器管理的实质是管理程序的运行，其主要目的是对处理器的状态进行追踪登记，管理各个程序对处理器的申请，按照一定的策略将 CPU 的时间有效、合理地分配给即将运行的程序，所以也称其为进程管理。

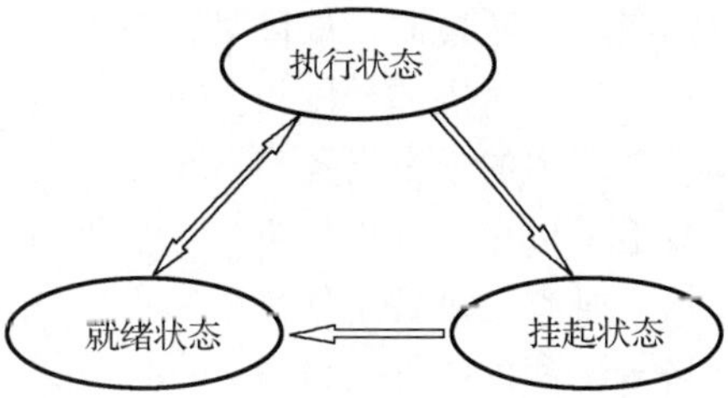

图 2-3　进程的三种状态及相互转换

进程是有生命周期的，由于各种资源制约，进程的状态是在就绪、执行、挂起三种基本状态之间不断变化的，如图 2-3 所示。

①就绪状态：进程已经获得了除 CPU 之外所必需的所有资源，一旦分配到 CPU 便立即执行，转换到执行状态。

②执行状态：进程获得了 CPU 及其他一切所需要的资源，其程序正在被执行。

③挂起状态：进程因某种资源得不到满足，运行受阻而处于暂停状态，待分配到所需资源后，再投入运行，又称等待状态或睡眠状态。

操作系统对进程的管理主要体现在调度和管理进程从“创建”到“消亡”整个生命周期中的所有活动，包括创建进程、转变进程状态、执行进程和撤销进程等操作。

2. 存储管理

在计算机系统中，存储器是关键资源之一，如何对存储器进行管理，将直接影响到它的利用率和整个系统的性能。操作系统的存储管理主要是指对内存的管理，将会按照一定的策略为执行中的程序分配存储空间，记录内存的使用情况，并对内存中的信息提供保护；在该程序执行结束后，将其占用的内存单元回收，以便其他程序使用。

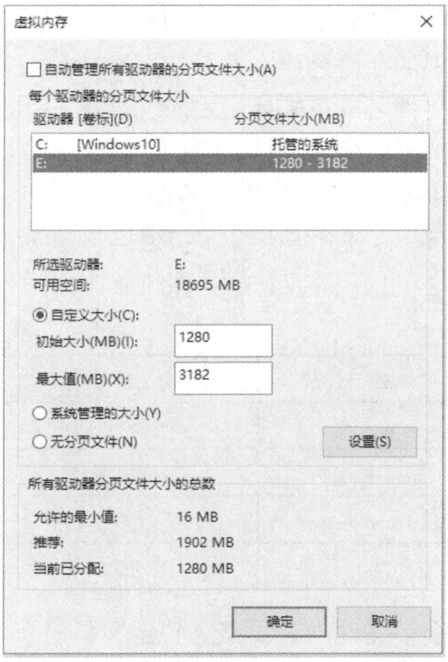

图 2-4　Windows 10 系统中的虚拟内存设置

CPU 要占用一定的内存，从内存上读取所需的程序和数据，才能运行某个进程，否则将无法进行。内存的特点是存取速度快，但是容量相对较小，并不能满足实际需要。为了解决这个问题，可以采用虚拟内存（Virtual Memory）技术，即用一部分硬盘空间模拟内存，为用户提供一个比实际内存大得多的内存空间，其设置如图 2-4 所示。在计算机运行过程中，当前正在使用的程序和数据存放在内存中，其他不用的暂时存放在虚拟内存中，操作系统根据需要负责进行内外存的交换。虽然虚拟内存支持并发程序，但外存和内存的速度相差甚远，使用过多的虚拟内存，运行效率只会下降而不会提高。若想真正提高运行效率，只能扩展内存。

3. 设备管理

外围设备是计算机系统中的重要资源，也是系统中最具有多样性和变化性的部分，包括输入/输出设备、辅存设备和终端设备等。操作系统的设备管理是负责对接入本计算机系统的所有外围设备进行管理，主要功能有设备分配、设备驱动、缓冲管理、数据传输控制、中断控制、故障处理等。

由于计算机的外围设备的处理速度远远低于处理器，操作系统必须对正常挂载在计算机系统中的外围设备有很清晰的分类，以便当出现外围设备请求时，能及时响应，并有效地采取相应的操作方式去协调外围设备、内存及处理器之间数据传输的速度。操作系统会时刻记录各个外围设备的工作状态，按照各个设备的不同特点，采取不同的控制策略分配和回收外围设备。

4. 文件管理

操作系统的文件管理功能是对存放于计算机的信息进行逻辑组织和物理组织，维护文件目录的结构，以及实现对文件的各种操作。在操作系统中，实现这些功能的部分称为文件系统或信息管理系统。有了文件管理，用户可以按文件名存取数据，而不必了解这些数据存储的确切物理位置和存放方式。这不仅便于用户的操作使用，而且还有利于用户间共享数据。另外，文件管理还允许用户在创建文件时规定文件的使用权限，从而保障数据文件的安全性。以下以微软系统为例介绍文件和文件系统。

（1）文件

文件是有名称的、存储在外部存储器上的一组相关信息的集合，这个名称就称为文件名。文件名是存取文件的依据，用户不必关心数据信息的物理存储方法、存储位置和所使用的存储介质，直接按名存取即可。

文件名是用来标记一个文件的一串符号，分为文件主名和扩展名两部分，中间以"."分开，如图 2-5 所示。文件的主名应该是有意义的词汇或者数字，用来标识文件的名字，以便用户识别；扩展名则表示文件的类型，不同类型的文件用途也是不同的，见表 2-1。不同系统对文件的命名规则也有所不同，见表 2-2。

×××××××××.×××

文件主名　扩展名

图 2-5　文件名

表 2-1　常用文件类型的扩展名

扩展名	文件类型	扩展名	文件类型
.exe	可执行文件	.txt	纯文本文件
.doc (.docx)	Word 文件	.rar	WinRAR 压缩文件
.xls (.xlsx)	Excel 电子表格	.jpg	普通图片文件
.ppt (.pptx)	PowerPoint 演示文稿	.sys	系统文件

众多文件中查找某一特定文件时，可以使用通配符"?"和"*"。其中"?"表示任意一个字符，"*"表示在连续且合法的零个或多个字符。例如，"*. doc"表示扩展名为 doc 的

所有文件，“???. exe”表示主名最多有三个字符的 exe 文件。如果要指定多个文件名，则可用分号或逗号、空格作为分隔符隔开，如“*.doc; ??.txt, A*.exe”。

表 2-2　微软不同版本系统文件名的命名规则

操作系统	DOS/Windows 3.1	Windows 9x 及以后版本
文件主名的长度	1～8 个字符	1～255 个字符
文件扩展名长度	0～3 个字符	0～255 个字符
是否可以含有空格	否	是
不允许使用的字符	< > / \ [ ] = " * ? ,	< > / \ | : " * ?

（2）文件系统

文件系统是操作系统中负责管理和存储文件信息的软件，其功能是如何命名文件并把外存上的文件按照特定的规则组织起来，包括文件展示形式、如何给文件命名、如何读取文件、如何保存文件，以及能够对文件进行何种操作。具体来说，文件系统负责为用户建立文件，存入、读出、修改、转储文件，控制文件的存取，当用户不再使用时撤销文件，搜索文件等。

以微软系统为例，文件在磁盘上是以树状逻辑结构的形式存在的，即在磁盘上创建根文件夹（根目录），在根目录下再创建子文件夹（子目录），在子目录下可以再创建子文件夹等，然后将文件分门别类地放在不同的文件夹中，如图 2-6 所示。这种结构很像一棵倒立的树，树根（根目录）在上，树叶（文件）在下，中间是树枝（子目录）。用户可以将同一个项目相关的文件放在同一个文件夹中，也可以将不同类型、不同用途的文件互相区分，分类存放在不同的文件夹中，以方便管理和使用；同名文件可以存放在不同的文件夹中。

建立好文件的逻辑结构后，通过文件路径，就可以在文件系统查找到所需要的文件。文件路径有两种：绝对路径和相对路径。从根目录开始，依序到该文件，称为绝对路径，如图 2-6 所示，Test.txt 文件的绝对路径为 C:\用户\Test.txt；从当前目录开始到该文件，则称为相对路径，如图 2-6 所示，假定当前目录为 System32，则 Test.txt 文件的相对路径为..\..\用户\Test.txt，其中用..\表示上一级目录。

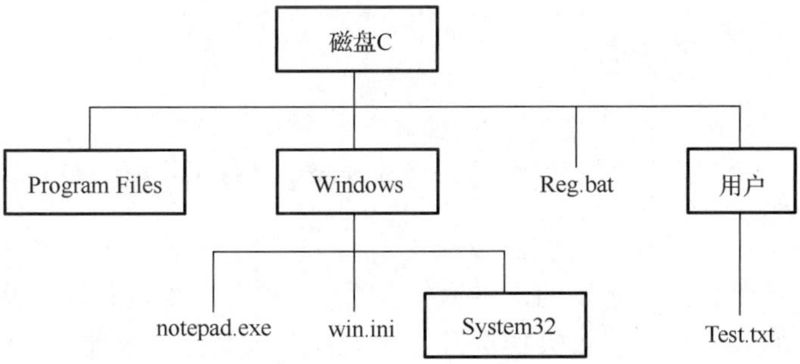

图 2-6　树状逻辑结构

（3）常用的文件系统

Windows 10 支持 NTFS、FAT32、exFAT 等文件系统。NTFS 文件系统是 Windows 系统下的标准文件系统，它可以有效地管理磁盘空间，为资源设置访问许可权限，提供高性能、稳定性、安全性等高级功能，对单个文件的支持已经突破了 4 GB 的限制；FAT32 文件系统稳定性和兼容性较好，能充分兼容 Windows 9x 及以前的版本，且维护方便，但其安全性能差，且对单个文件的支持最大只能到 4 GB；exFAT 文件系统即扩展 FAT，是为了解决 FAT32 等不支持 4 GB 以上文件而推出的一种适合于闪存的文件系统。

5. 作业管理

作业是系统为完成一次计算任务或一次事务处理过程中所做的工作的总和，由程序、数据和作业说明书三部分组成。在批处理操作系统中，作业是占据内存的基本单位，作业管理为处理器管理做准备，包括对作业的组织、调度和运行控制。

一个作业从交给计算机系统到执行结束退出系统，一般都要经历提交、后备、运行和完成四个状态，其状态转换如图 2-7 所示。

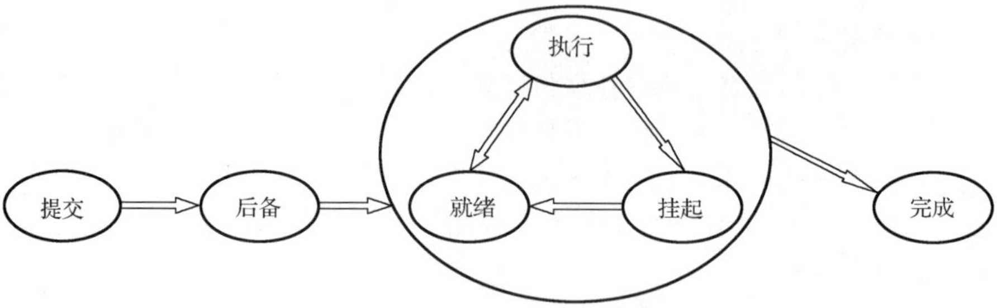

图 2-7　作业状态转换示意图

① 提交状态：作业由输入设备进入外存储器（又称输入井），说明进入提交状态。处于提交状态的作业，其信息正在进入系统。

② 后备状态：当作业的全部信息进入外存后，系统就为该作业建立一个作业控制块（Job Control Block，JCB），称其处于后备状态。系统通过 JCB 感知作业的存在。

③ 运行状态：一个后备作业被作业调度程序选中而分配了必要的资源并进入了内存，作业调度程序同时为其建立了相应的进程后，该作业就由后备状态进入运行状态。如图 2-7 中大圆圈部分所示，又可细分为就绪状态、执行状态和挂起状态。

④ 完成状态：当作业正常完成或因程序出错等而被终止运行时，则称其进入完成状态。

在单道批处理系统中常用的作业调度算法有：先来先服务（FCFS）、短作业优先（SJF）、优先级调度（PSA）、高响应比优先（HRF）等。在多道批处理系统中作业调度算法有优先级调度算法和均衡调度算法。

2.2　Windows 10 的应用

Windows 10 是微软公司研发的跨平台操作系统，应用于计算机和平板计算机等设备，在易用性和安全性等方面有了极大的提升，除了针对云服务、智能移动设备、自然人机交互等新技术进行融合外，还对固态硬盘、生物识别、高分辨率屏幕等硬件进行了优化完善与支持。本节以 Windows 10 为例，介绍 Windows 的基础知识和基本应用。

2.2.1　Windows 10 基础

1. Windows 10 的不同版本

Windows 10 操作系统主要有七个不同的版本，包括四个 PC 端和三个移动端，分别如下：

（1）Windows 10 家庭版（Home）

面向使用 PC、平板计算机和二合一设备的普通消费者，拥有 Windows 10 的主要功能，如全新的开始菜单、Cortana 虚拟语音助手、Windows Hello 生物特征认证登录等。

（2）Windows 10 专业版（Professional）

面向使用 PC、平板计算机和二合一设备的企业用户，除了 Windows 10 家庭版的功能外，用户还能管理设备和应用，支持远程和移动办公，保护敏感的企业数据，使用云计算技术。同时，它还拥有 Windows Update for Business 功能，微软表示该功能可以降低管理成本、控制更新部署，让用户更快地获得安全补丁软件。

（3）Windows 10 企业版（Enterprise）

以专业版为基础，增添了企业所需的，防范针对设备、身份、应用和敏感企业信息安全的先进功能，供微软的批量许可客户使用。用户能选择部署新技术，其中包括使用 Windows Update for Business 的选项。

（4）Windows 10 教育版（Education）

以 Windows 10 企业版为基础，面向学校教师和学生。它将通过面向教育机构的批量许可计划提供给客户，学校可升级 Windows 10 家庭版和 Windows 10 专业版设备。

（5）Windows 10 移动版（Mobile）

面向尺寸较小、配置触控屏的移动设备用户，集成与 Windows 10 家庭版相同的通用 Windows 应用和针对触控操作优化的 Office。部分新设备可以获得 Continuum 用户，因此连接外置大尺寸显示屏时，用户可以把智能手机用作 PC。

（6）Windows 10 移动企业版（Mobile Enterprise）

以 Windows 10 移动版为基础，增添了企业管理更新，以及及时获得更新和安全补丁软件的方式。

（7）Windows 10 物联网版（loT Core）

主要针对物联网设备。

通常功能更强大的设备，如 ATM、零售终端、手持终端和工业机器人，运行 Windows 10 企业版和 Windows 10 移动企业版。

2. Windows 10 的桌面

启动 Windows 10 时，首先出现“欢迎”界面，用户在选择登录的用户名和输入密码后，等待系统验证身份，进而进入操作系统的使用环境。首先呈现在用户面前的是桌面，即整个屏幕背景，也就是 Windows 所占据的屏幕空间。通常桌面上会摆放着各种图标，用户可以根据需要将经常使用的程序、文件、文件夹等图标放在桌面上。

（1）任务栏

桌面的最底部有一个长条，称为“任务栏”，其最左端是“开始”按钮；最右端是系统通知区域，包括时钟以及一些告知特定程序和计算机设置状态的图标；中间部分显示已经打开的程序和文件按钮，从而可以在它们之间进行快速切换，如图 2-8 所示。

图 2-8　任务栏

（2）“开始”菜单

单击“开始”按钮会弹出“开始”菜单，这是经典 Windows 开始菜单和现代 Metro 界面的结合体，是访问计算机系统中的应用程序、文件、文件夹和系统设置工具的入口，如图 2-9 所示。

图 2-9　“开始”菜单

菜单分为两大部分：

① 左侧部分从上向下包括“开始”“Administrator”“设置”“电源”四个命令。选择“开始”命令，左侧区域会展开变成按照数字、字母顺序排列的程序列表；选择“Administrator”命令，有“更换账户设置”“锁定”“注销”三种功能可供选择；选择“设置”命令，可对 Windows 系统进行各种设置；选择“电源”命令，有“睡眠”“关机”“重启”三种功能可供选择。

② 右侧部分是彩色的磁贴应用区域，用户可以在此区域固定喜欢的应用或者取消不必要的应用、重新排列或重命名，并创建应用组。

“开始”菜单中显示的内容形式并不是固定不变的，用户可以根据需要个性化 Windows 10 的“开始”菜单，以简化计算机操作。

（3）回收站

回收站是一个特殊的文件夹，用于临时存放用户删除的文件和文件夹，即从原来位置移动到了“回收站”这个文件夹中。需要注意的是，此时它们仍然处于硬盘中。在回收站中，用户既可以将文件/文件夹恢复到原来位置，也可以彻底删除它们以释放硬盘空间。

桌面是用户用来工作的平面，可以通过“设置”中的“个性化”来对桌面背景、颜色、主题、开始、任务栏等进行相关设置。

3. Windows 10 的输入法

在安装 Windows 10 系统时，默认自带安装的只有微软拼音输入法。对于计算机上没有安装的输入法，可以使用相应的安装软件直接进行安装。用户可以根据需要添加和删除输入法，具体方法如下：

① 选择“开始”→“Windows 系统”→“控制面板”→“时钟、语言和区域”→“语言”命令，打开“语言”窗口，如图 2-10 所示。

② 单击“选项”，打开“语言选项”窗口，如图 2-11 所示。

③ 根据需要，单击“添加输入法”或“删除”选项进行添加或删除。

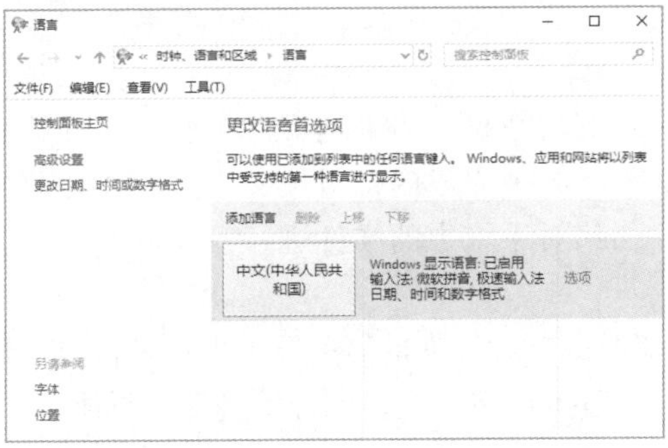

图 2-10 “语言”窗口

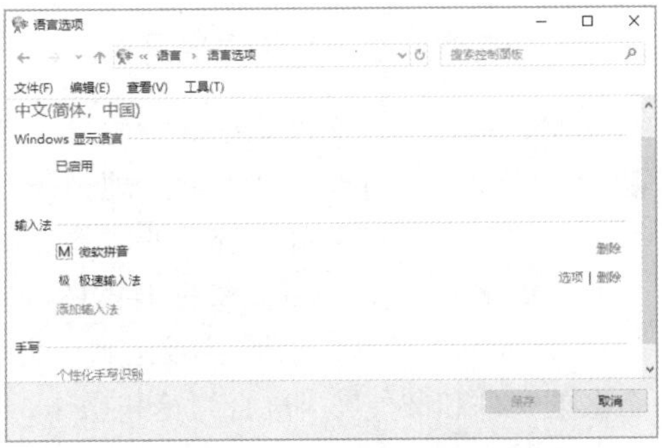

图 2-11 “语言选项”窗口

一般情况下，若想对各种输入法进行切换，可以直接单击语言栏，选择需要的输入法即可。也可以按【Ctrl+Shift】组合键在各种不同的输入法之间进行轮流切换，此时任务栏右边的语言栏中在做相应的变化，以指示当前正在使用的输入法。

字符在全角状态下占一个汉字的位置，而在半角状态下占半个汉字的位置，可以通过【Shift+Space】组合键来切换字母、标点符号等字符的全/半角状态。值得注意的是，对于中英文状态的标点符号，也可以通过【Ctrl+Space】组合键切换。为了方便使用，可以在控制面板中为输入法进行相应的组合键设置，按此组合键可直接切换到相应的输入法。

4. 任务管理器

在 Windows 10 中，可以通过右击“任务栏”或右击“开始”按钮选择“任务管理器”命令，或者按【Ctrl+Alt+Delete】组合键等打开“任务管理器”窗口，如图 2-12 所示。

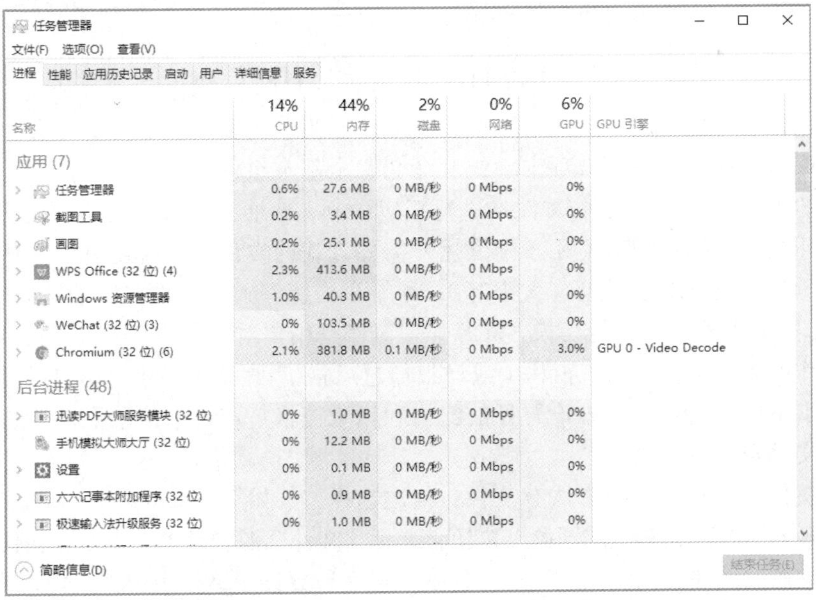

图 2-12 “任务管理器”窗口

通过任务管理器，用户可以查看系统的性能详情、程序或进程的详细信息等，终止未响应的应用程序，以及不需要的进程。需要注意的是，只能终止应用程序对应的进程，而无法终止后台进程和 Windows 进程。

2.2.2　Windows 10 文件管理

在 Windows 中，文件是存放在磁盘上的一组有序数据，而管理文件是操作系统的主要功能，如 2.1 节所述，文件的管理是通过文件系统来完成的，对于文件系统，在此不再赘述。那么，如何浏览系统中的文件资源？如何对系统中的文件进行管理操作？

1. Windows 10 的资源管理器窗口

在 Windows 10 中，用户主要通过资源管理器窗口对计算机的资源（主要是存放在计算机上的文件和文件夹）进行浏览和操作，有“此电脑”和“文件资源管理器”两种方法。

（1）此电脑

双击桌面上的“此电脑”图标，打开“此电脑”窗口，如图 2-13 所示。主要由标题栏、功能区、地址栏、搜索栏、导航窗格、资源管理窗格、预览窗格（或详细信息窗格）组成。

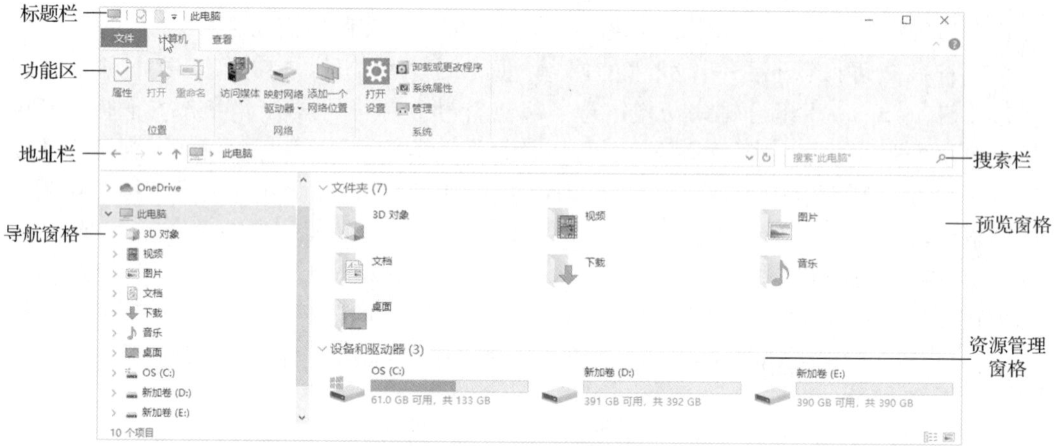

图 2-13　“此电脑”窗口

标题栏位于“此电脑”窗口的顶端，它显示了当前浏览或操作的文件夹的名称；功能区横跨该窗口的顶部，由选项卡、组和命令三个基本组件组成，将根据不同的文件夹显示不同的内容，可以对文件/文件夹进行相应设置；地址栏引入了按钮的概念，用户能够更快地切换文件夹；搜索栏用于搜索用户需要查找的文件，同时还可以在功能区设置搜索条件（如修改日期、类型、大小等）；导航窗格能够辅助用户在快速访问、此电脑、库、网络、家庭组等之间进行切换；资源管理窗格是用户对文件/文件夹进行选择、复制、移动等操作的主要地方；预览窗格（或详细信息窗格），默认不显示，用户可以通过“查看”选项卡下的“窗格”组来设置导航窗格和预览窗格（或详细信息窗格）是否显示。

（2）文件资源管理器

打开文件资源管理器的方法有三种：依次选择“开始”→“Windows 系统”→“文件资源管理器”命令；右击“开始”按钮，选择“文件资源管理器”命令；在任务栏中的搜索栏内输入“文件资源管理器”进行搜索，然后选择搜索结果中的“文件资源管理器”选项。这三种方法均可打开文件资源管理器窗口，如图 2-14 所示。

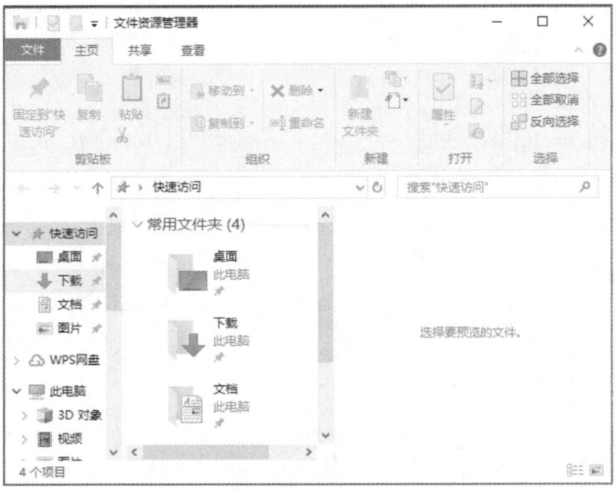

图 2-14 “文件资源管理器”窗口

2. 文件/文件夹的操作

文件是有名称的、存储在外部存储器上的一组相关信息的集合，是系统中存储信息的基本单位；文件夹是用来存放文件的，在文件夹中还可以存放文件夹，相对于当前文件夹而言，其里面的文件夹称为子文件夹。在同一文件夹中，不能存放相同名称的文件或文件夹，但在不同文件夹中则可以。

文件系统管理文件有三种方式：菜单命令、快捷菜单和鼠标拖动。一般来说，快捷菜单是最常用的方法。

（1）选择文件/文件夹

在对文件/文件夹进行其他操作之前，必须先将其选中。分为选中单个文件/文件夹、选中连续多个文件/文件夹、选中不连续的多个文件/文件夹和全选所有文件/文件夹四种情况。

① 单击即可选中单个文件/文件夹。

② 先选第一个文件/文件夹，然后按住【Shift】键的同时单击最后一个文件/文件夹，则可选中它们之间连续的多个文件/文件夹。

③ 先选第一个文件/文件夹，然后按住【Ctrl】键的同时再单击其余需要选中的文件/文件夹，则可选中不连续的多个文件/文件夹。

④ 单击“主页”选项卡下“选择”组中的“全部选择”按钮，或按【Ctrl+A】组合键，可全选所有文件/文件夹。

（2）复制文件/文件夹

对文件/文件夹的复制方法有以下四种：

① 选中文件/文件夹，单击“主页”选项卡下“组织”组中的“复制到”按钮，选择位置。

② 右击文件/文件夹，在弹出的快捷菜单中选择“复制”命令，然后转换到目标位置，右击，在弹出的快捷菜单中选择“粘贴”命令。

③ 在不同磁盘之间进行复制，用鼠标将文件/文件夹直接拖动到目标位置松开即可；如果是在同一磁盘内进行复制，则需要在鼠标拖动的同时按住【Ctrl】键。

④ 选中文件/文件夹，按【Ctrl+C】组合键，然后转换到目标位置，按【Ctrl+V】组

合键粘贴。

（3）移动文件/文件夹

对文件/文件夹的移动方法有以下四种：

① 选中文件/文件夹，单击“主页”选项卡下“组织”组中的“移动到”按钮，选择位置。

② 右击文件/文件夹，在弹出的快捷菜单中选择“剪切”命令，然后转换到目标位置，右击，在弹出的快捷菜单中选择“粘贴”命令。

③ 在同一磁盘内进行移动，用鼠标将文件/文件夹直接拖动到目标位置松开即可。如果是在不同磁盘之间进行移动，则需要在鼠标拖动的同时按住【Shift】键。

④ 选中文件/文件夹，按【Ctrl+X】组合键，然后转换到目标位置，按【Ctrl+V】组合键粘贴。

（4）删除文件/文件夹

对于不需要的文件/文件夹，可以从磁盘上删除，从而释放所用的磁盘空间。具体方法如下：

① 选中文件/文件夹，单击“主页”选项卡下“组织”组中的“删除”按钮，删除到回收站或永久删除。

② 右击文件/文件夹，在弹出的快捷菜单中选择“删除”命令，默认删除到回收站；若要永久删除，则需要同时按住【Shift】键。

③ 选中文件/文件夹，按【Delete】键，默认删除到回收站；若要永久删除，则需要同时按住【Shift】键。

注意：复制、移动、删除文件夹时，不仅是文件夹本身，而且还包括文件夹中所包含的所有内容。

（5）重命名文件/文件夹

对于文件/文件夹的复制、移动和删除操作，可以一次操作多个对象，而对文件/文件夹的重命名则只能操作一个对象。具体方法有以下四种：

① 选中文件/文件夹，单击“主页”选项卡下“组织”组中的“重命名”按钮，输入新名称。

② 右击文件/文件夹，在弹出的快捷菜单中选择“重命名”命令，输入新名称。

③ 选中文件/文件夹，按【F2】键，输入新名称。

④ 选中文件/文件夹，单击图标标题，输入新名称。

（6）新建文件夹

可以在指定位置创建新的文件夹，具体方法如下：

① 确定位置，单击“主页”选项卡下“新建”组中的“新建文件夹”按钮。

② 确定位置，在空白处右击，在弹出的快捷菜单中选择“新建”→“文件夹”命令。

此时，系统将创建默认名称为“新建文件夹”的文件夹，用户在图标下侧或右侧的文本框中输入新的文件夹名称即可。

（7）修改文件夹选项

在使用 Windows 10 的过程中，用户经常需要打开“文件资源管理器选项”对话框对文件与文件夹的显示风格等进行设置。具体方法如下：

① 单击“查看”选项卡下的“选项”按钮。

② 选择“文件”→“更改文件夹和搜索选项”命令。

③ 选择“开始”→“Windows 系统”→“控制面板”→“文件资源管理器选项”。

这样就可以打开“文件资源管理器选项”对话框，包括“常规”“查看”“搜索”三个选项卡，如图 2-15 所示。

图 2-15 “文件资源管理器选项”对话框

3. Windows 10 库的使用

微软系统从 Windows 7 引入了库的概念，它也是一种文件管理系统，系统默认的有视频库、图片库、文档库、音乐库等。库实际上并不存储文件/文件夹对象，它只是采用索引文件的管理方式，监视包含视频、图片、文档、音乐和其他文件的文件夹，并允许用户以不同的方式访问和排列这些对象。

从某个角度来讲，库跟文件夹有很多相似的地方，如在库中也可以包含各种各样的子库与文件、查看文件的方式等。但其本质与文件夹有很大的不同：在文件夹中保存的文件或文件夹都存储在同一位置；而库中存储的文件或文件夹则可以来自不同的位置。

在 Windows 10 系统中，如何显示库？如何在库中添加文件夹？如何创建属于自己的库？

（1）显示库

Windows 10 中，默认情况下将库功能隐藏起来了，若要显示库，有以下方法：

① 在“此电脑”窗口中，选择“查看”选项卡下“窗格”组中“导航窗格”下拉菜单中的“显示库”命令。

② 在“文件资源管理器选项”窗口“查看”选项卡下的“高级设置”列表框中勾选“显示库”复选框。

这样，“库”就会出现在窗口的左侧导航窗格中，然后单击“库”选项，就可打开库窗口，如图 2-16 所示。

（2）在库中添加文件夹

右击某个库，选择“属性”命令，在打开的属性窗口中单击“添加”按钮即可向库中添加新的文件夹位置。添加完成后，单击下方的“确定”按钮，如图 2-17 所示。

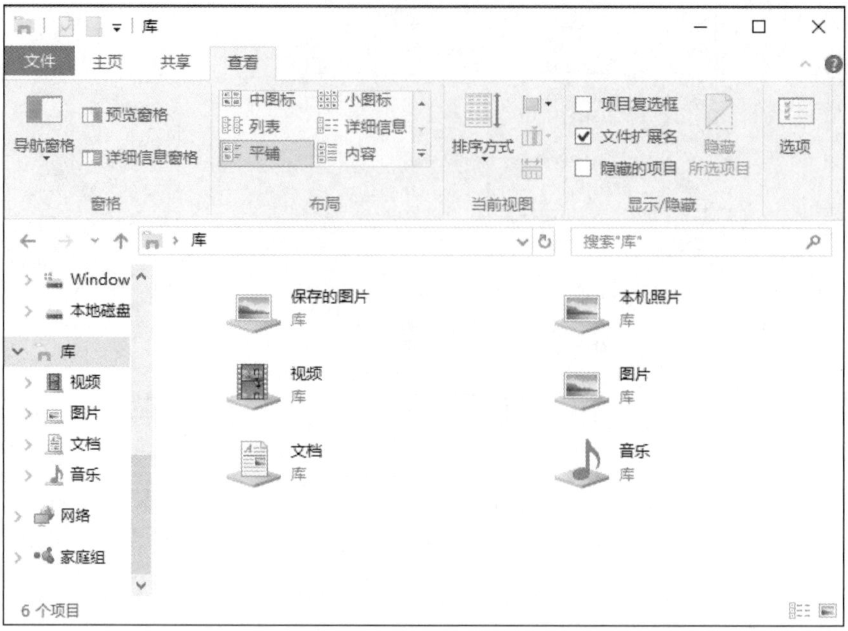

图 2-16 “库”窗口

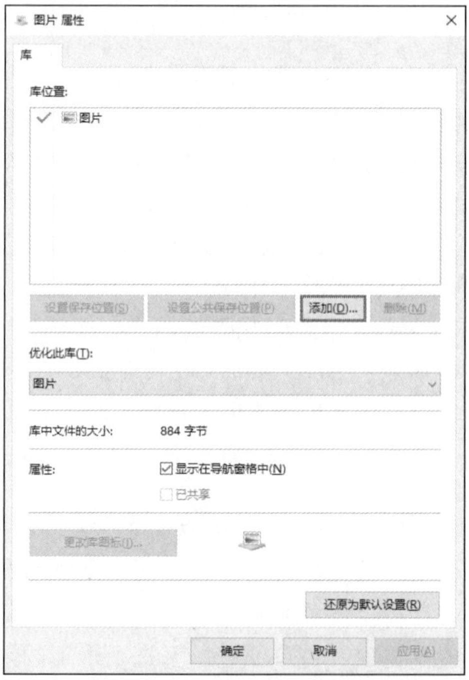

图 2-17 向库中添加文件夹

（3）创建属于自己的库

在“库”窗口左侧导航窗格中右击“库”，选择“新建”→“库”命令；或者右击“库”窗口右侧资源管理窗格空白部分，选择“新建”→“库”命令，均可在库中出现一个默认名为“新建库”的新库，如图 2-18 所示。然后，可以将名称改为用户想要的名称，这样就建立了一个属于自己的库。

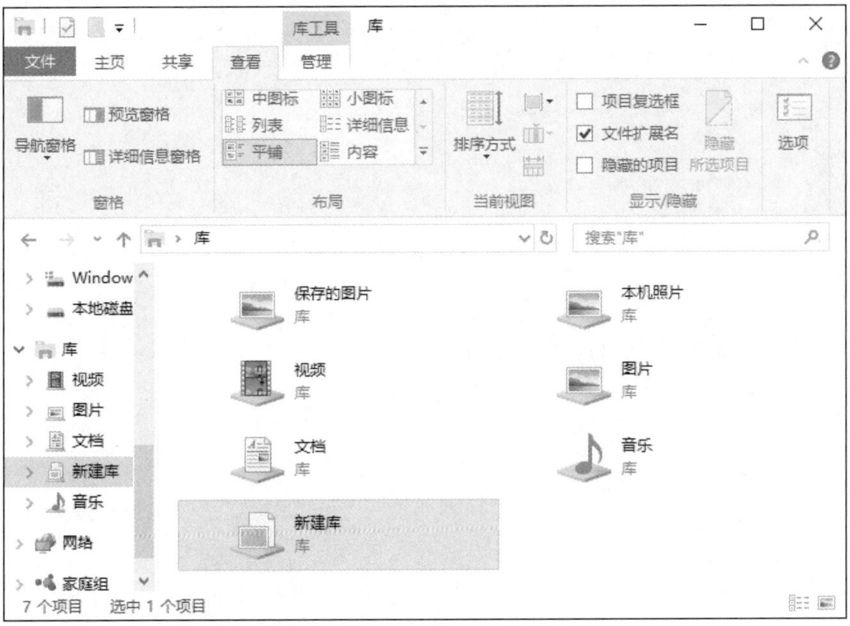

图 2-18　创建新库

2.2.3　Windows 10 系统管理

控制面板是计算机用户用来进行系统设置和设备管理的工具集，系统中几乎所有的软件和硬件资源都可以通过控制面板进行设置和调整。用户可以根据自身的喜好、需要对其进行设置。

启动控制面板的方法有很多，最常用的方法是选择“开始”→“Windows 系统”→“控制面板”命令，即可打开控制面板窗口，如图 2-19 所示。通过窗口中“查看方式”的下拉按钮可以使“控制面板”窗口在类别视图和图标视图两种效果间进行切换。

1. 设置日期和时间

在控制面板中运行“时钟、语言和区域”程序，打开“时钟、语言和区域”窗口，用户可以对计算机的日期和时间、语言和区域进行设置，如图 2-20 所示。

在“时钟、语言和区域”窗口单击“设置时间和日期”，即可打开“日期和时间”对话框（见图 2-21），其中包括日期和时间、附加时钟和 Internet 时间三个选项卡，其界面包括日历和时钟。系统默认的时间和日期格式是按照美国习惯设置的，用户也可以根据自己的习惯来设置。通过“日期和时间”选项卡，可以更改系统日期、时间和时区；通过“附加时钟”选项卡，可以设置是否显示其他时区的时间；通过“Internet 时间”选项卡，可以使计算机与 Internet 时间服务器同步。

2. Windows 10 个性化

所谓的个性化就是具有独特的风格，用户自己使用或者操作比较舒适。Windows 10 系统的个性化设置，主要是完善计算机使用视觉和习惯操作等设置，可以更改桌面背景、主题、屏幕保护程序等。在类别控制面板中依次单击“外观和个性化”→“任务栏和导航”选项，即可打开个性化设置窗口，如图 2-22 所示，包括“背景”“颜色”“锁屏界面”“主题”“开始”“任务栏”六种类别。值得注意的是，进入个性化设置窗口的方式很多，在此不再详细叙述。

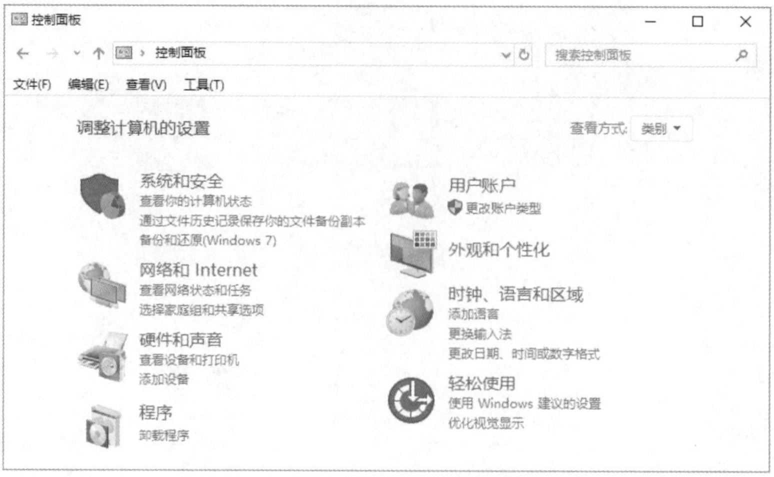

（a）类别视图

（b）图标视图

图 2-19 “控制面板”窗口

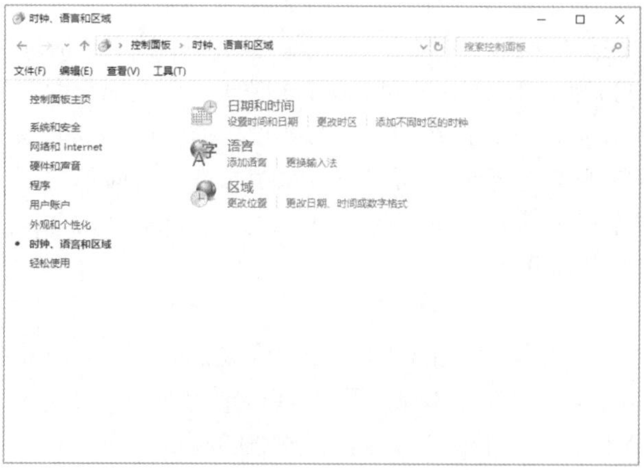

图 2-20 “时钟、语言和区域”窗口

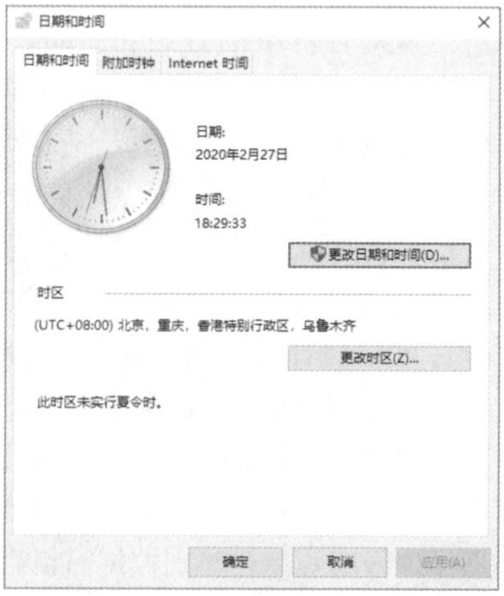

图 2-21 “日期和时间”对话框

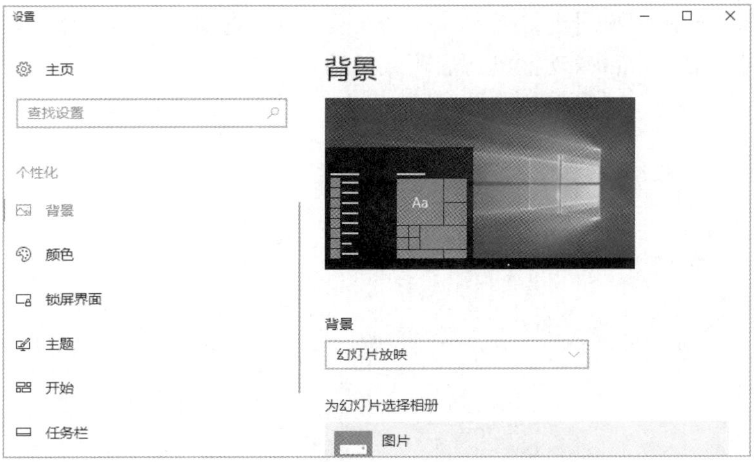

图 2-22　个性化设置窗口

（1）背景设置

在个性化设置窗口左侧导航窗格中选择“背景”，就可调出各种背景设置选项，可以设置单个图片、纯色和幻灯片放映三种模式，直接选择需要设置的项目即可。幻灯片放映模式则需要选择图片的存放路径，用户可以自己定义文件夹和图片。

（2）颜色设置

在“个性化设置”窗口左侧导航窗格中选择“颜色”选项，则可以在右侧打开“颜色”窗口，主要用来对开始菜单的背景、计算机菜单中的标题等设置颜色，设置颜色时有启用和关闭控制。

（3）锁屏界面设置

选择“锁屏界面”选项，则主要针对锁屏界面的图片和“屏幕保护程序”进行设置。锁屏图片的设置和背景设置方法一样，屏幕保护程序的设置方法与以前系统的设置方法类似。

（4）主题设置

选择“主题”选项，即可对系统的主题进行设置，集成了“背景”“颜色”“声音”和“鼠标光标”的设置。同时，关于桌面是否显示“此电脑”“网络”“控制面板”等图标也是在此进行设置。

（5）开始菜单和任务栏设置

选择“开始”选项，可对开始菜单的外观和行为、电源按钮的操作等进行设置；选择“任务栏”则可设置任务栏外观和通知区域。

3. 安装和卸载应用程序

应用程序的安装、运行和卸载都是建立在 Windows 系统的基础上，应用程序需要安装到操作系统中才能够使用。对于程序的管理和设置可以通过“控制面板”→“程序”→“程序和功能”组中的命令进行，如图 2-23 所示。

（1）安装应用程序

在 Windows 系统中安装程序比较方便，通常通过应用程序自带的安装程序进行安装。

（2）卸载应用程序

在“程序和功能”窗口中，选中列表中的项目之后，如果在列表框的顶端显示“卸载/更改”按钮，那么用户既可以对安装程序的安装配置进行更改，也可以卸载程序；若只显示“卸载”按钮，则用户只能卸载程序。通过窗口左侧的“启用或关闭 Windows 功能”选项，可以对 Windows 功能进行启用或关闭。

图 2-23 “程序和功能”窗口

4. 磁盘管理

磁盘是计算机必备的用于存储数据的外存储器，随着计算机技术的发展，磁盘容量越来越大，存储数据的能力越来越强，因此，为了信息安全，对磁盘的管理也愈发重要。在 Windows 10 中并没有单独的应用程序来管理磁盘，可以通过“控制面板”中的“管理工具”来对磁盘进行管理，并且这些磁盘管理大多是基于图形界面的。

（1）磁盘分区

一台计算机的硬盘容量很大，并且有时需要在一台计算机上安装不同的操作系统，这样，为了方便管理硬盘，在使用硬盘之前，需要通过分区功能把一个物理硬盘划分为若干个逻辑分区（即逻辑硬盘），每个逻辑硬盘在显示时与物理硬盘一样，都是一个盘符（如 C、D、E 等）。用户在使用时，只需要通过识别显示的盘符即可，同一物理硬盘上不同逻辑分区之间的数据互不影响，就好像独立的物理硬盘一样。这样在方便用户使用的同时也提高了数据的安全性。

在 Windows 10 中，除了在安装时可以进行简单的磁盘管理之外，磁盘管理一般是通过“控制面板”→“系统和安全”→“管理工具”→“创建并格式化硬盘分区”命令来实现的，启动的“磁盘管理”窗口，如图 2-24 所示。从图中可以看出，该台计算机只有一个磁盘 0，被分为两个逻辑分区（C 盘和 E 盘）。系统提供了方便快捷的分区管理工具，具体方法是：右击代表磁盘空间的区块，在弹出的快捷菜单中选择“新建简单卷”命令即可将创建新的磁盘分区，如图 2-25 所示。同时，用户也可在此窗口中完成删除已有分区、扩展/压缩已有分区大小等操作。

（2）磁盘格式化

磁盘分区后并不能立即使用，还需要格式化，其目的是将磁道划分为逐个的扇区用于存放数据，并安装文件系统建立根目录。若对旧磁盘进行格式化，将会删除磁盘上的所有信息。格式化的方法是：右击“磁盘管理”窗口中已有分区的区块，在弹出的快捷菜单中选择“格式化”命令即可对磁盘进行格式化，如图 2-26 所示。打开的格式化磁盘对话框如图 2-27 所示。

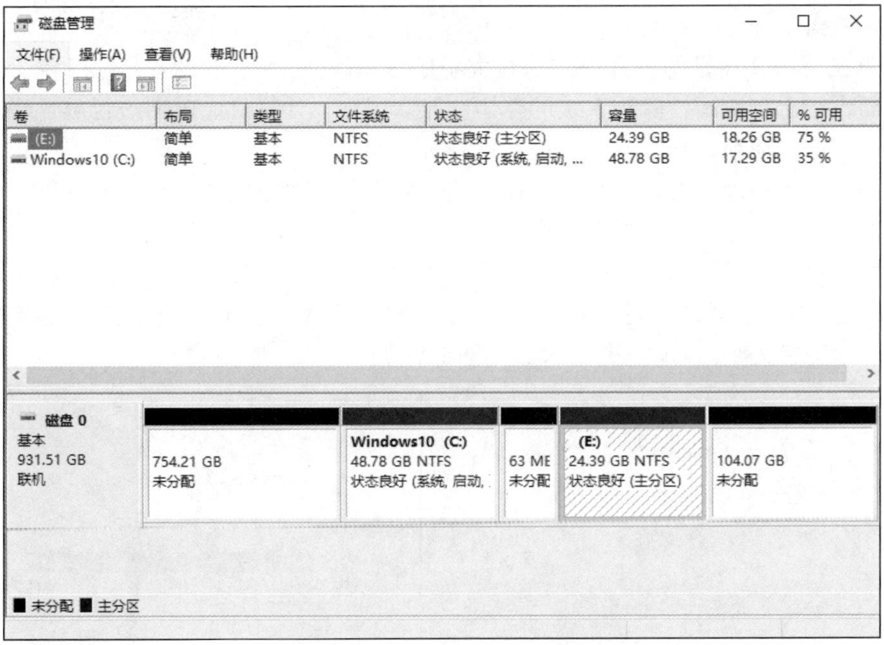

图 2-24 “磁盘管理”窗口

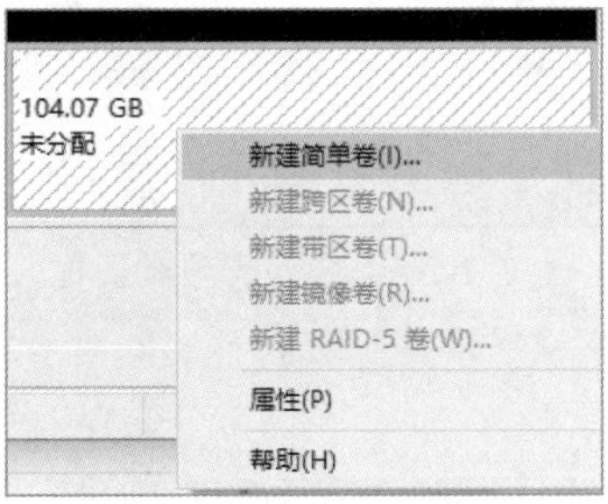

图 2-25 创建磁盘分区

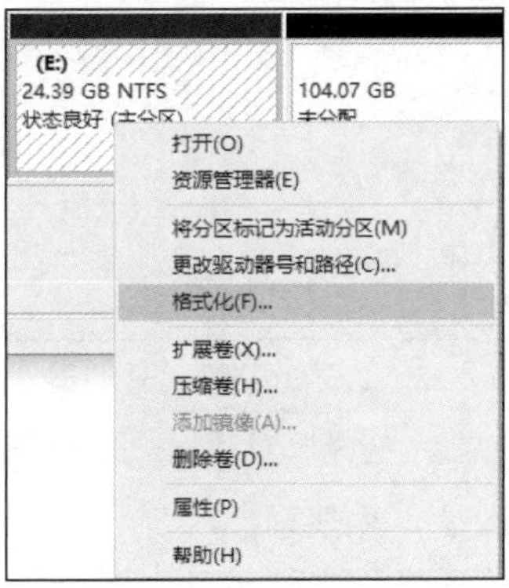

图 2-26 磁盘格式化

① 卷标：卷的名称，又称磁盘名称。

② 文件系统：Windows 支持将分区格式化为 FAT32、NTFS 文件系统。

③ 分配单元大小：文件占用磁盘空间的基本单位。

“执行快速格式化”只适用于曾经格式化过的并且没有被损坏的旧磁盘，它仅仅是删除磁盘上的文件和文件夹，而不会检查磁盘的损坏情况。当磁盘处于写保护状态，或者磁盘上有文件被打开时，不能对磁盘进行格式化。

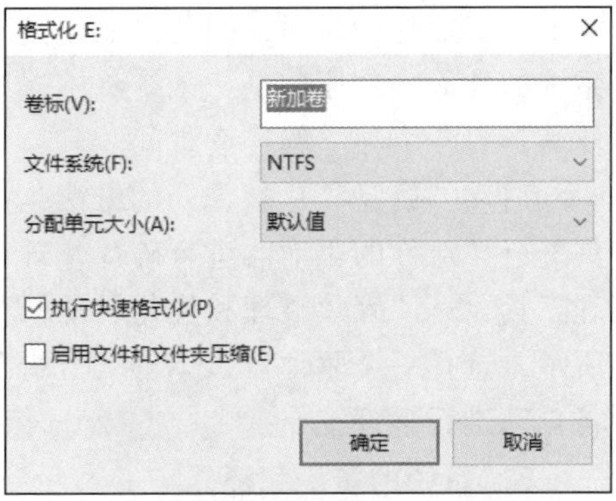

图 2-27 格式化磁盘对话框

（3）磁盘清理

用户在使用计算机的过程中会执行大量的读/写及安装操作，会产生很多的垃圾文件，从而占用磁盘空间，降低系统的整体性能。因此，计算机应定期进行磁盘清理，删除垃圾文件，以便释放磁盘空间，提高计算机性能。

启动“磁盘清理”的方法是：选择“控制面板”→“系统和安全”→“管理工具”→“释放磁盘空间”命令，或者选择“开始”→“Windows 管理工具”→“磁盘清理”命令，即可打开“磁盘清理：驱动器选择”对话框，如图 2-28 所示。选择一个驱动器，单击“确定”按钮，系统进行扫描工作，会进入磁盘清理对话框，其中列出了指定磁盘上可被清理的所有文件，可以进行选择，如图 2-29 所示。

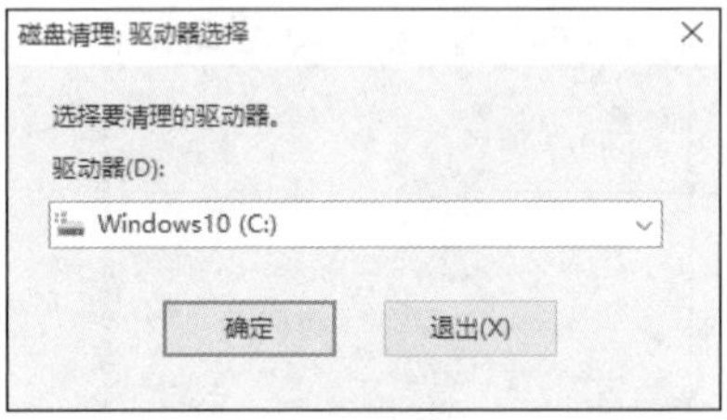

图 2-28 “磁盘清理：驱动器选择”对话框

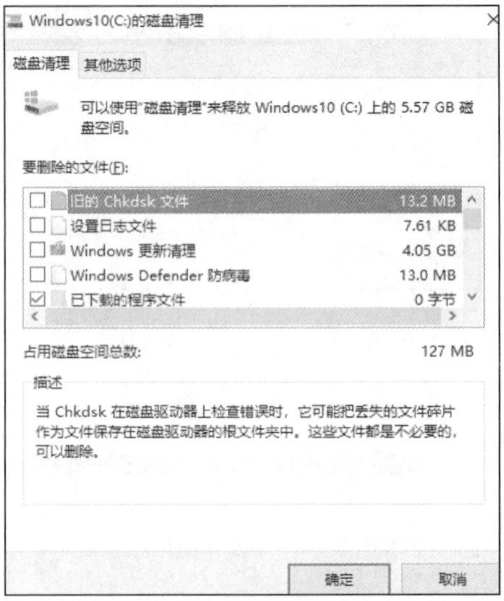

图 2-29 磁盘清理对话框

（4）磁盘碎片整理

磁盘碎片又称文件碎片，是指文件和文件夹由于频繁建立和删除而进行了大量的读写操作，使文件数据没有保存在一个连续的磁盘空间上。这样，系统在读取和存储数据时就需要额外的时间，因此需要定期对磁盘碎片进行整理，消除磁盘碎片，提高计算机系统的性能。其原理是：系统将不连续的碎片文件和文件夹移动到磁盘上的相邻位置，使其具有一个独立的连续空间。

启动“磁盘碎片整理”的方法是：选择“控制面板”→“系统和安全”→“管理工具”→“对你的驱动器进行碎片整理和优化”命令，或者选择“开始”→“Windows 管理工具”→“碎片整理和优化驱动器”命令，即可打开“优化驱动器”窗口，如图 2-30 所示，选择一个驱动器，单击“分析”按钮仅进行磁盘分析，单击“优化”按钮，系统将自动进行整理工作。

5. 系统的备份和还原

系统备份，就是将当前的系统配置备份到硬盘中，这样当计算机出现系统故障或蓝屏时，就可以及时恢复硬盘中的数据。系统还原，就是无法进入当前系统，需要通过系统还原功能还原到当前的配置。数据恢复的多少根据备份的程序及备份的时间来决定，只有先备份，然后才可能还原。

在 Windows 10 操作系统中，可以采用其自带的备份和还原功能来完成系统备份与还原，具体方法是：选择“控制面板”→“系统和安全”→“备份和还原（Windows 7）”命令，即可打开“备份和还原（Windows 7）”窗口，如图 2-31 所示。在此窗口中，可通过“设置备份”选项在外部硬盘和网络位置存放备份文件；有了备份文件之后，通过还原查找备份文件，即可将系统还原到设置备份时的系统。

图 2-30　“优化驱动器”窗口

图 2-31　“备份和还原（Windows 7）”窗口

本章小结

本章主要介绍了操作系统的含义、分类、功能及常见的操作系统，其中对操作系统的基本功能做了比较详细的介绍，最后以 Windows 10 操作系统为例，详细讲述操作系统的功能及相应的操作方法。通过本章的学习，可对操作系统的定义、分类、功能有更深的了解，掌握 Windows 10 的基本操作及对系统做相应设置。

思考与练习

一、选择题

1.（　　）负责对计算机系统中所有软硬件资源进行统一管理和调度、协调一致、有条不紊地工作。

A. 操作系统　　B. 应用软件
C. 数据库管理系统　　D. 语言处理程序

2. 操作系统是一种（　　）。

A. 专用软件包　　B. 应用软件　　C. 系统软件　　D. 实用程序

3. 在操作系统中，文件管理的主要作用是（　　）。

A. 实现对文件的按内容存取　　B. 实现按文件的属性存取
C. 实现文件的高速输入/输出　　D. 实现对文件的按名存取

4. 搜索文件时，若用户输入“*.*”，则将搜索（　　）。

A. 所有含有“*”的文件　　B. 所有扩展名中含有“*”的文件
C. 所有文件　　D. 以上全不对

5. 下列关于进程的说法中，正确的是（　　）。

A. 进程就是程序
B. 正在 CPU 运行的进程处于就绪状态
C. 处于等待状态的进程因发生了某个事件后（需要的资源满足了）就转为就绪状态
D. 进程是一个静态的概念，程序是一个动态的概念

6. 按（　　）组合键可以打开任务管理器。

A.【Ctrl+Shift】　　B.【Ctrl+Esc】
C.【Ctrl+Shift+Delete】　　D.【Alt+Tab】

7. 在 Windows 系统中，若要永久删除文件而不进入回收站，正确的操作是（　　）。

A. 选定文件后，按【Shift+Delete】组合键
B. 选定文件后，按【Ctrl+Delete】组合键
C. 选定文件后，按【Delete】键
D. 选定文件后，按【Shift】键，再按【Delete】键

8. 关于 Windows 快速格式化磁盘的说法中，正确的是（　　）。

A. 快速格式化只能格式化 U 盘

B. 快速格式化可以对从未格式化的新磁盘快速处理

C. 快速格式化只能用于曾经格式化过的磁盘或 U 盘

D. 快速格式化不能对有损坏的磁盘进行处理

二、填空题

1. 操作系统具有________、存储管理、设备管理、文件管理等功能。

2. 在 Windows 系统中，每一个文件的文件名由文件主名和________两部分组成，二者之间以分隔符“.”分开。

3. 在 Windows 10 操作系统的“回收站”窗口中，若想恢复选定的对象，可以单击“管理”选项卡下的________按钮。

4. 在 Windows 中，选定多个连续文件的操作是：单击第一个文件，然后按住________键的同时，单击最后一个文件。

5. 在 Windows 中，当用鼠标左键在同一磁盘的不同文件夹之间拖动对象时，系统默认的操作是________。

三、简答题

1. 什么是操作系统？操作系统的主要功能是什么？

2. 什么是程序？什么是进程？二者有何区别？

3. “回收站”的功能是什么？删除到“回收站”的对象能恢复吗？若要永久删除对象，应如何操作？

4. 在“资源管理器”中进行文件的复制、移动和重命名各有几种方法？

5. 在什么情况下不能格式化磁盘？

第 3 章　数据处理基础

数据处理是根据数据分析目的，将收集到的数据用适当的处理方法进行加工、整理，形成适合数据分析的要求样式。它是数据分析前必不可少的工作，并且在整个数据分析工作量中占据了大部分比例。数据处理离不开软件的支撑，用于在数据处理方面的软件可分为通用性软件和专门数据处理软件。Office 2016 就是通用性软件中的一种，主要包括 Word、Excel、PPT、Access 等组件，其中 Word 主要用于文字处理、排版，制作报纸、杂志、书籍和各类文件；Excel 集数据存储、数据分析于一体，支持数据和图形编辑；PPT 主要用于创建各种具有多媒体要素的演示幻灯片，它可以包含文字、图形、视频、声音，以及各种动画效果，常用于论文答辩、公司产品推介、总结等场合。

本章主要介绍 Word 2016、Excel 2016 和 PowerPoint 2016 的主要功能和使用方法，数据库管理系统 Access 2016 将在第 6 章进行讲解。

3.1　文 字 处 理

文字处理是电子文档标准化的一种重要方法，常用的工具有微软公司的 Office 和我国金山公司的 WPS，本节重点介绍 Office 2016 中 Word 2016 的使用。

3.1.1　创建和编辑文档

创建和编辑文档是将纸质文档电子化的重要步骤，是格式化数据的前提。

1. 创建和保存文档

通过“开始”→“所有程序”打开 Word 2016 应用程序，单击“空白文档”，进入文档编辑界面，如图 3-1 所示。

在 Word 中编辑文档时，需要及时进行保存，可以单击快速访问工具栏中的“保存”按钮，或者按【Ctrl+S】组合键进行保存。对于新建的空白文档，在保存时会要求选择保存的位置、名称及保存的类型，如图 3-2 所示。

2. 输入文档

在文档的编辑区域，有一个垂直闪烁的光标，称为插入点，输入的文字总是在插入点的位置。在输入过程中，当文字显示到文档右侧边界时，光标会自动转到下一行，当一个自然段输入完成后，可以通过按【Enter】键结束当前段落的输入，从而产生一个段落标记↵。

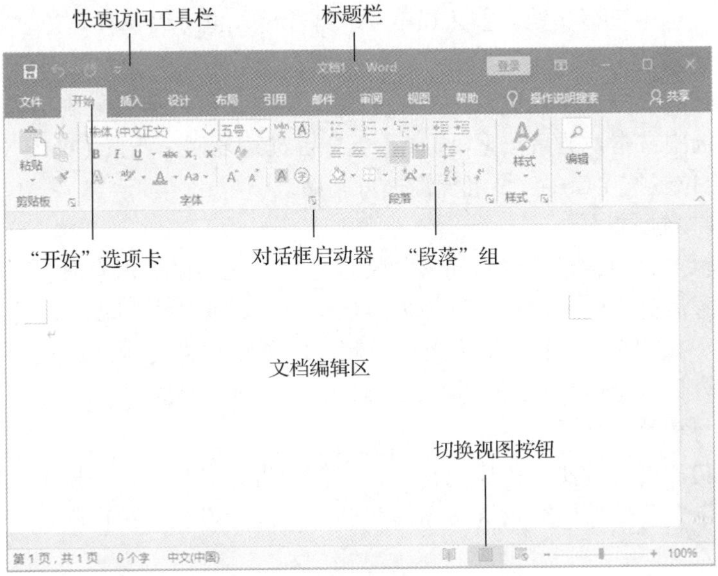

图 3-1　Word 文档编辑界面

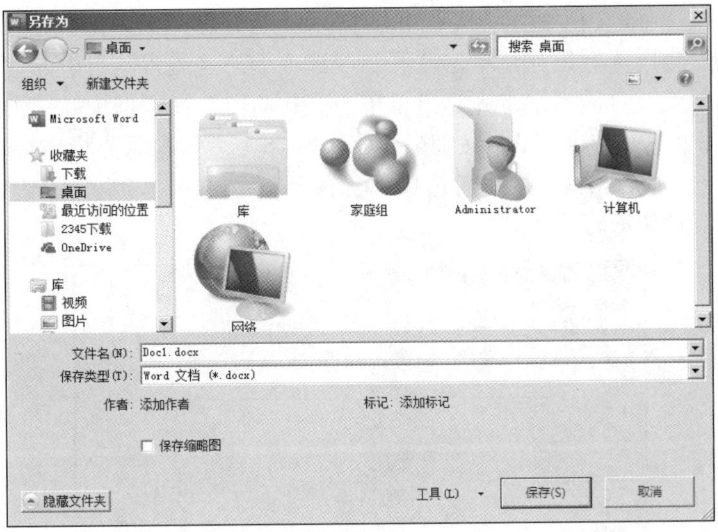

图 3-2　"另存为"对话框

3. 编辑文档

编辑文档是 Word 2016 的基本功能，可以对文档进行插入、修改、删除、复制、移动等操作。

（1）选定文本

在对文本进行编辑排版之前首先要执行选中操作。从准备选择文本的位置按下鼠标左键，一直拖动至终点处松开鼠标即可选择文本，被选中的文本会显示出灰色底纹，以区别于其他未被选中的文本。如果要选择的是篇幅较长的连续文本，可以单击要选择的文本开始处，然后按住【Shift】键不放，将鼠标移至选取终点处，单击即可。

使用鼠标可以快速选择一行、一段文本或者整篇文档。将鼠标移动到段落左侧的空白处（选定区），当鼠标变形为右上方向的箭头时，单击，选定当前行；双击，选定当前段文字；三击，选中整篇文档。按【Ctrl+A】组合键，也可以选择整篇文档。

（2）复制和移动文本

重复录入某些文本或者改变文本在文档中的位置，可以通过复制与移动操作来快速地完成。首先选中文本，然后按【Ctrl+C】组合键进行复制（或按【Ctrl+X】组合键进行剪切），在指定位置按【Ctrl+V】组合键进行粘贴。

（3）插入与删除文本

在文档编辑过程中，经常会对输入的文本进行修改。添加内容时，可以将光标定位到插入点的位置后进行输入。在不选择内容的情况下，通过【Backspace】键可以删除光标左侧的字符，按【Delete】键删除光标右侧的字符。如果要删除比较长的文本，则可以先选中该内容后按【Delete】或【Backspace】键直接删除。

（4）查找与替换

利用查找功能可以方便、快捷地在文档中找到指定的文本；替换不仅用于普通文本的替换，还可以在替换的同时设置文本的字体、段落等格式。在排版时，还经常用到通配符和特殊格式。

有时从网站上复制一些文本到 Word 文档中，会发现有许多↓标记，这个标记称为手动换行符，在 Word 文档中可以按【Shift+Enter】组合键产生手动换行符。那么如何将手动换行符替换为段落标记呢？单击“开始”选项卡的“编辑”组中的“替换”按钮，打开“查找和替换”对话框，将光标定位于“查找内容”文本框中，单击“更多”按钮后展开对话框，单击“特殊格式”按钮后选择“手动换行符”。将光标定位于“替换内容”文本框中，单击“特殊格式”按钮后选择“段落标记”，如图 3-3 所示，然后单击“替换”或“全部替换”按钮即可完成替换。

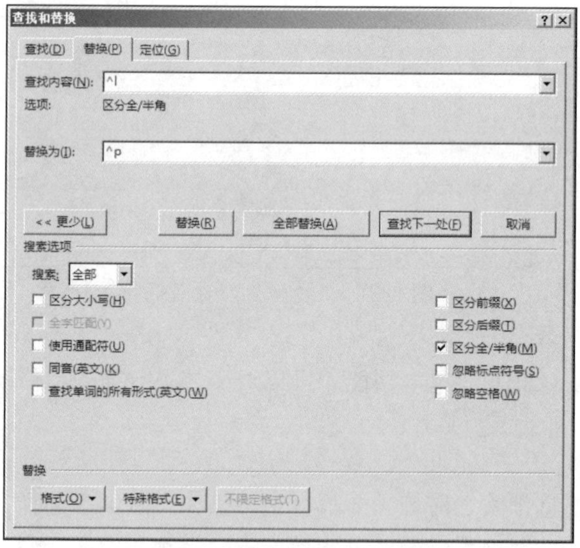

图 3-3 “查找和替换”对话框

（5）撤销与恢复

对文档进行编辑时，Word 2016 会记录所执行的操作，在执行错误的操作后，可以通过按【Ctrl+Z】组合键进行撤销；也可以通过重复按【Ctrl+Y】组合键恢复之前的操作。

3.1.2 文档排版

文档编辑完成后，需要对文档进行美化。本节介绍 Word 2016 中常见的排版技术，包括字体格式、段落格式、边框与底纹和分栏。

1. 字符格式设置

字符是表示数据和信息的字母、数字或其他符号。字符格式设置一般包括字符的字体、字号、颜色、字符间距等设置，它可以通过字体功能区或字体启动对话框来完成。

（1）字体功能区

选中要设置的文本，单击“开始”选项卡，在“字体”组中可以看到常规的字符格式的设置，如图 3-4 所示。将鼠标放置在某个按钮上，会显示出此按钮的功能。要同时设置文档中的中英文的字体格式，可以通过“字体”启动对话框来实现。

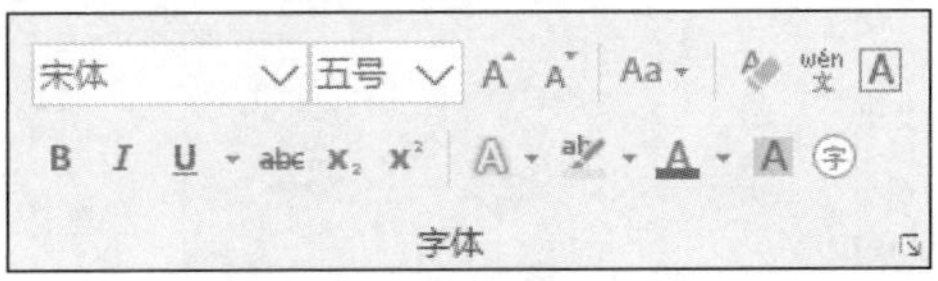

图 3-4 “字体”组

（2）“字体”对话框

选中要设置的文本，单击“开始”选项卡，单击“字体”组右下角的“对话框启动器”按钮，在打开的“字体”对话框中即可完成字体格式的设置。

2. 段落格式设置

在 Word 中，通常把两个回车换行符之间的部分称为一个段落。段落格式的设置包括对齐方式、缩进、行间距、段前和段后间距等。

（1）段落对齐方式

段落对齐方式是指段落相对于页面边缘的对齐方式，在文档中使用对齐方式可以使文档富有层次，阅读性强。Word 2016 中提供了五种段落对齐方式：左对齐、居中对齐、右对齐、两端对齐和分散对齐。

同设置字符格式一样，设置段落对齐方式通常有两种方法：①使用“段落”组的对齐按钮来设置；②单击“开始”→“段落”→右下角的“对话框启动器”按钮，在打开的“段落”对话框中选择“对齐方式”下拉列表框中的选项进行设置。

（2）段落缩进

对于一般的文档，我们习惯性地设置为首行缩进 2 个字符，有时为了突出显示某些段落，也会对段落设置缩进，段落的缩进方式有四种。

① 左侧缩进：所选段落与左侧页边距的距离。

② 右侧缩进：所选段落与右侧页边距的距离。

③ 首行缩进：段落的首行第一个字的起始位置。

④ 悬挂缩进：段落除首行以外的所有行由左起向内缩进的距离。

（3）段落间距与行间距

段间距用来设置段落之间的间距，是通过“段前”和“段后”进行设置的。行间距用于设置行与行之间的距离。行间距共有六个选项供使用，分别是单倍行间距、1.5 倍行间距、2 倍行间距、最小值、固定值、多倍行间距。

3. 边框与底纹

使用边框与底纹，不仅可以给选定的文字和段落加上边框和底纹，还可以给整个文档的页面都加上边框，从而使文档更加具有美感。给文本或段落添加边框和底纹的操作方法如下：

① 选择要添加边框和底纹的文字或段落。

② 单击“开始”→“段落”→“边框”的下拉按钮，选择“边框和底纹”命令，打开“边框和底纹”对话框，如图 3-5 所示。

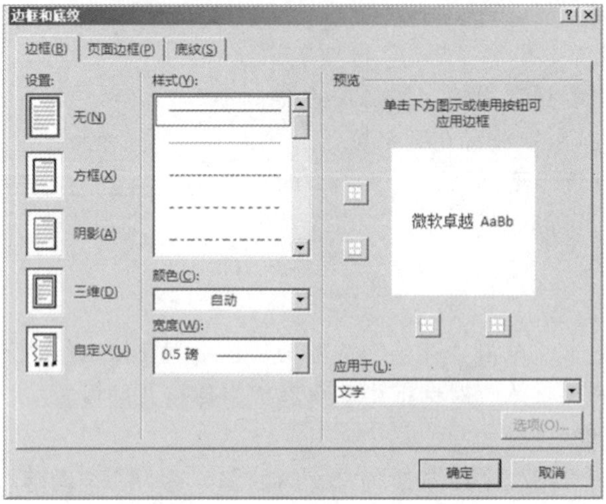

图 3-5 “边框和底纹”对话框

在“边框”选项卡中，可以设置“方框”“阴影”“三维”“自定义”四种类型。以“自定义”类型为例，选择“样式”中边框的线型、颜色和宽度，选择“应用于”文字还是段落。在“页面边框”选项卡中，可以设置页面边框，除了可以添加线型页面边框外，还可以添加艺术型页面边框。在“底纹”选项卡中，可以进行底纹设置，可以选择填充色、图案样式和颜色等。

4. 项目符号与编号

项目符号与编号是放在文本前的点或其他符号，起到强调作用。合理使用项目符号和编号，可以使文档的层次结构更清晰、更有条理。常用的操作如下：

① 选中需要设置的项目符号的文本，单击“开始”→“段落”→“项目符号”右侧的下拉按钮，在打开的“项目符号库”中选择符号样式。此时会发现所选文本已应用所选择的符号样式。

② 选中需要设置的项目符号的文本，单击“开始”→“段落”→“编号”右侧的下拉按钮，在打开的“编号库”中选择符号样式。

5. 格式刷

使用格式刷可以方便地将选定文本的格式应用到其他文本上，从而实现文本或段落格式的快速格式化。操作步骤如下：

① 将光标定位在要复制样式的文本的任意位置。

② 单击“开始”→“剪贴板”→“格式刷”按钮，之后将光标移到文本编辑区，会看到光标旁出现一个小刷子的图标，按下鼠标左键拖动需要应用样式的文本即可。

单击“格式刷”按钮，使用一次后格式刷功能就自动关闭。如果需要将某文本的格式连续应用多次，则可以双击“格式刷”按钮。要结束使用格式刷功能，需要再次单击“格式刷”按钮或者按【Esc】键。

6. 页面排版

（1）分栏

分栏可以将文档或选中的文本分为两栏和三栏，使版面具有不同的风格。首先选中要分栏的文本，选择“布局”→“页面设置”→“栏”→“更多栏”命令，打开“栏”对话框（见图3-6），进行相应的分栏设置。若要取消分栏，只要选择已分栏的段落，进行一栏的操作即可。

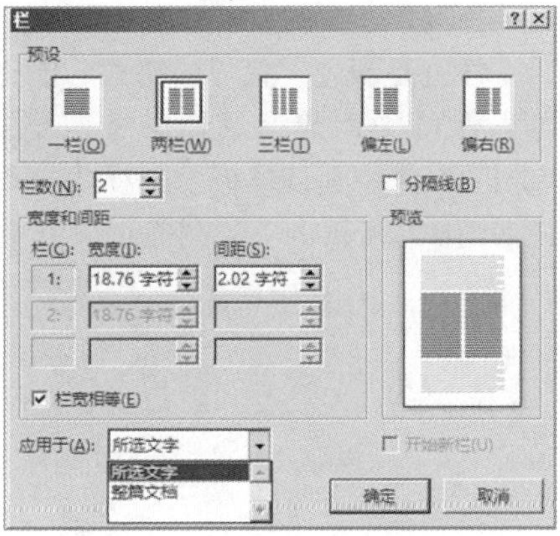

图3-6 “栏”对话框

（2）页眉和页脚

页眉和页脚中含有在页面的顶部和底部重复出现的信息，可以在页眉和页脚中插入文本或图形，例如页码、日期、公司徽标、文档标题、文件名或作者名等。设置页眉和页脚的步骤如下：

① 单击“插入”选项卡。

② 单击“页眉和页脚”组中的“页眉”按钮，在弹出的下拉列表框中选择内置的页眉样式或者“编辑页眉”命令，然后输入页眉内容。

③ 单击“页眉和页脚”组中的“页脚”按钮，在弹出的下拉列表框中选择内置的页脚样式或者“编辑页脚”命令，然后输入页脚内容。

④ 单击“页眉和页脚”组中的“页码”按钮，在弹出的下拉列表框中选择所放置页码的位置。选中所插入的页码，右击，在弹出的快捷菜单中选择“页码格式”命令，可以选择不同的编码格式，但是整篇文档的编码是连续的，格式是统一的。

（3）分节符

能否在一篇文档中对页眉页脚同时设置阿拉伯数字和罗马字符两种编码？分节符的出现完美地解决了这个问题。一般情况下，Word将整篇文档视为一节，如果需要设置不同的页眉页脚和页码格式，可以使用分节符。插入点定位在文档中待分节处，单击“布局”→“页面设置”→“分隔符”按钮，可以根据具体需要选择分节符类型。

①“下一页”：新节从下一页开始。

②“连续”：新节从同一页开始。

③“偶数页”：新节从偶数页开始。

④“奇数页”：新节从奇数页开始。

（4）页面设置

用户可以根据自己的需要来设置页面布局，可以单击“布局”→“页面设置”的对话框启动器按钮，在打开的对话框中有页边距、纸张、布局、文档网格四个选项卡。

①“页边距”：文本内容与纸张边缘的距离，可以设置上下左右四个页边距，还可以添加装订线和选择打印方向。

②“纸张”：选择打印纸大小，用户也可以自定义纸张大小。

③“布局”：设置页眉、页脚离页边界的距离、奇偶页不同、首页不同，还可为每行加行号。

④“文档网格”：设置文字排列方向和栏数、网格、每页的行数和每行的字符数等。

7．样式

样式是预先设置好的格式，能迅速改变文档的外观。在长文档的编辑中，应用样式可以保持文档的一致性。按照定义形式分为内置样式和自定义样式。内置样式是Word 2016 中默认模板中的样式，单击“开始”→“样式”右下角的“其他”按钮，出现如图 3-7 所示的下拉列表框，其中显示了可供选择的样式。

图 3-7　样式下拉列表框

要对文档中的文本应用样式，先选中这段文本，然后单击下拉列表框中需要使用的样式名称即可。要删除某文本中已经应用的样式，可先将其选中，再选择下拉列表框中的“清除格式”命令即可。

也可以在预定义样式的基础上，对其格式进行修改。右击“样式”组中的“正文”按钮，在弹出的快捷菜单中选择“修改”命令，打开“修改样式”对话框，单击“格式”按钮，可根据需要修改“字体”“段落”“边框”等，如图 3-8 所示。

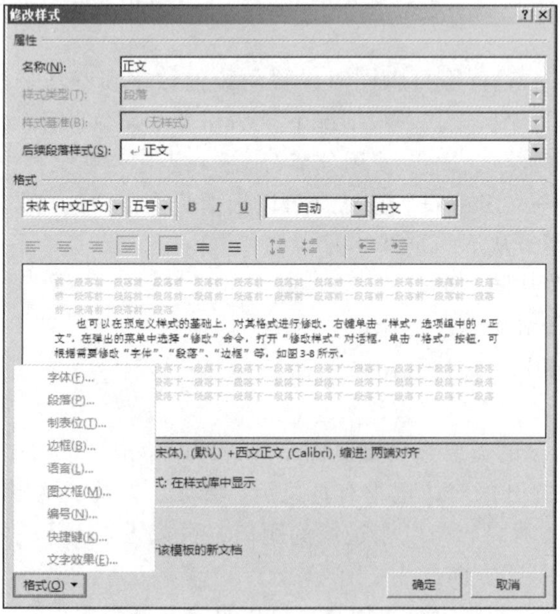

图 3-8　“修改样式”对话框

8. 长文档编辑

为了显示长文档的内容和层次结构，经常会使用目录。首先要将文档中的一级标题、二级标题及三级标题分别应用样式组中的“标题 1”“标题 2”“标题 3”；其次选择“引用”→“目录”→“自定义目录”命令自动生成目录。生成目录页后，长文档存在页码编码问题，例如，目录页使用罗马字符编码，正文用阿拉伯数字编码，这是如何实现的呢？

【例 3.1】将长文档“河南财经政法大学开展‘优良学风共涵育，青春奋斗正当时’主题宣传教育系列活动.docx”生成目录，目录页使用罗马字符编码，正文使用阿拉伯数字编码，目录页的页眉内容为“目录”，正文页的页眉内容为“优良学风共涵育，青春奋斗正当时”。

（1）设置标题样式

① 将光标定位在“一、‘奋进新时代、青春勇担当’主题团课”的任意位置，选择“开始”→“编辑”→“选择”→“选定所有格式类似的文本”命令，这时会发现“一、‘奋时新时代、青春勇担当’主题团课”“二、‘越团结、豫有力’社会实践活动”“二、‘国旗下的思政课’主题活动”被选中。

② 单击“开始”→“样式”中的“标题 1”按钮，此时三个标题均被设置为“标题 1”样式，如果需要二级标题和三级标题，也是同样的设置方法。

（2）生成目录

① 将光标定位在“河南财经政法大学开展‘优良学风共涵育，青春奋斗正当时’主题宣传教育系列”这一自然段段落标记处，按【Enter】键，生成一个新的段落。

② 选择“引用”→“目录”→“自定义目录”命令，打开“目录”对话框，在此对话框中可以选择制表符前导符和显示标题的级别，单击“确定”按钮，如图 3-9 所示。

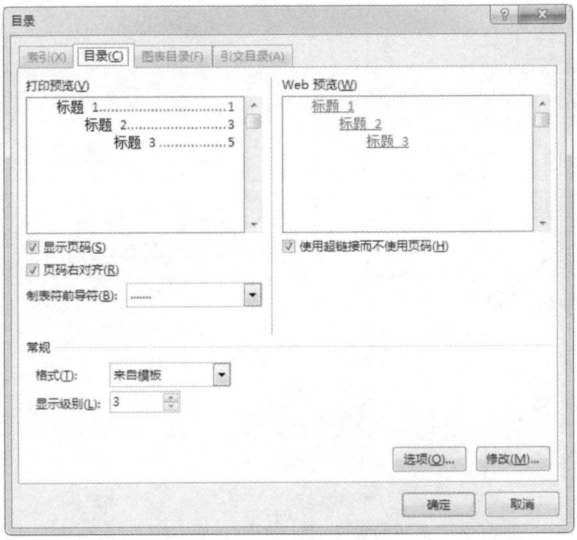

图 3-9　“目录”对话框

（3）设置页眉页脚

① 将光标定位在“为进一步加强学风建设工作，切实落实学校学风建设……”的前方，选择“布局”→“页面设置”→“分隔符”→“分节符”中的“下一页”，开始新的一节。

② 双击目录页页眉的位置，输入“目录”，将光标放置在页脚的位置，选择“插入”→“页眉和页脚”→“页码”→“当前位置”中的“普通数字”，此时插入数字“1”。

③ 右击数字“1”，在弹出的快捷菜单中选择“设置页码格式”命令，在打开的“页码格式”对话框中，编号格式选择罗马字符，页码编号为“起始页码为I”，如图 3-10 所示。

④ 把光标定位到第 2 节的页眉处（即“为进一步加强学风建设工作，切实落实学校学风建设……”页面），单击“页眉和页脚工具”组中的“链接到前一节”按钮，断开链接，输入“优良学风共涵育，青春奋斗正当时”，接着把光标定位到第 2 节的页脚处，页码设置同③，数字格式为阿拉伯数字，起始页码为 1。

⑤ 右击“开始”→“样式”组中的“标题 1”，选择“修改”命令，在弹出的“修改样式”对话框中，单击“格式”按钮，选择“段落”命令，在打开的“段落”对话框中，选中“换行和分页”选项卡中的“段前分页”复选框，最后单击“确定”按钮，如图 3-11 所示。这时会发现“一、‘奋进新时代、青春勇担当’主题团课”“二、‘越团结、豫有力’社会实践活动”“三、‘国旗下的思政课’主题活动”都在一个新的页面的开始位置。

⑥ 将光标定位在生成目录的位置，右击，在弹出的快捷菜单中选择“更新域”命令（见图 3-12），在打开的“更新目录”对话框中选择“只更新页码”单选按钮，单击“确定”按钮，此时，标题所对应的页码已发生改变。

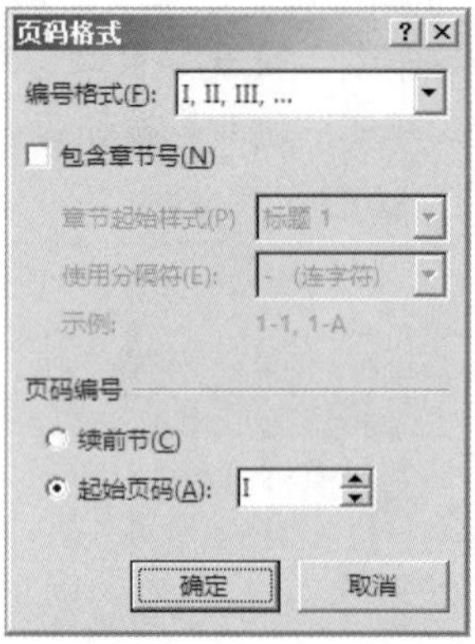

图 3-10 页码格式

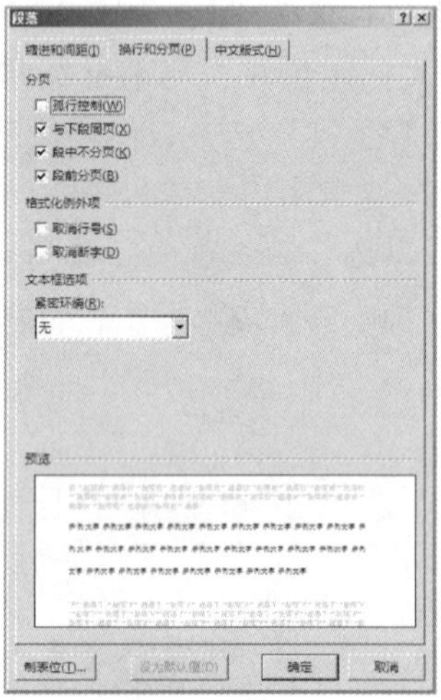

图 3-11 段落

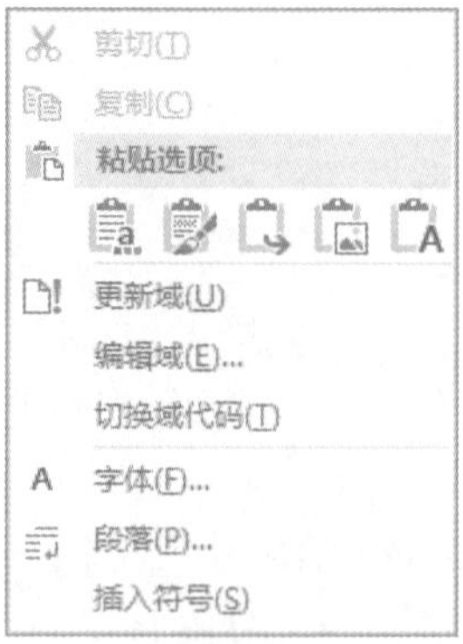

图 3-12 选择“更新域”命令

3.1.3 图文混排

利用 Word 提供的图文混排功能，用户可以在文档中插入图片、形状、SmartArt 图形、图表、艺术字等，使文档更加赏心悦目。

1．插入图片

在文档中插入图片的步骤如下：

① 将光标定位到文档中要插入图片的位置。

② 单击“插入”→“插图”→“图片”按钮。

③ 在打开的“插入图片”对话框中选中要选用的图片。

④ 单击“插入”按钮即可将图片插入到文档中。

当图片插入到文档中后，四周会出现 8 个控制点，将光标移动到控制点上，当光标变成双向箭头时，拖动鼠标可以改变图片的大小。同时功能区中出现用于图片编辑的“格式”选项卡，在该选项卡中有“调整”“图片样式”“排列”和“大小”四个组，利用其中的命令按钮可以对图片进行亮度、对比度、位置和环绕方式等进行设置。插入的图片默认的文字环绕方式是嵌入式，此时图片一般不容易调整位置，可选择“图片工具”→“格式”→“排列”→“环绕文字”中的其他环绕方式中的一种。

Word 2016 中的屏幕截图功能，可以将屏幕截图即时插入到文档中。单击功能区中的“插入”→“插图”→“屏幕截图”按钮，在弹出的下拉列表中可以看到所有已经开启的窗口缩略图，单击任意一个窗口即可将该窗口完整地截图并自动插入到文档中。如果只想要截取当前屏幕上的一小部分，可选择“屏幕剪辑”命令，然后在屏幕上通过鼠标拖动选取想要截取的部分，即可将选取内容以图片的形式插入文档。

2．插入 SmartArt 图形

使用 Word 2016 中的 SmartArt 工具，可以非常方便地在文档中插入 SmartArt 图形，方便直观地进行交流，SmartArt 图形包括图形列表、流程图，以及更为复杂的图形，如韦恩图和组织结构图。以层次结构图为例，在文档中插入 SmartArt 图形的步骤如下：

① 将光标定位到文档中要显示图形的位置。

② 单击“插入”→“插图”→“SmartArt”按钮，打开“选择 SmartArt 图形”对话框，选择图形类别为“层次结构”，然后选择右侧的组织结构图，如图 3-13 所示。提示：将光标放置在层次结构图的某个命令按钮上，将会出现此结构图的名称。

③ 在插入的 SmartArt 图形中单击左侧的展开按钮，打开文本窗格，要在“文本”窗格中新建一行带有项目符号的文本，可按【Enter】键；要在“文本”窗格中缩进一行，请选择要缩进的行，然后单击“SmartArt 工具-设计”→“创建图形”→“降级”按钮。要逆向缩进一行，可单击“升级”按钮。还可以在“文本”窗格中按【Tab】键进行缩进，按【Shift+Tab】组合键进行逆向缩进。根据上述方法在窗格中依次输入“总经理”“助理”“财务部”“销售部”“行政部”“人力资源部”“办公室”“投资业务部”“风险管理部”。将光标分别定位在“人力资源部”和“办公室”，按【Tab】键进行缩进，如图 3-14 所示。

当文档中插入组织结构图后，在功能区会显示用于编辑 SmartArt 图形的 SmartArt 工具，包括“设计”和“格式”两个选项卡。通过 SmartArt 工具可以为 SmartArt 图形添加新形状、更改版式、更改颜色、更改形状样式等效果。

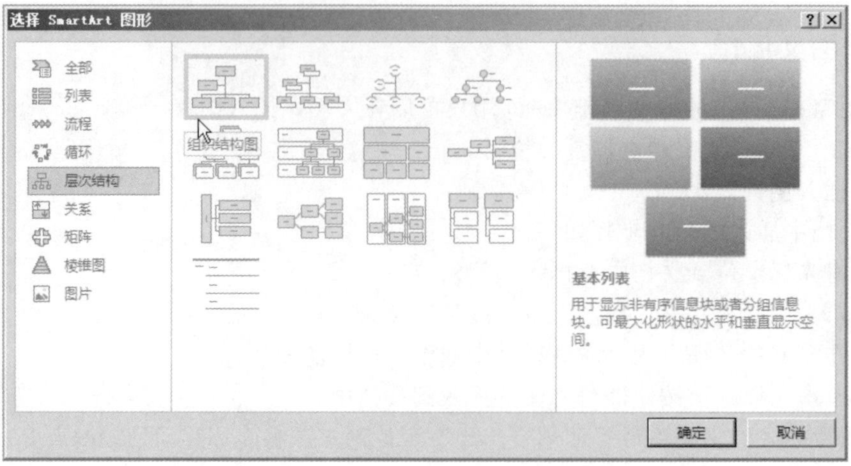

图 3-13 “选择 SmartArt 图形”对话框

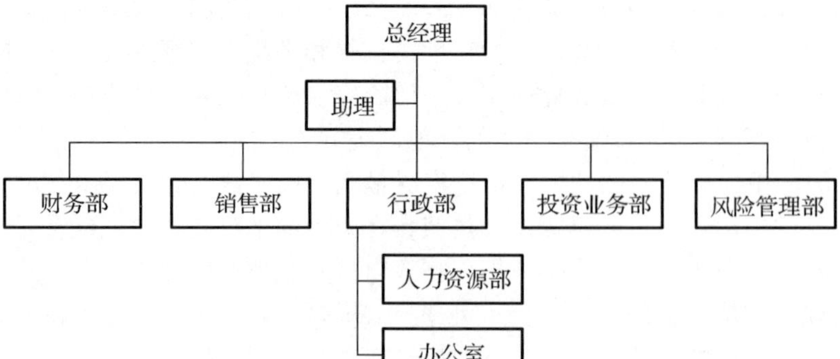

图 3-14 组织结构图

3. 插入艺术字

使用艺术字可以为文档增添艺术效果，简单操作步骤如下：

① 将光标定位到文档中要显示艺术字的位置。

② 单击“插入”→“文本”→“艺术字”按钮，在弹出的艺术字样式框中选择一种样式。

③ 在文本编辑区的“请在此放置您的文字”框中输入文字。

将艺术字插入文档后，功能区中会出现“绘图工具-格式”选项卡，利用“艺术字样式”组中的三个命令按钮可以对艺术字进行填充、轮廓、效果等设置。

4. 插入文本框

文本框可以突出显示其包含的内容，非常适合展示重要的文字，例如标题或引述的文字。要在文档中插入文本框，可以选择“插入”→“文本”→“文本框”下拉列表框中的命令，直接选择内置的文本框样式，也可手工绘制横排或竖排的文本框。

5. 绘制形状

Word 2016 提供了许多现成的图形绘制工具，其中包括线条、矩形、基本形状、箭头总汇、公式形状、流程图、星与旗帜等。单击“插入”→“插图”→“形状”按钮，在弹出的下拉列表框中选择所需的自选图形形状。将光标移动到文档中要显示自选图形的位置，这时光标会显示为一个实心的十字形状，按下鼠标左键并拖动至合适的大小后松开即可绘出所选的图形形状。

3.1.4 表格

表格是由行和列所组成的一张二维表，行和列所交叉的位置称为单元格。在表格的单元格中可以添加文字或图形，也可以对表格中的数字、数据进行排序和计算。

1．插入表格

创建规则的表格可以使用插入表格的方法。插入表格一般有两种方法：一种是将光标定位到要插入表格的位置，单击“插入”→“表格”→“表格”命令，打开如图 3-15 所示的对话框。对话框上方显示出一个示意网格，沿网格右下方移动光标，当达到需要的行列位置后单击即可。另一种是在图 3-15 中选择“插入表格”命令，在打开的“插入表格”对话框中设置列数和行数，即可创建一个新表格，如图 3-16 所示。

2. 绘制表格

对于较复杂的表格可以采用手工绘制，将光标定位在要创建表格的位置，选择“插入”→“表格”→“表格”→“绘制表格”命令，指针变为笔形。从表格的一角拖动至其对角，然后再绘制各行各列。如果要除框线，可单击“表格工具”→“布局”→“绘图”→“橡皮擦”按钮，指针变为橡皮擦形，将其移到要擦除的框线上拖动或单击。按【Esc】键或者双击鼠标结束绘制。

图 3-15 选择“插入表格”命令

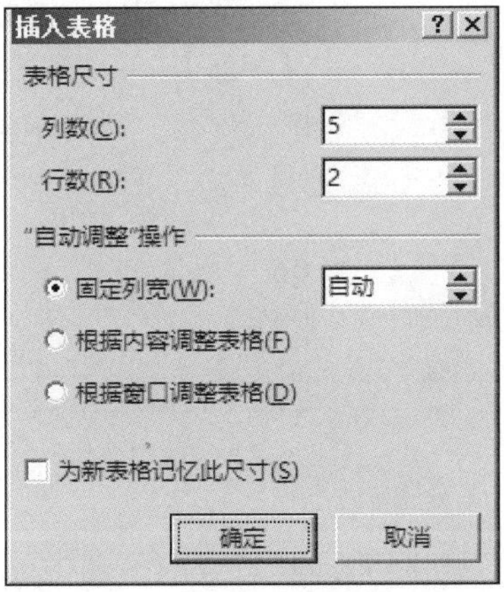

图 3-16 “插入表格”对话框

3. 编辑表格

在 Word 文档中插入一个空表格后，将插入点定位在某单元格，即可进行文本输入。在对表格进行编辑之前，需要学会如何选中表格中的不同元素，如单元格、行、列或整个表格等，见表 3-1。选择连续或不连续的区域时可以和【Shift】键或【Ctrl】键配合使用。

表 3-1 选中表格各项操作

选　　项	操　　作
单元格	光标移动到该单元格左边，当光标变成实心右上方向的箭头时单击
一行	光标移到表格外该行的左侧，当光标变成空心右上方向的箭头时单击
一列	光标移到表格外该列的最上方，当光标变成实心向下方向的黑色箭头时单击
整个表格	①拖动鼠标选取；②单击表格左上角的 来选中整个表格

（1）调整行高和列宽

调整行高和列宽有鼠标调整法和精确调整法。鼠标调整法操作如下：

① 调整行高：将光标移到此行的下边框线，光标会变成垂直分离的双向箭头，直接拖动即可调整本行的高度。调整列宽：将光标指向此列的右边框线，光标会变成水平分离的双向箭头，直接拖动即可调整本列的宽度。

② 精确调整法：首先将光标定位在要设置行高的某个单元格，右击，在弹出的快捷菜单中选择“表格属性”命令，在“表格属性”对话框中单击“行”选项卡，如图 3-17 所示。选中“指定高度”复选框，可以为表格中的所有行指定行高。如果单独设置某行行高，可以单击“上一行”或“下一行”按钮。列宽的设置与行高设置基本相同。

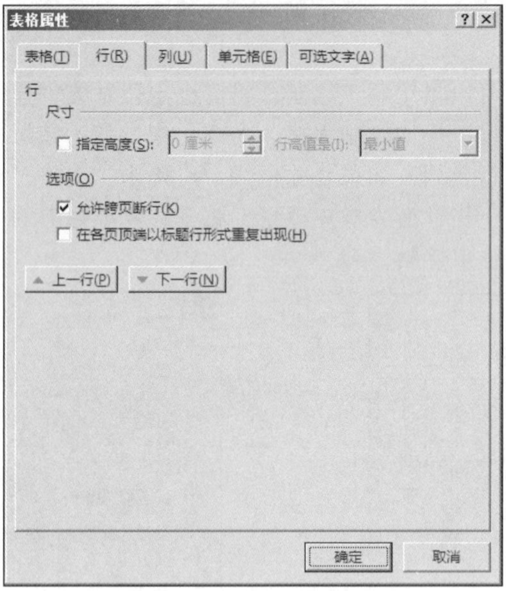

图 3-17　“表格属性”对话框

（2）合并单元格

合并单元格是将同一行或同一列中的两个或多个单元格合并为一个单元格。操作方法：选定单元格后单击“表格工具-布局”→“合并”→“合并单元格”按钮。此外，还可以单击“表格工具-布局”→“绘图”→“橡皮擦”按钮，再双击要删除的框线实现合并单元格的操作。

（3）插入行或列

将光标定位在需要插入的行或列所在的单元格，右击，在弹出的快捷菜单中选择“插入”命令，在其子菜单中根据需要选择插入行或列，如图 3-18 所示。也可以将光标定位在行列交叉点的位置，会出现圆圈加号，单击圆圈加号就会插入行或列。

（4）删除行或列或单元格

将光标定位在需要删除的行或列所在的单元格，右击，在弹出的快捷菜单中选择“删除单元格”命令，在打开的“删除单元格”对话框中根据需要选择删除行或列或单元格，如图 3-19 所示。

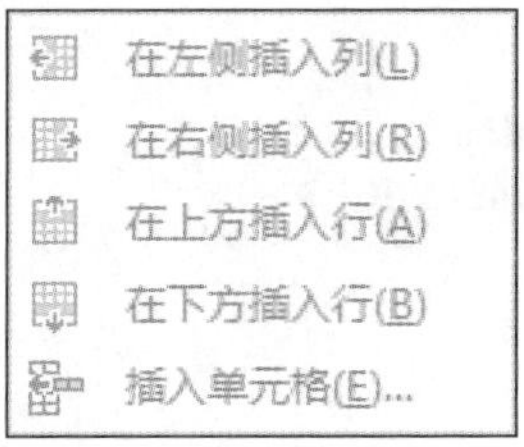

图 3-18 插入行或列

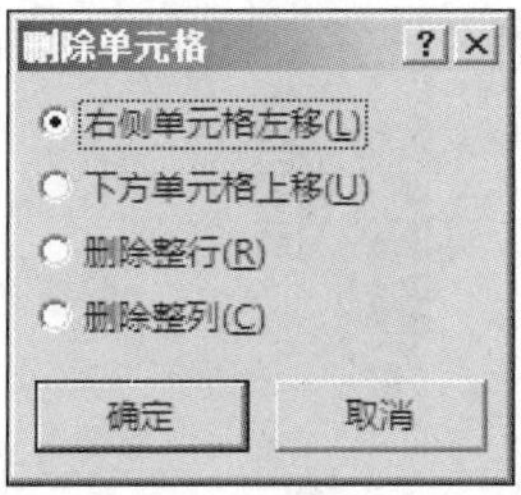

图 3-19 “删除单元格”对话框

（5）单元格中文本的对齐

单元格中文本的对齐方式有水平方向和垂直方向，共有 9 种对齐方式。选定要设置文本对齐方式的单元格，选择“表格工具-布局”→“对齐方式”组中的对齐方式，同时也可设置文字的方向，见表 3-2。

表 3-2 对齐方式

按钮	说明	按钮	说明	按钮	说明
	靠上左对齐		靠上居中对齐		靠上右对齐
	中部左对齐		水平居中		中部右对齐
	靠下左对齐		靠下居中对齐		靠下右对齐

（6）表格自动套用格式

使用边框和底纹可以对表格进行边框线等设置，Word 2016 也提供了多种已定义好的表格格式，用户可通过自动套用格式，快速格式化表格。将光标定位在表格的任意单元格，单击“表格工具-设计”→“表格样式”→“其他”按钮，在表格自动套用格式列表中选择合适的样式即可。

3.2 幻 灯 片

PowerPoint 2016 是 Microsoft 公司推出的 Office 2016 软件包中的一个重要组成部分，是专门用来制作演示文稿的应用软件。当需要完成论文答辩、推介产品、工作总结等工作时，PowerPoint 2016 是一个不错的选择。

3.2.1 建立和保存演示文稿

打开 PowerPoint 2016 应用程序，如图 3-20 所示，单击“空白演示文稿”，系统就会创建一个版式为“标题”的空白演示文稿；也可以单击“欢迎使用 PowerPoint 2016”按钮自动生成幻灯片；还可以选择各种主题幻灯片，从而创建不同风格的演示文稿。

空白和选择主题创建的演示文稿只有一张幻灯片，通过单击“开始”→“幻灯片”→“新建幻灯片”按钮增加幻灯片，也可通过下拉列表选择幻灯片版式。PowerPoint 2016 默认的扩展名为.pptx，单击快速访问工具栏中的“保存”按钮，即可选择保存幻灯片的名称和地址。

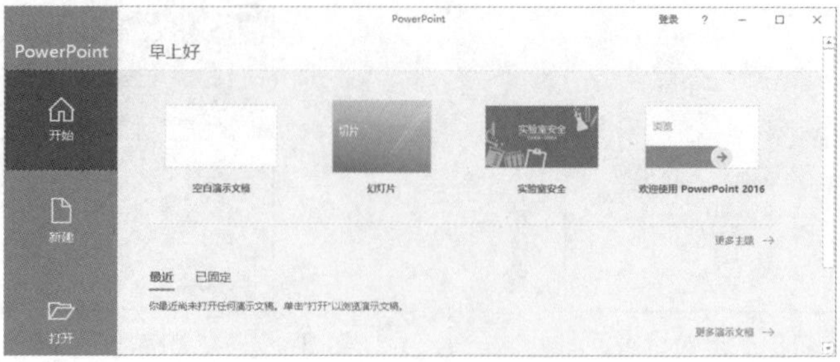

图 3-20　幻灯片欢迎界面

3.2.2　视图方式

1. 普通视图

普通视图是 PowerPoint 2016 默认的工作模式，也是最常用的工作模式。在此视图模式下可以编写或设计演示文稿，也可以同时显示幻灯片和备注内容。

2. 幻灯片浏览视图

使用幻灯片浏览视图，可以在屏幕上看到演示文稿中的所有幻灯片。这些幻灯片以缩略图方式显示在同一窗口中。在幻灯片浏览视图中，可以查看设计幻灯片的背景、主题等演示文稿的整体情况，也可以检查各个幻灯片是否前后协调、图标的位置是否合适等问题。单击状态栏中的“幻灯片浏览”按钮 ，即可进入幻灯片浏览视图。在该视图下可方便地调整幻灯片的顺序、添加或删除幻灯片、复制幻灯片等。

3. 备注页视图

单击“视图”→“演示文稿视图”→“备注页”按钮 ，就可以进入备注页视图。在备注页视图下，可以为幻灯片加入一些备注信息。这些备注信息可以在放映演示文稿时进行参考，也可以打印出来分发给观众。

4. 幻灯片放映视图

单击状态栏中的“幻灯片放映”按钮，即可进入幻灯片放映视图。幻灯片放映视图将占据整个计算机屏幕。在播放过程中，单击、按【Enter】键或空格键可以换页，按【Esc】键可以退出幻灯片放映视图。幻灯片放映视图用于放映演示文稿，可以看到图形、计时、电影、动画在实际演示过程中的具体效果。

5. 阅读视图

单击状态栏中的“阅读视图”按钮，即可进入幻灯片阅读视图。阅读视图是以窗口的形式查看演示文稿的放映效果。如果希望在一个设有简单控件的审阅窗口中查看演示文稿，而不想使用全屏的幻灯片放映视图，则可以使用阅读视图。要更改演示文稿，可随时从阅读视图切换至其他视图模式中。

3.2.3　编辑幻灯片

一个演示文稿中会包含多张幻灯片，演示文稿的布局很关键。在制作演示文稿的过程中，可以对幻灯片进行选择、复制、移动、插入、删除等操作。

1. 选择幻灯片

在 PowerPoint 2016 中，可以一次选中一张幻灯片，也可以同时选中多张幻灯片，然后对选中的幻灯片进行编辑操作。

① 选择单张幻灯片：单击某张幻灯片，即可选中该张幻灯片。

② 选择连续的多张幻灯片：单击起始编号的幻灯片，然后按住【Shift】键，再单击结束编号的幻灯片，此时将有多张幻灯片被同时选中。

③ 选择不连续的多张幻灯片：在按住【Ctrl】键的同时，依次单击需要选择的每张幻灯片，此时被单击的多张幻灯片同时被选中。

2. 复制和移动幻灯片

在演示文稿中，若要移动或复制幻灯片，可以使用鼠标拖动的方法，也可以使用菜单命令来操作。

① 复制幻灯片：选中要复制的幻灯片，按【Ctrl+C】组合键，然后将光标定位在需要插入的位置，再按【Ctrl+V】组合键，选中的幻灯片被复制到目的位置。

② 移动幻灯片：选择一个或多个需要移动的幻灯片，按住鼠标左键拖至合适的位置即可。

3. 插入幻灯片

在普通视图的左侧窗格中，单击两个幻灯片的间隔区，会出现一条闪烁的横线或竖线。然后单击“开始”→“幻灯片”→“新建幻灯片”按钮，即可插入一张新的幻灯片。也可以在左侧窗格中右击，在弹出的快捷菜单中选择“新建幻灯片”命令插入一张新的幻灯片。

4. 删除幻灯片

在普通视图的左侧窗格中，选择一个或多个需要删除的幻灯片，按【Delete】键进行删除。也可以右击任意一张幻灯片，在弹出的快捷菜单中选择“删除幻灯片”命令删除幻灯片。

3.2.4 幻灯片插入对象

1. 插入文字

（1）利用占位符添加文本

在空白幻灯片上，一般会有两个虚框，称为占位符，单击占位符中的示意文字，此时示意文字消失，输入所需文字，然后单击占位符外的区域退出编辑状态即可。

（2）利用文本框添加文本

使用文本框可以灵活地在幻灯片任何位置输入文本。单击“插入”→“文本”→“文本框”按钮，可以插入横排文本框和垂直文本框。

2. 插入 SmartArt 图形

SmartArt 图形是用于表达信息和观点的智能图形，可以为幻灯片插入具有设计师专业水准的插图，更有助于人们去记忆或理解幻灯片中相关内容。PowerPoint 2016 提供的 SmartArt 图形库主要包括列表图、流程图、循环图、层次结构图、关系图、矩阵图和棱锥图。下面以插入列表为例介绍插入 SmartArt 图形的方法。

① 选中需要插入 SmartArt 图形的幻灯片，单击“插入”→“插图”→“SmartArt”按钮，打开“选择 SmartArt 图形”对话框。

② 在对话框左边的图形类别中选择“列表”，在中间列表框中选择“垂直框列表”，

这时会在对话框的右边区域显示这种结构的预览图形和文字介绍。

③ 单击“确定”按钮，就会在当前幻灯片中插入一张组织结构图。

④ 插入组织结构图后，功能区会出现 SmartArt 工具的“设计”和“格式”选项卡。

与 Word 中操作类似，利用它提供的工具，可以对插入的 SmartArt 图形进行设置，如添加和删除形状、更改布局、设置 SmartArt 样式等。

3. 插入媒体

在 PowerPoint 2016 可以插入视频、音频和屏幕录制三种媒体形式，插入视频和音频的方法类似，这里以插入音频的方式进行讲解。单击“插入”→“媒体”→“音频”下拉按钮，在展开的下拉列表中有“PC 上的音频”和“录制音频”两个选项。选择“PC 上的音频”，打开“插入音频”对话框，选择要插入的音频文件，单击“插入”按钮，该声音文件就被插入到幻灯片中；选择“录制音频”命令，弹出“录制声音”对话框，在“名称”文本框中输入“我辈岂是蓬蒿人”，单击“录制”按钮，开始录制声音；单击“停止”按钮，即可停止录音；单击“播放”按钮，即可播放录制的音频，如图 3-21 所示。单击“录制声音”对话框中的“确定”按钮，即可在演示文稿中插入录制的音频。

单击“插入”→“媒体”→“屏幕录制”按钮，打开屏幕录制对话框，如图 3-22 所示，录制前首先单击“选择区域”按钮，也可使用快捷键划分区域：按【Win+Shift+A】组合键，选择录制屏幕的范围，将需要录制的内容放置在所选区域，单击“录制”按钮，即可开始录制，录制完成后，按【Win+Shift+Q】组合键即可结束录制，结束后录制的视频会自动插入到 PPT 中。

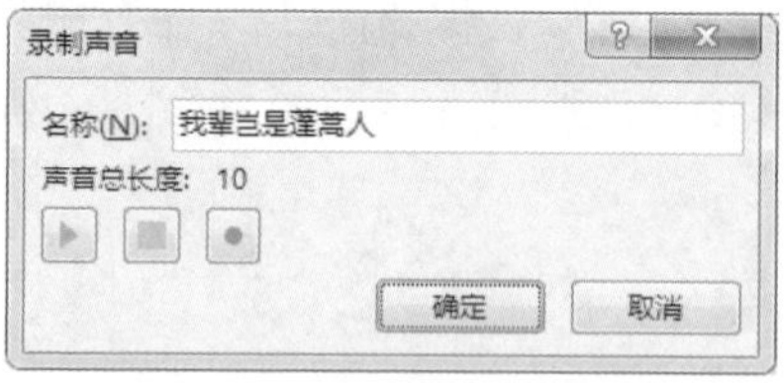

图 3-21 “录制声音”

图 3-22 录制屏幕对话框

4. 插入艺术字

艺术字也是一种图形对象。单击 “插入”→“文本”→“艺术字”按钮，打开艺术字样式列表。单击需要的样式，即可在幻灯片中插入艺术字。

5. 插入超链接

在幻灯片中可以对文本和对象（包括图片、图形、形状、艺术字等）添加超链接，单击超链接可转跳到同一文档的某张幻灯片上，或者转跳到其他的文档，如网站和邮件地址等。“插入”选项卡的“链接”组提供了“链接”和“动作”两种形式的超链接。

（1）以下划线表示的超链接

选中要插入超链接的文本或对象，单击“插入”→“链接”→“链接”按钮，打开“插入超链接”对话框，在该对话框中可以链接到“现有文件或网页”“本文档中的位置”“新建文档”“电子邮件地址”。如果选择“现有文件或网页”，则需要找到文件所存放的位置；如果是网页直接输入网址，如图 3-23 所示。

若要修改已经设置好的超链接，只需选中该超链接，右击，在弹出的快捷菜单中选择“编辑链接”命令，即可打开“编辑超链接”对话框，它和“插入超链接”对话框基本一致。

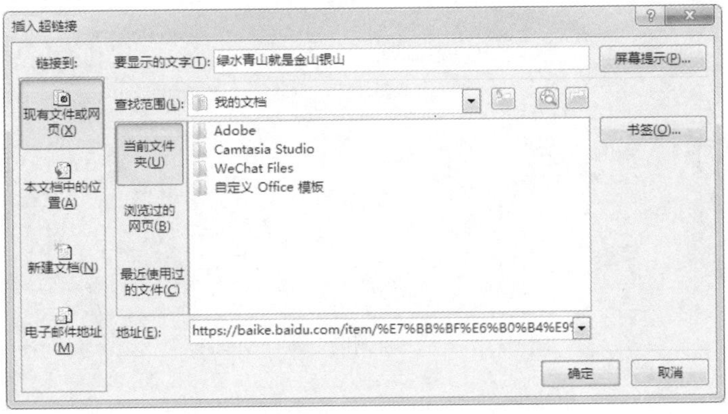

图 3-23　“插入超链接”对话框

（2）以动作按钮表示的超链接

单击“插入”→“插图”→“形状”按钮，在“形状”下拉列表中的“动作按钮”选项中单击所需的按钮 ，然后在幻灯片上绘制合适大小的按钮，系统会自动打开“操作设置”对话框，如图 3-24 所示。其中最主要的设置是“超链接到(H):”列表框，可以选择链接到本文档的另一张幻灯片、网站地址、其他文档等。

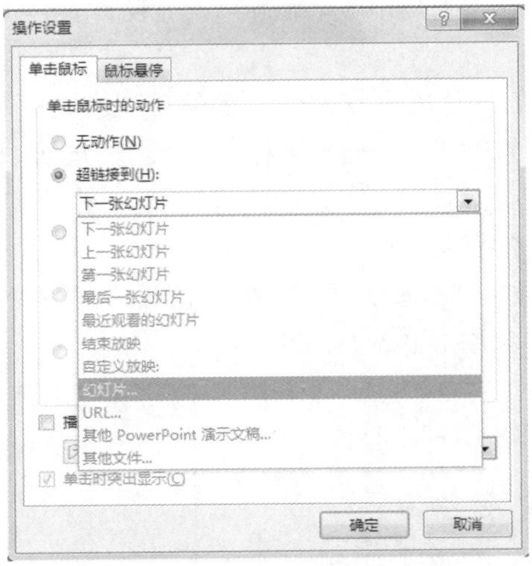

图 3-24　“操作设置”对话框

6. 页眉页脚

页眉和页脚是每张幻灯片出现的一些固定的信息，如幻灯片编号、日期与时间、企业名称等。要为幻灯片添加页眉和页脚，可以单击 “插入”→“文本”→“页眉和页脚”按钮来实现。可以给所有幻灯片添加页眉页脚，也可以给单张幻灯片添加，如图 3-25 所示。

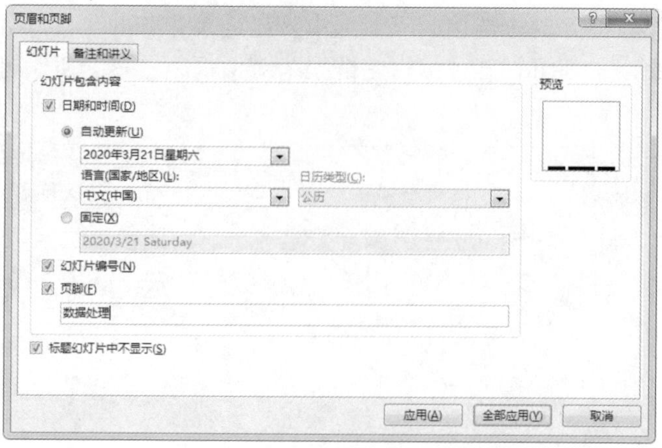

图 3-25　“页眉和页脚”对话框

3.2.5　美化

在设计幻灯片时，使用 PowerPoint 2016 提供的预设格式，例如幻灯片版式、母版、主题、背景等，可以轻松地制作出具有专业效果的演示文稿。

1. 更改背景格式

首先打开要修改背景的演示文稿，单击“设计”→“自定义”→“设置背景格式”按钮，在幻灯片右侧出现“设置背景格式”窗格，如图 3-26 所示。在该对话框的“填充”框内显示了当前幻灯片所使用的背景颜色和填充效果，可以进行“纯色填充”“渐变填充”“图片或纹理填充”“图案填充”“隐藏背景图形”等设置。

2. 幻灯片版式

“幻灯片版式”是指幻灯片内容在幻灯片上的排列方式。版式由占位符组成，占位符可放置幻灯片标题和幻灯片内容（插入图标、3D 模型、图表、SmartArt 图形和表格等）。PowerPoint 2016 有 11 种内置幻灯片版式，也可以自己创建满足特定需求的版式。选中新建的幻灯片或者已经存在的幻灯片，单击“开始”→“幻灯片”→“版式”按钮，在如图 3-27 所示的下拉列表框中选择一种主题，就将该版式应用到所选中的幻灯片上，然后就可以将文字或图形等对象添加到幻灯片上。

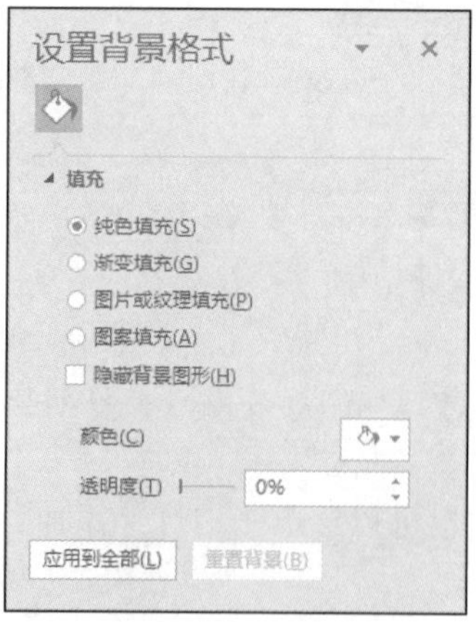

图 3-26　设置背景格式

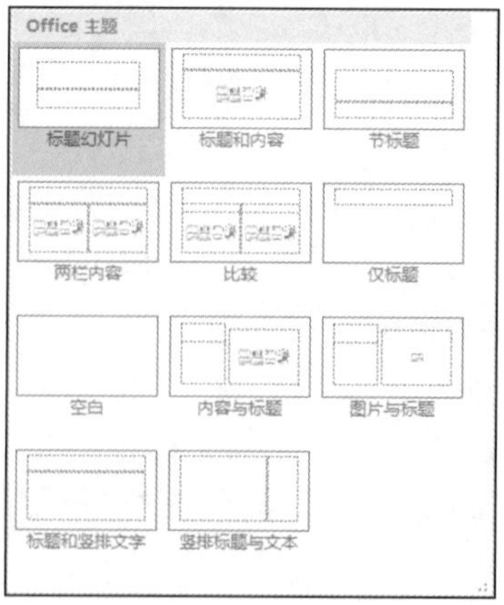

图 3-27　Office 主题

3. 幻灯片主题

使用 PowerPoint 2016 创建演示文稿时，可以使用主题功能来快速地美化和统一每一张幻灯片的风格，它主要包括演示文稿颜色、字体和效果等。当为演示文稿应用某个主题后，演示文稿中的幻灯片将自动应用该主题规定的背景，而且在这些幻灯片中插入的图形、表格、图表、艺术字或文字等对象都将自动应用该主题规定的格式，从而使演示文稿中的幻灯片具有一致而专业的外观。

（1）选择应用主题

单击“设计”→“主题”→“其他”按钮，就会显示 32 种系统内置好的主题样式，将鼠标移动到某一个主题上，就可以显示出该主题的名称并预览该主题的效果。单击某一个主题，就可应用该主题。

（2）变体

应用好主题后，可以通过变体改变主题的“颜色”“字体”“效果”“背景样式”。单击“设计”→“变体”→“其他”按钮，打开包含“颜色”“字体”“效果”“背景样式”的下拉列表，可根据设计的需要选择合适的样式。

4. 母版

母版是演示文稿中所有幻灯片或页面格式的样式，它包括了所有幻灯片具有的公共属性和布局信息。在打开的母版中进行设置或修改，可以快速地影响基于这个母版的所有幻灯片，以提高工作效率。

母版分为幻灯片母版、讲义母版和备注母版三种类型，不同母版的作用和视图都是不同的。单击“视图”→“母版视图”中的相应按钮，即可切换至对应的母版视图。

幻灯片母版是一张包含格式占位符的幻灯片，包括幻灯片的标题字体、字号、位置、主题、背景等。通过更改这些信息，可以实现更改整个演示文稿中幻灯片的外观。在幻灯片母版视图下，也可以设置每张幻灯片都要出现的文字或图案，如公司的名称、徽标等。

讲义母版是为制作讲义而准备的。通常讲义需要打印输出，因此讲义母版的设置大多和打印页面有关。它允许设置一页讲义中幻灯片的张数，以及页眉、页脚、页码等基本信息。

备注母版主要控制备注页的格式。备注页是用户输入的幻灯片的注释内容。利用备注母版，可以控制备注页中备注内容的外观。另外，备注页母版还可以调整幻灯片的大小和位置。

5. 设置幻灯片大小

由于幻灯片放映设备的不同，可以通过设置幻灯片的大小来显示最佳的放映效果。选择“设计”→“自定义”→“幻灯片大小”→“自定义幻灯片大小”命令，打开如图 3-28 所示的“幻灯片大小”对话框，在此对话框中可对幻灯片大小、幻灯片编号起始值和幻灯片方向进行设置。

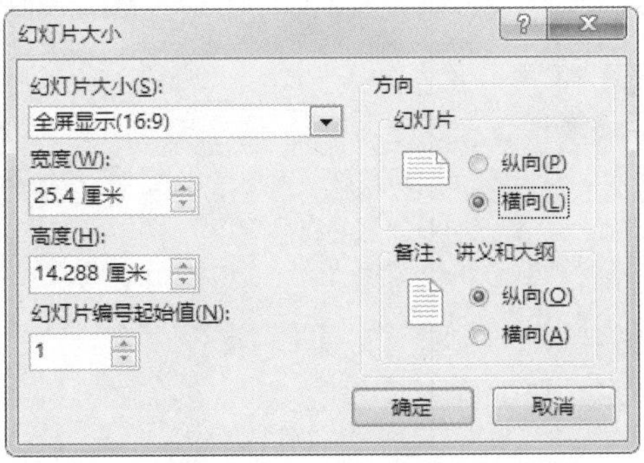

图 3-28　幻灯片大小

3.2.6 设置动画效果

设置动画可以改变幻灯片的放映效果，增加演示文稿的趣味性，突出演示文稿的重点。在 PowerPoint 2016 中有两种方式来设置动画：一种是为幻灯片中的对象添加动画；另一种是为幻灯片设置切换效果添加动画。

1. 为幻灯片上的对象设置动画效果

我们可以为幻灯片中的文本、图片、图形等各种对象添加动画效果。对象的动画效果主要有“进入”“强调”“退出”“动作路径”四类方案。

（1）进入动画

进入动画是原来放映页面上没有的文本或其他对象，以设置的动画效果进入放映页面，是一个从无到有的过程。

（2）强调动画

强调动画是原来放映页面上已经存在的文本或其他对象，以设置的动画效果继续显示在放映页面，是一个从有到播放动画后继续存在的过程。

（3）退出动画

退出动画是原来放映页面上存在的文本或其他对象，以设置的动画效果播放后，退出放映页面，是一个从有到无的过程。

（4）动作路径动画

动作路径动画是指页面上已经存在的文本或其他对象，按照设置的移动路径来播放的过程。设置动作路径的对象，播放后显示在路径的终点，仍然存在于放映页面。

设置动画的操作步骤如下：

① 设置动画的对象，单击“动画”→“动画”→“其他”按钮，展开“进入”、“强调”、“退出”和“动作路径”四种动画方案，如图 3-29 所示。例如，选择“进入动画”中的“飞入”。

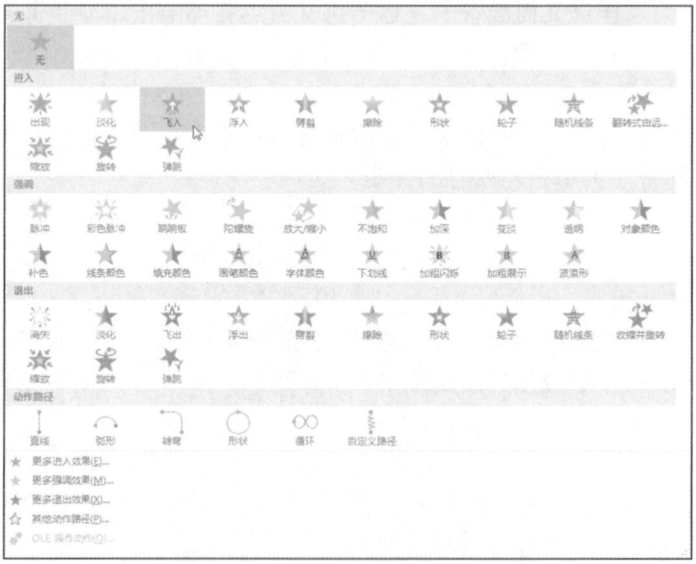

图 3-29　动画效果

② 设置好动画后，单击“动画”→“动画”→“效果选项”按钮，在弹出的下拉列表中选择合适的效果。

③ 单击“动画”→“高级动画”→“动画窗格”按钮，可在此窗格中显示该页幻灯片的所有动画。选中需要调整动画次序的某个动画，单击上三角按钮，可将该动画的次序上移；单击下三角按钮，可将该动画的次序下移，单击某个动画的下拉按钮，即可弹出如图 3-30 所示的下拉列表，可以设置动画的开始方式、效果选项、计时、删除动画等操作。

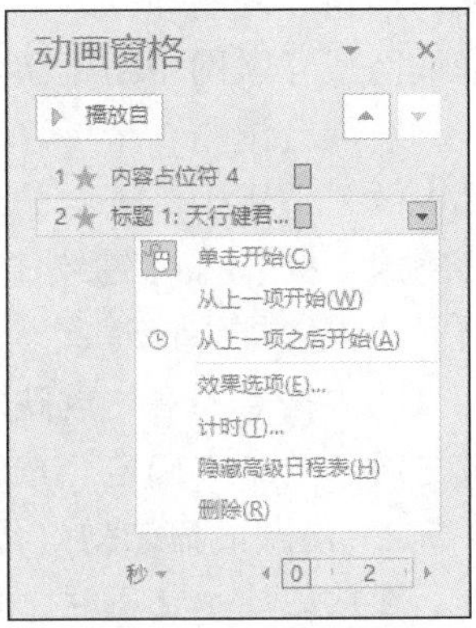

图 3-30　动画窗格

2. 幻灯片切换

幻灯片的切换效果是指放映幻灯片时从一张幻灯片过渡到下一张幻灯片时的动画效果。默认情况下，各幻灯片是没有效果的。我们可以通过设置，为每张幻灯片添加具有动感的切换效果以丰富其放映过程，还可以控制每张幻灯片切换的速度，以及添加切换声音等，从而增加演示文稿的趣味性。

3.2.7　幻灯片放映

1. 设置放映方式

通过“设置放映方式”对话框，可以设置幻灯片的放映类型、换片方式、放映选项和放映幻灯片页数等参数。设置放映方式的方法如下：

① 单击“幻灯片放映”→“设置”→“设置幻灯片放映”按钮，打开图 3-31 所示的“设置放映方式”对话框。

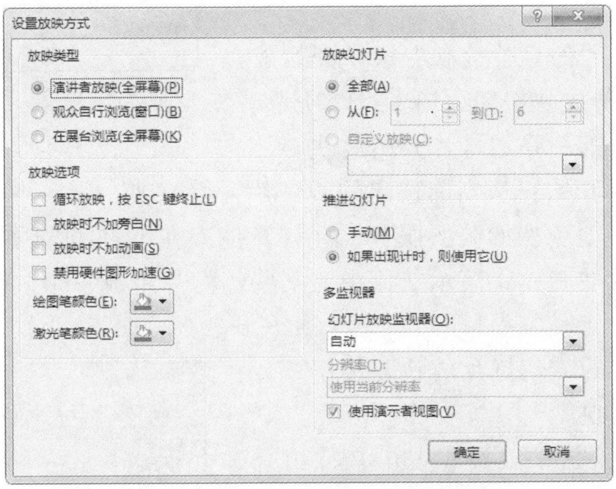

图 3-31　“设置放映方式”对话框

② 在“放映类型”区域中，可以按照在不同场合放映演示文稿的需要，在三种方式中选择一种。

演讲者放映（全屏幕）将以全屏幕方式显示演示文稿，这是最常用的演示方式。这种方式下，演讲者可以控制演示的节奏，具有放映的完全控制权。在放映中可以暂停下来进行讨论，也可以在放映过程中录制旁白，适合于教学和大型会议等多种情况。

观众自行浏览（窗口）将在 Windows 窗口内播放幻灯片，并提供操作命令，允许移动、编辑、复制和打印幻灯片。这种方式类似于网页效果，便于读者自己浏览，适合于局域网或互联网中浏览演示文稿。

在展台浏览（全屏幕）不需人为控制就可以自动放映演示文稿，超链接等控制方式都失效，适用于展览会的展示台或需要自动演示的场合来播放幻灯片。这种方式采用循环播放，按【Esc】键才能停止。不能对放映过程进行干预，必须设置每张幻灯片的放映时间或设置排练计时，不然会长时间停留在某一张幻灯片上。

③根据需要在“放映幻灯片”“放映选项”“换片方式”选区进行选择，所有设置完成之后，单击“确定”按钮。

2. 隐藏或显示幻灯片

在放映演示文稿时，如果不希望播放某张幻灯片，则可以将其隐藏起来。隐藏幻灯片并不是将其从演示文稿中删除，只是在放映演示文稿时不被显示出来。隐藏或显示幻灯片的操作方法如下：

①在普通视图左侧的“幻灯片”选项中，或在幻灯片浏览视图中，单击选中要隐藏的幻灯片缩略图。

②单击“幻灯片放映”→“设置”→“隐藏幻灯片”按钮，或者在幻灯片缩略图上右击，在弹出的快捷菜单中选择“隐藏幻灯片”命令，将选中的幻灯片设置为隐藏状态。

③如果要重新显示被隐藏的幻灯片，则再次单击“幻灯片放映”→“设置”→“隐藏幻灯片”按钮，或者在幻灯片缩略图上右击，在弹出的快捷菜单中选择“隐藏幻灯片”命令即可。

3. 启动幻灯片放映

启动幻灯片放映的方法有多种，常用的有以下几种：

①根据需要单击“幻灯片放映”→“开始放映幻灯片”组中的一种放映按钮，如图 3-32 所示。

图 3-32　开始放映幻灯片

- 从头开始：从第一张幻灯片开始放映。
- 从当前幻灯片开始：从当前选定的幻灯片开始放映。
- 联机演示：一项免费的公共服务，允许其他人在 Web 浏览器中查看你的幻灯片。
- 自定义幻灯片放映：将演示文稿中的某些幻灯片组成一个放映集，放映时只播放这些幻灯片。

②单击状态栏中的“幻灯片放映”按钮，从当前幻灯片开始放映。

③按【F5】键从头放映或按【Shift+F5】组合键从当前幻灯片开始放映。

在放映幻灯片过程中，可以用鼠标在幻灯片上画图或写字，从而对幻灯片中的一些内容进行标注。还可以将播放演示文稿时所使用的墨迹保存在幻灯片中。

放映幻灯片时右击，弹出如图 3-33 所示的快捷菜单，选择“指针选项”命令，在级联菜单中

图 3-33　指针选项

选择绘图笔和墨迹颜色，可以用选择的笔和墨迹颜色在幻灯片中进行标注。

3.3　电 子 表 格

电子表格是用于管理和显示数据，并能对数据进行各种复杂的运算、统计的表格。Excel 2016 是用于创建和维护电子表格的应用软件，可以将数据以各种统计报表和统计图的形式显示出来。

3.3.1　电子表格基础

1. 基本概念

①工作簿：是指在 Excel 中用来保存并处理工作数据的文件，其扩展名为.xlsx。

②工作表：工作簿中的每一张表称为工作表，由若干行和列组成。如果把一个工作簿比作一本书，一张工作表就相当于书中的一页。每张工作表都有一个名称，显示在工作表标签上。新建的工作簿文件会有一张空工作表，用户可以根据需要增加或删除工作表。

③单元格：工作表中的每个格子称为单元格，单元格是工作表的最小单位，也是 Excel 用于保存数据的最小单位。单元格中输入的各种数据，可以是一组数字、一个字符串、一个公式，也可以是一个图形或一种声音等。

④活动单元格：在执行操作前，必须先选定要作为操作对象的单元格，此时被选中的单元格称为活动单元格。活动单元格周围出现绿色的方框以区别其他单元格。

2. 工作界面

从“开始”菜单启动 Excel 2016，单击“空白工作簿”，创建一个名称为“工作簿 1”的电子表格文件，其工作界面如图 3-34 所示。

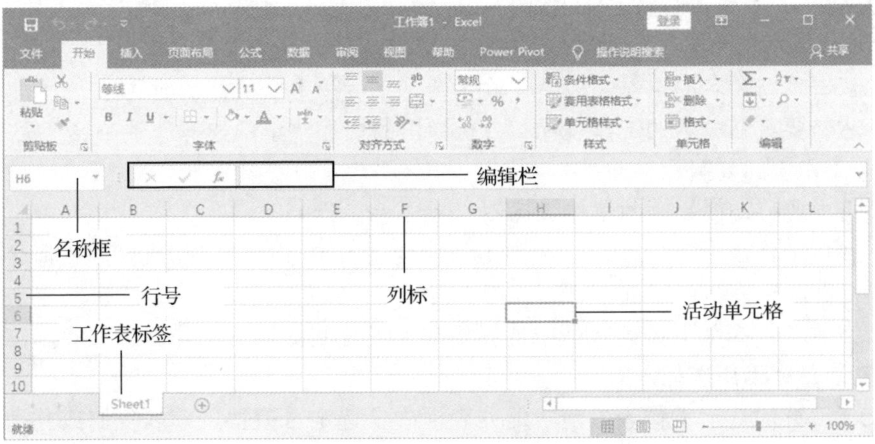

图 3-34　电子表格工作界面

3. 选定操作

在输入和编辑单元格内容之前，必先进行选定操作，选定单元格、区域、行或列的操作见表 3-3。

表 3-3　选定单元格、区域、行或列的操作

选　　项	操　　作
单个单元格	单击相应的单元格，或用方向键移动到相应的单元格
连续单元格	单击选定该区域的第一个单元格，然后拖动鼠标直至选定最后一个单元格
工作表中所有单元格	单击“全选”按钮
不相邻的单元格或单元格区域	选定第一个单元格或单元格区域，然后按住【Ctrl】键再选定其他的单元格或单元格区域
单元格区域	选定第一个单元格，然后按住【Shift】键再单击区域中最后一个单元格
整行	单击行号
整列	单击列号
相邻的行或列	沿行号或列标拖动鼠标。或者先选定第一行或第一列，然后按住【Shift】键再选定其他的行或列
不相邻的行或列	先选定第一行或第一列，然后按住【Ctrl】键再选定其他的行或列

4. 工作表的操作

（1）选定工作表

要选定单个工作表，只需单击其工作表标签名称即可；选择连续的工作表时，先选定第一个工作表标签，然后按住【Shift】键再单击最后一个工作表标签；选择不连续的工作表时，先选定第一个工作表，然后按住【Ctrl】键再依次单击所要选择的工作标签即可。在选择好多个工作表之后，在标题栏的位置会出现“[组]”，此时对其中某个工作表的操作会在组中的其他工作表也执行相应的操作，可以方便快捷地进行批量编辑。

（2）工作表重命名

在创建新的工作簿时，工作表以 Sheet1 命名。为了方便对工作表进行管理，通常需要对工作表进行重命名。工作表的重命名一般有两种方法。

① 双击重新命名的工作表标签，输入新名字后按【Enter】键即可。

② 右击要重新命名的工作表标签，从弹出的快捷菜单中选择“重命名”命令。

（3）工作表的复制和移动

① 选中要移动或复制的工作表标签。

② 在该工作表标签上右击，在弹出的快捷菜单中选择“移动或复制”命令，打开“移动或复制工作表”对话框。

③ 在“工作簿”下拉列表框中选择要移动或复制的目标工作簿，如在本工作簿内移动或复制，则不用选择。

④ 在“下列选定工作表之前”的列表框中，选定希望把工作表复制或移动到哪个工作表之前。如果是复制工作表，则选中“建立副本”复选框。

⑤ 单击“确定”按钮，便将选定的工作表移动或复制到指定的工作表前面。

（4）插入工作表

单击工作表标签最右边的“新工作表”按钮即可插入一个新的工作表。也可以在选定的工作表标签上右击，在弹出的快捷菜单中选择“插入”命令，在打开的“插入”

对话框中选择“工作表”命令，可以在该工作表前面插入一个新工作表。

（5）删除工作表

选中要删除的工作表标签，选择“开始”→“单元格”→“删除”→“删除工作表”命令，或在该工作表标签上右击，在弹出的快捷菜单中选择“删除”命令。如果要删除的工作表中含有数据，在删除过程中会弹出提示对话框，需要确认是否删除。

3.3.2 输入数据

首先选中要输入数据的单元格，然后直接输入，输入的数据也会在编辑栏中显示。结束输入后按【Enter】键或单击编辑栏中的✔按钮确认。如果要取消本次输入，可按【Esc】键或单击编辑栏中的✕按钮。

1. 文本型数据的输入

文本型数据包括汉字、英文字母、字符串和作为字符串处理的数字，在单元格中自动左对齐。有时需要将数字作为文本处理，来确保输入数字的完整性，输入时在数字前加上一个西文单引号“’”，即可变成文本类型。例如，要输入编号“001”，应输入“’001”，此时在单元格左上方会出现绿色的小三角，并且数据会在单元格中自动左对齐，表示此数据是文本型数据。

2. 数值型数据的输入

数值型数据指用来计算的数据。可向单元格中输入整数、小数和分数或科学计数法。表示数值的字符有：0~9、+、–、E、e、%及小数点“.”和千位分隔符“,”，在单元格中自动右对齐。

一般数值型数据按照常规方法输入即可，如果数值型数据超过 11 位，将以科学计数法来表示；输入负数时，可以在数据前输入“–”号，也可以用括号将数字括起来，如“(6619)”表示“–6619”；输入分数 5/8 时，输入数值“5/8”将显示成“5 月 8 日”，为了避免将分数当作日期，应在分数前加 0 和空格。

3. 日期型与时间型数据的输入

日期型数据和时间型数据在单元格中自动右对齐。日期型数据的年、月、日之间要用“/”或“-”隔开。例如，“2020 年 9 月 10 日”应输入为“2020/9/10”或“2020-9-10”。时间型数据的时、分、秒要用“:”隔开。例如，10 点 25 分应输入为“10:25”，时间型数据自动以 24 小时制表示。如果要以 12 小时制输入时间，应在时间后加一空格并输入 AM 或 A、PM 或 P。

在单元格中输入日期和时间，两者必须用空格分开。要输入当前日期，可以按【Ctrl+;】组合键；输入当前时间，可以按【Ctrl+Shift+;】组合键。

4. 批注

在选定的活动单元格上右击，选择“插入批注”命令；也可以切换到“审阅”选项卡，单击“批注”→“新建批注”按钮，在选定的单元格右侧弹出一个批注框，在批注框中输入批注即可。删除批注时，在选定的活动单元格上右击，选择“删除批注”命令即可。

5. 自动填充数据

为了避免输入重复数据的烦琐，可以利用电子表格的自动填充功能输入有规律的数据，如等比数列、等差数列、系统预定义的序列和用户自定义的序列等。

（1）利用填充命令填充相邻单元格

① 选定已有初值数据的单元格和相邻的要输入相同数据的空白单元格区域。

② 单击“开始”→“编辑”→“填充”按钮，在弹出的下拉列表中选择“向上”“向下”“向左”“向右”命令，可以实现单元格某一方向所选项区域的复制填充。

（2）利用填充命令填充序列

① 选定已有初值数值数据的单元格。

② 单击“开始”→“编辑”→“填充”按钮，在弹出的下拉列表中选择“序列”命令。

③ 在打开的“序列”对话框中，选择相应的选项，如图 3-35 所示。

- 序列产生在：选择行或列，进一步确认是按行还是按列进行填充。
- 类型：选择序列类型，若选择日期，还必须在“日期单位”框中选择单位。
- 步长值：指定序列增加或减少的数量，可以输入正数或负数。
- 终止值：输入序列的最后一个值，用于限定输入数据的范围。

（3）使用填充柄自动填充输入数据

将光标定位在某一单元格的右下角，指针此时会变成一个实心的十字形，即填充柄。对于数字、数字和文本的组合、日期或时间段等连续序列，首先选定包含初始值的单元格，然后将鼠标移到单元格区域右下角的填充柄上，按下鼠标左键，在要填充序列的区域上拖动填充柄，松开鼠标左键，右侧会出现“自动填充选项”按钮，然后选择如何填充所选内容。例如，某个单元格的值为“2020-9-10”，可以选择“以年填充”实现数据的复制填充，如图 3-36 所示。

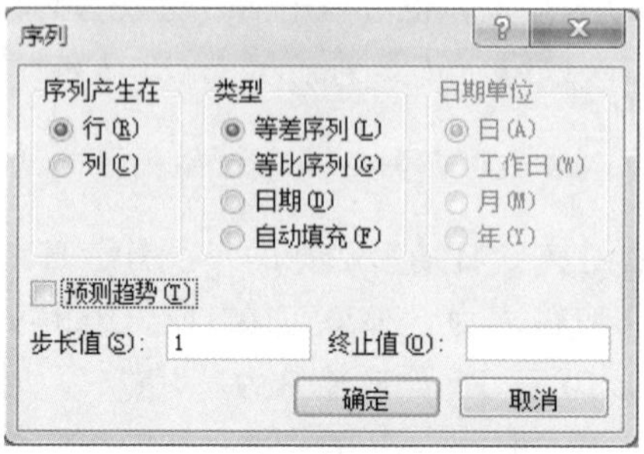

图 3-35 “序列”对话框

图 3-36 自动填充选项

（4）用户自定义序列

为了更轻松地输入特定的数据序列，可以创建自定义填充序列并保存，为以后的自动填充数据提供方便。操作方法如下：

① 选择“文件”→“选项”命令，在打开的“Excel 选项”对话框中单击“高级”→“常规”→“创建用于排序和填充系列的列表”→“编辑自定义列表”按钮。

② 在打开的“自定义序列”对话框的“输入序列”列表框中输入自定义的序列数据，如“大校”“上校”“中校”等，每输入一个数据，均按【Enter】键，如图 3-37 所示。数据输入完后单击“添加”按钮，数据就添加到自定义序列中，再单击“确定”按钮。

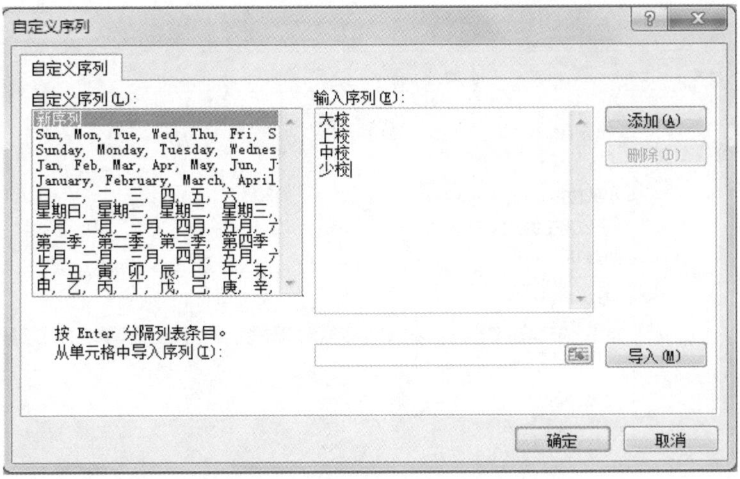

图 3-37 “自定义序列”对话框

③ 如果要在工作表中自动填充系统预定义的或用户自定义的自动填充序列中的数据，只要在单元格中输入序列中的任何一个数据，即可用拖动填充柄的方法完成序列中其他数据的循环输入。

（5）获取外部数据

在 Excel 2016 中，可以通过获取外部数据的功能来获取所需要的数据，可获取的数据文件格式有文本、Access、自网站、SQL Server 数据库、XML 数据等。以导入文本文件为例，操作步骤如下：

① 单击“数据”→“获取外部数据”→“自文本”按钮。

② 在打开的“导入文本文件”对话框中，选择需要导入的数据源文件，单击“导入”按钮。

③ 在打开的“文本导入向导”对话框中按提示完成数据的导入工作。

注意：在导入文本文件时，需要注意设置数字的数据类型，以防止导入数据后，数值发生改变。

3.3.3 单元格的格式与样式

虽然 Excel 2016 提供了大量预定义的单元格格式供我们使用，但是有时还需要使用自定义的格式，选择“开始”→“单元格”→“格式”→“设置单元格格式”命令，也可以单击“开始”选项卡下的“字体”右下角的“对话框启动器”按钮，在打开的“设置单元格格式”对话框中进行具体的设置。

1. 设置数字格式

在 Excel 2016 中，可以对单元格中的数字格式包含常规格式、货币格式、日期格式、百分比格式、文本格式及会计专用格式等进行设置。

① 在“设置单元格格式”对话框中单击“数字”选项卡，如图 3-38 所示。

② 在“分类”列表框中选择“数值”选项，在右边选择具体的格式。不同的数值格式，使对话框右边的显示内容不同，在“示例”框中可以看到所编排的效果，最后单击“确定”按钮。

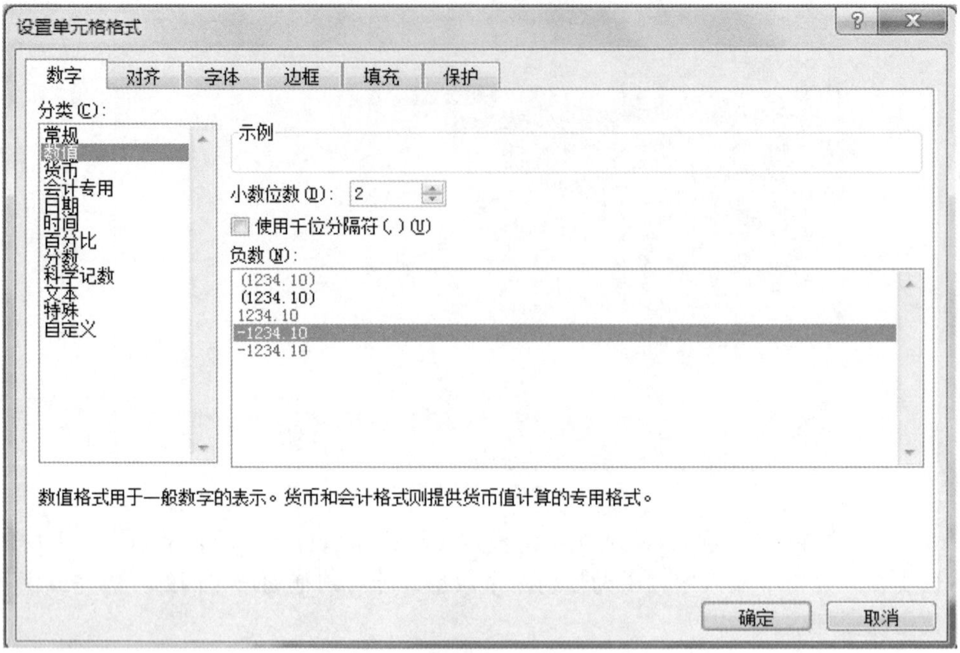

图 3-38 “设置单元格格式”对话框

2. 设置数据对齐格式

① 在“设置单元格格式”对话框中单击“对齐”选项卡。

② 在“水平对齐”列表框中选择一种对齐方式，包括常规、靠左（缩进）、居中、靠右（缩进）、两端对齐、跨列居中、分散对齐（缩进）等。

③ 在“垂直对齐”列表框中选择一种对齐方式，包括靠上、居中、靠下、两端对齐、分散对齐等。

④“文本控制”是针对单元格中数据较长时的解决方案，可以“自动换行”“缩小字体填充”“合并单元格”。

⑤ 文字方向：包括根据内容、总是从左到右、总是从右到左三种。

字体格式、边框和底纹的设置和 Word 基本相同，在此不再赘述。

3. 条件格式

条件格式的功能是以不同的数据条、颜色刻度和图标集来直观地显示数据，有助于突出显示所关注的单元格或区域，使之醒目易辨。

【例 3.2】打开日常经费统计表工作簿，将支出金额大于 3000 的单元格设置为浅红填充色深红文本。

操作步骤如下：

① 选定数据表中 E2:E10 单元格区域。

② 单击“开始”→“样式”→“条件格式”按钮，弹出图 3-39 所示的列表框。各项功能介绍如下：

- 突出显示单元格规则：系统将单元格区域中满足某一特定条件的数据值用已设置的格式显示出来。

- 最前/最后规则：系统将数据表中某些特定范围的单元格区域中的数据用其已设置的格式显示出来。例如，所选单元格区域中值最大（或最小）的前 10 项、高于（或低于）数据平均值的数据。
- 数据条：系统将单元格区域中的所有数值型、日期型数据的值按照数据条的形式显示出来。数据条的长短代表了每个数据的值的大小。
- 色阶：系统将单元格区域的数据按值的范围用不同的底纹颜色表示出来，在同样的颜色中包含了双色渐变或三色渐变，分别表示在相同范围单元格的值的大小。
- 图标集：系统将单元格区域的数据按值的范围用不同的图标表示出来，每个图标表示一个单元格值的范围。

③ 选择“突出显示单元格规则”→“大于”命令，打开“大于”对话框，各项设置如图 3-40 所示。单击“确定”按钮，即可完成设置。

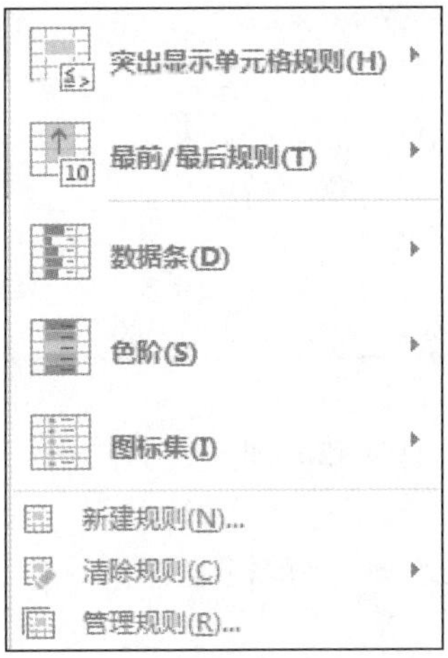

图 3-39 “条件格式”菜单

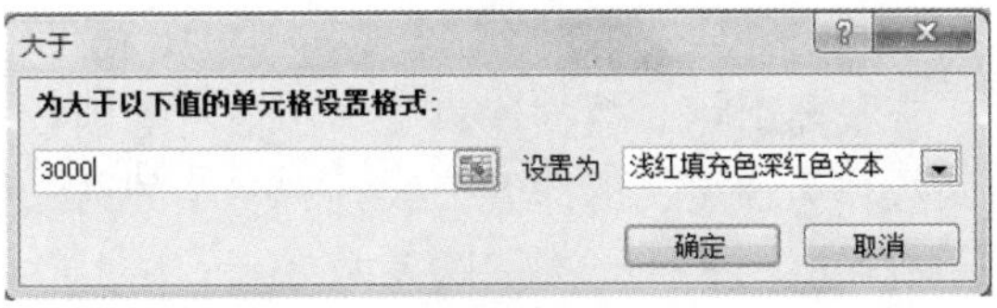

图 3-40 “大于”对话框

用户也可以自己新建规则来进行条件格式的设置，如果需要更改规则，只需要选择“管理规则”命令，即可在“条件格式规则管理器”对话框中修改规则。

4. 自动套用格式

Excel 2016 提供了一些已经制作好的表格样式，制作报表时，可以套用这些格式，制作出既漂亮又专业化的表格。

① 选定数据表中要进行格式化的区域。

② 单击“开始”→“样式”→“套用表格格式”按钮，在弹出的表格样式中选择一种格式，单击“确定”按钮，即可将选定区域编排成所选择的格式。

3.3.4 公式与函数

电子表格可以帮助计算和分析工作表的数据，进行总计、求平均值、汇总等运算，从而避免手工计算繁杂和出错。公式或函数中引用的单元格数据修改后，计算结果也会自动更新。

1. 使用公式

电子表格经常使用的公式和数学中的公式是相同的。它以“=”开头，由常量、单元格地址、函数和运算符号组成。运算符见表 3-4。

运算符优先级由高到低分别是：引用运算符、百分号、乘方、乘除、加减、&、比较。对于优先级相同的运算符，则从左到右进行计算。如果要修改计算的顺序，应把公式中需要首先计算的部分括在圆括号内。

表 3-4 运算符

名　称	符号表示形式与意义	示　例
算术运算符	+（加号）、-（减号）、*（乘号）、/（除号）、∧（乘方）、%（百分号）	=2^3-8的结果为0
文本运算符	&（字符串连接）	="中国"&"加油"的结果为中国加油
比较运算符	=（等于）、>（大于）、<（小于）、>=（大于等于）、<=（小于等于）、< >（不等于）	=1=1的结果为 TRUE； =3<>3的结果为 FALSE
逻辑运算符	NOT（逻辑非）； AND（逻辑与）； OR（逻辑或）	=NOT(1=1)的结果为 FALSE； =AND(1=1,3<>3) 的结果为 FALSE； =OR(1=1,3<>3)的结果为 TRUE
引用运算符	:（冒号）区域运算符； ,（逗号）联合运算符； （空格）交叉运算符	A1:A5表示从 A1到 A5这5个单元格的引用； A1,A3:A5 表示对 A1、A3、A4、A5这4个单元的引用； A5:H5 E1:E8表示只有 E5单元格被引用

2. 函数

函数是已经定义好的公式。Excel 2016 提供了财务、日期和时间、数学与三角函数、统计、查找与引用、数据库、文本和信息等函数。

函数作为预定义的内置公式具有一定的语法格式。函数的一般格式如下：

函数名([参数 1],[参数 2], [参数 3]…)

函数名代表了该函数具有的功能，参数是参与函数运算所使用的数据，不同类型的函数要求给定不同的参数。参数可以是常量、单元格、区域或其他函数。表 3-5 所示为几个最常用的函数。

表 3-5 几个常用的函数

函　数	功　能	应用举例
SUM	计算单元格区域中所有数值的总和	=SUM(A1:A9)
AVERAGE	计算参数的算术平均值	=AVERAGE(A1:A9)
MAX	计算一组数中的最大值	=MAX(A1:A92)
MIN	计算一组数中的最小值	=MIN(A1:A9)
IF	判断一个条件是否满足，如果满足返回一个值，不满足则返回另一个值	=IF(A5>=90,"优秀", "一般")
COUNT	计算包含数字的单元格数目	= COUNT(A1:A9)
COUNTIF	计算某个区域中满足给定条件的单元格数目	=COUNTIF(A1:A10,"优秀")
RANK	返回某个单元格在垂直区域中的排位名次	=RANK(E1,$E$1:$E$100)
MID	从文本字符串中指定的起始位置起返回指定长度的字符	=MID("中国是一个伟大的国家",6,2)结果是：“伟大”

函数的输入一般有两种方法。

① 直接输入法：直接在单元格或编辑栏输入“=”，再输入函数名称和参数。例如，要计算单元格 C8 到 C10 的和，可以这样输入：=SUM(C8:C10)。

② 插入函数法：单击“公式”→“函数库”→“插入函数”按钮或单击编辑栏中的“插入函数”按钮 f_x，在打开的“插入函数”对话框中进行操作。

【例 3.3】打开学生成绩表工作簿，如图 3-41 所示，在“期末成绩”中计算每名学生平均成绩、名次，并根据学生的平均成绩进行级别划分：小于 60 分不及格、大于或等于 85 分优秀、其他合格。

	A	B	C	D	E	F	G	H	I	J
1	学号	姓名	性别	英语	高等数学	信息技术素养	思想道德修养	平均成绩	级别	名次
2	20200101	王子默	男	98	100	90	70			
3	20200102	叶秋水	女	70	75	77	92			
4	20200103	章洛萱	女	65	62	89	90			
5	20200104	刘皓月	男	90	96	98	100			
6	20200105	华云飞	男	91	82	66	68			
7	20200206	上宫子陵	男	92	65	71	99			
8	20200207	霍守山	男	80	82	100	92			
9	20200208	秋天	女	99	83	90	61			
10	20200209	丁晨曦	女	59	40	50	78			
11	20200210	姬智云	女	100	75	65	89			
12	20200211	姚启迪	男	77	65	92	80			
13	20200312	武则元	男	66	83	75	98			
14	20200313	古乐语	女	87	74	98	92			
15	20200314	胡洁	女	99	99	72	82			
16	20200315	马一一	女	56	97	92	76			
17	20200316	陈浩然	男	92	90	91	63			
18	20200317	赵恒	男	61	60	84	89			
19	20200318	时荏苒	女	66	99	96	65			
20	20200319	林一枝	女	66	72	100	76			

图 3-41　期末成绩

分析：此题目主要使用 AVERAGE、RANK、IF 三个函数。操作步骤如下：

① 将光标定位在 H2 单元，单击“插入函数”按钮，打开“插入函数”对话框。在“或选择类别”下拉列表框中选择函数的类型，如“常用函数”，然后在“选择函数”列表框中选择待插入的函数名，如 AVERAGE。单击“确定”按钮，在打开的“函数参数”对话框中选定或输入作为参数的单元格区域 D2:G2，也可以直接在编辑栏中输入“=AVERAGE(D2:G2)”。单击“确定”按钮，Excel 2016 自动计算并将结果显示在单元格中，同时函数显示在编辑栏中。将光标定位在 H2 单元格填充柄的位置，双击填充柄向下填充，学生所有的平均成绩均已计算。

② 级别的判断比较复杂，需要使用 IF 函数的嵌套。光标定位在 I2，同①，打开 IF 函数参数对话框，在对话框中输入参数，如图 3-42 所示。将光标定位在 Value_if_false 文本框中，然后单击名称框中的 IF 函数，再次弹出 IF 函数参数对话框，在对话框中输入参数，如图 3-43 所示。单击“确定”按钮，在编辑栏中显示的公式为：“=IF(H2<60,"不及格",IF(H2<85,"合格","优秀"))”。双击填充柄，完成级别的分类。在输入双引号及比较运算符时应在英文半角的状态下完成，否则会出错。

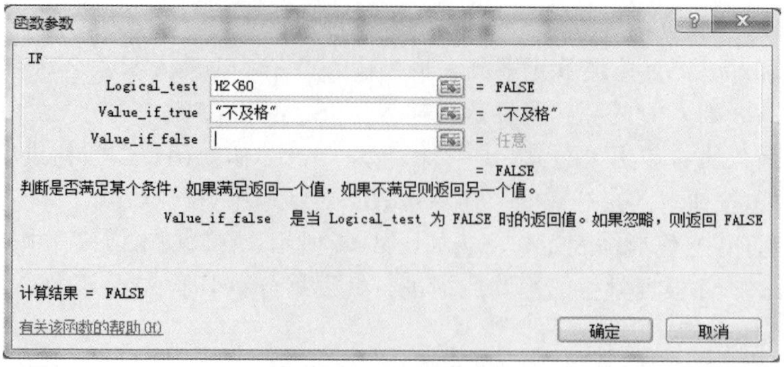

图 3-42　IF 函数嵌套（一）

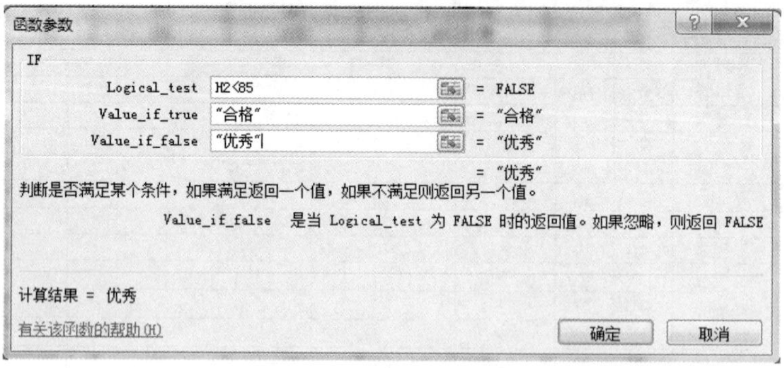

图 3-43　IF 函数嵌套（二）

③ 光标定位在 J2，同①，打开 RANK 函数参数对话框，在对话框中输入参数，如图 3-44 所示。双击填充柄向下填充，完成名次排位。

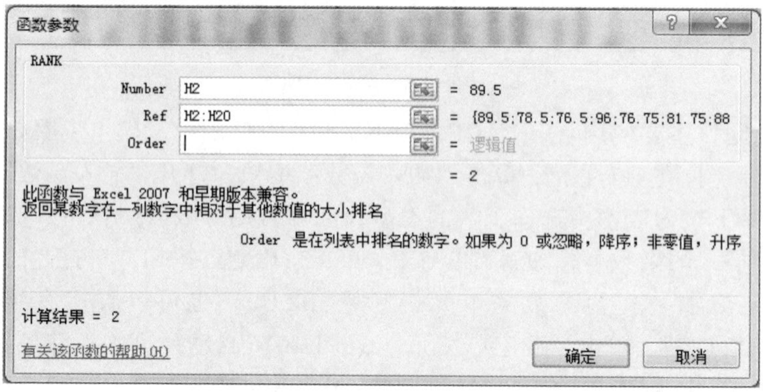

图 3-44　RANK 函数

此时会发现 J 列中多次出现了数字 1，但它们的平均成绩不相等，错在哪儿了？双击 J8 单元格，在 H 列显示 RANK 函数中 Ref 的参数发生了改变，这个参数是不需要变化的。对公式和函数进行复制或移动会改变参与计算的单元格，则计算结果也会发生变化。这里涉及单元格地址的引用。

- 单元格地址相对引用。在相对引用中，单元格地址由列标行号表示，它的特点是当复制公式时，以列为方向进行复制时，列标不变，行号+1；以行为方向进行复制时，列标+1，行号不变。如在例 3.3 中，H2 单元格中函数为“=AVERAGE(D2:G2)”，H3 单元格中函数为“=AVERAGE(D3:G3)”。

- 单元格地址绝对引用。单元格地址绝对引用是在列标和行号前都加上“$”符号，如$H$2:$H$20，它的特点是将公式复制到目标单元格时，公式中的单元格地址始终保持固定不变。需要将图 3-44 中函数参数 Ref 的列标行号前加“$”，双击填充柄，完成对 RANK 函数的修改。
- 单元格地址混合引用。单元格地址混合引用是指引用单元格地址时，既有相对引用也有绝对引用，例如 A$1、$B2。如果“$”符号在行号前，表明该行号地址是绝对不变的，而列标地址则随着公式复制到新的位置作相应的变化；反之，如果“$”符号在列标前，表明该列标地址是绝对不变的，而行号地址则随着公式复制到新的位置作相应的变化。也就是说，当公式和函数复制后，只有相对地址部分会发生改变，而绝对地址部分不变化。

注意：排名函数 RANK 的第一个参数是参加排名的当前单元格；第二个参数是参加排名的所有单元格，必须用绝对地址表示；第三个参数是排名的方式，为 0 或省略，按降序排名次(值最大为第一名)，不为 0 按升序排名次(值最小的为第一名)。函数 RANK 对重复数的排位相同，但重复数的存在影响后续数值的排位。

3.3.5 数据管理

电子表格不仅具有数据计算处理的能力，还具有数据库管理的一些功能，它可以对数据进行排序、筛选、分类汇总、模拟分析和规划求解等操作，利用这些操作可以对数据进行分析。

1. 数据排序

数据排序是指按一定的规则将数据清单的数据变成有序的数据。英文字母按字母次序、数字按数字次序、汉字按拼音排序、逻辑值 False 优先于 True。

简单排序：指对单列数据进行排序。操作步骤如下：

① 单击数据清单中的要排序字段内的任意一个单元格。

② 单击“数据”→“排序和筛选”→“升序” A↓Z 或“降序” Z↓A 按钮，即可完成所选数据列升序或降序的排列。

多关键字排序：指对工作表的数据按两个或两个以上的关键字进行排序。对多个关键字进行排序时，在主关键字完全相同的情况下，会根据指定的次要关键字进行排序，在次要关键字完全相同的情况下，会根据指定的下一个次要关键字进行排序，依此类推。

【例 3.4】在员工考核表工作簿中，打开“kpi”工作表，按照“性别”字段升序排序，在性别相同的情况下，按照“综合分”字段降序排序。操作步骤如下：

① 单击数据清单中的任意一个单元格。

② 单击“数据”→“排序和筛选”→“排序”按钮，打开“排序”对话框。

③ 在“主要关键字”下拉列表框中选择“性别”，“排序依据”下拉列表框选择“数值”，“次序”下拉列表框选择“升序”。

④ 单击“添加条件”按钮，在出现的“次要关键字”下拉列表框中选择“综合分”，然后设置排序依据和“降序”，如图 3-45 所示。单击“确定”按钮，完成对选定区域数据的排序。

自定义排序：指对数据清单按照用户定义的顺序进行排序。首先设置自定义序列，然后只需要设置一个“主要关键字”，在“次序”列表框中选择“自定义序列”即可。

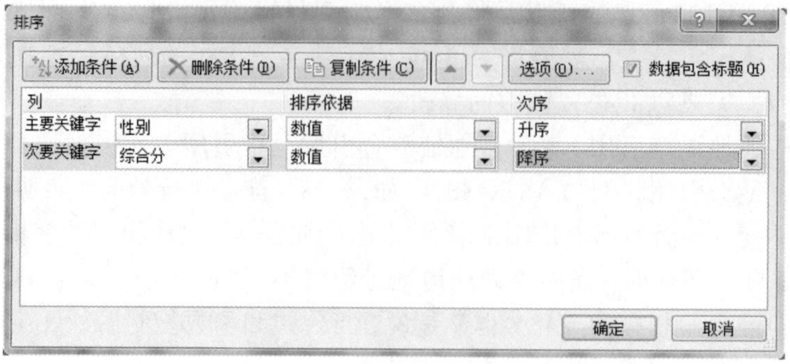

图 3-45 “排序”对话框

2. **数据筛选**

数据筛选功能将数据清单中不满足条件的数据行隐藏起来，这样可以更方便地查看满足条件的相关数据。Excel 2016 提供了三种筛选数据的方法：自动筛选、按条件筛选和高级筛选。

自动筛选示例如下：

【例 3.5】在员工考核表工作簿中，打开“kpi”工作表，筛选出女员工名单。

操作步骤如下：

① 单击数据清单中任意一个单元格。

② 单击“数据”→“排序和筛选”→“筛选”按钮，在数据清单每个字段名旁出现一个下拉按钮。

③ 单击要筛选“性别”旁边的下拉按钮，在出现的下拉列表中选中“女”复选框。

④ 如果要取消筛选，只需再次单击“数据”→“排序和筛选”→“筛选”按钮。

按条件筛选示例如下：

【例 3.6】在员工考核表工作簿中，打开“kpi”工作表，筛选出综合分低于平均值的员工名单。操作步骤如下：

① 单击数据清单中 A1:I51 中的任意一个单元格。

② 单击“数据”→“排序和筛选”→“筛选”按钮，再单击“综合分”旁边的下拉按钮，从列表中选择“数字筛选”按钮下的“低于平均值”命令，单击“确定”按钮，这时数据清单中就显示自定义自动筛选结果。

高级筛选：对一个字段进行筛选时，使用自动筛选或按条件筛选都可以完成任务，对于多字段筛选，一般情况下使用高级筛选。在使用高级筛选之前，用户需要在数据清单区域外建立一个条件区域，用来指定筛选的数据必须满足的条件。条件区域与数据清单区域之间必须至少空一行或空一列，将数据与条件区域分开。条件区域首行包含的字段名必须与数据清单首行的字段名一样。条件区域的字段名下面用来输入筛选条件。多个条件的“与”“或”关系实现方法如下：

“与”的关系，输入的条件必须在同一行（见图 3-46），表示要筛选的条件是：业绩考核大于或等于 90 分且综合分大于 80 分。

“或”的关系，输入的条件不能在同一行（见图 3-47），表示要筛选的条件是：业绩考核大于或等于 90 或者综合分大于 80 分。

业绩考核	综合分
>=90	>80

图 3-46　与关系

业绩考核	综合分
>=90	
	>80

图 3-47　或关系

【例 3.7】在员工考核表工作簿中，打开“kpi”工作表，筛选出业绩考核大于 90 分的男性员工或者低于 70 分的员工名单。

操作步骤如下：

① 建立条件区域。在 A55 单元格中输入“性别”，B55 单元格中输入“业绩考核”，A56 单元格中输入“男”，B56 单元格中输入“>90”，B57 单元格中输入“<70”。

② 单击数据清单任意一个单元格，单击“数据”→“排序和筛选”→“高级”按钮，打开“高级筛选”对话框。

③ 在此对话框中，“列表区域”文本框会自动显示出要筛选的数据范围。单击“条件区域”后面的折叠对话框按钮，用鼠标选择条件区域，如图 3-48 所示。

图 3-48　“高级筛选”对话框

④ 要通过隐藏不符合条件的数据行来筛选数据清单，可以选中“在原有区域显示筛选结果”单选按钮；要通过将符合条件的数据行复制到工作表的其他位置来筛选数据，可以选中“将筛选结果复制到其他位置”单选按钮，接着在“复制到”框中直接输入存放筛选结果的目标区域的左上角单元格。单击“确定”按钮，就会显示出满足条件的学生名单。

3. 分类汇总

分类汇总就是先将数据按某一字段分类，然后利用 Excel 2016 提供的函数，对各类数值字段进行求和、求平均值、计数、最大值、最小值等运算。针对同一分类字段，可进行简单汇总和多重分类汇总。在分类汇总前，首先要对分类字段进行排序，否则得不到正确的结果。

【例 3.8】在员工考核表工作簿中，打开“kpi”工作表，按“性别”分类汇总，计算出男女员工各项考核的平均值。

操作步骤如下：

① 对需要分类汇总的数据按关键字进行排序(升序或降序都可以)，在此例中，选择按“性别”为关键字进行升序排序。

② 单击数据清单中 A2:G12 中任意一个单元格。单击“数据”→“分级显示”→“分类汇总”按钮，打开“分类汇总”对话框。

③ 在“分类字段”下拉列表框中选择“性别”，在“汇总方式”下拉列表框中，选择“平均值”。在“选定汇总项”列表框中，选择“业绩考核”“能力考核”“态度考核”三个字段，表示要对这三个字段进行平均值的汇总，如图 3-49 所示。

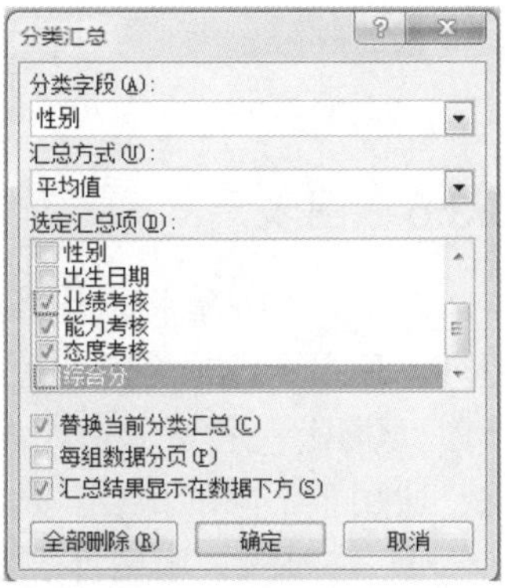

图 3-49　分类汇总

要用新的分类汇总替换数据清单中已存在的所有分类汇总，选中“替换当前分类汇总”复选框。要在每组分类汇总数据之后自动插入分页符，选中“每组数据分页”复选框。要将汇总结果显示在每个分组的下方，选中“汇总结果显示在数据下方”复选框，否则会显示在分组的上方。在此例中选中“替换当前分类汇总”和“汇总结果显示在数据下方”复选框。

4. 数据透视表

分类汇总适合按一个字段进行分类，对一个或多个字段进行汇总。如果要对多个字段进行分类并汇总，就需要利用数据透视表来实现。

【例 3.9】 在员工考核表工作簿中，打开“kpi”工作表，创建数据透视表，统计各部门男女员工人数。

操作步骤如下：

① 选择数据清单的任一单元格，单击“插入”→“表格”→“数据透视表”按钮，打开“创建数据透视表”对话框。

② “创建数据透视表”对话框用于指定数据源和透视表存放的位置，设置如图 3-50 所示，单击“确定”按钮。

③ 在“数据透视表字段”窗格上半部分列出了数据源包含的所有字段。选中“编号”“部门”“性别”三个字段的复选框，此时在工作表左侧可以看到“行标签”及相关数据，在对话框下半部分“在以下区域间拖动字段”中可以看到“编号”“部门”“性别”显示在行标签。将“性别”字段拖入“列标签”位置，作为列字段；将“编号”拖入到“数值”位置，作为统计字段。做好的数据透视表如图 3-51 所示。

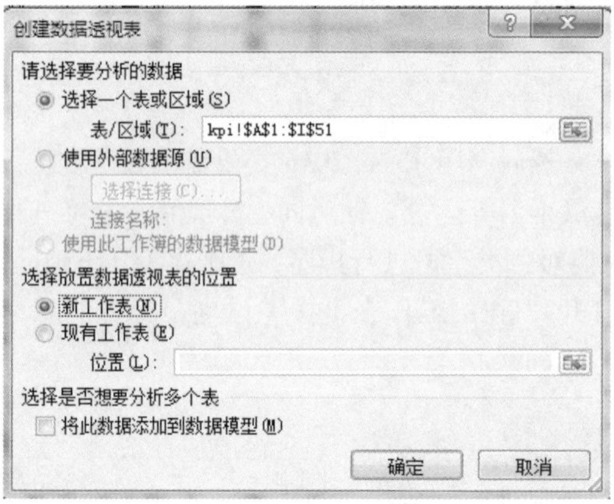

图 3-50 “创建数据透视表”对话框

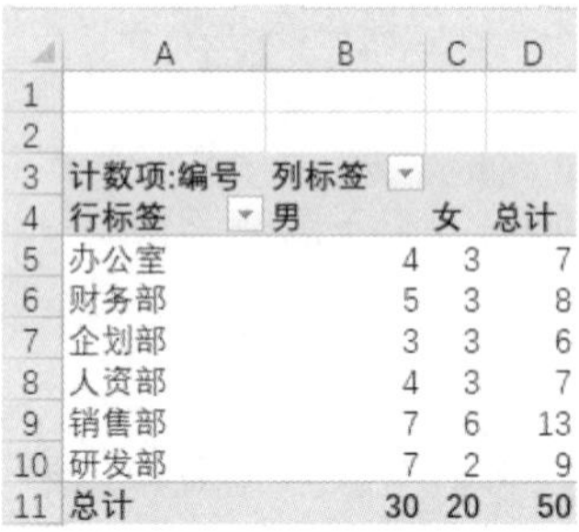

	A	B	C	D
1				
2				
3	计数项:编号	列标签		
4	行标签	男	女	总计
5	办公室	4	3	7
6	财务部	5	3	8
7	企划部	3	3	6
8	人资部	4	3	7
9	销售部	7	6	13
10	研发部	7	2	9
11	总计	30	20	50

图 3-51 数据透视表

3.3.6 图表

Excel 2016 能将工作表的数据或统计的结果以各种图表的形式显示，从而更直观、更形象地揭示数据之间的关系，反映数据的变化规律和发展趋势。常用的图表类型有柱形图、饼图、折线图、XY 散点图等 15 类，每一类又有若干种子类型。各种图表各有优点，适用于不同的场合。常用的图表如下：

① 柱形图：用柱形表示数据的图表，比较数据间的多少关系。柱形图可以绘制多组系列，同一数据系列中的数据点用同一颜色或图案绘制。

② 饼图：用于表示数据间的比例分配关系，但它只能处理一组数据系列，且无坐

标轴和网格线。

③ 折线图：使用点以及点与点之间连成的折线来表示数据，可以描述数据的变化趋势。在折线图上，同一数据系列中的数据绘制在同一条折线上。

④ XY 散点图：散点图中的点一般不连续，每一点代表了两个变量的数值，适合用于绘制函数曲线。

【例 3.10】 在员工考核表工作簿中，打开“kpi”工作表，根据姓名和各项考核建立簇状柱形图表。

① 选中 B1:B51，F1:H51 作为要创建图表的数据区域。

② 单击“插入”→“图表”→“插入柱形图或条形图”按钮，在弹出的下拉列表中选择“二维柱形图”中的“簇状柱形图”，即可工作表中建立如图 3-52 所示的簇状柱形图表。

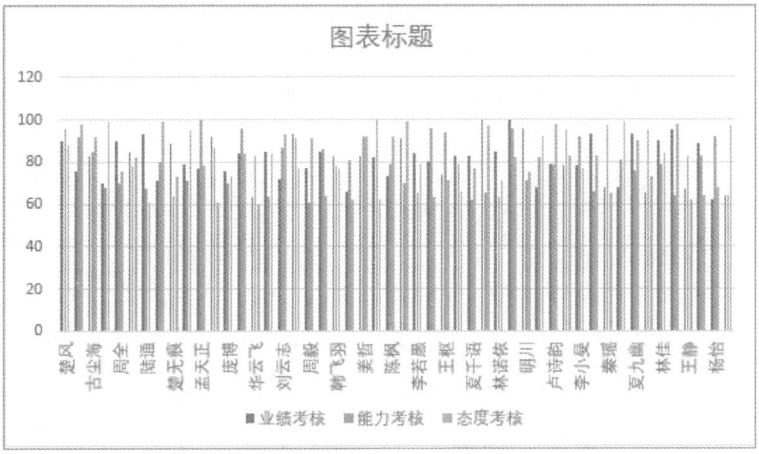

图 3-52　簇状柱形图

③ 单击“图表工具-设计”→“移动图表”按钮，将图表移动到 Chart1 新工作表中。

1. 图表基本组成

① 图表区：指整个图表的背景区域。

② 绘图区：用于绘制数据的区域。在二维表中，绘图区是以两条坐标轴为界，包含刻度线及全部数据系列的矩形区域；在三维表中，同样通过坐标轴来界定的区域，包括所有的数据系列、分类名、刻度线标志和坐标轴标题。

③ 数据标签：一个数据标签对应于工作表中一个单元格的具体数值。

④ 数据系列：绘制在图表中的一组相关数据标签，来源于工作表中的一行或一列数值数据。图表中的每一组数据系列都以相同的形状和图案、颜色表示。

⑤ 图例：对应于工作表这组数据的行标题或最左边一列的数据，用于标志图表中的数据系列或分类指定的图案或颜色。

⑥ 坐标轴：界定图表绘图区的线条，为图表中数据标记提供计量和比较的参照轴。对于大多数图表，数据值沿垂直轴（数值轴）绘制，而数据分类则沿水平轴（类别轴）绘制。

⑦ 刻度线：坐标轴上类似于直尺分隔线的短度量线。

2. 编辑图表

在创建图表之后，可根据用户的需要，对图表进行修改，包括更改图表的位置、图表类型和对图表中各个对象进行编辑修改等。

（1）选中图表

要修改图表，应先选中图表。选择图表后，在 Excel 2016 窗口原来选项卡的位置右侧增加了“图表工具”选项卡，并提供了“设计”和“格式”两个选项，以方便对图表进行更多的设置和编辑。

（2）更改图表类型

选中图表后，单击“图表工具-设计”→“类型”→“更改图表类型”按钮，在打开的“更改图表类型”对话框中重新选择一个图表的类型。对于已经选定的图表类型，在“图表样式”组中，可以重新选定所需的图表样式。

（3）添加或删除数据及系列调整

选中图表后，单击“图表工具-设计”→“数据”→“选择数据”按钮，在打开的“选择数据源”对话框中单击“切换行/列”按钮，可将水平（类别）轴与垂直（值）轴的数据系列进行调换；通过“图例项（系列）”中的“添加”“编辑”“删除”按钮，可以添加、编辑或删除图表中的数据系列；通过“图例项（系列）”中的“上移”“下移”按钮，可实现图表中数据系列次序的改变。

（4）修改图表项

选中图表后，单击“图表工具-设计”→“图表布局”→“添加图表元素”按钮，可修改图表标题、坐标轴标题、图例位置、数据标签、趋势线等。

本 章 小 结

本章简单介绍了 Word 2016、Excel 2016、PowerPoint 2016 的功能和使用方法，需要读者多去实践，才能在今后的学习和工作中熟练掌握这三个组件，做到游刃有余。

思考与练习

一、选择题

1. 通过 Word 2016，打开一个文档并做了修改，之后执行关闭文档操作，则（　　）。
   A. 文档被关闭，并自动保存修改后的内容
   B. 文档被关闭，修改后的内容不能保存
   C. 弹出对话框，询问是否保存对文档的修改
   D. 文档不能关闭，并提示出错
2. 在 Word 2016 中，有关表格的操作，以下说法（　　）是不正确的。
   A. 文本能转换成表格　　B. 表格能转换成文本
   C. 文本与表格不能相互转换　　D. 文本与表格可以相互转换
3. Word 2016 中关于样式的说法正确的是（　　）。
   A. 样式是所有格式的集合　　B. 样式不可以修改

C. 样式不可以复制　　D. 样式可以重复使用

4. 在 Excel 2016 中，进行分类汇总之前，必须对数据清单进行（　　）。

A. 筛选　　B. 排序　　C. 建立数据库　　D. 有效计算

5. 以下（　　）方式可在 Excel 2016 中输入数值-9。

A. "9　　B. \\9　　C. \9　　D. (9)

6. 关于 Excel 区域定义不正确的论述是（　　）。

A. 区域可由单一单元格组成

B. 区域可由同一列连续多个单元格组成

C. 区域可由不连续的单元格组成

D. 区域可由同一行连续多个单元格组成

7. 需要（　　）而变化的情况下，必须引用绝对地址。

A. 在引用的函数中填入一个范围时，为使函数中的范围随地址位置不同

B. 把一个单元格地址的公式复制到一个新的位置时，为使公式中单元格地址随新位置

C. 把一个含有范围的公式或函数复制到一个新的位置时，为使公式或函数中的范围不随新位置不同

D. 把一个含有范围的公式或函数复制到一个新的位置时，为使公式或函数中的范围随新位置不同

8. 在幻灯片母版中插入的对象，只能在（　　）中进行修改。

A. 普通视图　　B. 浏览视图

C. 放映状态　　D. 幻灯片母版视图

9. 在（　　）视图，可方便地对幻灯片进行移动、复制和删除等编辑操作。

A. 幻灯片放映　　B. 阅读

C. 普通　　D. 幻灯片浏览

10. 设置幻灯片动画时，指定对象的计时开始不可以选择的是（　　）。

A. 单击时　　B. 上一动画之前

C. 与上一动画同时　　D. 上一动画之后

二、操作题

1. 在网上检索现行有效的《中华人民共和国刑法》，将其复制、粘贴到 Word 文档中，此文档分成三部分，分别是封面页、目录页和正文。利用所学知识设计封面，封面不设置页眉页码；目录部分使用罗马字符编码，起始页码为罗马字符“I”，“第一编”“第二编”“附则”为一级标题，“第一章”“第二章”……为二级标题；正文部分为起始页码为数字 1，并为正文设置不同的页眉页脚，利用正文样式快速设置正文字体和段落格式。

2. 学习《习近平谈治国理政》第三卷，请选择其中一个专题，利用所学知识，做一份宣传习近平新时代中国特色社会主义思想的幻灯片。

3. 打开“成绩分析.xlsx”文件，所有的操作要求如下：

（1）在“会计一班”“会计二班”“会计三班”“会计四班”工作表中表格内容的右侧，分别按序插入“总分”“平均分”“班内排名”列；并在这 4 个工作表表格内容的最下面增加“平均分”行。所有列的对齐方式设为居中，其中“班内排名”列数值格式为

整数，其他成绩统计列的数值均保留 1 位小数。

（2）为“会计一班”“会计二班”“会计三班”“会计四班”工作表内容套用“红色，表样式中等深浅 3”的表格格式，并设置表包含标题。

（3）在“会计一班”“会计二班”“会计三班”“会计四班”4 个工作表中，利用公式分别计算“总分”“平均分”“班内排名”列的值和最后一行“平均分”的值。将学生成绩不及格（小于 60）的单元格突出显示为“橙色（标准色）填充色，红色（标准色）文本”格式。

（4）在“总体情况表”工作表中，更改工作表标签为红色，并将工作表内容套用“紫色，中等深浅 12”的表格格式，设置表包含标题；将所有列的对齐方式设为居中；并设置“排名”列数值格式为整数，其他成绩列的数值格式保留 1 位小数。

（5）在“总体情况表”工作表 B3:J6 单元格区域内，计算填充各班级每门课程的平均成绩；并计算“总分”“平均分”“总平均分”“排名”所对应单元格的值。

（6）依据各课程的班级平均分，在“总体情况表”工作表 A9:M30 单元格区域内插入二维的簇状柱形图，水平簇标签为各班级名称，图例项为各课程名称。

（7）将该文件中所有工作表的第一行根据表格内容合并为一个单元格，并改变默认的字体、字号，使其成为当前工作表的标题。

（8）保存“成绩分析.xlsx”文件。

第 4 章　计算机网络技术与应用

计算机网络是计算机技术和通信技术相结合的产物，目前得到迅猛的成长与发展。计算机网络技术已广泛应用于办公自动化、企事业管理、生产过程控制、金融管理、医疗卫生等社会各个领域，改变着人们的工作、生活和商业交互方式。计算机网络把分布在不同地点的多个独立的计算机系统连接起来，传输数据流，让用户实现网络通信，以及共享网络上的软硬件系统资源和数据信息资源。网络技术的迅速发展，也为广大的 IT 行业人才展现了一个更加广阔的世界。

4.1　认识计算机网络

4.1.1　计算机网络的概念

目前，被公认的计算机网络的定义是：利用通信设备和通信线路将地理位置不同的、功能独立的多个计算机系统互连起来，以功能完善的网络软件实现软件、硬件资源共享和信息传递的系统。

计算机网络是通信技术和计算机技术结合的产物，将处在不同地理位置的计算机进行互连，互连的计算机主机是具有独立的数据处理能力的计算机，互连是为了实现信息传输和资源共享。

“地理位置不同”是指计算机网络中的计算机通常都处于不同的地理位置。例如，通过因特网访问网络服务时，被访问的主机在地理上往往是不可见的。不仅如此，这台主机还可能与我们位于不同的城市、省份乃至不同的国家。事实上，在绝大部分情况下，我们不知道、也不需要知道它所处的确切位置。地理位置分布性所形成的空间障碍，是以组建计算机网络的方式来实现资源共享的原始驱动因素。

网络资源共享是指通过连在网络上的工作站（个人计算机）使用户（通常根据需要被授予适当的使用权）可以使用网络系统中的硬件和软件。

自治是指每台计算机的工作是独立的，任何一台计算机都不能干预其他计算机的工作（如启动、关闭或控制其运行等），任何两台计算机之间没有主从关系。

在计算机网络中，能够提供信息和服务能力的计算机是网络的资源，而索取信息和请求服务的计算机则是网络的用户。由于网络资源与网络用户之间的连接方式、服务类型及连接范围的不同，形成了不同的网络结构及网络系统。

随着计算机通信网络的广泛应用和网络技术的发展，计算机用户对网络提出了更高的要求，既希望共享网内的计算机系统资源，又希望调用网内的几个计算机系统共同完成某项任务，这就要求用户对计算机网络的资源像使用自己的主机系统资源一样方便。为了实现这个目的，除了要有可靠、有效的计算机和通信系统之外，还要制定一套全网一致遵守的通信规则及用来控制、协调资源共享的网络操作系统。

4.1.2　计算机网络的功能

计算机网络主要是为用户提供一个网络环境，使用户能通过计算机网络实现资源共享和信息传递。

1. 资源共享

资源共享是人们建立计算机网络的主要目的之一。计算机网络的共享资源有硬件资源、软件资源、数据资源、信息资源。网上用户能部分或全部地共享各类资源，使网络中的资源能够互通有无、分工协作，从而大大提高系统资源的利用率。

硬件资源包括计算机、大容量存储设备、计算机外部设备，如打印机、扫描仪等。软件资源包括各种应用软件、工具软件、系统开发所用的支撑软件、数据库管理系统等。数据资源包括数据库、办公文档资料、各类生产环节的数据等。信道资源即通信信道，是电信号的传输介质。

2. 信息传递

计算机之间的信息交换是计算机网络的基本功能。数据通信是依照一定的通信协议，利用数据传输技术在两个计算机之间传递数据信息的一种通信方式和通信业务。利用数据通信技术可以实现计算机网络中各个节点之间的信息传递，如电子邮件、声音、数据、图形和图像等多媒体信息的上传和下载，发布新闻、预订酒店和机票、召开网络视频会议等。

3. 分布式处理

分布式处理是将一个复杂的大问题分解成多个小问题，分别交由计算机网络中的多个计算机共同处理。参与分布式处理的计算机能够根据各个计算机系统的负荷情况，动态地调整，将负荷较重的计算机的处理任务传送到网络中的其他计算机系统中，以提高整个系统的利用率。同时各个计算机之间通过数据交换，形成了一种有机的整体计算能力。

4. 提高系统的可靠性

在计算机网络中，计算机之间是互相协作、互相备份的关系，如果有单个部件或少量计算机发生故障，可以利用计算机网络中的冗余计算机节点，以不同路由来访问资源。当计算机网络中的某一部分出现故障时，网络中其他部分可以自动接替其任务，实现系统通信的高可靠性。

4.1.3　计算机网络的分类

计算机网络的分类方法有多种，可以根据网络的用途、拓扑结构、介质访问方式、交换方式、传输速率、覆盖的地理范围和使用的技术等方面进行分类。

1. 按照覆盖范围分类

最能反映网络技术本质特征的分类标准是覆盖的地理范围。按网络覆盖范围的大小，可以将计算机网络分为局域网、城域网、广域网和 Internet。

（1）局域网

局域网（Local Area Network，LAN）是指在较小范围内相互连接的计算机所构成的计算机网络，如一个实验室、一幢大楼或一个校园。根据采用的技术和协议标准的不同，局域网分为共享式局域网与交换式局域网。局域网技术的应用十分广泛，是计算机网络中最活跃的领域之一。

（2）城域网

城域网（Metropolitan Area Network，MAN）是介于广域网与局域网之间的一种大范围高速网络。城域网设计的目标是要满足几十千米范围内的大量企业、机关、公司与社会服务部门的计算机联网需求，从而可以使大量用户之间进行高效的数据、语音、图形、图像和视频等多种信息的传输。可以说城域网是局域网的延伸，一个城域网通常连接着多个局域网，如连接公安、税务等政府机构的局域网和多个医院的局域网等。

（3）广域网

广域网（Wide Area Network，WAN）的覆盖范围从几十千米到几千千米。广域网可以覆盖一个国家、一个地区，甚至可以形成国际性的计算机网络。广域网通常可以利用公用网络，如公用电话交换网络（PSTN）、综合业务数据网络（ISDN）、X.25 网络等连接而成。为了提高通信线路的利用率，广域网通常采用“宽带”通信，可在一条线路上同时传输多路数据。

（4）Internet

Internet（因特网）是一个全球范围的计算机互联网络。目前，Internet 已连接了多个国家和地区的计算机系统，是世界上覆盖面最大、信息资源最丰富的全球性计算机网络。

Internet 本身不是一种具体的物理网络，把它称为网络是为了容易理解。实际上它是把全世界各个地方已有的各种网络，如局域网、数据通信网和公用电话交换网等互联起来，组成一个跨越国界的庞大的互联网络。

2. 按照传输技术分类

根据网络所使用的传输技术，可以把计算机网络分为广播式网络和点到点网络。

（1）广播式网络

在广播式网络（Broadcast Network）中仅有一条通信信道，这条信道由网络上的所有站点共享。在传输信息时，任何一个站点都可以发送数据分组，并且可以被其他所有站点接收。而这些站点根据数据包中的目的地址进行判断，如果是发给自己的，则接收，否则丢弃。采用这种传输技术的网络称为广播式网络。总线状以太网就是典型的广播式网络。

（2）点到点网络

与广播式网络相反，点到点网络中每一对计算机之间都有一条专用的通信信道，因此在点到点的网络中，不存在信道共享与复用的问题。当一台计算机发送数据分组后，它会根据目的地址，经过一系列的中间设备的转发，直接到达目的端站点，这种传输技术称为点到点传输，采用点到点传输技术的网络为点到点网络。

3. 按照拓扑结构分类

拓扑（Topology）结构是指网络单元的地理位置和互连的逻辑布局，具体地讲就是网络上各节点的连接方式和形式。网络拓扑结构代表网络的物理布局或逻辑布局，特别是计算机分布的位置，以及电缆如何通过它们。设计一个网络时，应根据自己的实际情况选择正确的拓扑结构，每种拓扑结构都有它的优点和缺点。

目前比较流行的三种拓扑结构是总线状、星状和环状，在此基础上还可以连成树状、星环状和星线状。树状、星环状和星线状是三种基本拓扑结构的复合连接。

（1）总线状拓扑结构

总线状拓扑结构是使用同一媒体或电缆连接所有终端用户的方式，其传输介质是单根传输线，通过相应的硬件接口将所有的站点直接连接到干线电缆即总线上。任意时刻只有一台机器是主站，可向其他站点发送信息。其传递方向总是从发送信息的节点开始向两端扩散，因此称为“广播式计算机网络”。总线状网络结构简单、接入灵活、扩展容易、可靠性高，是一种使用广泛的网络拓扑结构，如图 4-1 所示。

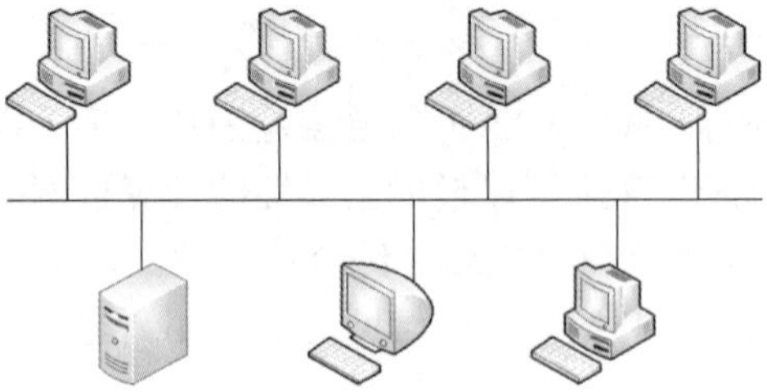

图 4-1　总线状网络

（2）星状拓扑结构

星状拓扑网络如图 4-2 所示，是把所有计算机通过线缆都连到一个称为 Hub（集线器）设备的中心位置上。任何两个节点之间的通信都要通过中心节点转换。中心节点一般采用集线器或交换机，外围节点使用 PC 机。星状拓扑的优点是适用点到点通信，通信协议简单；缺点是网上传递的信息都要通过中心节点转发，一旦中心节点失效，全网就可能瘫痪。

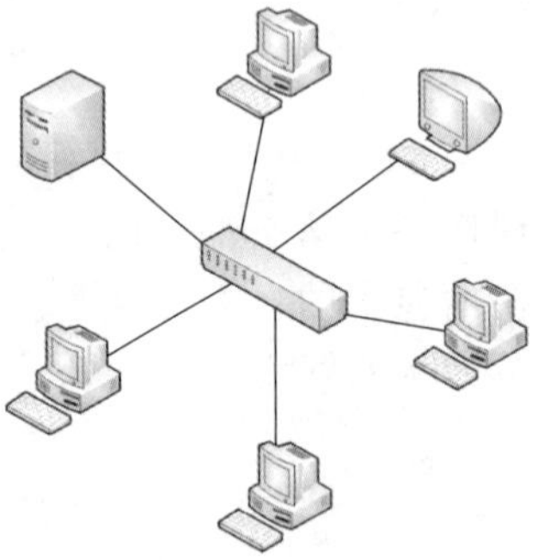

图 4-2　星状拓扑网络

（3）环状拓扑结构

环状拓扑网络如图 4-3 所示，其中各节点通过环路接口连在一条首尾相连的闭合环状通信线路中，环路中各节点地位相同，环路上任何节点均可请求发送信息，请求一旦被批准，便可以向环路发送信息。环状拓扑结构的网络电缆长度短，可使用光纤，所有站点都能公平访问网络的其他部分，网络性能稳定。但缺点是节点故障会引起全网故障，是因为数据传输需要通过环上的每一个节点，如某一节点故障，则引起全网故障；节点的加入和撤出过程复杂；介质访问控制协议采用令牌传递的方式，在负载很轻时信道利用率相对较低。

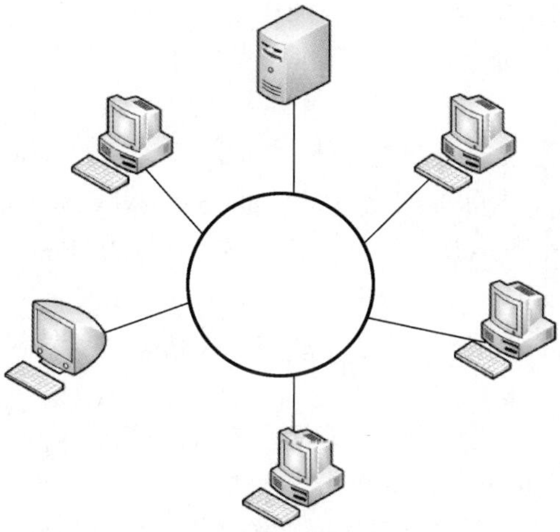

图 4-3　环状拓扑网络

选择网络拓扑结构主要应考虑不同的拓扑结构对网络吞吐量、网络响应时间、网络可靠性、网络接口的复杂性和网络接口的软件开销等因素的影响。此外，还应考虑电缆的安装费和复杂程度、网络的可扩充性、隔离错误的能力，以及是否易于重构等。

4.2　计算机网络体系结构和参考模型

4.2.1　计算机网络体系结构

1. 网络的分层原理

层次结构就是把一个复杂的系统设计问题分解成多个层次分明的局部问题，并规定每一层次所必须完成的功能。它提供了一种按层次来观察网络的方法，描述了网络中任意两个节点间的信息传输。层次结构的优点在于使每一层实现一种相对独立的功能，分层结构还有利于交流、理解和标准化。

采用层次结构的优点如下：

（1）功能简单、明确

整个复杂的系统被分解为若干个小范围的部分，使得每一部分的功能比较单一。

（2）独立性强

各层具有相对独立的功能，各层彼此不需要知道各自的实现细节，而只需要了解下层能提供什么服务，上层要求提供什么服务即可。

（3）设计灵活

当某层发生变化时，只要接口关系保持不变，就不会对上下层产生影响，而仅仅是本层内部的变化。

（4）易于实现和维护

设计容易实现，每个层次向上一层提供服务，向下一层请求服务。

（5）易于标准化

每一层的功能和提供的服务均有明确的说明。

2. 网络体系结构的发展

1974 年，IBM 公司研究开发了系统网络体系结构（System Network Architecture，SNA）。SNA 经过多次更新成为世界上应用得非常广泛的一种网络体系结构。

20 世纪 70 年代后期，国际标准化组织（International Organization for Standardization，ISO）提出了一个在世界范围内让各种计算机互连互通的标准框架，即开放系统互连参考模型（Open System Interconnection/Reference Model，OSI/RM）。不同厂商的计算机和网络设备及不同标准的计算机网络只要遵守 OSI 体系结构，就能够实现互相连接、互相通信和互相操作。

但是，由于 OSI 标准的制定周期长、层次划分不合理、协议运行效率低，使得 OSI 标准的设备没有及时进入市场，在市场化方面遭到了惨败。

20 世纪 80 年代，TCP/IP 结构在制定时充分考虑了网络的现实状况，在各个厂商之间取得了一个近似的平衡，具有很好的实用性。目前，TCP/IP 结构占有了绝对的市场份额。

4.2.2 了解 OSI 参考模型

1. OSI 参考模型的概念

开放系统互连参考模型简称 OSI 参考模型，由国际标准化组织 ISO 在 20 世纪 80 年代初公布。ISO 定义了网络互连的基本参考模型。

自 IBM 在 20 世纪 70 年代推出“SNA 系统网络体系结构”以来，很多公司也纷纷建立自己的网络体系结构，如 Digital 公司的 DNA、宝来机器公司的 BNA 和 Honcywcll 公司的 DSA 等，这些体系结构的出现大大加快了计算机网络的发展。但由于这些体系结构的着眼点往往是各公司内部的网络连接，没有统一的标准，因而它们之间很难互连起来。在这种情况下，ISO 提出了 OSI 参考模型，其最大的特点是开放性。不同厂家的网络产品，只要遵照这个参考模型，就可以实现互连、互操作和可移植性。也就是说，任何遵循 OSI 标准的系统，只要物理上连接起来，它们之间都可以互相通信。

OSI 参考模型定义了开放系统的层次结构和各层所提供的服务。OSI 参考模型的一个成功之处在于，它区分开了服务、接口和协议这三个容易混淆的概念。服务描述了每一层的功能，接口定义了某层提供的服务如何被高层访问，而协议是每一层功能的实现方法。

2. OSI 参考模型和网络协议

OSI 参考模型是一个描述网络层次结构的模型，其标准保证了各种类型网络技术的兼容性和互操作性。OSI 参考模型说明了信息在网络中的传输过程，各层在网络中的功能和它们的架构。

OSI 模型自下而上分为七层，从低到高分别是物理层、数据链路层、网络层、传输层、会话层、表示层和应用层，每一层所对应的功能简要描述和网络协议见表 4-1。

表 4-1　OSI 模型功能解释

层号	名　称	功 能 解 释	网 络 协 议
1	物理层	机械、电子、定时接口通信信道上的原始比特流传输	IEEE802.1A、IEEE802.2 到 IEEE802.11
2	数据链路层	提供介质访问和链路管理	FDDI、Ethernet、Arpanet、PDN、SLIP、PPP
3	网络层	IP 选址及路由选择	IP、ICMP、ARP、RARP、AKP、UUCP
4	传输层	建立、管理和维护端到端的连接	TCP、UDP
5	会话层	解除或建立与别的接点的联系	SMTP、DNS
6	表示层	数据格式转化、代码转换，数据加密	Telnet、Rlogin、SNMP、Gopher
7	应用层	为应用程序提供服务，如文件传输、电子邮件、文件服务、虚拟终端	TFTP、HTTP、FTP、SMTP、WAIS、NFS

下面按照由低到高的顺序，详细介绍一下每层的功能。

（1）物理层

物理层位于 OSI 模型的最底层，直接与传输介质相连，主要功能为在连接各种计算机的传输介质上透明地传输比特流。物理层定义了传输媒介接口的机械特性、电气特性、功能特性和过程特性。在这一层，数据还没有被组织，仅作为原始的位流或电气电压处理。

（2）数据链路层

数据链路层在直接相邻的两个网络节点之间的线路上无差错地传送以帧为单位的数据，并进行流量控制。每一帧包括一定数量的数据和一些必要的控制信息。与物理层相似，数据链路层要负责建立、维持和释放数据链路的连接。在传送数据时，如果接收点检测到所传数据中有差错，就要通知发送方重发送这一帧。

（3）网络层

网络层实现用户数据在源端到目的端之间的传输操作，即实现在通信子网中要进行通信的源节点和目的节点之间的数据传输，源节点和目的节点之间可能会存在多个中间转接节点。

（4）传输层

传输层在源主机进程和目的主机进程之间提供端到端的通信。传输层处理的数据单位称为报文（Message）。传输层的功能包括选择服务、管理连接、流量控制、拥塞控制及差错控制等。

（5）会话层

会话层用于在不同计算机之上的用户进程间建立会话（Session）关系。会话即是两个不同计算机上的用户进程之间的一次信息交互，比如传递用户要求的数据。会话提供的服务有管理会话、令牌（Token）管理和同步（Synchronization）三个服务。

（6）表示层

表示层用于执行某些通用的信息处理操作以减少用户工作的复杂度。表示层更关注所传输信息的语法和语义，使用标准的方法对信息数据进行编码，以及提供数据的压缩、解压缩、加密和解密等服务。

（7）应用层

应用层提供大量的应用协议来满足人们各种网络需求。网络用户可以通过各种应用协议支持的接口来使用这些协议提供的各种网络服务、访问计算机网络的各种资源，并以这些协议为基础进一步开发网络应用程序。

4.2.3 TCP/IP 模型和网络协议

TCP/IP 协议（传输控制协议/网际协议）是一个网络传输协议族的统称，包括 IP 协议、IMCP 协议、TCP 协议、HTTP、FTP、POP3 协议等，协议对主机的寻址方式、命名机制、信息的传输规则，以及各种服务功能做了约定。通过这些协议，网络中的计算机终端之间就可以进行信息交流。

1. TCP/IP 模型的体系结构

TCP/IP 提供点对点的连接机制，将数据如何封装、定址、传输、路由，以及在目的地如何接收，都加以标准化。它通常将软件通信过程抽象化为四个抽象层，采取协议堆栈的方式，分别实现不同的通信协议。协议族中的各种协议，按其功能不同分别归属到这四个层次结构之中，常被视为简化的七层 OSI 模型。下面从上至下对 TCP/IP 模型的各个层及该体系结构的具体协议内容进行简要的介绍。

（1）应用层

应用层（Application Layer）的功能是为用户提供网络应用，并为应用程序提供访问其他层服务的能力，即将用户的数据发送到 TCP/IP 模型下面的层，并为应用程序提供网络接口。应用层的主要任务是将接收到的数据包按照协议解读成各种类型的数据，并将要发送的数据打包进传输层。这一层的主要协议有 HTTP、FTP、SMTP、Telnet、NFS、RIP 等。

（2）传输层

传输层（Transport Layer）负责提供可靠的、端到端的两个主机进程之间的数据传输，即一台主机上的应用程序进程到另外一台主机应用程序进程之间的通信。

该层包括传输控制协议（Transmission Control Protocol，TCP）和用户数据报协议（User Datagram Protocol，UDP），提供了两种不同的数据传输服务。

（3）网际层

网际层（Internet Layer）是 TCP/IP 模型的核心层，主要负责确定数据包的通信路径，支持 TCP/IP 网络的互联互通。

网际层的协议包括：传输数据及路由选择和寻址的网络协议、传输各种控制信息的因特网控制报文协议（Internet Control Message Protocal，ICMP）、解析主机 IP 地址为物理地址的地址解析协议（Address Resolution Protocol，ARP）等。

（4）网络接口层

在 TCP/IP 模型中，网络接口层（Network Interface Layer）位于整个模型的底部，负责接收从网络层传递下来的 IP 数据报。如果该层的物理网络是局域网，则通常使用的是以太网（802.3）协议及其变体；如果使用的是广域网，常用的则是点对点协议（PPP）和帧中继等协议。

2. TCP/IP 的特点

TCP/IP 的结构与网络低层的数据链路层和物理层无关，具有极好的扩展性和兼容性，能适用于不同的底层网络技术。

①TCP/IP 具有开放的协议标准，可以免费使用，并且独立于特定的计算机硬件与操作系统。

②TCP/IP 独立于特定的网络硬件，可以运行在局域网、广域网，更适用于互联网中。

③因为有统一的网络地址分配方案，使得每个 TCP/IP 设备在网络中都具有唯一的地址。

④标准化的高层协议，可以提供多种可靠的用户服务。

4.2.4 TCP/IP 模型与 OSI 模型的对比

TCP/IP 模型与 OSI 模型都是依据分层的原则，按照通信功能的分层实现来设计构造，两个模型之间可根据实现的功能相互参照，如图 4-4 所示。

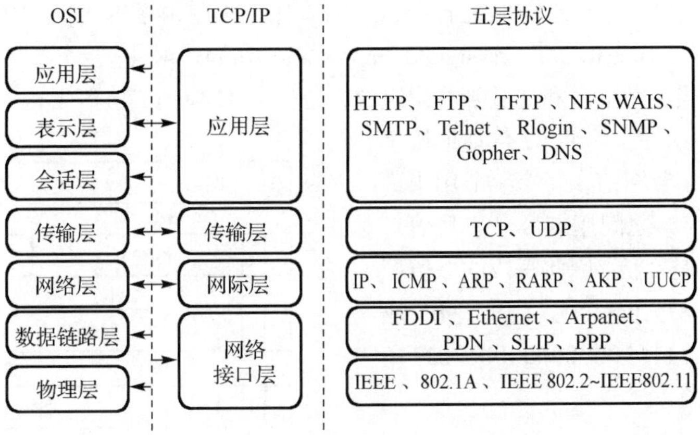

图 4-4 OSI 模型与 TCP/IP 模型对比

TCP/IP 模型和 OSI 模型各协议层次的功能大体上相似，两种模型都存在网络层、传输层和应用层。网络层实现点到点通信，并完成路由选择、流量控制和拥塞控制功能；传输层实现端到端通信，将高层的用户应用与低层的通信子网隔离开，并保证数据传输的最终可靠性。两者都可以解决异构网的互联，实现世界上不同厂家生产的计算机之间的通信。

TCP/IP 模型没有明显地区分服务、接口和协议的概念；OSI 模型对这三个概念的区分非常明确，符合软件工程实践的规范和要求。TCP/IP 模型是专用的，不适合描述除 TCP/IP 模型之外的任何协议；OSI 模型及其相关的服务定义和协议非常复杂，实现困难，操作效率不高。

针对物理层和数据链路层这两层，物理层需要处理铜缆、光纤和无线通信等的传输特点；数据链路层的工作是区分帧头和帧尾，并且以通信需要的可靠性把帧从一端发送到另一端。TCP/IP 模型没有对物理层和数据链路层分别进行定义，OSI 模型区分了这两层。

TCP/IP 模型在传输层支持面向连接的和无连接的两种服务模式；OSI 模型在网络层支持无连接和面向连接的通信，但在传输层仅有面向连接的通信。

4.2.5 IP 协议

对用户来说，想与世界各地的主机进行网络通信，就需要了解 IP 协议。IP 是网际协议（Internet Protocol）的缩写，是 TCP/IP 体系中的网络层协议，对上可载送传输层各种协议的信息，如 TCP、UDP 等；对下可将 IP 信息包放到链路层，通过以太网络、令牌环网络等各种技术来传送。

设计 IP 的目的是提高网络的可扩展性：一是解决互联网问题，实现大规模、异构网络的互联互通；二是分割顶层网络应用和底层网络技术之间的耦合关系，以利于两者的独立发展。根据端到端的设计原则，IP 为主机提供一种无连接、不可靠的、尽力而为的数据报传输服务。这里所讲的 IP 是 IP 的第 4 个版本，记为 IPv4（Internet Protocol Version 4）。

1. IP 地址的组成

整个互联网就是一个单一的、抽象的网络。IP 地址就是给互联网上的每一台主机（或路由器）的每一个接口分配一个在全世界范围内唯一的 32 位的标识符。IP 地址的结构使人们可以在互联网上很方便地进行寻址。IP 地址现在由互联网名字和数字分配机构 ICANN（Internet Corporation for Assigned Names and Numbers）进行分配。

IP 地址的格式由网络号和主机号共同组成，是一个 32 位的二进制无符号数，国际通行一种“点分十进制表示法”：将 32 位地址按字节分为 4 段，高字节在前，每个字节用十进制表示出来，各字节之间用点号“.”隔开。由于 IP 地址每段是 8 位，因此每段的取值范围用十进制表示就是 0～255。例如，IP 地址 00110001011110100000000001101110 即是 49.122.0.110。

2. IPv4 地址的分类

IP 地址分为五类：A 类、B 类、C 类、D 类、E 类，其中 A、B、C 三类是常用地址。各类地址内容表示如图 4-5 所示。

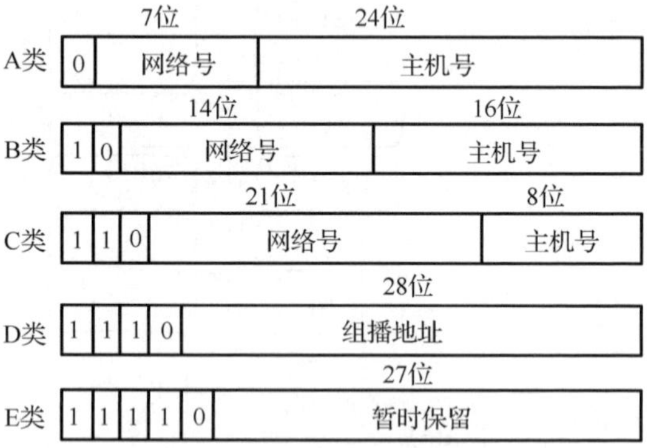

图 4-5　IP 地址的分类

五类地址的区别见表 4-2。

表 4-2　五类地址区别

类　别	网络地址空间	网络数/个	主机数/个	地 址 范 围	适 用 对 象
A 类地址	7 bit	126	16 000 000	1.0.0.0～126.255.255.255	有大量主机的大型网络
B 类地址	14 bit	16 384	65 536	128.0.0.0～191.255.255.255	国际性大公司和政府机构等
C 类地址	21 bit	2 000 000	256	192.0.0.0～223.255.255.255	小公司或研究机构
D 类地址	不标识网络			224.0.0.0～239.255.255.255	用于多目广播
E 类地址	特殊 IP 地址，暂保留			240.0.0.0～255.255.255.255	用于某些实验和将来使用

3. IPv6

随着科技的进步与物联网的发展，IPv4 地址枯竭问题日益突显，严重约束了互联网的应用与发展。为了从根本上解决 IP 地址空间不足的问题，提供更加广阔的网络发展空间，因特网工程任务组（IETF）设计了用于替代 IPv4 的下一代 IP 协议——IPv6（Internet Protocol Version 6），网际协议第 6 版。

IPv6 的主要变化如下：

①地址空间更大。IPv6 对地址分配系统进行了改进，从 IPv4 的 32 位增大到 128 位，能够提供的地址数为 $2^{128}-1$ 个（大约 340 万亿个），比 IPv4 的地址空间增大了 2^{96} 倍。地址空间在可预见的将来不会用完，增强了性能和安全性。由于地址空间增大，可以划分更多的层次。

②首部格式灵活。IPv6 定义了许多可选的扩展首部，可提供比 IPv4 更多的功能，提高路由器的处理效率。IPv6 相比 IPv4，简化了报头，有更快的传输速度和灵活的扩展。IPv6 在网络层认证与加密数据，为用户提供端到端的数据安全。

③支持即插即用。IPv6 增加了自动配置和重配置技术，对于 IP 地址等信息实现自动增删更新配置，提升 IPv6 的易管理性。IPv6 有“全状态自动设定”和“无状态自动设定”两种功能，能够自动给用户分配 IP 地址。

4. 从 IPv4 到 IPv6 的过渡技术

IPv6 在 IPv4 的基础上进行改进，它的一个重要的设计目标是与 IPv4 兼容，完成从 IPv4 到 IPv6 的平稳过渡。为了实现 IPv4 到 IPv6 过渡的逐步演进、逐步部署、地址兼容、降低费用四个目标，IETF 推荐了双协议栈技术、隧道技术，以及网络地址转换/协议转换技术等演进方案。

（1）双协议栈技术

双协议栈技术是使 IPv6 节点与 IPv4 节点兼容的最直接方式，应用对象是主机、路由器等通信节点。支持双协议栈的 IPv6 节点与 IPv6 节点互通时使用 IPv6 协议栈，与 IPv4 节点互通时使用 IPv4 协议栈。这种方式对 IPv4 和 IPv6 提供了完全的兼容，但需要双路由基础设施，增加了网络的复杂度，依然无法解决 IP 地址耗尽的问题。

（2）隧道技术

隧道技术，可以通过现有的运行 IPv4 协议的 Internet 骨干网络将局部的 IPv6 网络连接起来，是 IPv4 向 IPv6 过渡的初期最易于采用的技术。路由器将 IPv6 的数据分组封装入 IPv4，IPv4 分组的源地址和目的地址分别是隧道入口和出口的 IPv4 地址。在隧道的出口处，再将 IPv6 分组取出转发给目的站点。隧道技术只要求在隧道的入口和出口处进行修改，对其他部分没有要求，因而非常容易实现。但是，隧道技术不能实现 IPv4 主机与 IPv6 主机的直接通信。

（3）网络地址转换/协议转换技术

网络地址转换/协议转换技术通过使用临时分配的 IPv4 地址进行 IPv6 与 IPv4 地址之间的转换，实现 IPv6 节点和 IPv4 节点之间的互相通信。

从 IPv4 向 IPv6 的转换是一个相当长的过渡时期，在此过渡期间需要 IPv4 与 IPv6 共存，并解决好互相兼容的问题，逐步实现平滑地演进，最终让所有的网络节点都运行 IPv6，充分发挥 IPv6 在地址空间、性能和安全性等方面的优势。

4.3 网络传输介质

网络中传输数据、连接各网络节点的实体是传输介质，可以分为有线传输介质和无线传输介质。有线传输介质是利用金属、玻璃纤维及塑料等导体传输信号。金属导体通常由铜线制成，用来传输电信号，比如双绞线和大多数同轴电缆；有时也使用铝，比如有线电视网络覆以铜线的铝质干线电缆。

1. 同轴电缆

同轴电缆以单根铜导线作为内芯，外面包裹一层绝缘材料，外覆密集网状导体，最外面是一层保护性塑料，如图 4-6 所示。同轴电缆主要用于总线状拓扑结构的布线，是局域网中较早使用的传输介质。

2. 双绞线

双绞线是目前局域网应用最基本的传输介质，一般用于星状拓扑网络的布线连接。双绞线由具有绝缘保护层的 4 对 8 线芯组成，每两条按一定规则缠绕在一起，每根线加绝缘层用不同颜色的色标来标记。两根绝缘的铜导线按一定密度互相绞在一起，可使电磁辐射和外部电磁干扰减到最小。整个电缆外部通常包裹一层 PVC 外套，可以使电缆不被触碰损坏并且保持其环境不受外界干扰，如图 4-7 所示。

3. 光纤

光纤一般是双层或多层的同心圆柱体，由单根玻璃光纤、紧靠纤芯的包层和塑料保护涂层组成，如图 4-8 所示。光纤两端配有光发射机和接收机以使光纤传输信号。

图 4-6　同轴电缆

图 4-7　双绞线

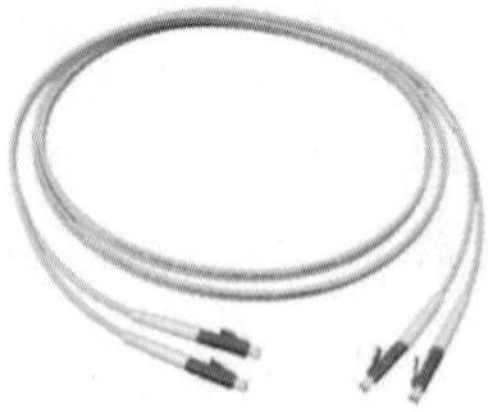

图 4-8　光纤

由于光纤本身比较脆弱，在实际应用中都是将一根或多根光纤或光纤束制成不同结构形式的光缆，以适应通信线缆直埋、架空、管道敷设等各种室外布线方式。

4.4 局域网技术基础

4.4.1　了解局域网

局域网（LAN）是在一定地理区域内的私有网络，一般在一座建筑物内或建筑物附近，比如家庭、办公室或工厂。局域网主要应用于办公自动化、生产自动化、企事业单位的管理、银行业务处理、军事指挥控制、商业管理、校园网等方面。随着网络技术的发展，在方圆几千米以内，局域网将各种计算机、外围设备和数据库等互相连接起来组成计算机通信网，达到资源共享、信息传递和数据通信的目的。它可以通过数据通信网或专用数据电路，与远方的局域网、数据库相连接，构成一个较大范围的信息处理系统。局域网的主要技术要素包括：网络拓扑、传输介质与介质访问控制方法。

局域网由网络硬件和网络软件两大系统组成。网络硬件为连在网上的计算机之间的通信提供一条物理通道，用于实现局域网的物理连接。网络软件用于控制并具体实现信息传送和网络资源的分配与共享。

网络硬件包括：网络服务器、网络工作站、网络接口卡、网络设备、网络传输介质和介质连接部件、各种适配器等。

网络软件包括：网络操作系统（NOS）、数据库技术，以及与 Web 浏览器的连接技术、基于 Web 的网络管理（WBM）技术、防火墙与代理服务器技术。

1. 局域网的特点

①局域网为一个单位所拥有，覆盖的地理范围小、站点数目有限、架设成本低。

②数据传输速率高，一般为 10～100 Mbit/s。

③误码率低，一般在 10^{-11}～10^{-8} 以下。

④传输延时小，一般在几毫秒～几十毫秒之间。

⑤各站点为平等关系而非主从关系。

⑥支持多种介质，有线、无线都适用。

⑦支持点对点通信或多点通信。

2. 局域网协议

1980 年 2 月，电气与电子工程师学会（Institute of Electrical and Electronics Engineers，IEEE）成立了局域网标准委员会（IEEE 802），专门从事局域网的标准化工作，并为局域网制定了一系列标准，统称为 IEEE 802 标准。IEEE 802 参考模型只对应 OSI 参考模型的数据链路层与物理层，它将数据链路层划分为逻辑链路控制（Logical Link Control，LLC）子层与介质访问控制（Media Access Control，MAC）子层。

4.4.2 以太网

1. 以太网技术

以太网是一种计算机局域网技术。IEEE 组织的 IEEE 802.3 标准制定了以太网的技术标准，它规定了包括物理层的连线、电子信号和介质访问层协议的内容。以太网是目前应用最普遍的通信协议标准，组建于 20 世纪 70 年代早期。在以太网中，所有计算机被连接在一条同轴电缆上，采用竞争机制和总线状拓扑结构。

以太网的标准拓扑结构为总线状拓扑，但目前的快速以太网为了减少冲突，提高网络速度和将使用效率最大化，使用集线器来进行网络连接和组织。以太网所有网络设备依次使用同一通信媒体；需要传输的帧被发送到所有节点，但只有寻址到的节点才会接收到帧；媒体访问控制层的所有网络接口卡都采用 48 位网络地址，这种地址全球唯一。

以太网的核心技术是它的随机争用型介质访问控制方法，即带有冲突检测的载波监听多路访问技术（Carrier Sense Multiple Access/Collision Detection，CSMA/CD）。在以太网中，信号以广播的方式通过传输介质传播。如果两个信号源同时向目标机器发送数据信号，两个信号就会交织在一起，无法识别信号的意义，即产生了冲突。为了避免冲突，确保传输介质有序、高效地为许多节点提供传输服务，需要使用一种协议来管理、协调各计算机对媒体的使用，这就是 CSMA/CD 介质访问控制方法。

CSMA/CD 介质访问控制方法原理简单总结为：先听后发，边发边听，冲突停发，随机延迟后重发。在采用 CSMA/CD 介质访问控制方法的总线局域网中，每一个节点利用总线发送数据前，先侦听信道忙、闲状态。如果总线上已经有数据信号传输，则为总线忙；如果总线上没有数据传输，则为总线空闲。如果一个节点准备好了要发送的数据帧，并且总线空闲，则立即启动发送数据；若信道忙碌，则等待一段时间至信道中的信息传输结束后再发送数据。如果同时有两个或两个以上的节点都提出发送请求，则判定为冲突。如果节点在发送数据过程中检测出冲突，为了解决信道争用冲突，节点停止发送数据，并发送一个强化冲突信号，然后按照某种算法随机延迟一段时间后再重新进入发送程序。CSMA/CD 介质访问控制方法可以有效地控制多节点对共享总线传输介质的访问，方法简单，易于实现。

2. 以太网类别

（1）标准以太网

早期的以太网称为标准以太网，传输速率为 3～10 Mbit/s 不等。以太网可以使用粗同轴电缆、细同轴电缆、非屏蔽双绞线、屏蔽双绞线和光纤等多种传输介质进行连接。

（2）快速以太网

快速以太网技术支持 3、4、5 类双绞线及光纤的连接，能有效利用用户已有的设施，传输速率为 100 Mbit/s。

（3）吉比特以太网

吉比特以太网俗称千兆以太网。吉比特以太网标准允许在 1 Gbit/s 的速率下以全双工和半双工两种方式工作；使用 802.3 协议规定的帧格式；在半双工方式下使用 CSMA/CD 协议；与 10BASE-T 和 100BASE-T 技术向下兼容。

吉比特以太网的物理层使用两种成熟的技术：一种技术来自快速以太网；另一种是 ANSI 制定的光纤通道。吉比特以太网技术有两个标准：IEEE 802.3z 和 IEEE 802.3ab。由于该技术不改变传统以太网的网络应用程序、网管部件和网络操作系统，因此可与 10 Mbit/s 或 100 Mbit/s 的以太网很好地配合工作。

（4）10 吉比特以太网

10 吉比特以太网即万兆以太网。10 吉比特兆以太网（10 GE）的标准由 IEEE 802.3ae 委员会制定，于 2002 年 6 月完成，适应于新型的网络结构，具有可靠性高、安装和维护都相对简单等优点。

4.4.3 局域网设备

1. 网卡

（1）网卡的功能

网卡是计算机主机箱内的网络接口板，实现了计算机和网络电缆之间的物理连接，为计算机之间相互通信提供了一条物理通道，并通过这条通道进行高速数据传输。常见的网卡如图 4-9 所示。

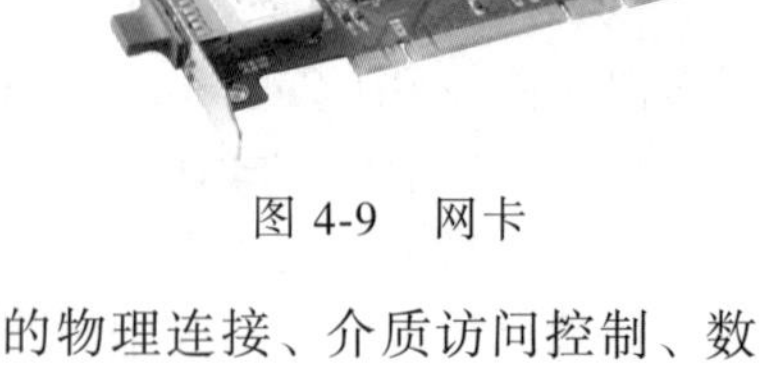

图 4-9　网卡

网卡又称网络适配器（Adapter）或网络接口卡（Network Interface Card）。网卡的功能有网卡与网络电缆的物理连接、介质访问控制、数据帧的拆装、帧的发送与接收、错误校验、数据信号的编码/解码及数据的串行/并行转换等功能。

网卡和局域网之间的通信通过电缆或双绞线以串行传输方式进行，网卡和计算机之间的通信则是通过计算机主板上 I/O 总线以并行传输方式进行的。由于网络上的数据传输率和计算机总线上的数据传输率不相同，因此，网卡中有对数据进行缓存的存储芯片。

（2）配置网卡的 IP 地址

局域网中使用动态主机配置协议（DHCP）时，计算机每次启动时都能够自动获得动态的 IP 地址；若使用的是静态地址，则必须进行设置。

以 Windows 10 操作系统为例，说明 IP 地址、子网掩码、默认网关、首选 DNS 服务器的设置过程。操作步骤如下：

① 按键盘的【Win】键或者单击计算机桌面左下角的 Win 图标打开“开始”菜单，单击“设置”图标，如图所示 4-10 所示。

图 4-10 “开始”菜单

② 在 Windows 设置界面下找到并单击“网络和 Internet”选项，如图 4-11 所示。

图 4-11 选择“网络和 Internet”选项

③ 在“网络和 Internet”设置界面下展开“状态”栏，然后单击“更改适配器选项”，如图 4-12 所示。

图 4-12　更改适配器选项

④ 单击“更改适配器选项”后，出现“网络连接”窗口，显示本计算机的无线或有线的网卡图标，如图 4-13 所示。如果图标上出现叉号，说明当前网卡没有连接网线，这不影响 IP 地址的设置。设置好以后，连接上网线，该叉号就会自动消失。

图 4-13　“网络连接”窗口

⑤ 在打开的属性设置对话框中，双击“Internet 协议版本 4（TCP/IPv4）”选项，如图 4-14 所示。

⑥ 在打开的“Internet 协议版本 4（TCP/IPv4）属性”对话框中选中“使用下面的 IP 地址”单选按钮，然后输入设置的 IP，单击“确定”按钮，如图 4-15 所示。关闭对话框，计算机的 IP 地址设置完成。

（3）查看网卡的 MAC 地址

MAC（Media Access Control，介质访问控制）地址，又称为物理地址（Physical Address），它是一个用来确认网络设备位置的地址。MAC 地址用于在网络中唯一标识一个网卡，是内置在网卡中的一组代码，由 12 个十六进制数组成，每个十六进制数的长度为 4 bit，总长为 48 bit。每 2 个十六进制数之间用冒号隔开，如 08：00：20：0A：8C：6D。其中，前 6 个十六进制数 08：00：20 代表网络硬件制造商的编号由 IEEE 分配，后 6 个十六进制数 0A：8C：6D 由该制造商自行分配，比如，所制造的某个网络产品（如网卡）的系列号。

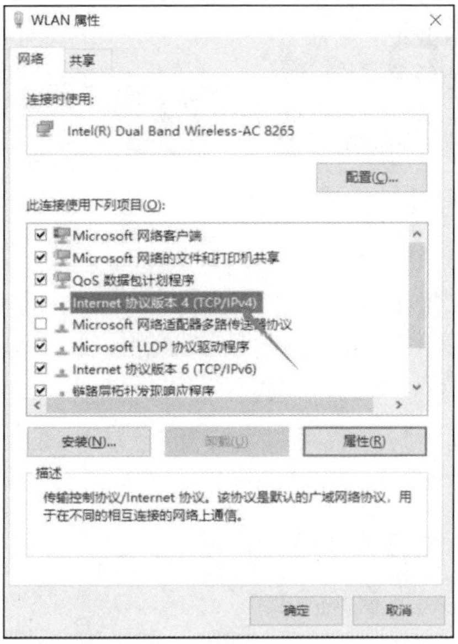

图 4-14 属性设置对话框

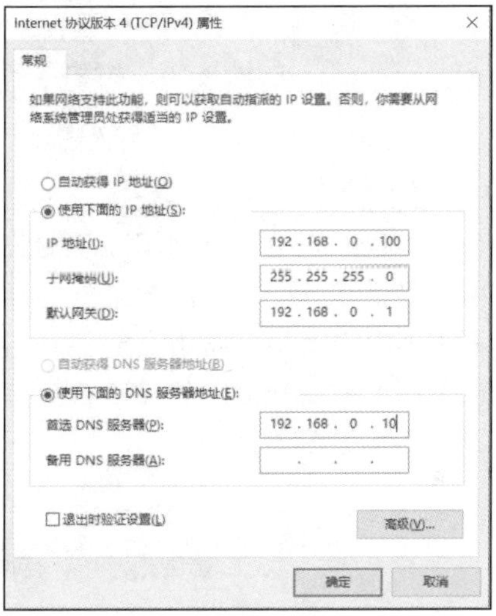

图 4-15 “Internet 协议版本 4（TCP/IPv4）属性”对话框

以 Windows 10 为例，说明如何查看网卡的 MAC 地址。操作步骤如下：

① 按【Win+R】组合键打开计算机运行窗口，输入 CMD，打开命令提示符窗口。

② 输入 ipconfig 命令并按【Enter】键，则窗口中出现本机的地址信息，其中物理地址就是网卡的 MAC 地址，如图 4-16 所示。

图 4-16 网卡的 MAC 地址信息

2. 交换机

交换机是一种用于电（光）信号转发的网络设备。交换机工作于 OSI 参考模型的第二层，即数据链路层。交换机拥有一条高带宽的背部总线和内部交换矩阵，在同一时刻可进行多个端口对之间的数据传输。交换机的传输模式有全双工、半双工、全双工/半双工自适应。交换机的外观如图 4-17 所示。

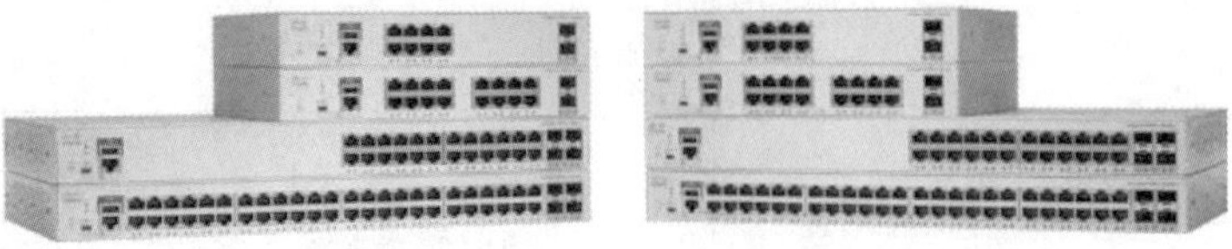

图 4-17　交换机的外观

3. 路由器

路由器是网络中进行网间互联的关键设备，工作在 OSI 模型的第三层（网络层），主要作用是寻找 Internet 之间的最佳路径。路由器具有路由转发、防火墙和隔离广播的作用，不会转发广播帧。路由器能够真正实现网络（子网）间互联，多协议路由器不仅可以实现不同类型局域网间的互联,也可以实现局域网与广域网的互联及广域网间的互联。路由器的外观如图 4-18 所示。

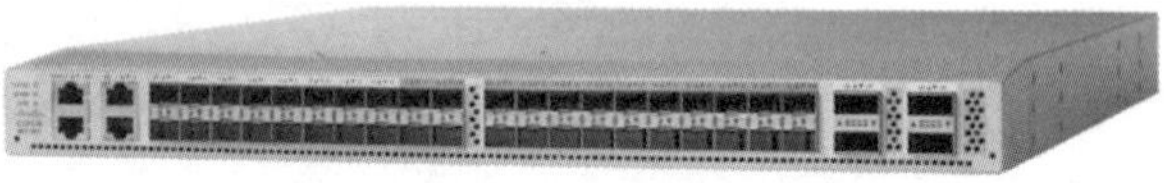

图 4-18　路由器的外观

路由器的主要功能包括网络互联、网络隔离、网络管理等。路由器用于连接多个逻辑上分开的网络，逻辑网络代表一个单独的网络或子网。路由器上有多个端口，用于连接多个 IP 网。各子网中的主机通过自己的网络把数据送到所连接的路由器上，路由器根据路由表选择到达目标子网所对应的端口，将数据转发到此端口所对应的子网上。

4.4.4　无线局域网

1. 了解无线局域网

无线局域网（Wireless Local Area Networks，WLAN）是利用无线通信技术在局部范围内建立的网络，是计算机网络与无线通信技术相结合的产物，它以无线多址信道作为传输媒介，提供传统有线局域网 LAN 的功能，通过无线接入终端、无线接入点、无线路由器和无线网卡等网络设备，使用相关网络传输标准实现数据、图像、视频、音频等多媒体信息的双向传输。

IEEE 最初制定的无线局域网标准是 IEEE 802.11，主要用于解决办公室局域网和校园网中用户与用户终端的无线接入，业务主要限于数据存取，传输速率最高只能达到 2 Mbit/s。由于 802.11 在传输速率和传输距离上都不能满足人们的需要，IEEE 又相继推出了 802.11a、802.11b、802.11g 等标准。目前，无线局域网的主流标准是 802.11b，频率为 2.4 GHz，传输速率为 11 Mbit/s，支持该协议的 PC、无线网络适配器和相对应的网络桥接器等产品也已经得到了广泛的应用。无线局域网具有网络建立成本低、可靠性高、移动性好的优点；也有传输速率低、传输存在通信盲点、易受外界干扰和加密易破译的缺点。

2. 无线网络的拓扑结构

无线局域网的基本结构可分为无中心拓扑（Peer to Peer）、有中心拓扑（Hub-Based）和 Mesh 网络拓扑。

（1）无中心拓扑结构

无中心拓扑结构指网络中的任意两个站点都可以直接通信，每个站点都可以竞争公用信道，信道的接入控制协议（MAC）采用载波监听多路访问（CSMA）类型的多址接入协议。无中心拓扑结构的优点是抗毁性强、建网容易、费用低。当网络中的站点过多时，公用信道竞争会变得非常激烈，将会严重影响系统的性能，因此这种结构主要应用在用户较少的网络。图 4-19 所示为无中心拓扑结构。

图 4-19　无中心拓扑结构

（2）有中心拓扑结构

网络中有一个无线站点作为中心站，控制所有站点对网络的访问，用于在无线工作站和有线网络之间接收、缓存和转发数据。当无线局域网需要接入有线网络时，只要将中心站点接入有线网络即可。这种结构的缺点是过于依赖中心节点，只要中心节点出现故障，就会导致整个网络通信中断。图 4-20 所示为有中心拓扑结构。

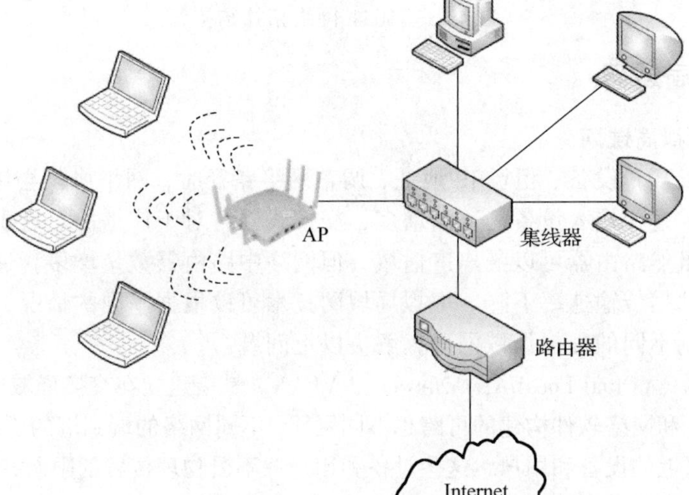

图 4-20　有中心拓扑结构

（3）Mesh 网络拓扑结构

在传统的无线局域网中，每个客户端均通过一条与接入点（Access Point，AP）相连的无线链路来访问网络，形成一个局部的基本服务集（Basic Service Set，BSS）。用户如果要进行相互通信，必须先访问一个固定的 AP，这种网络结构称为单跳网络。

而在无线 Mesh 网络中，任何无线设备节点都可以同时作为 AP 和路由器，网络中的每个节点都可以发送和接收信号，每个节点都可以与一个或者多个对等节点进行直接通信。

这种结构的最大优点在于：如果最近的 AP 由于流量过大而导致拥塞，数据可以自动重新路由到一个通信流量较小的邻近节点进行传输。数据包还可以根据网络的情况，继续路由到与之最近的下一个节点进行传输，直到到达最终目的地为止，这样的访问方式就是多跳访问。图 4-21 所示为 Mesh 网络拓扑结构。

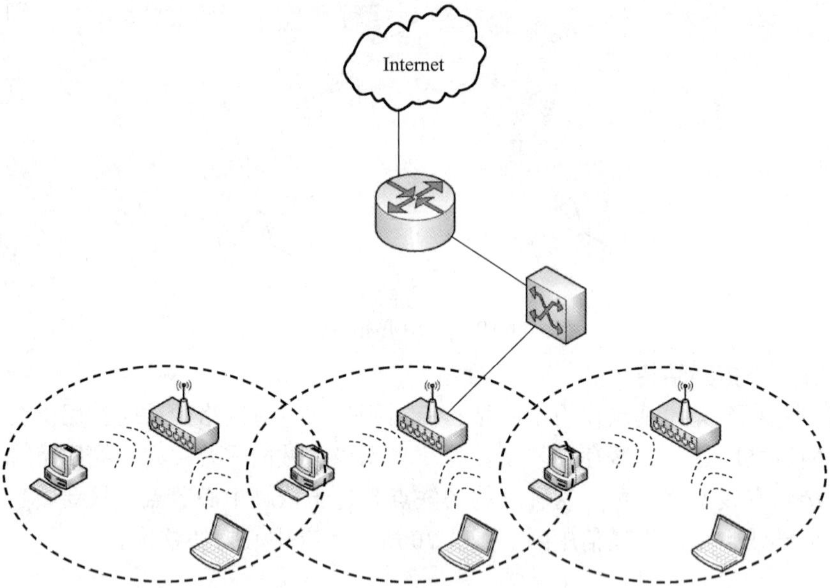

图 4-21　Mesh 网络拓扑结构

4.4.5　虚拟局域网

1. 认识虚拟局域网

在网络中发现新设备、租赁 IP 地址、调整网络路径时，网络协议会用到广播。但随着网络的不断扩建、接入设备的逐渐增多，交换式网络对于广播的“泛洪”最终会导致“广播风暴”。虽然路由器可以隔离广播域，但网络中路由器数量增多，逐渐加长网络时延，导致网络数据传输速率下降。虚拟局域网技术可以根据不同的情况，把不同交换机上的计算机分到不同的虚拟局域网里，解决以上问题。

虚拟局域网（Virtual Local Area Network，VLAN）是指建立在交换局域网的基础上，采用相关网络设备和网络软件构建的可跨越不同网段、不同网络的端到端的逻辑网络。虚拟局域网是一组逻辑上的设备和用户，这些设备和用户并不受物理位置的限制，可以根据功能、部门及应用等因素将它们组织起来，相互之间的通信就好像它们在同一个网段中一样。VLAN 工作在 OSI 参考模型的第二层和第三层，一个 VLAN 就是一个广播域，VLAN 之间的通信是通过第三层的路由器来完成的。与传统的局域网技术相比较，VLAN 技术更加灵活，它的优点有：网络设备的移动、添加和修改的管理简单、直观；可以控制广播活动；可提高网络的安全性。

在计算机网络中，一个二层网络可以被划分为多个不同的广播域，一个广播域对应了一个特定的用户组，默认情况下这些不同的广播域是相互隔离的。不同的广播域之间想要通信，需要通过一个或多个路由器。这样的一个广播域就称为 VLAN。

2. 虚拟局域网的划分技术

（1）基于端口划分 VLAN

根据以太网交换机的端口来划分广播域，这是目前定义 VLAN 最常用的方法，IEEE 802.1q 规定了依据以太网交换机的端口来划分 VLAN 的国际标准。

（2）基于 MAC 地址划分 VLAN

根据每个主机网卡的 MAC 地址进行 VLAN 设置，通过 MAC 地址连接的主机属于同一个 VLAN。当用户的物理位置移动时，即从一个交换机端口换到其他的交换机端口时，无须重新配置，VLAN 能够根据 MAC 地址自动识别。但在初始化时，所有的用户都必须进行配置。

（3）基于网络层划分 VLAN

根据每个主机的网络层地址或协议类型进行划分。这种方式减少了人工参与配置 VLAN，使 VLAN 有更大的灵活性，比基于 MAC 地址的 VLAN 更容易实现自动化管理。

（4）根据 IP 组播划分 VLAN

IP 组播实际上也是一种 VLAN 的定义，即认为一个组播组就是一个 VLAN，这种划分的方法将 VLAN 扩大到了广域网，因此这种方法具有更大的灵活性，而且也很容易通过路由器进行扩展，但这种方法效率不高，不适合局域网。

4.5 Internet 基础与应用

4.5.1 Internet 简介

1. 认识 Internet

1969 年，美国国防部高级计划署设计建设了第一个分组交换网 ARPANET，连接了分布在四所大学的 4 台主机系统。20 世纪 70 年代末至 80 年代初，人们认识到不可能仅使用一个单独的网络来满足所有的通信问题。美国高级研究计划署开始研究多种网络互联技术，这就导致了互联网络的出现，也就是现今 Internet（因特网）的前身。1983 年，TCP/IP 协议成为 ARPANET 上的标准协议，使得所有使用 TCP/IP 协议的计算机都能利用互联网络相互通信，因此人们就把 1983 年作为互联网络的诞生时间。

1985 年，美国国家科学基金会（National Science Foundation，NSF）建立的美国科学基金网 NSFNET，是一个三级计算机网络（主干网、地区网、校园网），连接全美的五个超级计算机中心，供 100 多所美国主要的大学和研究所共享它们的资源。1991 年，NSF 和美国的其他政府机构认为，Internet 不应仅限于大学和研究机构，于是世界上许多公司纷纷接入到 Internet，网络上的通信量急剧增大，1992 年 Internet 上的主机超过 100 万台。

分组交换网络 ARPA 网和美国科学基金网 NSFNET 的主要目的是为用户提供共享大

型主机的资源，提供科研服务。随着接入主机数量增加，人们开始把 Internet 作为通信和交流的工具，在 Internet 上逐渐开展了商业活动。1991 年，美国国家科学基金会取消了对 Internet 的商业限制；1992 年，IBM、MERIT 和 MCI 三家美国公司共同组建了 ANS（Advanced Networks and Services）公司，并大幅度提高 ANS 网的传输速率。1993 年，美国政府资助的 NSFNET 逐渐被若干个商用的互联网主干网替代，政府机构不再负责互联网的运营。同时，许多商业机构也开始运行它们的商业网络并连接到主干网上。互联网服务提供商（Internet Service Provider，ISP）就是一个进行商业活动的公司。

Internet 的基本服务功能包括：电子邮件（E-mail）、远程登录（Telnet）、文件传输（FTP）、信息查询工具等。

2. Internet 的域名系统

Internet 是一个拥有惊人数量的主机及子网的庞大而复杂的系统，每天有数以亿计的用户在使用这个系统进行工作、学习、娱乐和各种商务活动。虽然因特网上的节点都可以用 IP 地址唯一标识，并且可以通过 IP 地址访问，但是 TCP/IP 中的 32 位二进制 IPv4 地址是由四段以“.”分开的数字组成，不方便记忆使用。所以，就要使用 Internet 的域名系统（Domain Name System，DNS）解决网上机器命名、管理名字和 IP 地址的对应关系问题。

当用户访问一个网站时，既可以输入该网站的 IP 地址，也可以输入其域名，两者是等价的。例如，百度公司的 Web 服务器的 IP 地址是 61.135.169.121，其对应的域名是 www.baidu.com，不管用户在浏览器中输入的是 61.135.169.121 还是 www.baidu.com，都可以访问其网站。

因特网域名与地址管理机构（Internet Corporation for Assigned Names and Numbers，ICANN），负责域名系统管理、IP 地址分配、协议参数配置，以及主服务器系统管理等。ICANN 为不同的国家或地区设置了相应的顶级域名，这些域名通常都由两个英文字母组成。例如，.uk 代表英国、.fr 代表法国、.jp 代表日本。中国的顶级域名是.cn，.cn 下的域名由中国互联网络信息中心（China Internet Network Information Center，CNNIC）进行管理。

随着因特网的发展，ICANN 又增加了两大类共七个顶级类别域名，分别是.aero、.biz、.coop、.info、.museum、.name、.pro。其中，.aero、.coop、.museum 是三个面向特定行业或群体的顶级域名：.aero 代表航空运输业，.coop 代表协作组织，.museum 代表博物馆；.biz、.info、.name、.pro 是四个面向通用的顶级域名，其中.biz 表示商务，.name 表示个人，.pro 表示会计师、律师、医师等，.info 则没有特定指向。

4.5.2 Internet 中的应用

1. 万维网服务

万维网（World Wide Web，WWW）通过超文本（Hypertext）或超媒体（Hypermedia）的方式将各种文本、图形、声音和图像等多媒体信息整合在一起，用户只需要单击链接就可以方便地浏览感兴趣的信息，这使得信息获取的手段有了本质的改变，进而极大地推动了互联网络的发展。

WWW 服务器采用客户机/服务器工作模式。客户机是连接到 Internet 上的无数计算机，服务器是 Internet 中专门发布的一些 Web 信息，运行 WWW 服务程序的计算机。信息资源以页面的形式存储在服务器（Web 站点）中，这些页面采用超文本方式对信息进行组织，链接每页信息。这些相互链接的页面既可以放置在同一主机上，也可以放置在不同的主机上。统一资源定位符（Uniform Resource Locators，URL）是专为标识 Internet 上资源位置而设置的一种编址方式，人们平时所说的网页地址指的即是 URL。

用户通过客户端应用程序（浏览器）向 WWW 服务器发出请求，服务器根据客户端的请求内容将保存在服务器中的某个页面返回给客户端，浏览器接收到页面后对其进行解释，最终将图文并茂的画面呈现给用户。

2. 搜索引擎

搜索引擎是指根据一定的策略、运用特定的计算机程序从互联网上采集信息，在对信息进行组织和处理后，为用户提供检索服务，将检索的相关信息展示给用户的系统。搜索引擎是工作于互联网上的一门检索技术，它旨在提高人们获取搜集信息的速度，为人们提供更好的网络使用环境。从功能和原理上搜索引擎包括全文搜索引擎、元搜索引擎、垂直搜索引擎、目录搜索引擎、集合式搜索引擎、门户搜索引擎与免费链接列表等。

搜索引擎首先要做数据采集，即按照一定的方式和要求对网络上的 WWW 站点进行搜集，并把所获得的信息保存下来以备建立索引库和用户检索。其他服务器要做的还有进行计算、分配、存储用户习惯等。

搜索引擎对已经收集到的资料按照网页中的字符特性予以分类，建立搜索原则。各个搜索引擎都有自己的存档归类方式，这些方式往往影响着未来搜索结果。接下来是数据组织，搜索引擎负责形成规范的索引数据库或便于浏览的层次型分类目录结构，也就是计算网页等级。

当检索器根据用户输入的查询关键字在索引库中快速检出文档时，进行文档与查询的相关度评价，对将要输出的结果进行排序，并将查询结果返回给用户。搜索引擎负责帮助用户用一定的方式检索索引数据库，获取符合用户需要的 WWW 信息。搜索引擎还负责提取用户相关信息，利用这些信息来提高检索服务的质量，信息挖掘在个性化服务中起到关键作用。用户检索的过程是对前两个过程的检验，检验该搜索引擎能否给出最准确、最广泛的信息，检验该搜索引擎能否迅速地给出用户最想得到的信息。搜索引擎工作原理如图 4-22 所示。

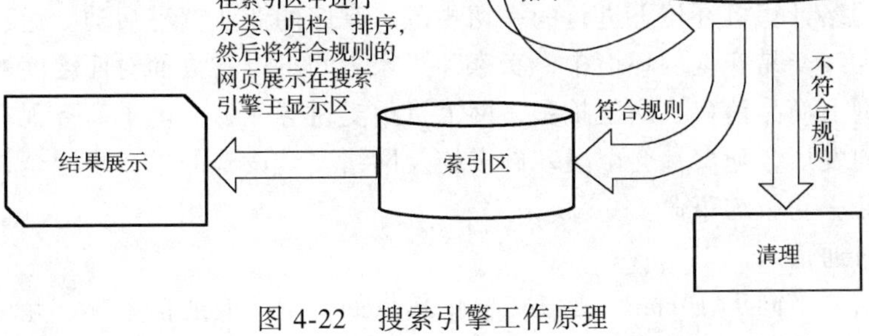

图 4-22　搜索引擎工作原理

3. E-mail 服务

电子邮件（E-mail）是一种用电子手段实现信息交换的通信方式，内容可以是文字、图像、声音等多种形式，具有方便、快速、廉价和可靠等特点。电子邮件的两个最重要的标准就是：简单邮件传送协议（Simple Mail Transfer Protocol，SMTP）和互联网文本报文格式。用户代理、邮件服务器、邮件发送协议（如 SMTP）和邮件读取协议（如 POP3）是电子邮件系统的三个主要组成构件。

用户代理（User Agent，UA）就是用户与邮件系统的接口，即电子邮件客户端软件。

邮件服务器是互联网邮件服务系统的核心，负责发送和接收邮件，同时向发件人报告邮件传送的结果。电子邮件服务采用客户机/服务器工作模式。

SMTP 用于用户代理向邮件服务器发送邮件或在邮件服务器之间发送邮件，邮件读取协议 POP3 用于用户代理从邮件服务器读取邮件。邮件服务器接收用户送来的邮件，根据邮件所要发送的目的地址将其传送到对方的邮件服务器，放在其中收件人邮箱；同时负责接收从其他邮件服务器发来的邮件，并根据不同的收件人将邮件分发到各自的电子邮箱中。

用户在某个邮件服务器中申请一个合法的账号，邮件服务器会为合法用户开辟一个存储用户邮件的空间，即邮箱。用户的电子邮件由两部分组成：邮件头和邮件体。邮件头包括发件人地址、邮件发送的日期、时间、收件人地址、抄送人地址和邮件主题等；邮件体就是实际要传送的内容。

20 世纪 90 年代中期，大多网站、大学或公司都提供了万维网电子邮件服务。使用万维网电子邮件不需要在计算机中安装用户代理软件，浏览器本身可以向用户提供友好的电子邮件界面，用户在浏览器上就能够很方便地撰写和收发电子邮件。

SMTP 也存在缺点：不能传送可执行文件或其他的二进制对象；限于传送 7 位的 ASCII 码；拒绝超过一定长度的邮件等。在这种情况下，Internet 电子邮件扩展协议（Multipurpose Internet Mail Extensions，MIME）于 1993 年被提出。MIME 继续使用原来的邮件格式，但增加了邮件主体的结构，并定义了传送非 ASCII 码的编码规则。在 MIME 邮件中可同时传送多种类型的数据，即 MIME 不但可以发送各种文字和各种结构的文本信息，而且可以发送声音、图像、视像等信息。这在多媒体通信的环境下是非常有用的。

4. 其他应用

（1）电子商务

电子商务是指具有商业活动能力的社会实体（企业、金融机构、政府组织、个人消费者等）在网络计算机环境下进行的一切规范、有序的商业贸易活动。通过互联网，在网络支付、在线交易安全的环境中，卖家和买家之间可以省去面对面之间的交流，实现网上购物、网上商品销售、网上拍卖、网上货币支付等交易。电子商务现在正向一个更加纵深的方向发展，随着社会金融基础设施及网络安全设施的进一步健全，电子商务将在世界上引起一轮新的革命。

（2）即时通信

即时通信，不同于 E-mail，是 Internet 提供的一个实时通信系统，允许两人或多人使用网络即时的传递文字信息、文件、语音和视频进行交流，已经发展成集交流、资讯、娱乐、搜索、电子商务和协作办公等为一体的综合化信息平台。常用的即时通信工具有腾讯的 QQ 和微信、新浪的微博等。

（3）网络教学

网络教学是在一定理论和思想指导下，利用 Internet 提供的网络技术、视频传输技术、实时交流等功能，通过师、生、媒体等多边、多向互动和对多种媒体教学信息的收集、传输、处理、共享，来实现教学目标的一种教学模式。利用网络教学，可以开展远程学历教育和非学历教育，举办各种培训，提供各种自学和辅导信息等，受教育的人通过支付可以获得一个学习的机会从而实现自己的目的。

4.6 计算机网络安全

4.6.1 影响网络安全的主要因素

1. 安全漏洞

计算机操作系统自身存在的漏洞会让病毒入侵，导致计算机运行瘫痪或用户资料泄露；网络中的智能设备和智能软件存在的漏洞导致的信息安全隐患。

2. 恶意程序

移动终端应用程序中存在大量资费消耗类和恶意扣费类程序；智能设备恶意程序造成智能设备用户的个人信息和敏感信息泄露、智能硬件设备受到远程控制、攻击等破坏。

3. 黑客入侵

黑客的入侵方式主要有网络攻击和网络侦查，网络攻击主要是对计算机的重要数据进行篡改或破坏，导致数据丢失。而网络侦查主要是对需要的重要信息或数据进行拦截，将这些重要信息转移到自己的计算机中，黑客入侵会严重威胁计算机网络安全。

4. 人为因素

由于网络操作或管理人员的安全配置不当、安全意识不强或者口令的选择不慎，给网络安全带来威胁或隐患。

4.6.2 计算机网络安全技术

计算机网络安全技术就是指利用网络管理控制和技术措施，在网络环境里保护网络系统的硬件、软件及其系统中数据的机密性、完整性及可用性。这就需要网络系统软件、应用软件、数据库系统具有一定的安全保护功能，保证网络部件只能被所授权的人访问，避免出现“后门”、病毒、非法存取、拒绝服务、网络资源非法占用和非法控制等威胁，制止和防御黑客的攻击。

网络安全技术就是要对非法的、有害的或涉及国家机密的信息进行过滤和防堵；保护网络传输中涉及的个人隐私或商业利益的信息，不会被其他人或对手利用窃听、冒充、篡改、抵赖等手段侵犯，用户的利益和隐私不会被非法窃取和破坏；使用各种密码技术，使网络具有保密性；控制并规定每个用户访问网络的权限。

网络安全技术从理论上可分为：攻击技术和防御技术。攻击技术包括：网络监听、网络扫描、网络入侵、网络后门等；防御技术包括：网络安全协议、数据加密技术、防火墙技术、入侵检测技术和虚拟专用网技术等。

4.6.3 网络安全协议

安全协议本质上是关于某种应用的一系列规定，包括功能、参数、格式和模式等，连通的各方只有共同遵守协议，才能相互操作。主要的协议标准如下：

1. **应用层安全协议**

安全 Shell（SSH）协议、安全电子交易（Secure Electronic Transaction，SET）协议、S-HTTP 协议、PGP 协议和 S/MIME 协议。

2. **传输层安全协议**

安全套接层（Secure Socket Layer，SSL）协议和私密通信技术（Private Communication Technology，PCT）协议。

3. **网络层安全协议**

IP 安全协议工作组（IPSec），定义了 IP 验证头（Authentication Header，AH）、IP 封装安全载荷（Encryption Service Payload，ESP）协议、Internet 密钥交换（Internet Key Exchange，IKE）协议。

4.6.4 数据加密技术

数据加密能为网络安全管理提供保障，避免计算机数据被破坏或被篡改，是一种安全性很高的网络数据安全技术。

1. **了解数据加密**

数据加密是通过加密机制，把各种原始的数字信号（明文）按某种特定的加密算法变换成与明文完全不同的数字信息（密文），需要解密才可再次使用的保护技术。该技术是计算机信息网络安全防范的基础，可以保证数据信息不被破坏或盗取，确保信息传递与应用过程的安全。数据加密算法有：表替换算法、置换表算法、循环移位算法、XOR 操作算法和循环冗余校验算法。

在计算机网络系统中，数据加密方式有链路加密、节点加密和端到端加密三种方式。链路加密通常用硬件在网络层以下的物理层和数据链路层上进行信息加密工作，对数据传输的路线进行划分，根据不同的分布形态对数据传输行为进行加密，数据接收以密文形式存在，可以对信息进行模糊处理，确保网络系统中数据传输的完整性、安全性和可靠性。节点加密是链路加密的改进，其目的是克服链路加密在节点处易遭非法存取的缺点，是在数据传递的过程中对数据进行加密，数据的传输形式是通过再次加密的方式聚集到传输通道中，避免入侵对象对数据进行识别。端到端加密是面向网络应用层或表示层高层进行的加密，一般由软件来完成，发送方要实施数据加密处理，而接收方要进行数据解密处理，数据始终是以文件的形式存在，提高了所传数据的安全性。

2. **密钥密码技术**

密钥密码技术应用在数据加密、解密的过程中。密钥有私用密钥（对称加密）和公共密钥（非对称加密）两种。在私用密钥机制中，信息采用发送方和接收方保存的私有的密钥进行加密。这种系统假定双方已经通过一些人工方法交换了密钥，并且采用的密钥交换方式并不危及安全性。公共密钥机制为每个用户产生两个相关的密钥。一个由用户私下保存（私钥），另一个放于公共区（公钥）。比如，甲想给乙发送消息，甲用乙的公开密钥对信息加密。当乙收到信息后，乙可以用私存的密钥对信息解密。

4.6.5 防火墙技术

1. 认识防火墙

防火墙（Fire wall）：网络安全的第一道防线，是位于两个信任程度不同的网络之间（如企业内部网络和 Internet 之间）的设备，它对两个网络之间的通信进行控制，通过强制实施统一的安全策略，防止对重要信息资源的非法存取和访问以达到保护系统安全的目的。

防火墙通常是位于内部网或 Web 站点与因特网之间的一个路由器或一台计算机，又称堡垒主机。

防火墙 = 硬件 + 软件 + 控制策略

① 宽松控制策略：除非明确禁止，否则允许。

② 限制控制策略：除非明确允许，否则禁止。

2. 防火墙的功能

① 监控和审计网络的存取和访问，过滤进出网络的数据，管理进出网络的访问行为。

② 部署于网络边界，兼备提供网络地址翻译（NAT）、虚拟专用网（VPN）等功能。

③ 防病毒、入侵检测、认证、加密、远程管理、代理。

④ 深度检测对某些协议进行相关控制。

⑤ 攻击防范、扫描检测等。

3. 防火墙分类

按照防火墙实现的方式，一般把防火墙分为如下几类：

（1）包过滤防火墙

包过滤防火墙（Packet Filtering）是早期的防火墙技术，这种过滤技术以五元组为基础，通过检测数据包中携带的源 IP 地址、目的 IP 地址、源端口号、目的端口号和协议号信息这五个元素来对数据包进行控制。这五个元素都是被封装在网络层和传输层。但是在数据传输中，一个会话会有众多的拥有相同五元组信息的数据包，但是包过滤防火墙却会去检测每个包的信息，从而导致效率较低，且由于其不检测数据，使得防火墙对应用层的控制很弱。

只有当数据在两个安全区域之间流动时，才会激活防火墙的安全规则检查功能。包过滤即是防火墙安全规则检查的重要组成部分。包过滤功能实现对 IP 报文的过滤。对于需要转发的报文，防火墙先获取报文头信息，包括网际层所承载的上层协议的协议号、报文的源地址、目的地址、源端口号和目的端口号等，然后和设定的 ACL 规则进行匹配，并根据 ACL 的设定动作允许或拒绝对报文的转发。当拒绝转发时，防火墙会丢弃相应报文。

（2）代理型防火墙

代理服务作用于网络的应用层，其实质是把内部网络和外部网络用户之间直接进行的业务由代理接管。代理检查来自用户的请求。认证通过后，该防火墙将代表客户与真正的服务器建立连接，转发客户请求，并将真正服务器返回的响应回送给客户。

应用代理防火墙（Application Gateway）能够将所有跨越防火墙的网络通信链路分为两段，使得网络内部的客户不直接与外部的服务器进行通信。防火墙内外计算机系统间应用层的连接由两个代理服务器之间的连接来实现。优点是外部计算机的网络链路只能到达代理服务器，从而起到隔离防火墙内外计算机系统的作用；缺点是执行速度慢，操作系统容易遭到攻击。

代理服务在实际应用中比较普遍，如学校校园网的代理服务器一端接入 Internet，另一端介入内部网，在代理服务器上安装一个实现代理服务的软件，如 WinGate Pro、Microsoft Proxy Server 等，就能起到防火墙的作用。

（3）状态检测防火墙

状态检测防火墙（State Detect）在网络层有一个检查引擎截获数据包并抽取出与应用层状态有关的信息，并以此为依据决定对该连接是接受还是拒绝。这种技术提供了高度安全的解决方案，同时具有较好的适应性和扩展性。状态检测防火墙一般也包括一些代理级的服务，它们提供附加的对特定应用程序数据内容的支持。状态检测技术最适合提供对用户数据报协议（User Datagram Protocol，UDP）的有限支持。它将所有通过防火墙的 UDP 分组均视为一个虚拟连接，当反向应答分组送达时，就认为一个虚拟连接已经建立。

状态检测包过滤防火墙规范了网络层和传输层的行为，实现了基于 UDP 应用的安全，通过在 UDP 通信之上保持一个虚拟连接来实现。防火墙保存通过网关的每一个连接的状态信息，允许穿过防火墙的 UDP 请求包被记录，当 UDP 包在相反方向上通过时，依据连接状态表确定该 UDP 包是否被授权，若已被授权，则通过，否则拒绝。如果在指定的一段时间内响应数据包没有到达，连接超时，则该连接被阻塞，这样所有的攻击都被阻塞。状态检测防火墙可以控制无效连接的连接时间，避免大量的无效连接占用过多的网络资源，可以很好地降低 DoS 和 DDoS 攻击的风险。

4. Windows 10 防火墙设置

借助 Windows 10 内置的可靠防病毒保护来确保 PC 安全。Windows Defender 防病毒提供全面、持续和实时的保护，以抵御电子邮件、应用、云和 Web 上的病毒、恶意软件和间谍软件等软件威胁。

开启 Windows 10 防火墙的步骤如下：

① 右击 Windows 10 系统桌面左下角的“开始”按钮，在弹出的快捷菜单中选择“设置”命令。在设置窗口中单击“网络和 Internet”选项，打开网络设置窗口。在打开的网络和 Internet 设置窗口中，单击左侧边栏的“以太网”选项，如图 4-23 所示。

图 4-23　网络设置窗口

② 找到“Windows 防火墙”选项，单击该项打开“Windows 防火墙”设置窗口。在打开的 Windows 防火墙设置窗口中，单击左侧的“防火墙和网络保护”选项，如图 4-24 所示。

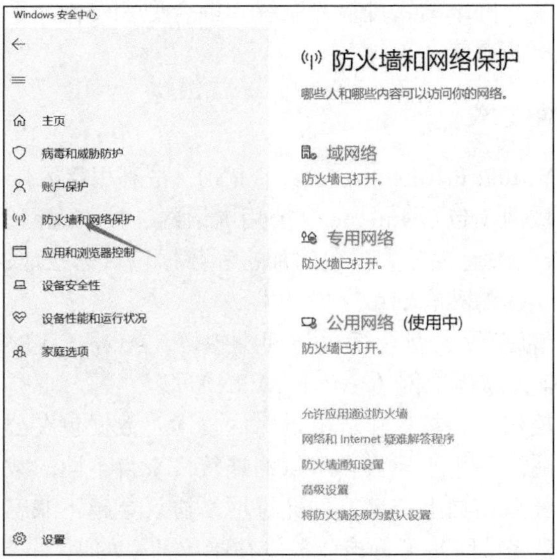

图 4-24　防火墙设置窗口

③ 在打开的自定义各类网络的设置窗口中，分别选择“专用网络”与“公用网络”选项的“Windows Defender 防火墙”，选择开启，如图 4-25 所示。

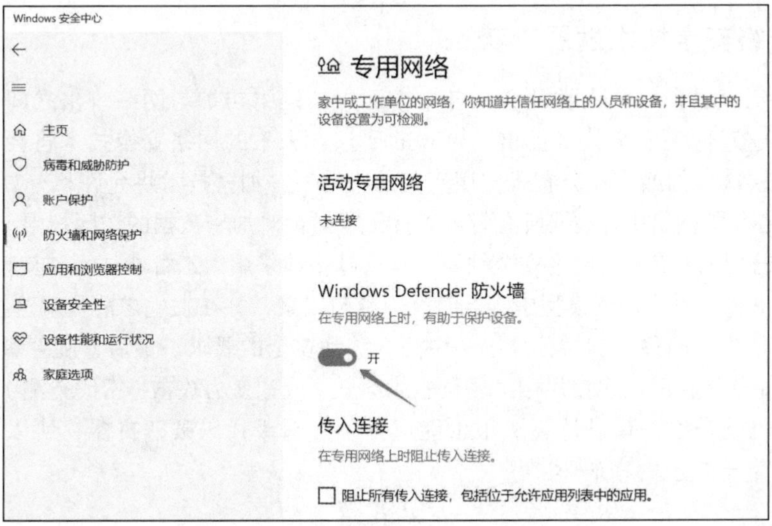

图 4-25　设置 Windows Defender 防火墙

4.6.6　入侵检测技术

试图破坏信息系统的完整性、保密性或有效性的活动的集合称为入侵。入侵检测就是通过从计算机网络或计算机系统中的若干关键点收集信息并对其进行分析，从中发现网络或系统中是否有违反安全策略的行为和遭到袭击的迹象的一种安全技术。入侵检测系统（Intrusion Detection System，IDS）被认为是防火墙之后的第二道安全闸门，能够检测来自网络内部的攻击。

入侵检测系统从技术上分为异常检测模型和误用检测模型；按检测对象分为基于主机的入侵检测系统、基于网络的入侵检测系统和混合型入侵检测系统；按工作方式分为离线检测系统和在线检测系统。

4.6.7 虚拟专用网技术

虚拟专用网络（Virtual Private Network，VPN），是利用接入服务器、路由器及 VPN 专用设备在公用的广域网（包括 Internet、公用电话网、帧中继网及 ATM 等）上实现虚拟专用网的技术。VPN 网关通过对数据包的加密和数据包目标地址的转换实现远程访问，是一种经济、高效、快捷的私有网络互联技术。

虚拟专用网络分为三种类型：远程访问虚拟网（Access VPN）、企业内部虚拟网（Intranet VPN）和企业扩展虚拟网（Extranet VPN）。

虚拟专用网通常使用一种被称作“隧道”的技术，数据包在公共网络上的专用“隧道”内传输。专用“隧道”用于建立点对点的连接。来自不同的数据源的网络业务经由不同的隧道在相同的体系结构上传输，并允许网络协议穿越不兼容的体系结构，还可区分来自不同数据源的业务，因而可将该业务发往指定的目的地，并接受指定的等级服务。虚拟专用网中的关键技术主要包括隧道技术、加密技术、用户身份认证技术及访问控制技术。网络隧道技术涉及三种协议：网络隧道协议、支持网络隧道协议的承载协议和网络隧道协议所承载的被承载协议。

4.6.8 网络安全技术发展趋势

互联网已经日渐融入人类社会的各个方面中，网络防护与网络攻击之间的斗争也将更加激烈，这对网络安全技术提出了更高的要求，未来的网络安全技术将会涉及计算机网络的各个层次。例如，在分布式应用兴起的推动下，加密技术将允许私有数据存储在公共的、去中心化的网络中，数据所有者可以授予或撤销对加密数据的访问权限，而不必担心加密和密钥管理的复杂性。网络安全领域会越来越多地采用人工智能技术，未来人工智能和数据分析技术将被引入预测模型中，及时发现威胁因素，并在发生之前化解这些威胁。

移动通信带来的移动支付，提出了更高的移动安全的要求。最后，随着量子计算技术的到来，可能使得目前许多使用中的密码技术无效，或让蛮力攻击（密码猜测）变得更加高效和迅速。也就是说，量子计算机很可能成为一台超级代码破解机器，所以现在也要开始研究抵御量子攻击的密码学。

4.7 计算机网络检测命令

计算机的网络故障一般由计算机使用者人为操作不当、计算机软硬件故障、网络病毒所致。Windows 系统提供了一些常用的网络测试命令，可以方便地对网络情况及网络性能进行测试。

4.7.1 网络连通测试命令 ping

ping 是一个网络测试命令，可以测试端到端的连通性。通过向对方计算机发送 Internet 控制信息协议（ICMP）数据包，然后接收从目的端返回的这些包的响应，以校验与远程计算机的连接情况。默认情况下发送四个数据包。由于使用的数据包的数据量非常小，所以在网上传递的速度非常快，可以快速检测要求的计算机是否可达，如图 4-26 所示。

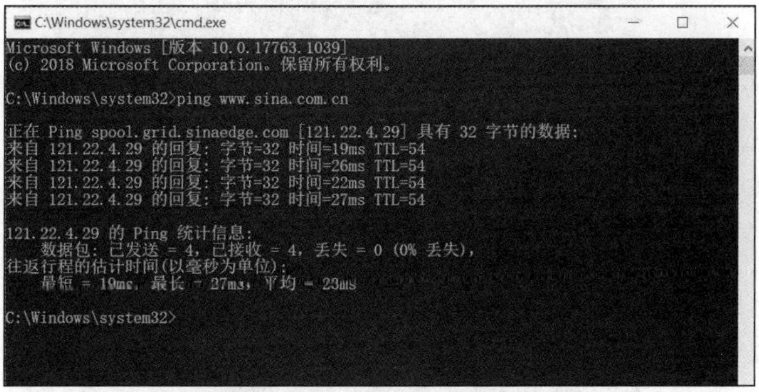

图 4-26 ping 命令执行结果

4.7.2 路由追踪命令 tracert

通过向目标主机发送不同 IP 生存时间（TTL）值的“Internet 控制消息协议（ICMP）”回应数据包，tracert 诊断程序确定到目标所采取的路由。要求路径上的每个路由器在转发数据包之前至少将数据包上的 TTL 递减 1。数据包上的 TTL 减为 0 时，路由器应该将“ICMP 已超时”的消息发回源系统。

tracert 先发送 TTL 为 1 的回应数据包，随后的每次发送过程将 TTL 递增 1，直到目标响应或 TTL 达到最大值，从而确定路由。通过检查中间路由器发回的“ICMP 已超时”的消息确定路由。某些路由器不经询问直接丢弃 TTL 过期的数据包，这在 tracert 命令中看不到，如图 4-27 所示。

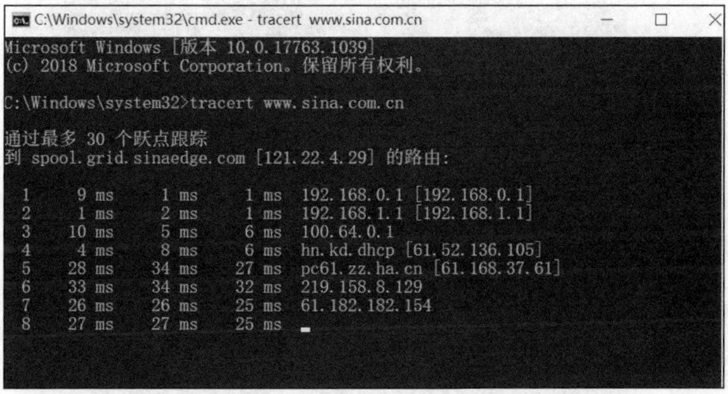

图 4-27 tracert 命令执行结果

4.7.3 地址配置命令 ipconfig

使用 ipconfig 命令显示计算机中网络适配器的 IP 地址、子网掩码及默认网关。图 4-28

所示为某计算机执行 ipconfig/all 命令的输出结果，显示了该计算机的网卡型号、MAC 地址、IP 地址等信息。

图 4-28 ipconfig 命令执行结果

4.7.4 路由跟踪命令 pathping

pathping 命令是一个路由跟踪工具，它将 ping 和 tracert 命令的功能和这两个工具未提供的其他信息结合起来。pathping 命令在一段时间内将数据包发送到最终目标的路径上的每个路由器，然后基于数据包的计算机结果从每个跃点（路由器）返回。

图 4-29 所示为对主机 www.sohu.com 执行 pathping 命令的输出内容。

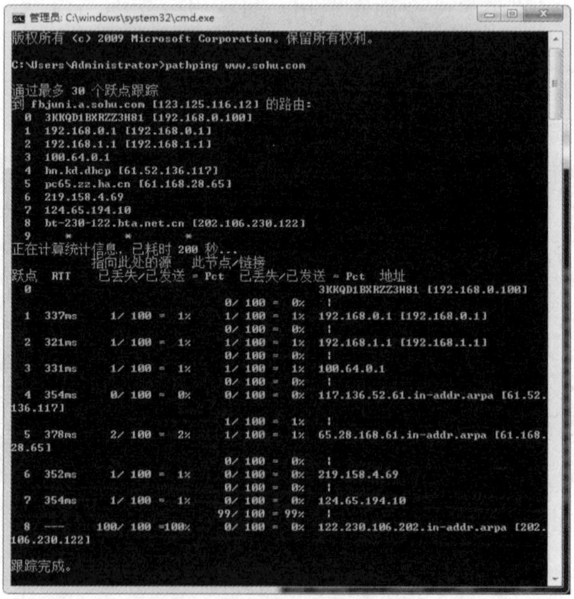

图 4-29 pathping 命令执行结果

4.7.5　网络状态命令 netstat

netstat 命令用于显示当前正在活动的网络连接的详细信息，包括每个网络的接口、网络路由信息等统计资料，使用户了解目前有哪些网络连接正在运行。图 4-30 所示为 netstat 命令的输出结果。

图 4-30　netstat 命令执行结果

本 章 小 结

本章介绍了计算机网络的概念、基本功能、发展过程、网络互联设备；重点理解网络体系结构、参考模型、局域网技术和网络安全等关键技术；掌握互联网上的相关应用技巧，能分析计算机网络故障，并采取相应的技术手段解决问题。本章的目的是希望读者能理解因特网的工作原理，深入理解网络的体系结构并初步实践，以便将来更好地学习计算机网络这个动态领域的最新知识。

思考与练习

一、填空题

1. 星状网、总线状网、环状网和网状网是按照________分类的。

2. 以太网的核心技术是它的 CSMA/CD 方法，即________方法。

3. IEEE 最初制定的一个无线局域网标准是________。

4. 局域网的有线传输介质主要有________、________、________等；无线传输介质主要是激光、________、________等。

5. ________种拓扑结构网络的实时性较好。

6. 传输介质有________。

二、简答题

1. 简述计算机网络的基本功能。
2. 简述网卡 MAC 地址的含义和功能。
3. 请列举出 10 个依赖于计算机网的行业。
4. 简述无线局域网的特点。
5. 互联网一般能提供哪些常见服务？
6. 简述域名服务的工作原理。
7. 简述搜索引擎的工作过程。
8. 列出 TCP/IP 分层模型的各个层，并简要说明各个层的功能。
9. 简述入侵检测系统的工作原理，比较基于主机和基于网络应用的入侵检测系统的优缺点。
10. 构建一个 VPN 系统需要解决哪些关键技术？这些关键技术各起什么作用？

第5章 信息检索

因特网从1969年诞生之日起，逐步改变了世界。随着云计算和大数据的蓬勃发展，迎来了信息的快速发展期，信息的存储发展到TB、PB、ZB的数量级。汹涌而来的信息时常使人无所适从，如何从浩如烟海的信息海洋中迅速而准确地获取自己最需要的信息，变得非常困难，通常把这种现象称为“信息爆炸”。当我们在进行科学研究时，需要知道当前研究对象发展到哪一步、是否能够改进等信息，如果没有这些信息，相当于重复造轮子。信息检索可以帮助我们在信息的海洋里自由地遨游，成为信息爆炸时代的主导者。

5.1 信息概述

宋代陈亮在《梅花》中写道“疏枝横玉瘦，小萼点珠光。一朵忽先变，百花皆后香。欲传春信息，不怕雪埋藏。玉笛休三弄，东君正主张。”信息在这里指的是“音信消息”。随着时代的变迁，科技的进步，信息又被赋予了新的内涵。

1. 信息

信息作为科学术语最早出现在哈特莱（R.V.Hartley）于1928年撰写的《信息传输》一文中。20世纪40年代，信息的奠基人香农（C.E.Shannon）给出了信息的明确定义，他认为“信息是用来消除随机不确定性的东西”，这一定义被人们看作是经典性定义并加以引用。我国著名的信息学专家钟义信教授认为“信息是事物存在方式或运动状态，以这种方式或状态直接或间接的表述”。

1981年，中国的研究者提出信息哲学的概念。信息哲学是对现代信息科学的一般理论成果进行的哲学概括。在对信息本质不同理解的基础上，已形成几种信息哲学的框架。一般认为，信息是标志物质间接存在性的哲学范畴，它是物质存在方式和状态的自身显示。信息概念给传统哲学提供了一个连接客观存在和主观存在的间接存在领域，这是信息哲学的研究领域和起点。

信息扩大了人们关于世界的科学图景，揭示了客观世界层次和要素新的一面，有助于人们认识宇宙发展中进化与退化的辩证统一关系；可以用来消除人们在认识上的某种不确定性，其消除不确定性的程度与信息接收者的思想意识、知识结构有关，人类认识就是不断地从外界获取信息和加工信息的过程；同物质、质量一样，信息是一种资源。物质提供材料，能量提供动力，信息则提供知识、智慧和情报。

2. 结构化与非结构化信息

数据产生及其采集方式的发展为数据的获得提供了重要支撑。获取的数据按照结构的不同，可分为结构化数据、非结构化数据和半结构化数据。下面从存储信息的数据结构入手，对结构化信息与非结构化信息进行阐述。

（1）结构化信息

结构化信息是结构化数据的产物，是指经过严格标引后的数据，一般以二维表的形式存在，也就是通常所说的可以数字化的数据信息，这些数据信息可以方便地通过计算机和数据库技术进行管理，如关系型数据库中的表数据均属于结构化数据。也有人从信息的表现形式上将其称为显性信息。目前所介绍的信息检索，主要是针对结构化信息而言的。

（2）非结构化信息

非结构信息是非结构化数据的产物，是指各种看似相关性比较弱、无法用关系型数据库等结构化的方式来获取和处理的信息，通俗地说是没有经过人为处理的不规则的信息，即无法完全数字化的信息，如档案文件、电子表格、Internet 上的信息等。也有人从信息的表现形式上称非结构化信息为隐性信息。这些信息中隐性包含了决定企业命运的关键信息，隐含诸多提高企业效益的机会。非结构化信息有其自己的一些特点，其所有内容都是不可预知的，格式多样化，无统一标准，不像结构化信息一目了然。特别是多媒体数据中蕴含大量的非结构化信息。因此，对非结构化信息进行整合、存储、检索、发布等都是一种挑战。

3. 信息技术

信息技术（Information Technology，IT）是主要用于管理和处理信息所采用的各种技术的总称。它主要是应用计算机科学和通信技术来设计、开发、安装和实施信息系统及应用软件。它也常被称为信息和通信技术（Information and Communications Technology，ICT），主要包括传感技术，计算机与智能技术、通信技术和控制技术。

“新一代信息技术”是我国国务院确定的七个战略性新兴产业之一。新一代信息技术，是以物联网、云计算、大数据、人工智能为代表的新兴技术，它既是信息技术的纵向升级，也是信息技术的横向渗透融合。新一代信息技术无疑是当今世界创新最活跃、渗透性最强、影响力最广的领域，正在全球范围内引发新一轮的科技革命，并以前所未有的速度转化为现实生产力，引领科技、经济和社会日新月异。

5.2 信息检索

信息检索（Information Retrieval）是用户进行信息查询和获取的主要方式，是查找信息的方法和手段。

5.2.1 信息的基本原理

信息检索这一术语最早是由 Calvin Northrup Mooers（1919—1994）在其 1948 年的硕士毕业论文中提出，于 1950 年在 Zator Technical Bulletin 中公开发表。信息检索有广义和狭义之分。广义的信息检索全称为“信息存储与检索”，是指将信息按一定的方式组织和存储起来，并根据用户的需要找出有关信息的过程。狭义的信息检索为“信息存储与检索”的后半部分，通常称为“信息查找”或“信息搜索”，是指从信息集合中找出用户所需要的有关信息的过程。狭义的信息检索包括三方面的含义：了解用户的信息需求、信息检索的技术或方法、满足信息用户的需求，本章所讲的“信息检索”就是从狭义的角度而言的。

信息检索原理就是将检索标识与存储在检索工具或系统中的标引标识（包括可检索的著录项）进行匹配，两者一致或信息标引的标识包含着检索标识，则为命中记录。计算机检索是利用计算机存储检索文献信息的过程。存储时，文献信息工作者将大量的文献、数据、事实资料以一定的格式输入计算机的软件系统，通过系统的多种分类检索功能组成可供检索的数据库。检索时，将检索提问词组成检索式输入计算机内，计算机将检索提问词与存储系统的数据进行匹配运算，输出符合需要的检索结果。

5.2.2 信息检索的类型

根据不同的划分标准，信息检索可以划分为不同的类型。根据检索手段的不同，信息检索可以分为手工检索、机械检索和计算机检索；根据检索对象的不同又可划分为文献检索、数据检索和事实检索。

1. 按检索手段划分

（1）手工检索

手工检索是检索人员利用手工检索工具，通过手翻、眼看、大脑思维判断索取原始文献的检索。这类工具是传统的印刷型检索工具，如文摘、目录、索引、题录。手工检索的优点是检索条件简单、成本低；检索过程中可以随时获取反馈信息，及时调整检索策略；检准率高。缺点是漏检严重、检索速度慢。

（2）机械检索

机械检索主要是借助于力学、光学、电子学等技术手段和机械智能设备等进行的信息检索。其类型有穿孔卡片检索、缩微胶片检索与缩微存储平片检索。随着计算机检索方式的成功应用，穿孔卡片检索已经不再使用。缩微胶片检索和缩微存储平片检索是利用光电设备和检索系统中的代码区、主题词区感应识别存储资料的标识区，命中检索后送入阅读器阅读或复印。

（3）计算机检索

计算机检索使用的是计算机检索系统，检索系统包括计算机设备、通信网络、数据库和其他辅助设备等。计算机检索包括光盘检索、联机检索和网络检索。传统的检索手段是手工检索形式。随着计算机技术、网络通信技术和数字化技术的快速发展，以计算机为工具的信息检索形式正逐步替代传统的手工检索形式，成为信息检索的主要形式。

2. 根据检索对象划分

（1）文献检索

文献检索是以文献为检索对象，从一个文献集合中查找出专门包含所需信息内容的检索方式。文献检索结果提供的是与用户的信息需求相关的文献的线索或原文，是一种相关性检索，文献检索是最核心、最基本的检索，是一项实践性很强的活动，它要求我们善于思考，并通过经常性的实践，逐步掌握文献检索的规律，从而迅速、准确地获得所需文献。一般来说，文献检索可分为以下步骤：

① 明确查找目的与要求。

② 选择检索工具。

③ 确定检索途径和方法。

④ 根据文献线索，查阅原始文献。

（2）数据检索

数据检索以特定数据为检索对象，利用参考性工具书和数据库，查找用户所需的特定数据，包括数据图表，某物质材料成分、性能、图谱、市场行情、物质的物理与化学特性，设备的型号与规格等，是一种确定性检索。

（3）事实检索

事实检索是获取以事物的实际情况为基础而集合生成的新的分析结果的一类信息检索，是以从文献中抽取的事项为检索内容，包括事物的基本概念、基本情况，事物发生的时间、地点、相关事实与过程等。

5.2.3 计算机检索的方法

网络已成为人们获取信息的最快捷的途径，要想获得最满意的检索效果，必须掌握计算机信息检索的方法与技术。

计算机检索的实质是“匹配运算”，由用户把检索提问变成计算机能识别的检索表达式输入计算机，由计算机自动对数据库中各文档进行扫描、匹配。下面介绍计算机检索常用的方法。

1. 布尔逻辑算符

布尔逻辑算符指规定检索词之间相互关系的运算符号，在检索表达式中起着逻辑组配的作用，它们能把一些具有简单概念的检索词组配成一个具有复杂概念的检索式。常用的布尔逻辑运算符包括逻辑“与”（AND）、逻辑“或”（OR）、逻辑“非”（NOT）。

① 逻辑“与”：用 AND 或“*”表示，检索词 A、B 用逻辑与相连，即 A AND B，表示检出同时含有检索词 A 和检索词 B 的记录。例如，检索“绿水青山就是金山银山”方面的文献信息，可用检索式：绿水青山 AND 金山银山。

② 逻辑“或”：用 OR 或“|”或“+”表示，它可以扩大检索范围，防止漏检，有利于提高查全率。例如，检索式为 A OR B，表示检索包含检索词 A 或者包含检索词 B 的记录。在一篇文献记录中只要含有检索词 A 和检索词 B 中的任何一个即算检索到。例如，要检索“不忘初心，牢记使命”或“主题教育”方面的文献，可用如下检索式：不忘初心，牢记使命 OR 主题教育。

③ 逻辑“非”：用 NOT 或“-”表示，起到排除的作用。例如，检索式为 A NOT B 或 A-B，表示检出含有检索词 A 但同时不含检索词 B 的记录。例如，要检索基础设施的文献信息，但不包括通信，可用如下检索式：基础设施 NOT 通信。

布尔逻辑运算的优先次序为：NOT 优先级最高，AND 次之，OR 最低，如果要改变优先级，可在检索式添加优先算符“()”。

2. 位置检索

位置检索又称临近检索。文献记录中词语的相对次序或位置不同，所表达的意思可能不同，而同样一个检索表达式中词语的相对次序不同，其表达的检索意图也不一样。布尔逻辑运算符有时难以表达某些检索课题确切的提问要求。字段限制检索虽能使检索结果在一定程度上进一步满足提问要求，但无法对检索词之间的相对位置进行限制。位置算符检索是用一些特定的算符（位置算符）来表达检索词与检索词之间的临近关系，并且可以不依赖主题词表而直接使用自由词进行检索的技术方法。按照两个检索出现的顺序，可以有多种位置算符。而且对同一位置算符，检索系统不同，规定的位置算符也不同。以美国 DIALOG 检索系统使用的位置算符为例，介绍如下：

（1）(W)算符

W 含义为 with，表示其两侧的检索词必须紧密相连，除空格和标点符号外，不得插入其他词或字母，两词的词序不可以颠倒。(W)算符还可以使用其简略形式()。例如，检索式为 computer (W) technology 时，系统只检索含有 computer technology 词组的记录。

（2）(nw)算符

w 的含义为 word，表示此算符两侧的检索词必须按此前后邻接的顺序排列，顺序不可颠倒，而且检索词之间最多有 n 个其他词。例如，computer (1w) technology 课检索出包含 computer technology、computer information technology 和 computer and technology 等记录。

（3）(N)算符

N 的含义为 near，表示其两侧的检索词必须紧密相连，除空格和标点符号外，不得插入其他词或字母，两词的词序可以颠倒。

（4）(nN)算符

(nN)表示允许两词间插入最多为 n 个其他词，包括实词和系统禁用词。

（5）(F)算符

F 的含义为 field，表示其两侧的检索词必须在同一字段（例如同在题目字段或文摘字段）中出现，词序不限，中间可插任意检索词项。

（6）(S)算符

S 算符是 Sub-field/sentence 的缩写，表示在此运算符两侧的检索词只要出现在记录的同一个子字段内，此信息即被命中。不限制它们在此子字段中的相对次序，中间插入词的数量也不限。例如，computer (W) information (S) technology 表示只要在同一句子中检索出含有 computer information 和 technology 形式的均为命中记录。

3. 括号检索

括号检索用于改变运算的优先次序，括号内的优先进行。

4. 截词检索

截词检索是预防漏检、提高查全率的一种常用检索技术，大多数系统都提供截词检索功能。在英语词汇中，一些词往往存在单复数形式、派生词、衍生词、词性及英美拼写方法等多种的不同形式，例如 teach、teaches、teaching，在检索时，要将各种形式的检索词全部罗列出来，不仅困难、费时，还会受到检索系统的限制。截词检索正是解决这一问题的有效方式。截词符又称通配符，通常用“？”“*”等符号表示。一般情况下，

“？”表示0个或1个字符，“*”表示0个或多个字符，在Windows操作系统中也支持截词检索。截词的方式有多种，按截词长度可以分为有限截断和无限截断。

① 有限截断：指限定截去有限个字符。例如：“？？”(?空格?)表示截断0～1个字符，最后一个“？”是停止符。输入“sk？？”，可检出含有sky、ski的记录；“？？？”表示截断0～2个字符，“？？？？”表示截断0～3个字符。

② 无限截断：在检索词后加一个截词符，表示该词后可加任意个字符，使用无限截词，所截词根不能太短，否则会输出许多无关记录。例如，输入“post*”可检出poster、postpone、poster、postal、posture、postage等记录。

数据库检索中常用的截词法按截断部位又可分为右截断、中间截断、左截断和复合截断。中文检索在扩大检索范围时也经常采用截断技术，只需要在模糊的地方加上“*”或“？”，例如，知道作者姓名中间有个“天”字，就可以使用“？天？”来检索。

5. 字段限制检索

在数据库中，记录是数据库的最小单位，记录是由字段构成的。字段限制是每一个计算机检索系统为提高检索效率而配备的一项重要功能，将检索词限制在记录的某一个特定字段内检索，不但可以减轻机器负担，提高运算速度，还可以使检索结果更准确。数据库提供的字段有题名、文摘、关键词、叙词、分类、作者、机构、文献类型、语种等，一些专业数据能提供一些特有的字段，如专利号、专利发明人、标准号、导师等字段，因此不同的数据库提供的检索字段（检索途径）各有差异。在联机检索和Web高级检索中，还可用表示语种、文献类型、出版国家、出版年代等的字段标识符来限制检索范围。

字段检索包括两种形式：一是通过菜单选择检索字段，二是用命令的方式输入字段限制算符。在Dialog系统中，用专门的字符表示不同字段。例如，后缀限制符：

① /TI：限在题名中检索。

② /AB：限在文摘中检索。

③ /DE：限在叙词标引中检索。

④ /(TL.AB，DE)：同时在题名、文摘、叙词字段检索。

例如，前级限制符：

① AU：限查特定作者。

② JN：限查特定刊名。

③ LA：限查特定语种。

④ PN：限查特定专利号。

⑤ PY：限查特定年代。

6. 精确与模糊检索

精确检索又称短语检索，在系统检索时不拆分用户所输入的词语，而是检索形式上完全匹配的检索词，一般使用在主题词、作者等字段。例如，以精确检索方式在主题词字段中检索“计算机”一词，如果在主题词字段中出现“电脑”“笔记本”等记录就并非命中记录，一定是单独以“计算机”出现才算匹配。

模糊检索是指用某一检索词进行检索时，能同时对改词的同义词、近义词、上位词、下位词进行检索，从而达到扩大检索范围、避免漏检的目的。上述例子中的“计算机”，使用模糊检索时就会检索到“电脑”“笔记本”等与计算机相关的或近似的记录。

7. 加权检索

加权检索是某些检索系统中提供的一种定量检索技术。加权检索同布尔逻辑检索、截词检索等一样，也是信息检索的一个基本检索手段，但与它们不同的是，加权检索的侧重点不在于判定检索词或字符串是否在数据库中存在、与别的检索词或字符串是什么关系，而是在于判定检索词或字符串在满足检索逻辑后对文献信息命中与否的影响程度。加权检索的基本方法是：在每个检索词后面给定一个数值表示其重要程度，这个数值称为权值。在检索时，先查找这些检索词在数据库记录中是否存在，然后计算存在的检索词的权值总和。权值之和达到或超过预先给定的阈值，该记录即为命中记录。运用加权检索可以命中核心概念文献，因此它是一种缩小检索范围、提高查准率的有效方法。但并不是所有系统都能提供加权检索这种检索技术，而能提供加权检索的系统，对权的定义、加权方式、权计算和检索结果的判定等方面，又有不同的技术规范。

在实际检索中，往往是将上述多种检索方法综合使用。例如，要查找标题中含有“中国北斗卫星”的资料，可以使用逻辑运算符和截词检索等技术，将检索结果限定在中国北斗卫星导航系统字段。

5.3 中国知网

国家知识基础设施（National Knowledge Infrastructure，NKI）的概念由世界银行《1998年度世界发展报告》提出。1999年3月，以全面打通知识生产、传播、扩散与利用各环节信息通道，打造支持全国各行业知识创新、学习和应用的交流合作平台为总目标，王明亮提出建设中国知识基础设施工程（China National Knowledge Infrastructure，CNKI）。CNKI工程是以实现全社会知识资源传播共享与增值利用为目标的信息化建设项目，由清华大学、清华同方发起，始建于1999年6月，其成果通过中国知网进行实时网络出版传播。目前《中国知识资源总库》（简称《总库》），拥有国内8 200多种期刊、700多种报纸、600多家博士培养单位的优秀博士和硕士学位论文、几百家出版社已出版的图书、重要会议论文、百科全书、专利、年鉴、标准、科技成果、政府文件、互联网信息汇总，以及国内外上千个各类加盟数据库等知识资源。

CNKI拥有几十个数据库，下面重点介绍以下几个单库：

1. 中国学术期刊网络出版总库

中国学术期刊网络出版总库（China Academic Journal Network Publishing Database），简称为CAJD，是世界上最大的连续动态更新的中国学术期刊全文数据库，是“十一五”国家重大网络出版工程的子项目，是《国家“十一五”时期文化发展规划纲要》中国家“知识资源数据库”出版工程的重要组成部分。出版内容以学术、技术、政策指导、高等科普及教育类期刊为主，内容覆盖自然科学、工程技术、农业、哲学、医学、人文社会科学等各个领域。收录国内学术期刊8千种，全文文献总量5 600万篇。产品分为十大专辑：基础科学、工程科技Ⅰ、工程科技Ⅱ、农业科技、医药卫生科技、哲学与人文科学、社会科学Ⅰ、社会科学Ⅱ、信息科技、经济与管理科学。十大专辑下分为 168 个专题，收录自 1915 年至今出版的期刊，部分期刊回溯至创刊。

2. 中国博士、硕士学位论文全文数据库

中国博士、硕士学位论文全文数据库是目前国内相关资源最完备、高质量、连续动态更新的中国优秀学位论文全文数据库。目前，累积博士、硕士学位论文全文文献 400 万篇。出版内容覆盖基础科学、工程技术、农业、医学、哲学、人文、社会科学等各个领域。文献来源于全国 483 家培养单位的博士学位论文和 766 家硕士培养单位的优秀硕士学位论文。产品分为十大专辑：基础科学、工程科技Ⅰ、工程科技Ⅱ、农业科技、医药卫生科技、哲学与人文科学、社会科学Ⅰ、社会科学Ⅱ、信息科技、经济与管理科学。十大专辑下分为 168 个专题，收录从 1984 年至今的博士、硕士学位论文。

3. 重要会议论文全文数据库

国内外重要会议论文全文数据库的文献是由国内外会议主办单位或论文汇编单位书面授权并推荐出版的重要会议论文。由《中国学术期刊（光盘版）》电子杂志社编辑出版的国家级连续电子出版物专辑。重点收录 1999 年以来，中国科协系统及国家二级以上的学会、协会，高校、科研院所，政府机关举办的重要会议，以及在国内召开的国际会议上发表的文献。其中，国际会议文献占全部文献的 20%以上，全国性会议文献超过总量的 70%，部分重点会议文献回溯至 1953 年。

4. 中国重要报纸全文数据库

收录 2000 年以来中国国内重要报纸刊载的学术性、资料性文献的连续动态更新的数据库。至 2012 年 10 月以来，收录了国内公开发行的众多种重要报纸。产品分为十大专辑：基础科学、工程科技Ⅰ、工程科技Ⅱ、农业科技、医药卫生科技、哲学与人文科学、社会科学Ⅰ、社会科学Ⅱ、信息科技、经济与管理科学。十大专辑下分为 168 个专题文献数据库和近 3 600 个子栏目。

5.3.1 检索技术

检索技术是数据库检索的核心，掌握检索技术能够帮助我们更好地命中目标，检索技术见表 5-1。

表 5-1 检索技术

算符名称	算符标识	检索含义
逻辑与	并且、AND	多词同时出现在文献中
逻辑或	或者、OR	任意一词出现在文献中
逻辑非	不含、NOT	在文献中出现算符前面的词，但排除算符后面的词
位置检索	并含（*）、或含（+）、不含（-）	相当于同字段或同句话中执行的逻辑与、或、非
优先级检索	（）	括号里的运算优先执行
精确匹配	精确、=	检索结果完全等同或包含与检索字（词）完全相同的词语
模糊匹配	模糊、%	检索结果包含检索字（词）或检索词中的词素

5.3.2 CNKI 期刊检索

CAJD 能提供 20 个检索项，分布在不同的检索方式中，检索项之间可以使用逻辑与、逻辑或、逻辑非进行项间组合，同一检索项中还支持相应的位置检索算符和二次检索。在浏览器中输入网址 www.cnki.net，进入知网首页，如图 5-1 所示。单击“高级检索”，打开高级检索界面，可以看到期刊的检索模式一般有一框式检索、高级检索、专业检索、作者发文检索、句子检索。CNKI 的各库检索功能相似，以下均以《中国学术期刊网络出版总库》为例进行说明。

图 5-1　中国知网

1. 一框式检索

一框式检索是一种简单检索，快速方便，默认只有一个检索框，只在全文中检索，可输入单词或一个词组进行检索，并支持二次检索，但不分子端，因此查全率较高，检准率较低。图 5-2 所示为查找中国北斗卫星导航系统相关的期刊论文。

图 5-2　一框式检索

2. 高级检索

高级检索是一种较一框式检索复杂的检索方式，它既支持单词（组）检索，又支持多项逻辑组合检索。多项指可选择多个检索项，可通过单击检索项前面的“+”“-”来增减检索项。逻辑指检索项之间可使用逻辑与（并且）、逻辑或（或者）和逻辑非（不含）进行项间组合，如图 5-3 所示。左侧文献分类目录可以限定所查找的期刊的类别，检索内容可以是“主题”“关键词”“篇名”“摘要”“全文”“参考文献”“分类号”“DOI”等栏目信息。

注意：CAJD 中的主题字段并非仅指单一的主题词，而是题名、关键字和摘要的总称。

图 5-3　高级检索

3. 专业检索

专业检索用于图书情报专业人员查新、信息分析等工作，使用逻辑运算符和检索词构造检索式进行检索。如果标准检索无法满足检索需求，可选择使用专业检索，如图 5-4 所示。

图 5-4　专业检索

可检索字段：SU=主题，TI=题名，KY=关键词，AB=摘要，FT=全文，AU=作者，FI=第一作者，RP=通信作者，AF=作者单位，JN=期刊名称，RF=被引文献，RT=更新时间，YE=期刊年，FU=基金，CLC=中图分类号，SN=ISSN，CN=CN 号，CF=被引频次。例如：

① TI='生态' and KY='生态文明' and (AU % '陈'+'王')可以检索到篇名包括“生态”并且关键词包括“生态文明”并且作者为“陈”姓和“王”姓的所有文章。

② SU='北京'*'奥运'and FT='环境保护'可以检索到主题包括“北京”及“奥运”并且全文中包括“环境保护”的信息。

③ SU=('经济发展'+'可持续发展')*'转变'-'泡沫' 可检索“经济发展”或“可持续发展”有关“转变”的信息，并且可以去除与“泡沫”有关的部分内容。

④ TI='转基因 $ 2'可检索在篇名中“转基因”至少出现两次的文献。

⑤ KY=xls('区块链')AND KY=xls('金融科技')可检索到关键词同时包含“区块链”和“金融科技”的中英文文献。

4. 作者发文检索

顾名思义，能够检索出作者所发文章，可以是第一作者，也可以是通信作者，如图 5-5 所示。

图 5-5　作者发文检索

5. 句子检索

句子检索是指在同一句或同一段话中，含有某两个检索词的检索，如图 5-6 所示。

图 5-6　句子检索

5.3.3　检索结果原文浏览、下载

打开知网的高级检索页面，“主题”输入“中国北斗卫星导航系统”，如图 5-7 所示。单击“检索”按钮，部分检索结果如图 5-8 所示。

图 5-7　高级检索

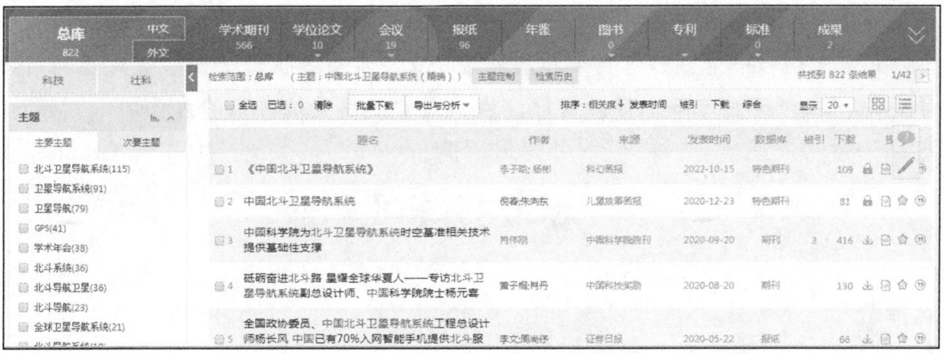

图 5-8　部分检索结果

图 5-8 所示是刚才检索到的相关期刊、学位论文、会议等对应的主题信息。例如，单击“中国北斗卫星导航系统”超链接，可查看这篇论文的知识节点和知识网络，知识节点包括基本信息、摘要、来源数据库、分类号，知识网络包括相关视频、相似文献、读者推荐、相关基金文献、关联作者。单击 HTML阅读，可以在线浏览文献具体内容；也可以单击 CAJ下载 或 PDF下载 下载到计算机上借助 CAJViewer 或 PDF 等工具来阅读；还可以单击“打印”按钮，直接打印出来。

5.3.4 CNKI 常用软件

在中国知网主页的最下方，有常用软件下载，包括 CAJViewer 浏览器、CNKI 数字化学习平台和工具书桌面检索软件。CAJViewer 又称文献阅读器，它支持多种文献格式，如 caj、epub、mobi 等格式；对于非扫描文章提供全文字符串查询功能；将文本和图片摘录到 WPS、Word 等文本编辑器中；提供简体中文、繁体中文和英文显示方式，方便海外用户使用。目前已更新至 CAJViewer8，下载界面如图 5-9 所示。下载安装后，即可直接双击打开所下载的文献资料。

图 5-9　下载界面

本章小结

本章主要介绍了信息的概念与分类、信息检索的原理和类型，以及计算机检索的方法，并以知网为例，介绍了如何利用知网检索论文。希望各位读者能够有效地利用知网、万方等资源，在科研的道路上努力前行，为祖国的建设贡献自己的力量。

思考与练习

选择题

1. 以下（　　）缩写表示题名。

A. AU　　B. PU　　C. TI　　D. AB

2. 布尔逻辑表达式“A+B”或者“A OR B”的检索结果是（　　）。

A. 含有检索词 A 而不含检索词 B 的文献

B. 含有检索词 A 和 B 的文献

C. 含有检索词 A 或 B 或者同时包含检索词 A 和 B 的文献

D. 含有检索词 B 而不含检索词 A 的文献

3. 括号在检索中表示的是（　　）。

A. 优先运算　　B. 无意义

C. 不检索　　D. 必须同时出现括号里的内容

4. CNKI 中国期刊全文数据库的检索入口不包括（　　）。

A. 作者　　B. 关键词　　C. 篇名　　D. ISBN

5. 下面关于截词检索的作用不正确的是（　　）。

A. 扩大检索范围　　B. 排除检索结果

C. 防止漏检　　D. 提高查全率

6. 布尔逻辑检索中检索符号 OR 的主要作用是（　　）。

A. 提高查准率　　B. 提高查全率

C. 排除不必要信息　　D. 减少文献输出量

7. 截词检索中，“？”和“*”的主要区别在于（　　）。

A. 字符位置不同　　B. 字符缩写不同

C. 字符数量不同　　D. 字符大小不同

8. 虽然不同的检索系统对截词符的定义不尽相同，但是大多数情况下用（　　）表示无限检索。

A. +　　B. -　　C. *　　D. ?

9. 布尔逻辑检索的运算符号不包括（　　）。

A. and　　B. or　　C. not　　D. out

10. 常用的位置检索符号不包括（　　）。

A.（W）　　B.（F）　　C.（S）　　D.（NF）

第 6 章　数据库基础

本章介绍数据库的基础知识和概念、创建 Access 数据库、创建表的方法。在表的维护与操作中介绍了主键的设置、数据表关系的定义、数据表的编辑操作等。另外，介绍了选择查询、参数查询、交叉表查询这三种常用的查询方法。本章通过案例的基本操作来强化读者对教学重点及难点的学习和理解。

6.1　数据库概述

数据处理是目前计算机应用的主要方面，数据处理的核心是数据管理，而数据库技术是数据管理的主流技术。在信息技术日益普及的今天，数据库技术已经深入到信息应用的各个方面，并且随着计算机技术和互联网的迅猛发展，数据库技术的应用也在不断深入。

6.1.1　数据库技术的发展

数据处理的核心问题是数据管理。数据管理指的是对数据的分类、组织、编码、存储、检索和维护等。在计算机软硬件发展的基础上，在应用需求的推动下，数据管理技术得到了很大的发展，它经历了人工管理、文件系统和数据库管理三个阶段。

1. 人工管理阶段（20 世纪 50 年代中期以前）

其特征是数据和程序一一对应，即一组数据对应一个程序，数据面向应用，用户必须掌握数据在计算机内部的存储地点和方式，不同的应用程序之间不能共享数据。

人工管理数据有两个缺点：一是应用程序与数据之间依赖性太强，不独立；二是数据组和数据组之间可能有许多重复数据，造成数据冗余，数据结构性差。

2. 文件系统阶段（20 世纪 50 年代后期至 60 年代中期）

其特征是把数据组织在一个个独立的数据文件中，实现了“按文件名进行访问、按记录进行存取”的管理技术。在文件系统中，按一定的规则将数据组织成为一个文件，应用程序通过文件对文件中的数据进行存取加工。文件系统对数据的管理，实际上是通过应用程序和数据之间的一种接口实现的。

3. 数据库管理阶段（20 世纪 60 年代后期至今）

在 20 世纪 60 年代后期，计算机性能得到很大提高，人们克服了文件系统的不足，开发出一种软件系统，称为数据库管理系统。从而将传统的数据管理技术推向一个新阶段，即数据库系统阶段。

一般而言，数据库系统由计算机软硬件资源组成。它实现了有组织地、动态地存储大量关联数据，并且方便多用户访问。它与文件系统的重要区别是数据的充分共享、交叉访问应用程序的高度独立性。通俗地讲，数据库系统可把日常一些表格、卡片等数据有组织地集合在一起，输入到计算机中，然后通过计算机进行处理，再按一定要求输出结果。所以，数据库相对于文件系统来说，主要解决了以下 3 个问题：

① 有效地组织数据，主要指对数据进行合理设计，以便计算机存取。

② 将数据方便地输入到计算机中。

③ 根据用户的要求将数据从计算机中抽取出来（这是人们处理数据的最终目的）。

数据库也是以文件方式存储数据的，但它是数据的一种高级组织形式。在应用程序和数据库之间有一个新的数据管理软件——数据库管理系统（Database Management System，DBMS）。数据库管理系统对数据的处理方式和文件系统不同，它把所有应用程序中使用的数据汇集在一起，并以记录为单位存储起来，便于应用程序查询和使用，其关系如图 6-1 所示。

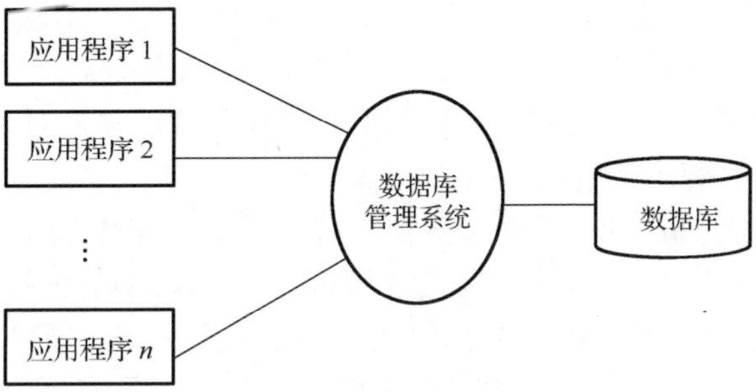

图 6-1　应用程序与数据的对应关系（数据库系统）

数据库系统和文件系统的区别是：数据库对数据的存储是按照同一结构进行的，不同的应用程序都可以直接操作这些数据（即应用程序的高度独立性）。数据库系统对数据的完整性、唯一性和安全性都提供一套有效的管理手段（即数据的充分共享性）。数据库系统还提供管理和控制数据的各种简单操作命令，使用户编写程序时容易掌握（即操作方便性）。

6.1.2　数据库系统的组成

数据库系统（Database System，DBS）实际上是一个应用系统，它是在计算机软硬件系统支持下，由用户、数据库管理系统、存储设备上的数据和数据库应用程序构成的数据处理系统。

1. 数据

这里的数据是指数据库系统中存储在存储设备上的数据，它是数据库系统操作的对象。存储在数据库中的数据具有集中性和共享性。

2. 数据库管理系统

数据库管理系统是指负责数据库存取、维护和管理的软件系统，它提供对数据库中数据资源进行统一管理和控制的功能，起着用户程序和数据库数据之间相互隔离的作用。数据库管理系统是数据库系统的核心，其功能强弱是衡量数据库系统性能优劣的主要方面。数据库管理系统一般由计算机软件公司提供。

3. 应用程序

应用程序是指为适合用户操作、满足用户需求而编写的数据库应用程序。

4. 用户

用户是指使用数据库的人员。数据库系统中的用户主要有终端用户、应用程序员和管理员三类。

终端用户是指计算机知识掌握不多的工程技术人员及管理人员，他们只能通过数据库系统所提供的命令语言、表格语言及菜单等交互对话手段使用数据库中的数据。

应用程序员是指为终端用户编写应用程序的软件人员，他们设计的应用程序主要用途是使用和维护数据库。

数据库管理员（Database Administrator，DBA）是指全面负责数据库系统正常运转的高级技术人员，他们主要负责业务数据库从设计、测试到部署交付的全生命周期管理。

6.1.3 常用数据库管理系统介绍

目前有许多数据库产品，如 Oracle 公司及旗下的 Oracle 和 MySQL、IBM 公司的 DB2、Sybase 公司的 Sybase、微软公司的 SQL Server 和 Microsoft Access 等产品各以其特有的功能，在数据库市场上占有一席之地。下面简要介绍几种常用的数据库管理系统。

1. Oracle 数据库管理系统

Oracle 是一个最早商品化的关系型数据库管理系统，也是应用广泛、功能强大的数据库管理系统。Oracle 作为一个通用的数据库管理系统，不仅具有完整的数据管理功能，还是一个分布式数据库系统，支持各种分布式功能，特别是支持 Internet 应用。作为一个应用开发环境，Oracle 提供了一套界面友好、功能齐全的数据库开发工具。目前较新版本是 Oracle 19c。

Oracle 数据库管理系统的特点如下：

① 具有第四代语言的开发工具。

② Oracle 6 以后的版本具有面向对象的开发环境 CDE2。

③ 分布优化查询功能。

④ 实现了两阶段提交、多线索查询手段。

⑤ 具有数据安全保护措施。

⑥ 数据库内模支持多字节码制，支持多种语言文字编码。

⑦ 具有面向制造系统的管理信息系统和财务应用系统。

2. MySQL 数据库管理系统

MySQL 原由 MySQL AB 公司开发、发布并提供支持，现属于 Oracle 公司旗下产品，是一款单进程、多线程、支持多用户、基于客户端/服务器（C/S）的关系型数据库管理系统，是开源数据库的杰出代表，在因特网上的中小型网站中得到广泛应用。

MySQL 数据库管理系统的主要特点：

① 开源。任何人都可以对其进行修改，是一款可自由使用的软件。

② 成本低。MySQL 社区版是完全免费的，企业版基于服务与支持收费。

③ 性能优良。它是真正的多用户、多线程的数据库服务器，能够快速、高效、安全地处理大量数据，并且成本比较低。

④ 兼容性好。提供了 Windows、UNIX、Linux 等多种操作系统对应的版本，具有跨平台优势，不存在因 32 位和 64 位机不兼容而无法安装的问题。

⑤ 操作简单。体积小，安装方便快捷，管理和维护都非常简单，学习成本较低。

⑥ 支持多语言开发接口。支持 C 语言、C++、Java、PHP、Python 等多种语言的开发接口，方便开发人员使用。

3. DB2 数据库管理系统

DB2 是 IBM 公司的产品，是一个多媒体、Web 关系型数据库管理系统，其功能足以满足大中公司的需要，并可灵活地服务于中小型电子商务解决方案。DB2 数据库系统采用多进程多线索体系结构，可以运行于多种操作系统之上，并分别根据相应平台环境做了调整和优化，以便能够达到较好的性能。

DB2 数据库系统的特点：

① 支持面向对象的编程，支持复杂的数据结构。

② 支持多媒体应用程序。

③ 强大的备份和恢复能力。

④ 支持存储过程和触发器。

⑤ 支持标准 SQL 语言和 ODBC、JDBC 接口。

⑥ 支持异构分布式数据库访问。

⑦ 支持数据复制。

⑧ 并行性较好。

4. Sybase 数据库管理系统

Sybase 数据库管理系统是 Sybase 公司开发的数据库产品，是一个面向联机事务处理，具有高性能、高可靠性的、功能强大的关系型数据库管理系统，其多库、多设备、多用户、多线索等特点极大地丰富和增强了数据库的功能。

Sybase 数据库管理系统的主要特点：

① 基于客户服务器体系结构的数据库。

② 真正开放的数据库。

③ 一种高性能的数据库。

5. SQL Server 数据库管理系统

SQL Server 是微软公司开发的关系型数据库系统。SQL Server 的功能比较全面，效率高，可以用于企业级数据库平台。SQL Server 可以借助浏览器实现数据库查询功能，并支持内容丰富的扩展标记语言（XML），提供了全面支持 Web 功能的数据库解决方案。对于在 Windows 平台上开发的各种企业级信息管理系统来说，不论是 C/S（客户机/服务器）架构还是 B/S（浏览器/服务器）架构，SQL Server 都是一个很好的选择。SQL Server 的缺点是只能在 Windows 系统下运行。

SQL Server 数据库系统的特点：

① 高度可用性。

② 可伸缩性。

③ 安全性。

④ 分布式分区视图。

⑤ 索引化视图。

⑥ 虚拟接口系统局域网络。

⑦ 复制特性。

⑧ 纯文本搜索。

⑨ 内容丰富的 XML 支持特性。

⑩ 支持 Web 功能的分析特性。

6. Access 数据库管理系统

Access 是微软 Office 办公软件中一个重要成员。现在它已经成为世界上最流行的桌面数据库管理系统。与其他数据库管理系统软件相比，更加简单易学，一个普通的计算机用户，没有程序语言基础，仍然可以快速地掌握和使用它。Access 的功能比较强大，足以应付一般的数据管理及处理需要，适用于中小型企业数据管理的需求。当然，在数据定义、数据安全可靠、数据有效控制等方面，它比前面几种数据库产品要逊色不少。

Access 是在 Windows 操作系统下工作的关系型数据库管理系统。它采用了 Windows 程序设计理念，以 Windows 特有的技术设计查询、用户界面、报表等数据对象，内嵌了 VBA（全称为 Visual Basic Application）程序设计语言，具有集成的开发环境。Access 提供图形化的查询工具和屏幕、报表生成器，用户建立复杂的报表、界面无须编程和了解 SQL 语言，它会自动生成 SQL 代码。

Access 的主要功能如下：

① 使用向导或自定义方式建立数据库，以及表的创建和编辑功能。

② 定义表的结构和表之间的关系。

③ 图形化查询功能和标准查询。

④ 建立和编辑数据窗体。

⑤ 报表的创建、设计和输出。

⑥ 数据分析和管理功能。

⑦ 支持宏扩展（Macro）。

Access 被集成到 Office 中，具有 Office 系列软件的一般特点，如菜单、工具栏等。Access 最大的特点是界面友好，简单易用，和其他 Office 成员一样，极易被一般用户所接受。因此，在许多低端数据库应用程序中，经常使用 Access 作为数据库平台；在初次学习数据库系统时，很多用户也是从 Access 开始的。

6.2 数据模型

6.2.1 数据模型介绍

数据模型是指数据库系统中表示数据之间逻辑关系的模型，常见的数据模型有层次模型、网状模型和关系模型。

1. 层次模型

层次模型是数据库系统中最早采用的数据模型，它用树状结构组织数据。在树状结构中，各个实体被表示为结点，结点之间具有层次关系。相邻两层结点称为父子结点，父结点和子结点之间构成了一对多的关系。在树状结构中，有且仅有一个根结点（无父结点），其余结点有且仅有一个父结点，但可以有零个或多个子结点。

它的优点是简单、直观且处理方便，适合表现具有比较规范的层次关系的结构。在现实世界中存在着大量可以用层次结构表示的实体，如单位的行政组织结构、家族关系、磁盘上的文件夹结构等都是典型的层次结构。图 6-2 所示为某高校的行政结构。

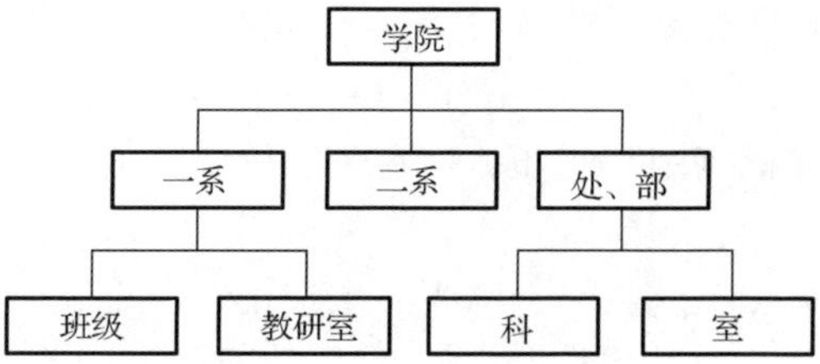

图 6-2　某高校的行政结构

2. 网状模型

网状模型是层次模型的扩展，用图的方式表示数据之间的关系。网状模型可以方便地表示实体间多对多的联系，但结构比较复杂，数据处理比较困难，如公交线路中各个站点之间的关系、城市交通图等都可以用网状模型来描述。图 6-3 所示为教学管理中各实体之间的联系。

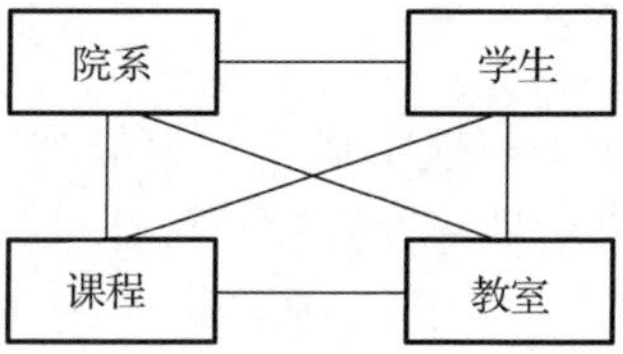

图 6-3　教学管理中各实体之间的联系

3. 关系模型

关系模型是用二维表表示实体与实体之间联系的模型，它的理论基础是关系代数。关系模型中的数据以表的形式出现，操作的对象和结果都是二维表，每一个二维表称为一个关系，它不仅描述实体本身，还能反应实体之间的联系。在二维表中，每一行称为一个元组，它存储一个具体实体的信息，每一列称为一个属性。表 6-1 所示为学生的基本信息，有学号、姓名、性别、出生日期、籍贯五个属性，有三个元组。

表 6-1　关系模型示例

学　号	姓　名	性　别	出生日期	籍　贯
2019010101	李雷	男	1998-3-6	吉林
2019010102	刘刚	男	1999-11-2	河北
2019010103	王悦	女	1999-10-6	湖南

在上面介绍的三种数据模型中，层次模型和网状模型由于使用的局限性，现在已经很少使用，目前应用最广泛的是关系模型。常用的数据库管理系统 Visual FoxPro、Oracle、SQL Server、Access、MySQL 都是关系数据库。

6.2.2 关系模型的基本术语

1. 关系

一个关系就是一张二维表，表是属性及属性值的集合。

2. 属性

表中每一列称为一个属性值（字段），每列都有属性名，也称为列名或字段名。例如，学号、姓名和出生日期都是属性名。

3. 域

域表示各个属性的取值范围，例如，性别只能取两个值：男或女。

4. 元组

表中的一行数据称为一个元组，也称为一个记录，一个元组对应一个实体，每张表中可以包含多个元组。

5. 属性值

表中行和列的交叉位置对应某个属性的值。

6. 关系模式

关系模式是关系名及其所有属性的集合，一个关系模式对应一张表结构。

关系模式的格式：关系名（属性 1，属性 2，属性 3，…，属性 n）。

例如，学生表的关系模式为：学生（学号，姓名，性别，出生日期，籍贯）。

7. 候选键

在一个关系中，由一个或多个属性组成，其值能唯一地标识一个元组（记录），称为候选键。例如，学生表的候选键只有学号和身份证号。

8. 主关键字

一个表中可能有多个候选键，通常用户仅选用一个候选键，将用户选用的候选键称为主关键字，可简称为主键。主键除了标识元组外，还在建立表之间的联系方面起着重要作用。

9. 外部关键字

表中的一个字段不是本表的主关键字或候选关键字，而是另外一个表的主关键字或候选关键字，该字段称为外部关键字，简称外键。

10. 主表和从表

主表和从表是指通过外键相关联的两个表，其中以外键为主键的表称为主表，外键所在的表称为从表。

6.3 Access 数据库及其应用

根据不同的数据模型可以开发出不同的数据库管理系统，基于关系模型开发的数据库管理系统属于关系数据库系统。Access 就是以关系模型为基础的关系数据库系统。

6.3.1 Access 数据库概述

Access 是办公软件系统 Office 中的一个重要组件，它是一个功能强大且简单易用的关系型数据库管理系统。一个 Access 数据库中包含表、查询、窗体、报表、宏、模块六种对象。用户可以使用向导和生成器方便地构建一个完善的数据库系统，即使不会编程也能操作。Access 还为开发者提供了 Visual Basic for Application（VBA）编程功能，使高级用户可以开发功能更加完善的数据库系统。

Access 可以在一个数据库文件中通过六种对象对数据进行管理，从而实现高度的信息管理和数据共享。

1. 表

表对象是数据库中用来存储数据的对象，是一个保存数据的容器，它是整个数据库系统的基础。Access 2016 允许一个数据库中包含多个表，用户可以在不同的表中存储不同类型的数据。通过在表之间建立关系，可以将不同表中的数据联系起来，以供用户使用。

2. 查询

查询对象是用来操作数据库中记录的对象，利用它可以按照一定的条件或准则从一个或多个表中筛选出需要操作的数据。查询对象的本质是 SQL 命令，可以根据用户提供的特定规则对表中的数据进行查询，并以数据表的形式显示。在最常用的选择查询操作中，用户可以查看、连接、汇总、统计所需的数据。

3. 窗体

窗体对象是数据库和用户联系的界面。通过窗体，用户可以输入、编辑数据，也可以将查询到的数据以适当的形式输出。使用系统提供的工具箱，用户可以根据程序对数据访问的需求添加各种不同的访问控件，如文本框、组合框、标签和按钮等，并对这些控件进行参数设置。对于普通用户而言，不用编写代码就能完成简单系统的设计。对于复杂的用户需求，可以通过 VBA 语言编写代码来实现。

4. 报表

报表对象是用于生成报表和打印报表的基本模块，通过它可以分析数据或以特定的格式打印数据。报表对象不包含数据，其作用是将用户选择的数据按特定的方式组织并打印输出。报表对象的数据来源可以是表对象、查询对象或 SQL 命令。

5. 宏

宏对象是一系列操作的集合，其中每个操作实现特定的功能，用户使用一个宏或宏组可以方便地执行一系列任务。运行宏可以使某些普通的任务自动完成，例如将一个报表打印输出。

6. 模块

模块对象是用 VBA 语言编写的程序段，提供宏无法完成的复杂和高级功能，可分为类模块和标准模块，其中，标准模块又可分为 Sub 过程、Function 过程。Access 2016 没有提供生成模块对象的向导，必须由开发人员编写代码形成。

6.3.2 创建 Access 数据库

1. 启动 Access 2016

选择“开始”→“程序”→“Microsoft Office”→“Microsoft Access 2016 命令，即可启动 Access，进入 Access 窗口，如图 6-4 所示。

图 6-4 Access 2016 启动窗口

注意：在通过“开始”菜单启动 Access 2016 以后，系统首先会显示“新建”面板，这是 Access 2016 界面上的第一个变化。Access 2016 采用了和 Access 2010、Access 2007 扩展名相同的数据库格式，扩展名为.accdb。而原来的各个 Access 版本的扩展名为.mdb。

2. 退出 Access 2016

Access 2016 的退出主要有三种方法：

方法一：单击 Access 2016 标题栏右侧的控制按钮 x 。

方法二：按【Alt+F4】组合键。

方法三：在 Access 2016 标题栏的空白位置右击，在弹出的快捷菜单中选择“关闭”命令。

3. 创建 Access 2016 数据库的方法

Access 2016 提供了两种创建数据库的方法：使用模板创建数据库和创建空数据库。采用第一种方法创建数据库时，可以从 Access 2016 预定义的模板中选择其中一个创建，如“资产跟踪”模板、“联系人”模板等。无论采用哪种创建数据库的方法都可以创建传统数据库和 Web 数据库，这两种类型的数据库是 Access 2016 支持的数据库类型。

（1）创建空数据库

如果没有满足需要的模板，或者在另一个程序中有要导入的 Access 数据，最好的方法是创建空数据库。空数据库就是建立数据库的外壳，但是没有对象和数据的数据库。

创建空数据库后，根据实际需要，添加所需要的表、窗体、查询、报表、宏和模块对象。创建空数据库的方法适合于创建比较复杂的数据库但又没有合适的数据库模板的情形。

【例 6.1】 创建一个空数据库“学生管理系统”。

① 在 Access 2016 启动窗口中，单击“空白数据库”选项，打开“空白数据库”对话框，如图 6-5 所示。

② 在对话框的“文件名”文本框中会给出一个默认的数据库文件名 Database1，此时可以根据题目的要求进行修改，修改为“学生管理系统”。

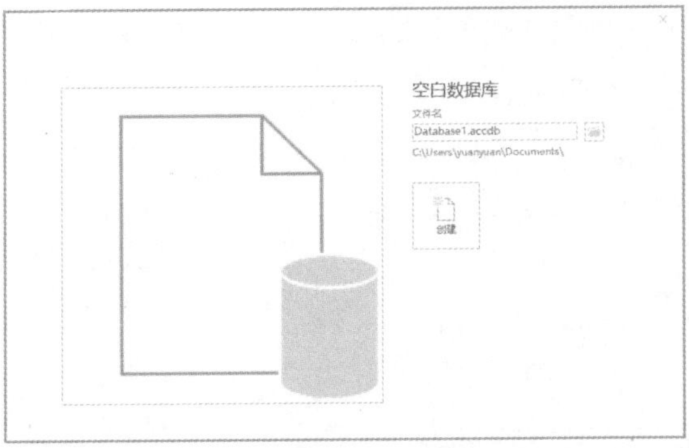

图 6-5　Access 2016 新建空白数据库对话框

③ 单击“文件名”文本框右侧的按钮，打开“文件新建数据库”对话框，如图 6-6 所示。在该对话框中，选择数据库的保存位置，这里选择的是 D：\Access2016。

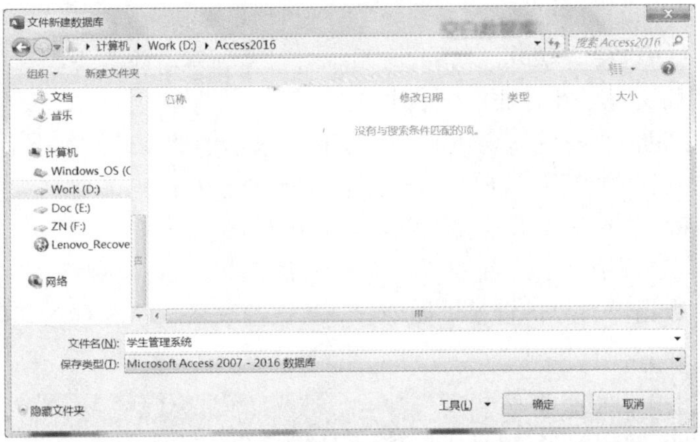

图 6-6　“文件新建数据库”对话框

④ 在“文件新建数据库”对话框中，选择该数据库文件的保存类型，通常选择类型为“Microsoft Access 2007-2016 数据库”，此时数据库文件以 Access 2007-2016 文件格式（accdb 格式）进行存储。用户也可以选择其他类型，包括“Microsoft Access 数据库（2000 格式）”、“Microsoft Access 数据库（2002-2003 格式）”，此时数据库文件以原来的 Access 文件格式（mdb 格式）进行存储。

⑤ 单击“确定”按钮，关闭“文件新建数据库”对话框，返回 Access 2016 空白数据库对话框。

⑥ 单击“创建”按钮，此时系统开始创建名为“学生管理系统.accdb”的数据库，创建完成后进入 Access 2016 工作窗口，自动创建一个名为“表 1”的数据表，并以数据工作表视图方式打开这个数据表，完成空数据库的创建工作。

（2）使用模板创建数据库

如果创建用户数据库时能找到与要求相近的模板，那么使用模板是创建数据库的最佳方式。除了可以使用 Access 2016 提供的预定义模板，还可以利用 Internet 上的资源，如果在 Office.com 网站上搜索到所需的模板，可以把模板下载到本地计算机中。

【例 6.2】使用预定义模板创建联系人数据库。操作步骤如下：

① 在图 6-7 所示的 Access 2016 新建窗口中，用户可以在下半部看到 Access 2016

提供的尚未使用过的示例预定义模板。如果某个预定义模板已经使用过，则会出现在窗口上半部“空白数据库”的后面。

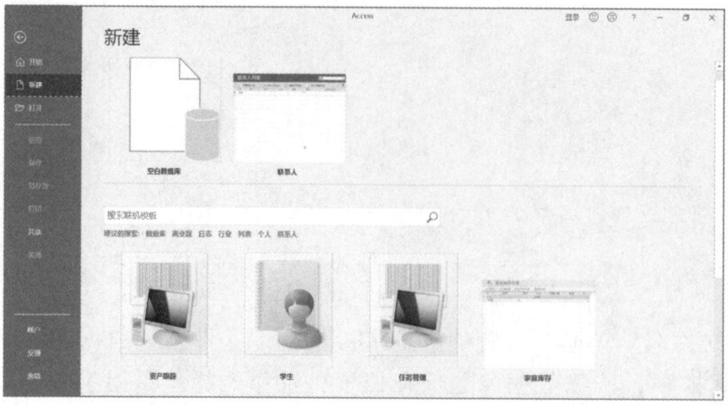

图 6-7　新建窗口中的“可用模板”窗格

② 在图 6-7 中选择“联系人”，此时系统会打开新建联系人数据库的对话框，提示设置新建数据库的文件名及存放的位置。

③ 用户可以根据自身的需要更改右侧窗格中显示的数据库文件名和保存位置。

④ 单击“创建”按钮开始创建数据库。在此步骤中，若系统中尚未下载预定义的“联系人”数据库，会首先下载再显示创建成功的界面。

⑤ 数据库创建完成后，系统自动打开“联系人”窗口，在此窗口中，还提供了配置数据库和使用数据库教程的链接。如果计算机已经联网，单击▶按钮就可以播放相关教程，如图 6-8 所示。

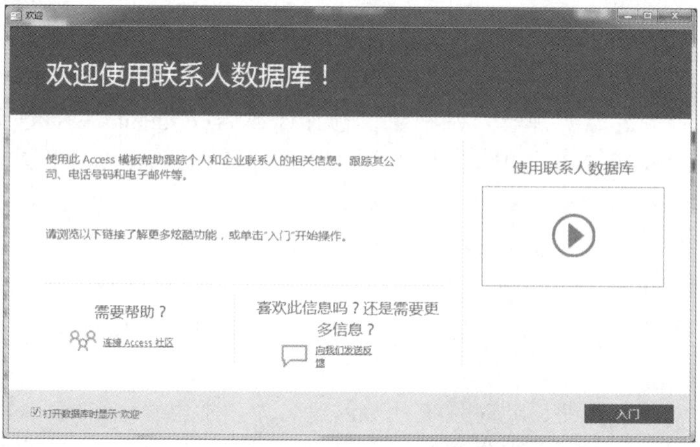

图 6-8　使用联系人数据库欢迎界面

6.3.3　在 Access 数据库中创建表

表是整个数据库的基本单位，同时它也是所有查询、窗体和报表的基础。表是有关特定主题（如学生和课程）的信息所组成的集合。它将具有相同性质或相关联的数据存储在一起，以行和列的形式来记录数据。

在 Access 中，表有四种视图：一是设计视图，用于创建和修改表的结构；二是数据表视图，用于浏览、编辑和修改表的内容；三是数据透视图视图，用于以图形的形式显示数据；四是数据透视表视图，用于按照不同的方式组织和分析数据。其中，前两种视图是表的最基本也是最常用的视图。

Access 创建表分为在创建新的数据库时创建表和在现有的数据库中创建表两种情况。在创建新数据库时，Access 2016 会自动创建一个新表；在现有的数据库中可以通过以下四种方式创建表：

方法一：直接插入一个空表。

方法二：使用设计视图创建表。

方法三：从其他数据源（如 Excel 工作簿、Word 文档、文本文件或其他数据库等多种类型的文件）导入或链接表。

方法四：根据 SharePoint 列表创建表。

1. 输入数据创建表

输入数据创建表是指在空白数据表中添加字段和数据，此种方法无须提前定义字段即可创建表并开始使用表。该方法仅需要在开始出现的新数据表中输入数据即可。

创建的方法和步骤如下：

① 启动 Access，单击“空白数据库”选项，在右侧“文件名”文本框中为新数据库输入文件名。

② 单击“创建”按钮，打开新数据库，创建名为“表 1”的新表，并在数据表视图中将其打开。

③ 在“表 1”中，单击“单击以添加”按钮，可打开下拉列表框，从中选择字段类型，如图 6-9 所示。

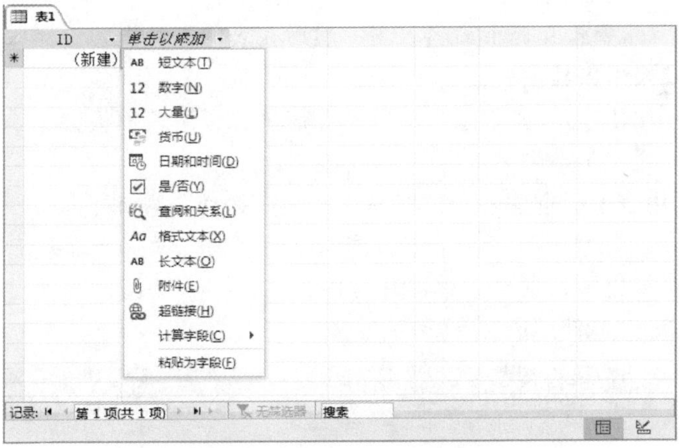

图 6-9　输入数据创建表

④ 单击其中一个字段类型可将其属性设置为相应的值，且光标自动移动到下一字段，字段名自动按照“字段 1”“字段 2”命名。

⑤ 在“字段 1”中右击，在弹出的快捷菜单中选择“重命名字段”命令或者双击“字段 1”，修改相应的字段名，按照此方法，修改“字段 2”“字段 3”……可建立表结构，如图 6-10 所示。

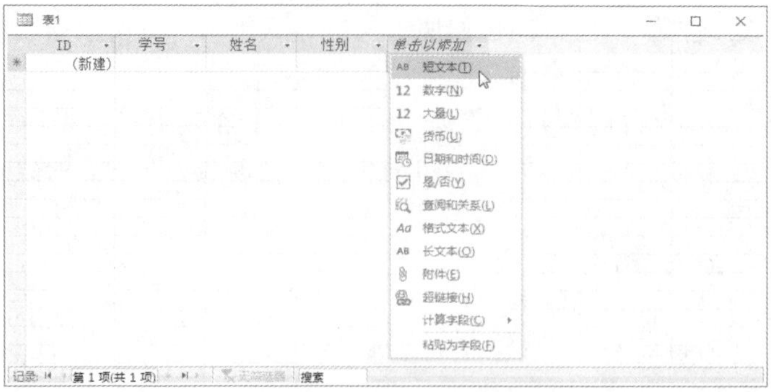

图 6-10　建立表结构

⑥ 若要添加数据，在第一个空单元格中开始输入数据，并依次输入，如图 6-11 所示。

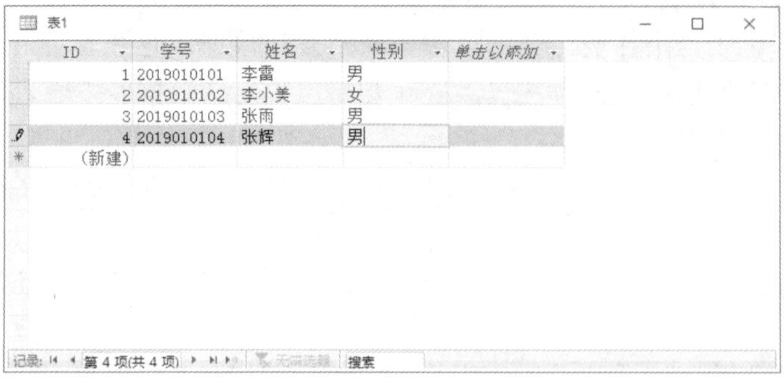

图 6-11　在表中输入数据

⑦ 若要修改字段属性，可右击导航窗格中的“表 1”文件名，在弹出的快捷菜单中选择“设计视图”命令，先提示命名表名，然后在表的设计视图中修改字段属性。

2. 使用表模板创建数据表

对于一些常用的应用，如联系人、资产等信息，运用表模板会比手动方式更加方便和快捷。

【例 6.3】运用表模板创建一个“联系人”表。操作步骤如下：

① 启动 Access 2016，新建一个空数据库，命名为“学生管理系统”。

② 切换到“创建”选项卡，单击“应用程序部件”按钮，在弹出的下拉列表中选择“联系人”选项，如图 6-12 所示。

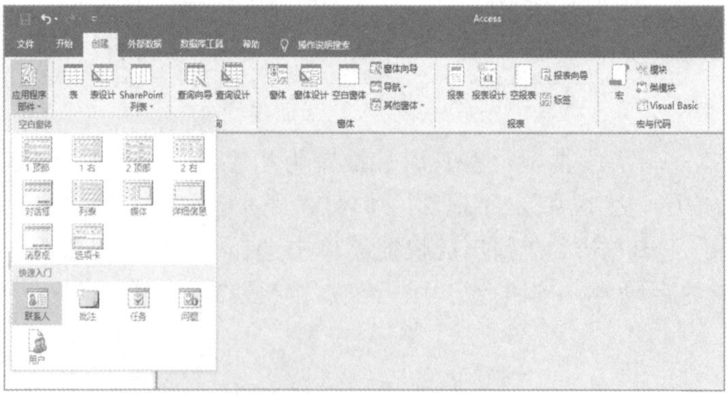

图 6-12　表模板窗口

③ 单击左侧导航栏的“联系人”，即可建立一个应用程序部件，双击左侧窗口中的“联系人”，就以数据表视图打开“联系人”表，可进行数据记录的创建、删除等操作，如图 6-13 所示。

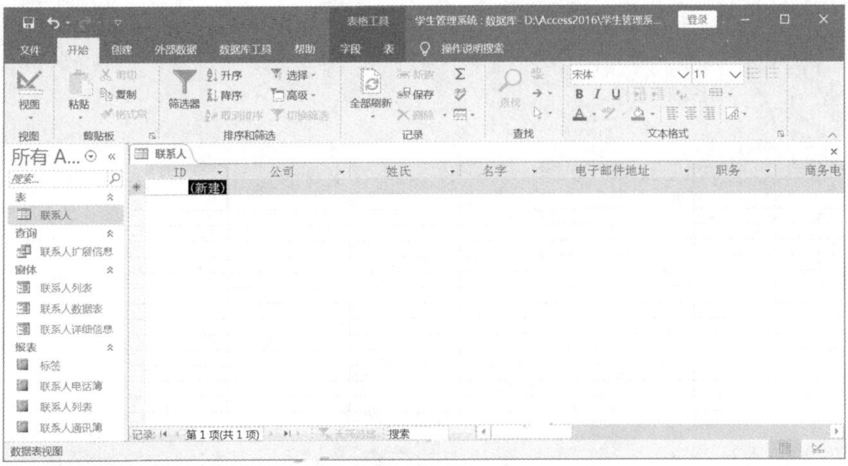

图 6-13　“联系人”表编辑窗口

3. 使用表设计器创建表

表的设计视图是表设计器的主要工具，使用设计视图创建表是 Access 中最常用的方法之一。在设计视图中，用户可以为字段设置不同属性。数据中每个字段的可用属性取决于为该字段选择的数据类型。它以设计器提供的设计视图为界面，引导用户通过人机交互来完成对表的定义。利用模板创建的数据表在修改时也需要使用表设计器。

【例 6.4】在“学生管理系统”数据库中，创建“学生信息”表。“学生信息”表的结构，见表 6-2。

表 6-2　学生信息表的结构

字段名称	数据类型	字段大小
学号	短文本	10
姓名	短文本	10
性别	短文本	1
出生日期	日期/时间	
籍贯	短文本	50
政治面貌	短文本	10
班级编号	短文本	6
入学分数	数字	整型
简历	长文本	
照片	OLE 对象	

使用设计视图建立“学生信息”表的操作步骤如下：

① 打开学生管理数据库。单击“创建”→“表格”→“表设计”按钮，进入表的“设计视图”，如图 6-14 所示。

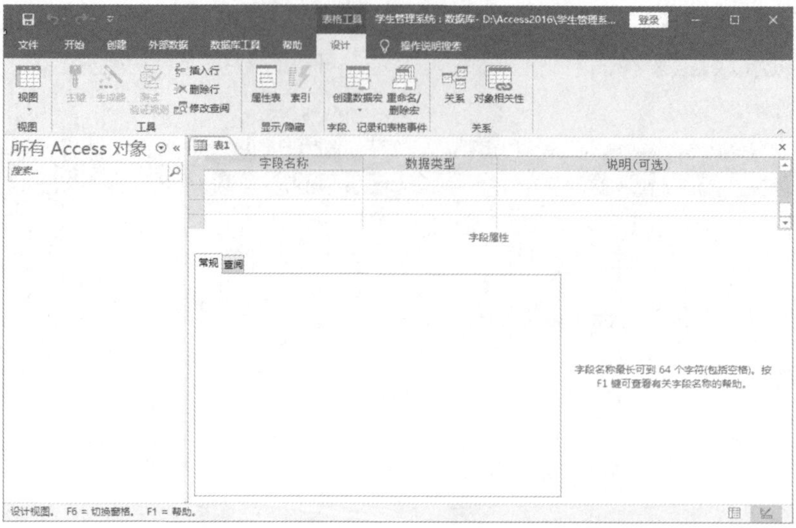

图 6-14 “表设计视图”窗口

② 在表的设计视图中，按照表 6-2 中的内容，在字段名称列中输入字段名称，在数据类型列中选择相应的数据类型，在“常规”属性窗格中设置字段大小，如图 6-15 所示。

③ 设置主键。设置主键的方法有两种：一是在表设计视图中右击要设置为主键的字段行，在弹出的快捷菜单中选择“主键”命令；二是在表设计视图中，先选中要设置为主键的字段行，然后在“设计”选项卡的工具组中，单击“主键”按钮，如图 6-16 所示。这里把“学号”设置为主键。

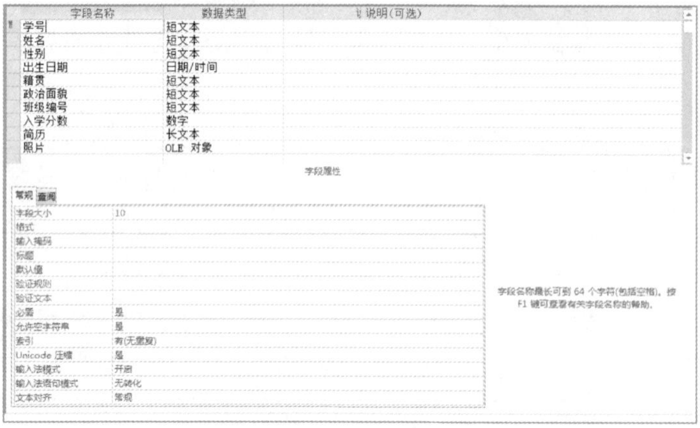

图 6-15 设计“学生信息”表中的字段

图 6-16 主键按钮

④ 单击“保存”按钮，以“学生信息”为名称保存表。

4. 使用 SharePoint 列表创建表

可以在数据库中创建从 SharePoint 列表导入或链接到 SharePoint 列表的表，也可以使用预定义模板创建新的 SharePoint 列表。Access 2016 中的预定义模板包括“联系人”“任务”“问题”“事件”，下面以创建一个“任务”表为例进行介绍。操作步骤如下：

① 启动 Access 2016，打开建立的“学生管理系统”数据库。

② 单击“创建”→“表格”→“SharePoint 列表”按钮，从弹出的下拉列表框中选择“任务”选项，如图 6-17 所示。

③ 在打开的“创建新列表”对话框中输入要在其中创建列表的 SharePoint 网站的 URL，并在“指定新列表的名称”和“说明”文本框中分别输入新列表的名称和说明，如图 6-18 所示。单击“确定”按钮，即可打开创建的表。

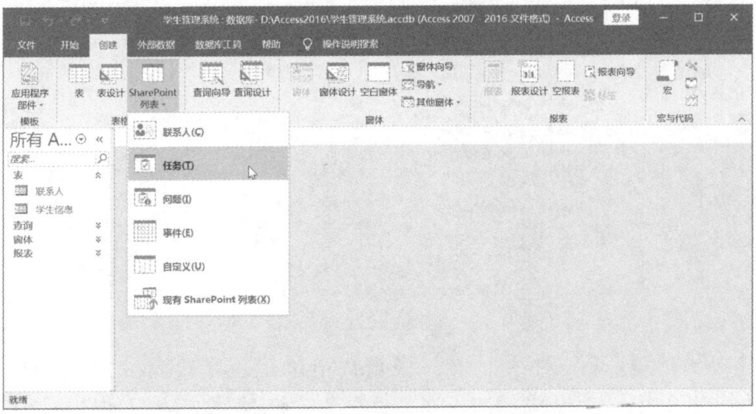

图 6-17 从 SharePoint 下拉列表选择“任务”

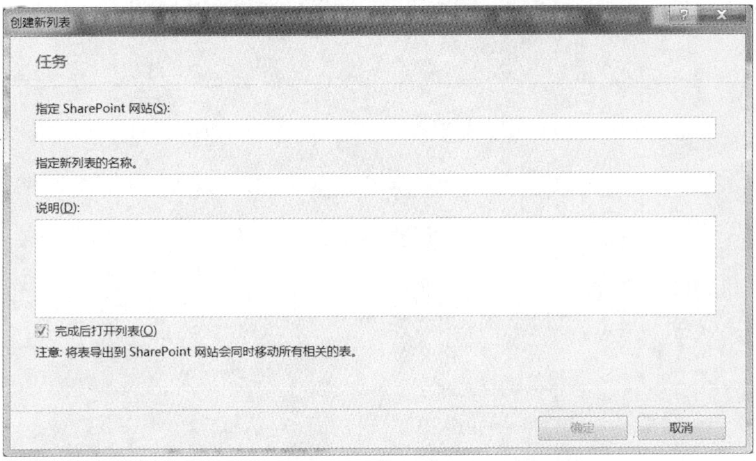

图 6-18 “创建新列表”对话框

5. 用导入方法创建表

数据共享能满足加快信息流通、提高工作效率的要求。Access 2016 提供的导入和导出功能就是用来实现数据共享的工具。

在 Access 2016 中，可以通过导入存储在其他位置的信息来创建表。例如，可以导入 Excel 工作表、ODBC 数据库、其他 Access 数据库、文本文件、XML 文件，以及其他类型的文件。

【例 6.5】 将“学生成绩表.xlsx”导入到“学生管理系统”数据库中。操作步骤如下：

① 启动 Access 2016，打开“学生管理系统”数据库，在功能区选中“外部数据”选项卡，单击“新数据源”按钮，从弹出的下拉列表框中选择“从文件”→Excel（X）选项。

② 在“获取外部数据”对话框中，单击“浏览”按钮，如图 6-19 所示。

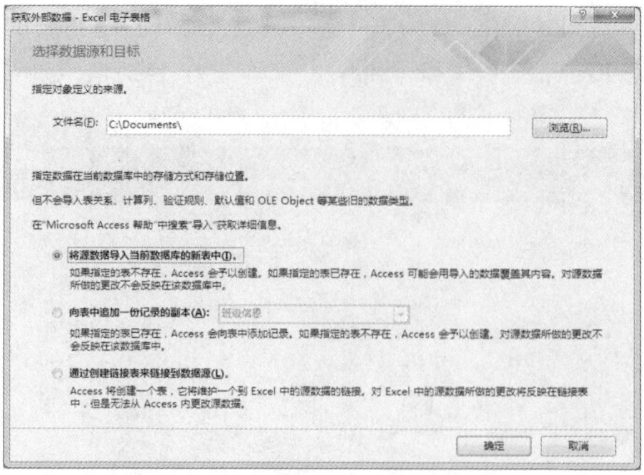

图 6-19　“获取外部数据”对话框

③ 在打开的“打开”对话框中，将查找范围定位于外部文件所在的文件夹，选中要导入的数据源文件“学生成绩表.xlsx”，单击“打开”按钮，如图 6-20 所示。

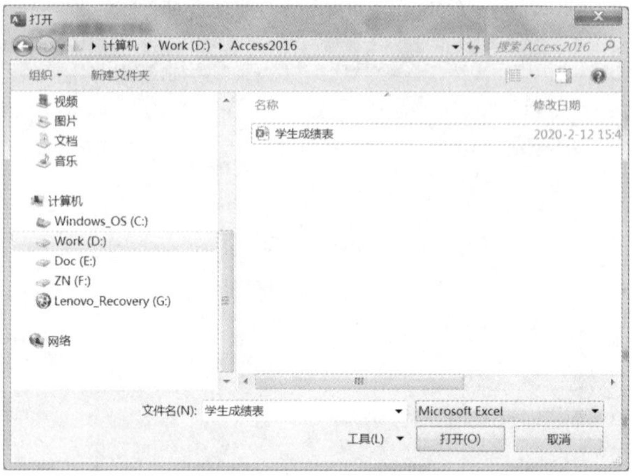

图 6-20　“打开”对话框

④ 返回到“获取外部数据”对话框，单击“确定”按钮，在打开的“导入数据表向导”对话框中，单击“下一步”按钮，如图 6-21 所示。

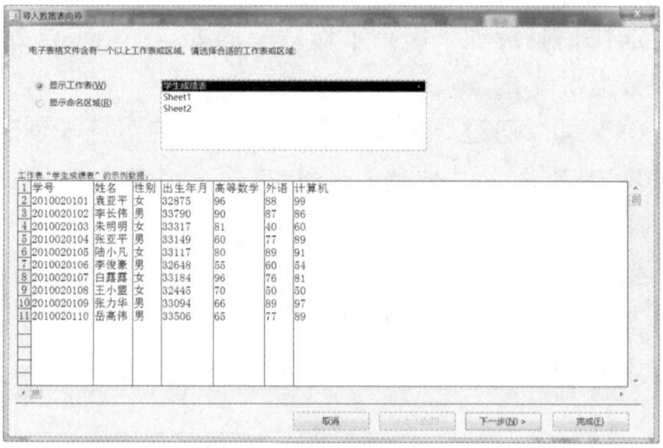

图 6-21　“导入数据表向导”对话框（1）

⑤ 选中“第一行包含列标题”复选框，单击“下一步”按钮，如图 6-22 所示。

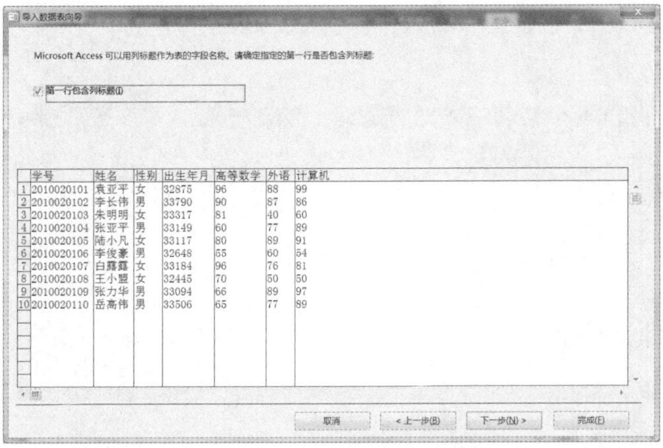

图 6-22　“导入数据表向导”对话框（2）

⑥ 指定“学号”的数据类型为“长整型”，索引项为“有（无重复）”，如图 6-23 所示。然后依次选择其他字段，分别进行设置，单击“下一步”按钮。

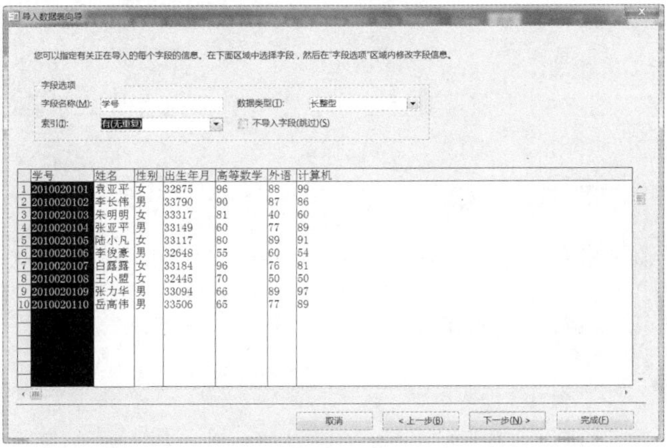

图 6-23　“导入数据表向导”对话框（3）

⑦ 选中“我自己选择主键”，Access 2016 自动选定“学号”，单击“下一步”按钮，如图 6-24 所示。

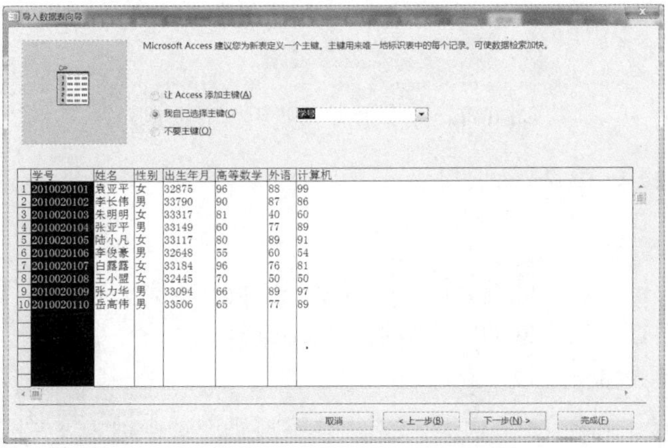

图 6-24　“导入数据表向导”对话框（4）

⑧ 在“导入到表”文本框中输入“学生成绩表”，单击“完成”按钮，如图 6-25 所示。

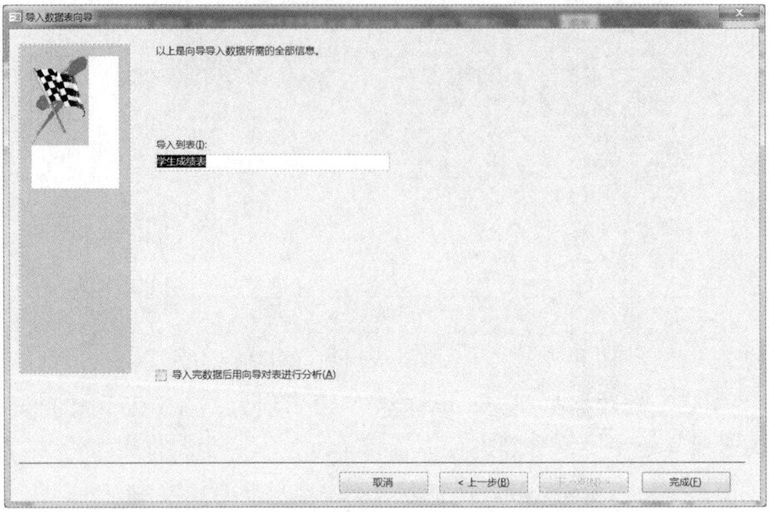

图 6-25 “导入数据表向导”对话框（5）

⑨ 在打开的“保存导入步骤”对话框中，不勾选“保存导入步骤”选项，单击“关闭”按钮，如图 6-26 所示。

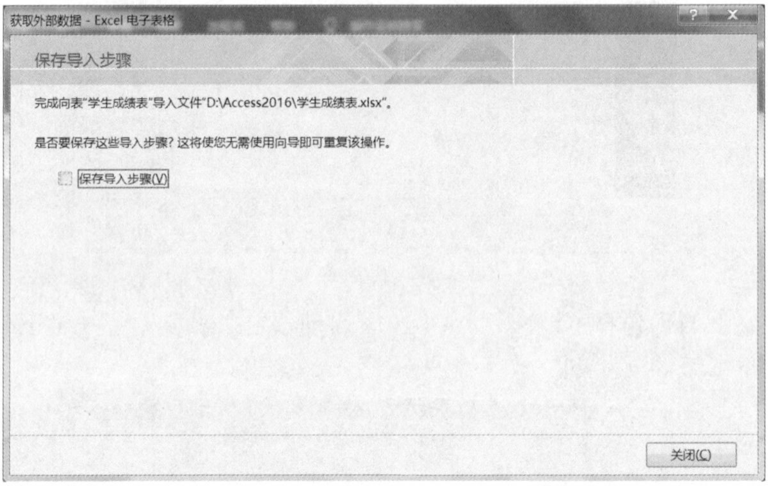

图 6-26 “保存导入步骤”对话框

6.3.4 表的维护与操作

1. 主键的设置

主键又称主关键字，是数据表中一个或多个字段的组合，主键的作用是区分表中各条数据记录，使得设置为主键的字段数据不出现重复。

（1）主键设置为单一字段

当数据库中的某个表存在一个唯一标识一条记录的标志性字段时，这个标志性字段应设计为该表的主键。例如，“学生信息”表中的“学号”是表中的标志性字段，定义为表的主键。

单一字段作为主键的两种设置方法如下：

① 在表的设计视图中右击要设置为主键的字段，在弹出的快捷菜单中选择“主键”命令。

② 在表的设计视图中，选中要设置为主键的字段，在“设计”选项卡的“工具”组中，单击“主键”按钮。

两种方法的操作结果都是此行最左边的字段选择器上出现主键标识。图 6-27 所示“学号”字段即为“学生信息”表的主键，以后输入数据时，如果新添加记录的学号与原有记录中的学号相同，系统就会发出记录重复的警告，从而保证数据的唯一性。

字段名称	数据类型
学号	短文本
姓名	短文本
性别	短文本
出生日期	日期/时间
籍贯	短文本
政治面貌	短文本
班级编号	短文本
入学分数	数字
简历	长文本
照片	OLE 对象

图 6-27　主键标识

（2）主键为多个字段的组合

当一个表中任何一个字段都不能标识一条记录时，可以将两个或更多的字段设置为主键。多个字段组合主键采用最少字段组合原则，如果 2 个字段组合能唯一确定一条记录，则不能将该表主键设置为 3 个字段，依此类推。

多字段主键的设置方法：

在表的设计视图中，选中要设置为主键的多个字段（可借助【Shift】或【Ctrl】键），单击“主键”按钮即可。

（3）主键的删除

在设计视图中打开相应的表，选择作为主键的字段，单击“主键”按钮，即可删除主键。

2. 数据表关系的定义

通常，一个数据库应用系统包含多个表。为了把不同表的数据组合在一起，必须建立表之间的关系。建立表之间的关系，不仅建立了表之间的关联，还保证了数据库的参照完整性。参照完整性是一个规则，Access 2016 使用这个规则来确保相关表中记录之间关系的有效性，并且不会意外地删除或更改相关数据。

表之间的关系有三种：一对一的关系、一对多的关系和多对多的关系。下面以一对多的关系为例讲解表之间关系的建立。

不同表之间的关联是通过主表字段和子表的外键字段来确定的（两个表建立一对多的关系后，“一”方的表称为主表，“多”方的表称为子表）。

【例 6.6】 建立“学生管理系统”数据库中的“学生信息”表和“学生成绩”表之间的一对多的关系。操作步骤如下：

① 打开“学生管理系统”数据库，在“数据库工具”或“设计”选项卡下面的“关系”组中，单击“关系”按钮，打开“关系”窗口。

② 在“关系”组中，单击“显示表”按钮，打开“显示表”对话框，如图 6-28 所示。

③ 在“显示表”对话框中，列出当前数据库中所有表，按住【Ctrl】键，单击“学生信息”表和“学生成绩”表，单击“添加”按钮，则将选中的表添加到关系窗口，如图 6-29 所示。

图 6-28　“显示表”对话框

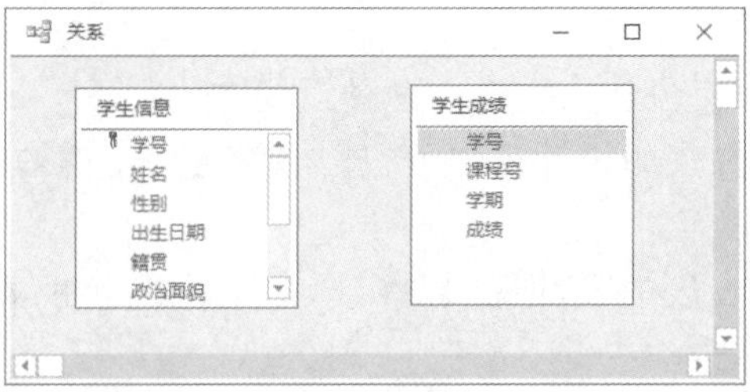

图 6-29　“关系”窗口

④ 在“学生信息”表中选中“学号”字段，按住左键不放，拖到“学生成绩”表中的“学号”字段中，放开左键，这时打开“编辑关系”对话框，选中“实施参照完整性”和“级联更新相关字段”复选框，如图 6-30 所示。

⑤ 单击“创建”按钮，关闭“编辑关系”对话框，返回到“关系”窗口，如图 6-31 所示。“学生信息”表和“学生成绩”表之间建立了一对多的关系。

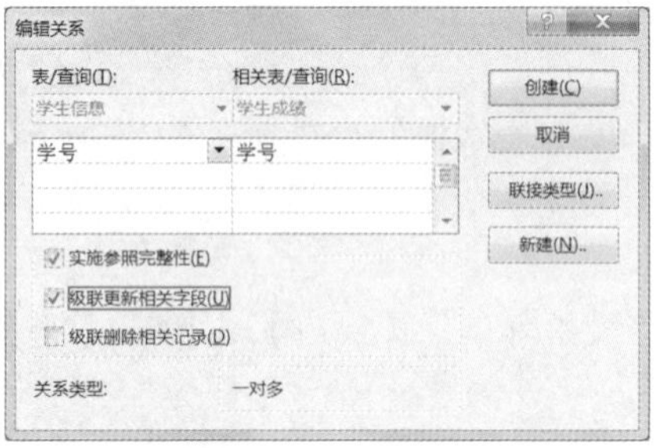

图 6-30　“编辑关系”

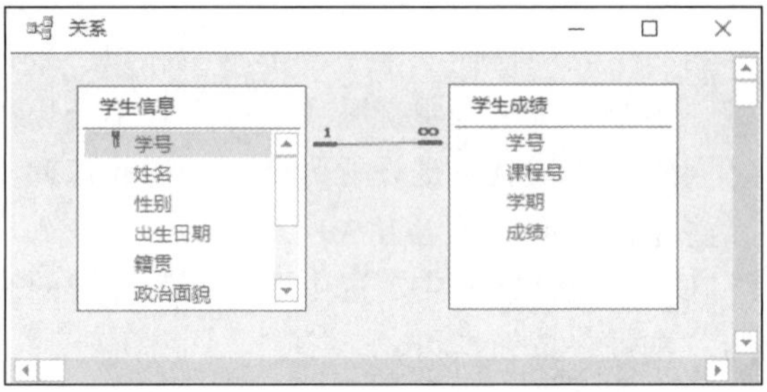

图 6-31　“一对多”关系窗口

Access 2016 数据库中表的关系建立后，可以编辑现有的关系，还可以删除不再需要的关系。编辑关系操作步骤如下：

① 在“数据库工具”选项卡的“关系”组中，单击“关系”按钮，打开“关系”窗口。

② 对需要的关系线，进行下列一种操作来打开“编辑关系”对话框：

- 双击该关系线。
- 右击该关系线，在弹出的快捷菜单中选择“编辑关系”命令。
- 在“设计”选项卡的“工具”组中，单击“编辑关系”按钮。

③ 在“编辑关系”对话框中修改关系，然后单击“确定”按钮。

④ 修改后保存。若要删除一个关系，则单击关系线，按【Del】键即可删除。

3. 数据表字段的添加和删除

在 Access 2016 表中增加和删除字段十分方便，可以在“设计视图”和“数据表”视图中添加和删除字段。

（1）“设计视图”中字段的添加和删除

① 在表的设计视图中，将光标移动到要插入字段的位置，然后打开“设计”选项卡，在“工具”组中单击“插入行”按钮，或右击字段名称，在弹出的快捷菜单中选择“插入行”命令。在添加的新行中输入字段名称，选择字段的数据类型并设置字段的属性。

② 若要删除一个和多个字段，首先需要选定要删除的字段，在“工具”组中，单

击“删除行”按钮，或右击字段名称，在弹出的快捷菜单中选择“删除行”命令。

（2）“数据表”视图中字段的添加和删除

在“数据表”视图中添加和删除字段的操作，在 Access 2016 中也十分方便，打开“数据表”视图直接操作即可。操作步骤如下：

① 在“数据表”视图中打开表。

② 单击“单击以添加”下拉按钮，先选择字段类型，然后双击修改字段名，即可添加新字段列。

③ 如果要删除某个列字段，可右击要删除的列字段，在弹出的快捷菜单中选择“删除列”命令即可。

4. 数据表的编辑操作

编辑数据表的操作包括：增加记录、修改记录、删除记录、数据的查找与替换、数据排序与数据筛选等操作。

（1）增加新记录

增加新记录有三种方法：

①直接将光标定位在表的最后一行。

②单击记录指示器

最右侧的“新（空白）记录”按钮。

③单击“开始”选项卡“记录”组中的“新建”按钮。

（2）修改记录

在已经建立并输入了数据的表中修改数据时非常简单，只要打开表的数据表视图窗口，将光标移动到要修改数据的相应字段处直接修改，修改完毕后关闭即可。

（3）删除记录

单击表中要删除的记录最左侧的灰色区域，此时光标变成向右的黑色箭头，右击后在弹出的快捷菜单中选择“删除记录”命令，在打开的确认删除对话框中单击“是”按钮，即可删除该记录，如图 6-32 所示。

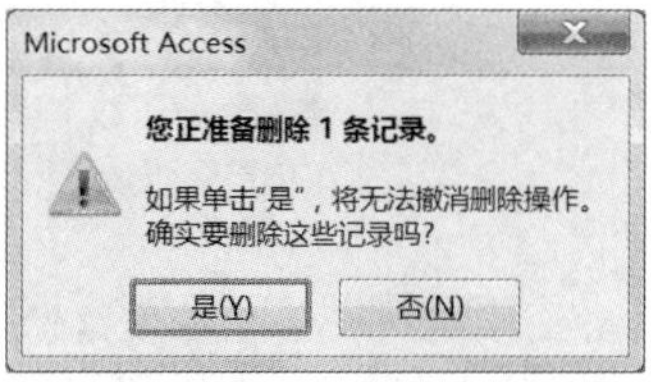

图 6-32　确认删除对话框

（4）数据的查找与替换

与其他的 Office 软件一样，Access 2016 提供了灵活的“查找和替换”功能，用以对指定的数据进行查看和修改。

使用“查找和替换”对话框，可以查找字段中特定的值。使用方法如下：

① 在表的“数据表视图”窗口中，首先将光标定位于要查找的数据所处的字段内，例如要查找“学生信息”表中的“姓名”字段的内容，则将光标放置在“学生信息”表的数据表视图窗口中的“姓名”列内。

② 单击“开始”→“查找”→“查找”按钮或按【Ctrl+F】组合键，打开“查找和替换”对话框，如图 6-33 所示。

③ 在“查找内容”文本框中输入要查找的内容，并设置“查找范围”、“匹配”和“搜索”等条件。

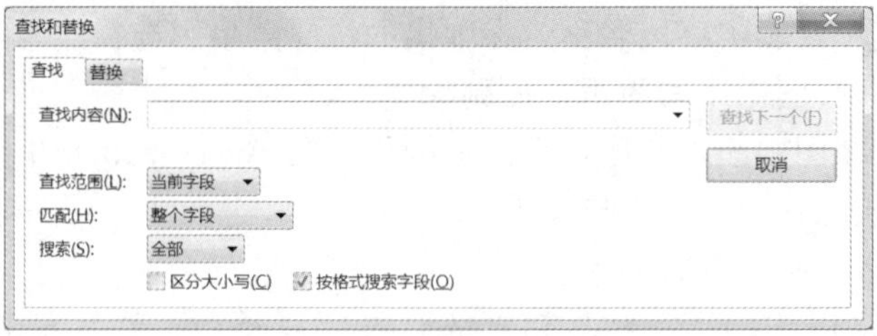

图 6-33 “查找”选项卡

④ 单击“查找下一个”按钮，开始查找输入的内容。如果找到，则光标定位于找到的记录；再单击“查找下一个”按钮，光标定位于找到的下一个记录，直到搜索完毕，弹出如图 6-34 所示的警告信息。

图 6-34 警告信息

⑤ 切换到“替换”选项卡，如图 6-35 所示。

图 6-35 “替换”选项卡

“查找内容”下拉列表框与“查找”选项卡的一样，具有相同的作用。可以看到，在“替换”选项卡中多了“替换为”下拉列表框和“替换”“全部替换”按钮。

当对数据进行替换时，首先在“查找内容”下拉列表框中输入要查找的内容，然后在“替换为”下拉列表框中输入想要替换的内容。与查找不同的是，可以手动替换数据操作，也可以单击“全部替换”按钮，自动完成所有匹配数据的替换。

（5）数据的排序

排序是一种组织数据的方式，可根据当前表中的一个或多个字段对整个表中的所有记录进行重新排序。排序分为简单排序和高级排序两种。

① 简单排序：就是根据表中的一列（一个字段）规则来重新组织排列顺序。操作方法非常简单，只要选中该列或将光标定位于该列之内，单击“开始”选项卡“排序和筛选”组中的“升序”按钮或“降序”按钮，或者右击，在弹出的快捷菜单中选择“升序”命令或“降序”命令，即可实现按该列重新排序的要求。

② 高级排序：就是按照多列（多个字段的组合）重新排序。规则是表中记录首先根据第一个字段指定的顺序进行排序，当记录中出现第一个字段具有相同的值时，再按第二个字段排序，依此类推，直到表中的记录按照全部指定的字段排好顺序为止。

按多列（多个字段的组合）重新排序的操作步骤可以通过下面的例题进行说明。

【例 6.7】对“学生管理系统”数据库中“学生信息”表设计一个按照“性别”、“籍贯”、“班级编号”和“姓名”字段重新排列的多列排序规则（4 个字段均选择升序），从而实现排序要求。

操作步骤如下：

① 在“学生管理系统”数据库窗口中，双击打开并进入“学生信息”表的数据表视图窗口。

② 单击“开始”→“排序和筛选”→“高级”按钮，在弹出的下拉列表框中选择“高级筛选/排序”命令，进入排序筛选窗口。

③ 排序字段及升降序设置。在“筛选”窗口下方的设计网格区域中，单击第一列右侧的下拉按钮，从弹出的字段列表中选择第一排序字段为“性别”，然后在“性别”字段下一行相应的“排序”行中选择排序方式为“升序”。以同样的方法选择第二排序字段为“籍贯”，第三排序字段为“班级编号”，第四排序字段为“姓名”，排序方式均为升序，如图 6-36 所示。

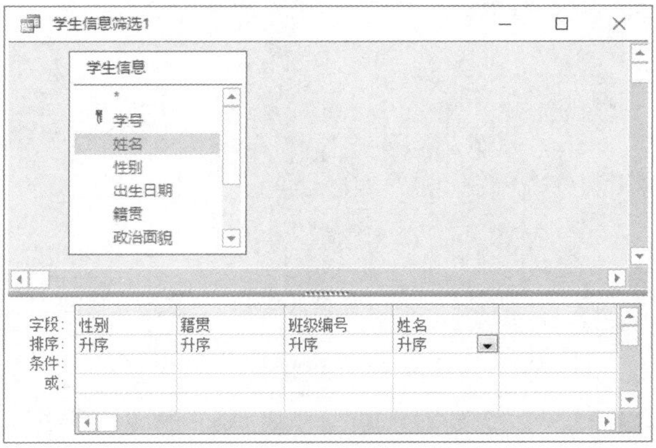

图 6-36　排序筛选窗口

④ 单击“排序和筛选”组中的“高级”按钮，在弹出的下拉列表框中选择“应用筛选/排序”命令或者在“学生信息筛选 1”设计窗口中右击，从弹出的快捷菜单中选择“应用筛选/排序”命令，这时 Access 就会按设定的多列排序方式对表中的记录进行排序。

⑤ 保存设计的多列排序规则。关闭表的“数据表视图”窗口，打开如图 6-37 所示的保存提示对话框，单击“是”按钮，在下次打开该表时，“数据表视图”窗口中显示的就是应用了多列排序规则的排序结果。

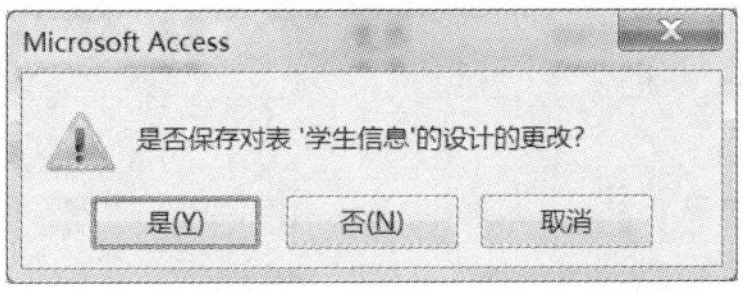

图 6-37　保存提示对话框

⑥ 如果要取消多列排序功能，可随时单击“排序和筛选”组中的“取消排序”按钮，恢复到原来的显示状态。

（6）数据筛选

数据筛选是在众多的记录中只显示那些满足条件的数据记录而把其他记录隐藏起来，从而提高用户的工作效率。

在“开始”选项卡的“排序和筛选”组中提供了三个筛选按钮和四种筛选方式。三个筛选按钮是“切换筛选”、“选择”和“高级”。四种筛选方式是“筛选器”、“选择”、“按窗体筛选”和“高级筛选”。下面介绍两种常用的筛选方法。

方法一：使用筛选器筛选。

筛选器提供了一种灵活的方式，它把所有选定的字段中所有不重复的内容以列表显示出来，可以逐个选择需要的筛选内容。以“学生管理系统”中的“学生成绩”表为例介绍筛选步骤：

① 打开“学生管理系统”数据库中的“学生成绩”表，选中表中的“成绩”列后，单击“开始”→“排序和筛选”→“筛选器”按钮。

② 在弹出的下拉列表中选择“数字筛选器”→“等于”命令，如图 6-38 所示。

图 6-38　“筛选器”下拉列表

③ 在打开的“自定义筛选”对话框的“成绩等于”文本框中输入 90，单击“确定”按钮，如图 6-39 所示。

④ 在数据库视图中显示了筛选结果，如图 6-40 所示。

图 6-39　“自定义筛选”对话框

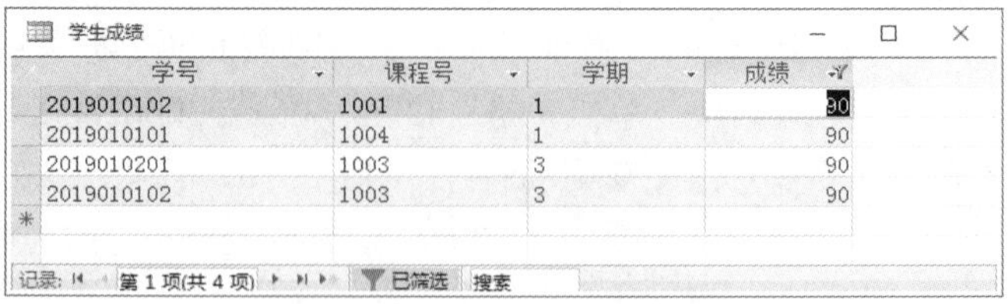

图 6-40　筛选结果

方法二：使用选择筛选。

选择筛选是一种简单的筛选方法，使用它可以十分容易地筛选出所需要的信息。操作步骤如下：

① 打开“学生管理系统”中的“学生成绩”表。

② 将光标定位到所要筛选的内容“成绩”字段下的“90”的某个单元格。单击“开始”→“排序和筛选”→“选择”按钮，在弹出的下拉列表框中选择“等于 90”命令，如图 6-41 所示。筛选结果如图 6-42 所示。

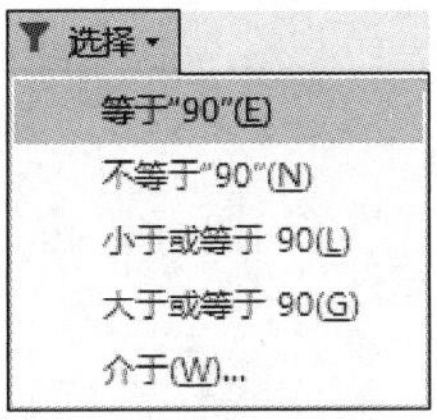

图 6-41 “选择”下拉列表框

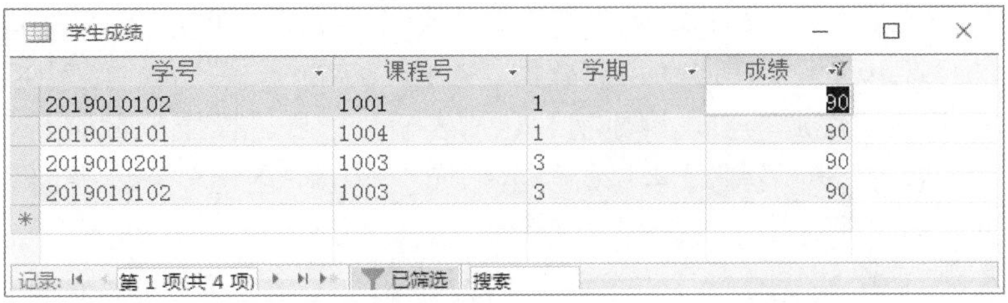

图 6-42 筛选结果

6.4 数据库查询

查询是数据库处理和分析数据的工具，查询时在指定的（一个或多个）表中，根据给定的条件从中筛选所需要的信息，供使用者查看、更改和分析使用。可以使用查询回答简单问题，执行计算、合并不同表中的数据，也可以添加、更改和删除表中的数据。

在 Access 中，根据对数据源操作方式和操作结果的不同，可以把查询分为五种：选择查询、参数查询、交叉表查询、操作查询和 SQL 查询。

① 选择查询是最常用的，也是最基本的查询。它是根据指定的查询条件，从一个或多个表中获取数据并显示结果。使用选择查询还可以对记录进行分组，并且对记录做总计、记数、平均值及其他类型的总和计算。

② 参数查询是一种交互查询，它利用对话框来提示用户输入查询条件，然后根据所输入的条件检索记录。将参数查询作为窗体和报表的数据源，可以方便地显示和打印所需要的信息。

③ 交叉表查询可以计算并重新组织数据的结构，这样可以更加方便地分析语句。交叉表查询可以计算数据的总和、平均值、计数或其他类型的总和。

④ 操作查询用于添加、更改或删除数据。操作查询共有四种类型：删除、更新、追加和生成表。

⑤ SQL 查询是使用 SQL 语句创建的查询。有一些特定 SQL 查询无法使用查询设计视图进行创建，而必须使用 SQL 语句创建。这类查询主要有三种类型：传递查询、数据定义查询、联合查询。

下面主要介绍选择查询、参数查询、交叉表查询。

6.4.1 选择查询

在使用数据库时，有时可能希望查看表中所有的数据，但有时可能只希望查看某些字段列中的数据，或者只希望在某些字段列满足某些条件时查看数据，为此可使用选择查询。创建选择查询有两种方法：使用查询向导和在设计视图中创建查询。使用查询向导是一种最简单的创建查询的方法。

1．使用查询向导实现选择查询

使用查询向导不仅可以依据单个表创建查询，也可以依据多个表创建查询。下面主要介绍依据多个表创建查询的步骤，基于单表的查询用户自己练习。

【例 6.8】使用向导创建查询，查询“学生信息”表和“学生成绩”表中的“学号”、“姓名”、“性别”、“政治面貌”和“成绩”信息。操作步骤如下：

① 打开“学生管理系统”数据库。单击“创建”→“查询”→“查询向导”按钮，如图 6-43 所示。

② 在打开的“新建查询”对话框中，选择“简单查询向导”选项，单击“确定”按钮，如图 6-44 所示。

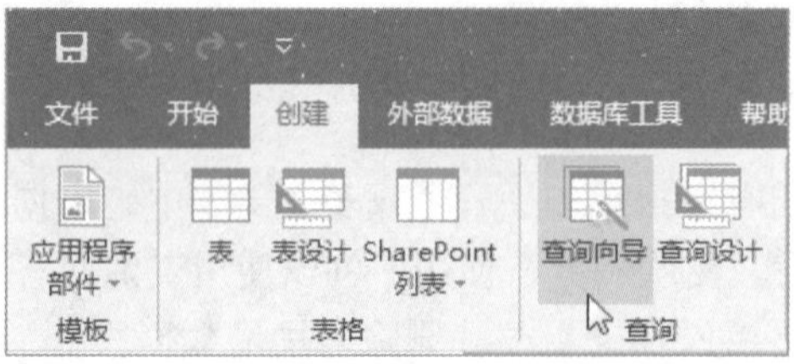

图 6-43 “创建”选项卡

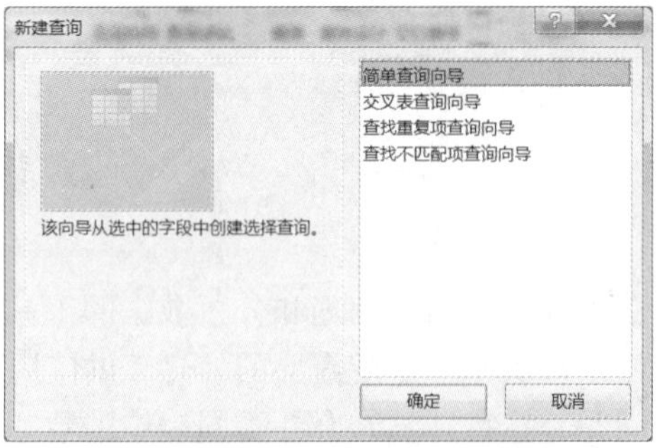

图 6-44 “新建查询”对话框

③ 在打开的“简单查询向导”对话框（见图 6-45）的“表/查询”下拉列表框中选择建立查询的数据源，在本例中选择“学生信息”表和“学生成绩”表两个表。然后在“可用字段”列表中分别选择“学生信息”表中的“学号”“姓名”“性别”“出生日期”“政治面貌”和“学生成绩”表中的“成绩”字段，单击“添加”按钮，将选中的字段添加到右边的“选定字段”列表框中。

④ 单击“下一步”按钮，打开如图 6-46 所示的对话框。在对话框中选择是采用“明细”查询还是建立“汇总”查询。本例采用的是“明细”查询。

图 6-45 “简单查询向导”对话框（1）

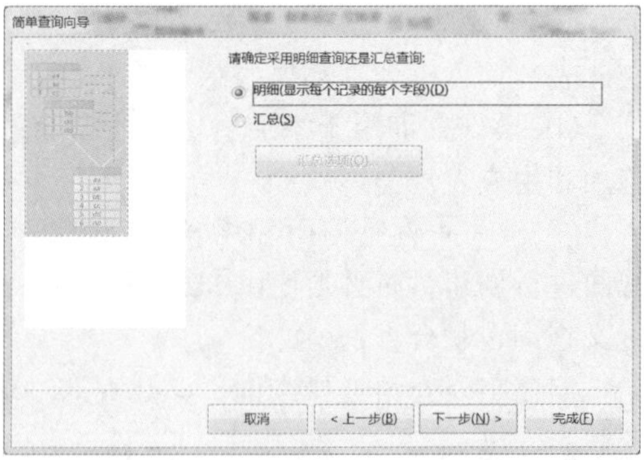

图 6-46 “简单查询向导”对话框（2）

⑤ 单击“下一步”按钮，打开为查询命名的对话框，输入查询的名称为“学生信息成绩查询”。选中“打开查询查看信息”单选按钮，单击“完成”按钮，如图 6-47 所示。

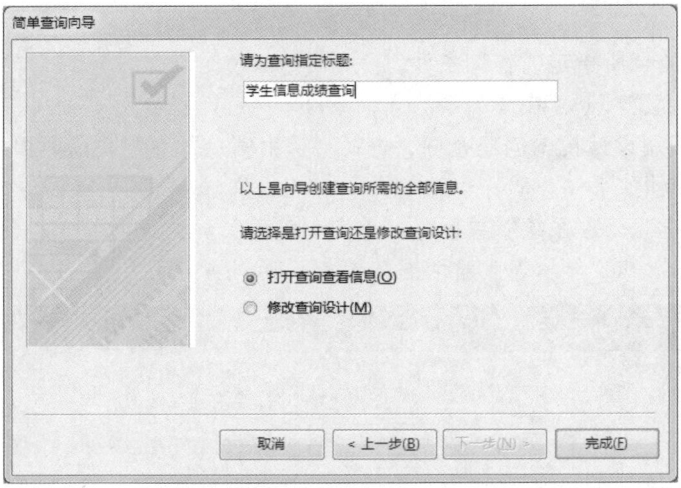

图 6-47 “简单查询向导”对话框（3）

⑥ 这样，系统就建立了查询，并将查询结果以数据表的形式显示，如图 6-48 所示。

学号	姓名	性别	出生日期	政治面貌	成绩
2019010101	李雷	男	1999年10月12日	团员	50
2019010101	李雷	男	1999年10月12日	团员	58
2019010101	李雷	男	1999年10月12日	团员	90
2019010101	李雷	男	1999年10月12日	团员	34
2019010102	刘刚	男	1999年6月7日	团员	90
2019010102	刘刚	男	1999年6月7日	团员	80
2019010102	刘刚	男	1999年6月7日	团员	90
2019010103	王小美	女	1997年5月21日	党员	65
2019010103	王小美	女	1997年5月21日	党员	55
2019010103	王小美	女	1997年5月21日	党员	70
2019010103	王小美	女	1997年5月21日	党员	67
2019010201	张悦	男	1999年12月22日	团员	90
2019010201	张悦	男	1999年12月22日	团员	67
2019010202	王永林	女	1997年1月2日	党员	80
2019010202	王永林	女	1997年1月2日	党员	80
2019020101	张可可	女	2000年9月3日	团员	78
2019020201	林立	男	1998年3月5日	党员	67
2019020201	林立	男	1998年3月5日	党员	58
2019020201	林立	男	1998年3月5日	党员	62
2019020202	王岩	男	2001年10月3日	团员	50
2019020202	王岩	男	2001年10月3日	团员	55
2019030101	张明	女	2000年5月30日	无党派	80
2019030102	李佳宇	女	2000年11月12日	无党派	67
2019030102	李佳宇	女	2000年11月12日	无党派	56

图 6-48 查询结果

2. 使用“设计视图”创建查询

利用查询向导可以建立比较简单的查询，但是对于有条件的查询，是无法直接利用查询向导建立连接的。这时就需要在“设计视图”中自行创建查询。利用查询的“设计视图”，可以自己定义查询条件和查询表达式，从而创建灵活的满足需求的查询，也可以利用“设计视图”来修改已经创建的查询。

查询设计视图主要由两部分构成：上半部分为“对象”窗格，放置查询所需要的数据源表和查询；下半部分为查询设计网格。查询设计网格需要设置如下内容：

① 字段：设置查询所涉及的字段。

② 表：字段所属的表或查询。

③ 排序：对查询进行排序，有“降序”、“升序”和“不排序”三种选择。

④ 显示：决定字段是否在查询结果中显示，默认情况下复选框处于选中状态，表明该字段在查询中出现，如果不想显示某个字段，但又需要它参与运算，可取消勾选该

复选框。

⑤ 条件：放置所指定的查询条件。

⑥ 或：放置逻辑上存在或关系的查询条件。

【例 6.9】使用设计视图创建查询，查找“学生信息”表中政治面貌是“党员”的学生情况。操作步骤如下：

① 打开“学生管理系统”数据库，单击“创建”→“查询”→“查询设计”按钮，打开“设计视图”和“显示表”对话框，如图 6-49 所示。

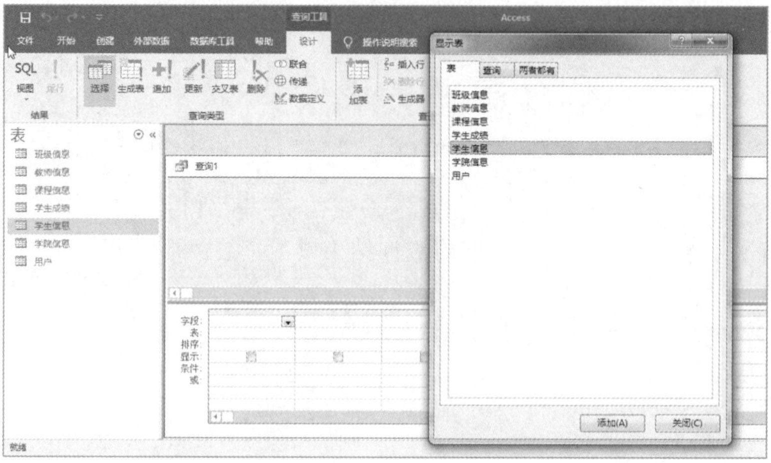

图 6-49 “设计视图”和“显示表”对话框

② 选择要作为查询数据源的表。选中“学生信息”表作为数据源，单击“添加”按钮，将选定的表添加在查询“设计视图”的上半部分，如图 6-50 所示。

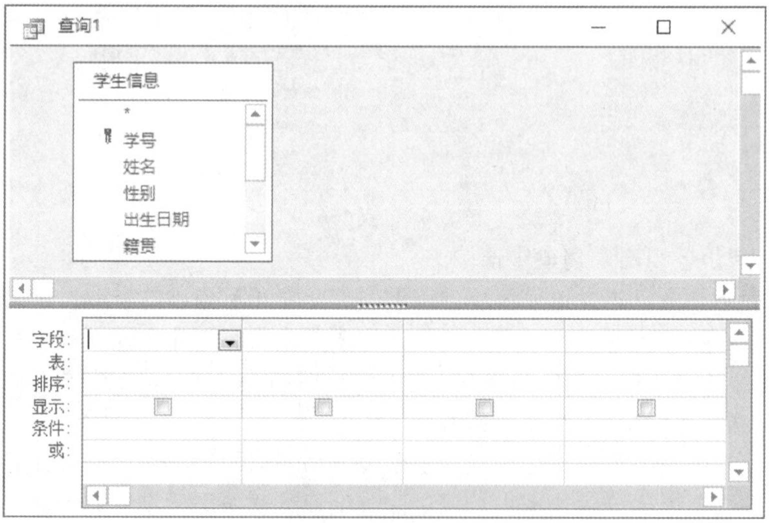

图 6-50 查询设计视图

③ 双击“学生信息表”表中的“学号”、“姓名”和“政治面貌”，将 3 个字段依次显示在设计视图下面的“字段”行的相应列中。在第三列的对应“条件”单元格中输入“党员”，如图 6-51 所示。

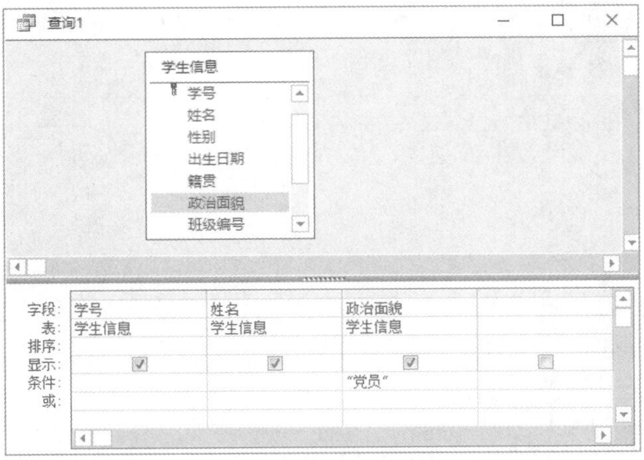

图 6-51　输入条件的设计视图

④ 单击快捷访问工具栏中的“保存”按钮，打开“另存为”对话框，输入要取得查询名称“按党员查找”，单击“确定”按钮保存该查询，如图 6-52 所示。

⑤ 单击“设计”选项卡“结果”组中的“视图”按钮或者“运行”按钮，则可以看到查询结果，如图 6-53 所示。

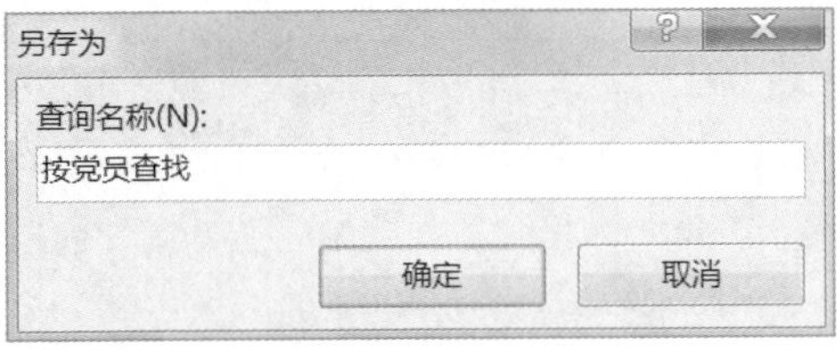

图 6-52　“另存为”对话框

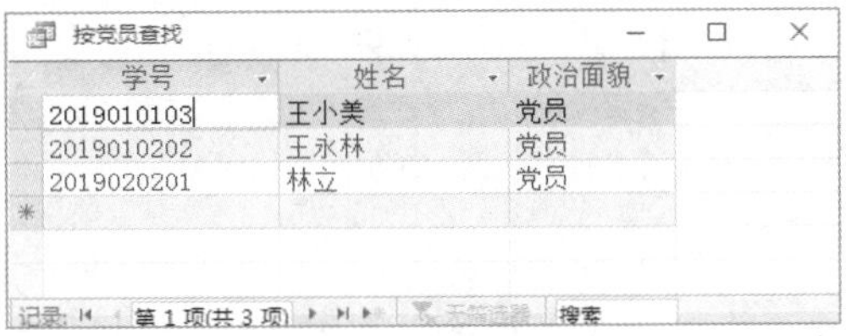

图 6-53　查询结果

6.4.2　参数查询

前面介绍的查询所包含的条件都是固定的常数，然而条件固定的常数并不能满足实际工作的需要。在实际使用中，很多情况下要求灵活地输入查询的条件。在这种情况下就需要使用参数查询。参数查询就是利用对话框提示输入参数，输入参数之后检索符合所输入参数的记录。使用参数查询时，可以建立单参数的查询，也可以建立多参数的查询。

【例 6.10】设计一个参数查询，提示输入学生姓名，然后检索该学生的相关信息。操作步骤如下：

① 打开“学生管理系统”数据库，单击“创建”→“查询”→“查询设计”按钮，打开“设计视图”和“显示表”对话框。

② 选择“学生信息表”表，单击“添加”按钮，将选定的表添加在查询“设计视图”的上半部分。

③ 双击“学生信息表”表中的“学号”字段，或者直接将该字段拖动到“字段”行中，这样就在“表”行中显示了该表的名称“学生”，“字段”行中显示了该字段的名称“学号”。然后按照上述操作把“学生”表中的“姓名”、“性别”、“出生日期”、“政治面貌”、“班级编号”和“入学分数”字段添加到“字段”行中。

④ 在“姓名”字段的“条件”行中，输入一个带方括号的文本“[请输入学生姓名：]”作为参数查询的提示信息，如图 6-54 示。

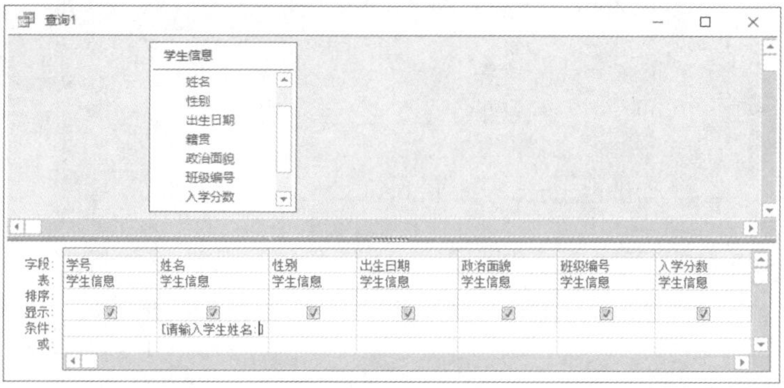

图 6-54　查询窗口

⑤ 保存该查询。单击“设计”选项卡下“结果”组中的“视图”按钮或者“运行”按钮，弹出“输入参数值”对话框，如图 6-55 所示。

⑥ 输入要查询的学生姓名“李雷”，并单击“确定”按钮，得到的查询结果如图 6-56 所示。

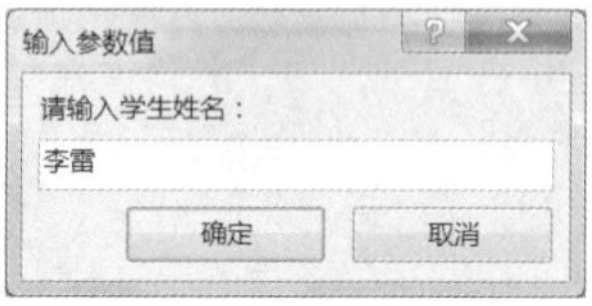

图 6-55　“输入参数值”对话框

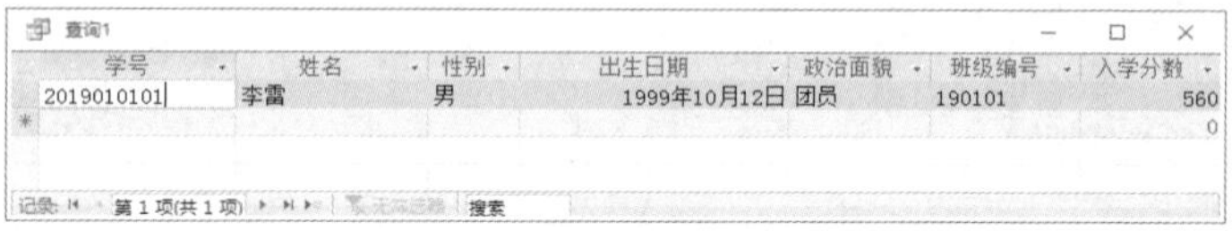

图 6-56　查询结果

如果要设置两个或者多个查询参数，可在两个或多个字段对应的“条件”行中，输入带方括号的文本作为提示信息。

6.4.3　交叉表查询

使用交叉查询计算和重构数据，可以简化数据分析。交叉表查询计算数据的总和、平均值、计数或其他类型的总计值，并将它们分组。一组列在数据表左侧作为交叉表的行字段、另一组列在数据表的顶端作为交叉表的列字段。

创建交叉表查询主要有两种方法：利用交叉表查询向导和利用设计视图。由于交叉表查询是一种应用很广泛、相当实用的查询，因此在这里将分别介绍上述两种创建交叉表查询的方法。

方法一：利用查询向导创建交叉表的查询。

使用交叉表查询建立查询时，所选择的字段必须在同一张表或者查询中。如果所需的字段不在同一张表中，则应该先创建一个查询，把它们放在一起。

【例 6.11】使用“交叉表查询向导”创建查询，按性别统计不同政治面貌的人数。操作步骤如下：

① 打开“学生管理系统”数据库，单击“创建”→“查询”→“查询向导”按钮，在打开的“新建查询”对话框中选择“交叉表查询向导”选项，如图 6-57 所示。

② 单击“确定”按钮，打开“交叉表查询向导”对话框。在该对话框中选择一个表或者一个查询作为交叉表查询的数据源。这里选择“学生信息”表作为数据源，如图 6-58 所示。

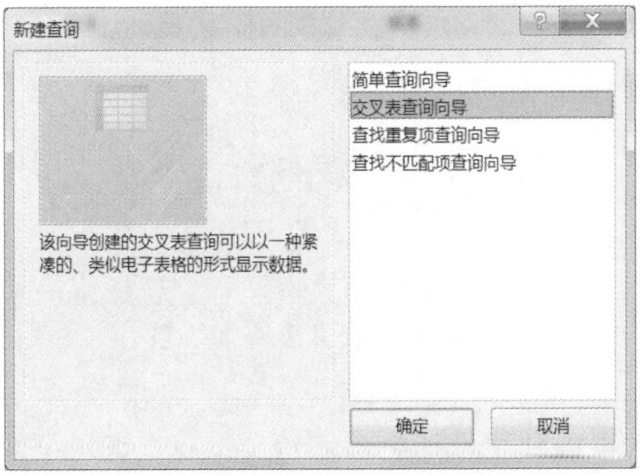

图 6-57　“新建查询”对话框

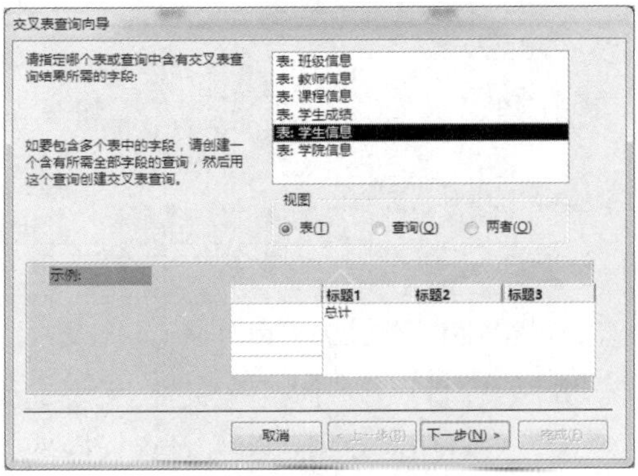

图 6-58　交叉表查询向导（1）

③ 单击“下一步”按钮，打开提示选择行标题对话框。在该对话框中选择作为“行标题”的字段，行标题最多可以选择 3 个。这里选择“政治面貌”字段，并将其添加到“选定字段”列表框中，作为行标题，如图 6-59 所示。

④ 单击“下一步”按钮，在打开的对话框中选择作为“列标题”的字段，字段将显示在查询的上部。字段只能选择一个，这里选择“性别”作为列标题，如图 6-60 所示。

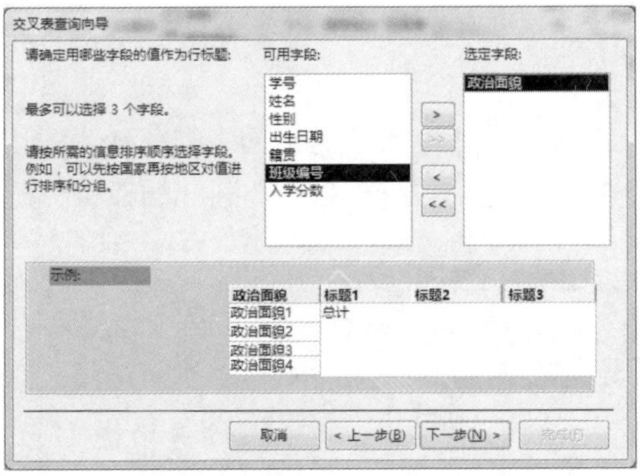

图 6-59　交叉表查询向导（2）

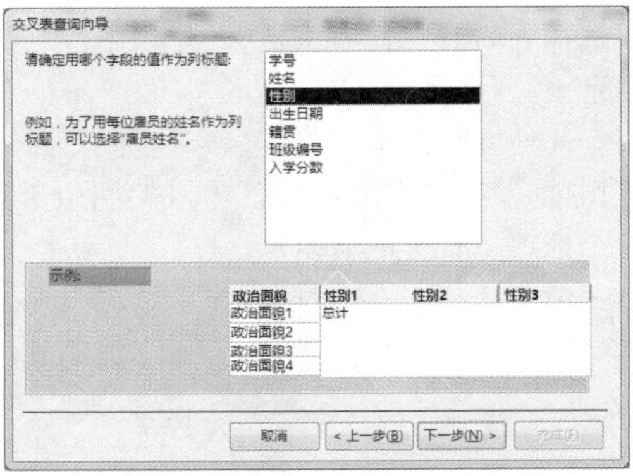

图 6-60　交叉表查询向导（3）

⑤ 单击“下一步”按钮，打开选择对话框，在此对话框中选择要在交叉点显示的字段，以及该字段的显示函数。这里选择“学号”字段，并选择“函数”为“计数”，如图 6-61 所示。

⑥ 单击“下一步”按钮，在打开的对话框中输入该查询的名称“学生信息_交叉表”，单击“完成”按钮，完成该查询的创建。完成后的交叉表查询结果如图 6-62 所示。

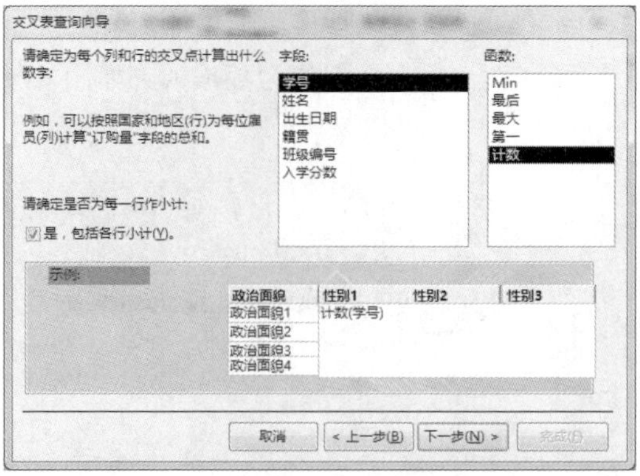

图 6-61　交叉表查询向导（4）

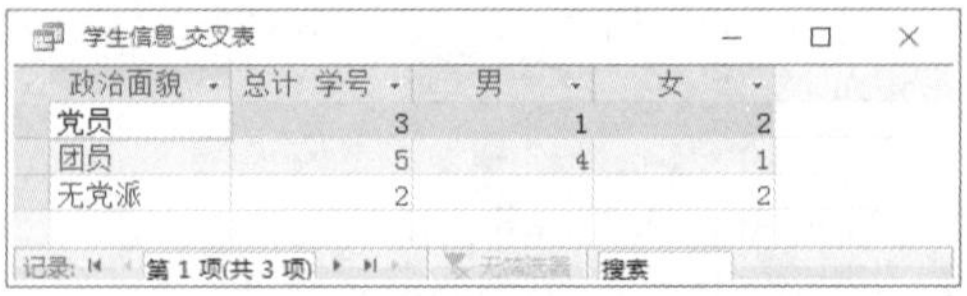

图 6-62　交叉表查询结果

方法二：利用设计视图创建交叉表查询。

除了可以用向导创建交叉表查询以外，也可以利用设计视图创建交叉表查询。下面就以“学生管理系统”数据库中的“学生信息”表为例，说明“设计视图”创建交叉表查询的操作。

【例 6.12】使用设计视图创建交叉表查询，按性别统计不同政治面貌的人数。操作步骤如下：

① 打开“学生管理系统”数据库，单击“创建”→“查询”→“查询设计”按钮，打开“设计视图”和“显示表”对话框。

② 选择“学生信息”表，单击“添加”按钮，将该表添加到“设计视图”的上半部分，关闭“显示表”对话框。此时进入查询的“设计视图”，但是默认的“设计视图”是选择查询，单击“查询类型”组中的“交叉表”按钮，进入交叉表“设计视图”，如图 6-63 所示。

此处可以看到交叉表“设计视图”和选择查询“设计视图”的不同。交叉表“设计视图”中多了“交叉表”行，单击后可以看到下拉列表中有“行标题”、“列标题”和“值”三个选项，如图 6-64 所示。

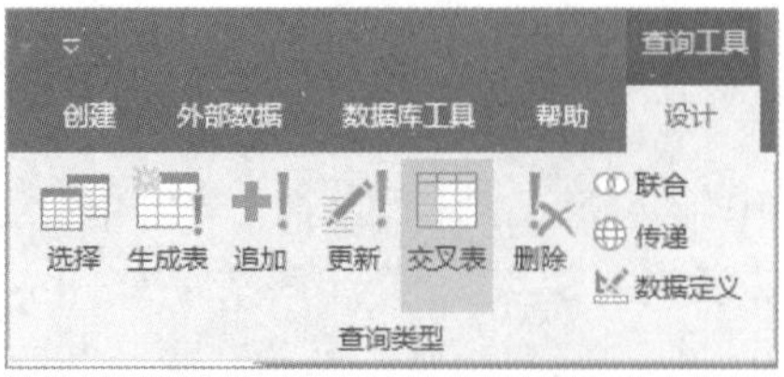

图 6-63　“交叉表”查询

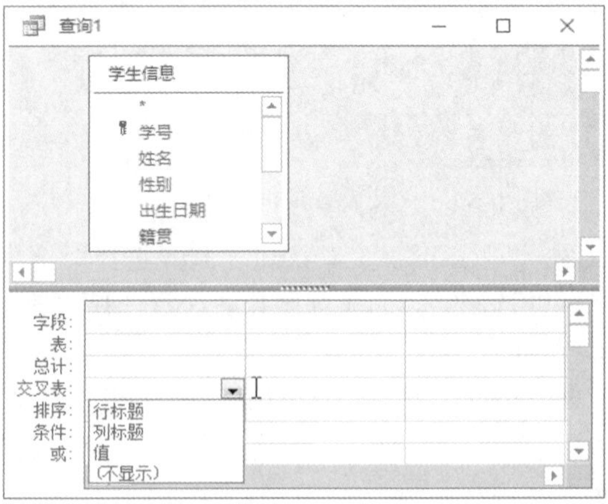

图 6-64　交叉表查询设计网格

③ 双击“政治面貌”字段将其自动添加到“设计视图”的下半部分的设计网格中，并选择“交叉表”行中的“行标题”选项，这样就选定了交叉表的行标题。

按照同样的方法，将“性别”和“学号”字段添加到设计网格中，并分别设置为“列标题”和“值”。最终的设计效果如图 6-65 所示。

④ 保存该查询，单击“查询工具→设计”→“结果”→“运行”按钮，弹出交叉表查询的运行结果，如图 6-66 所示。

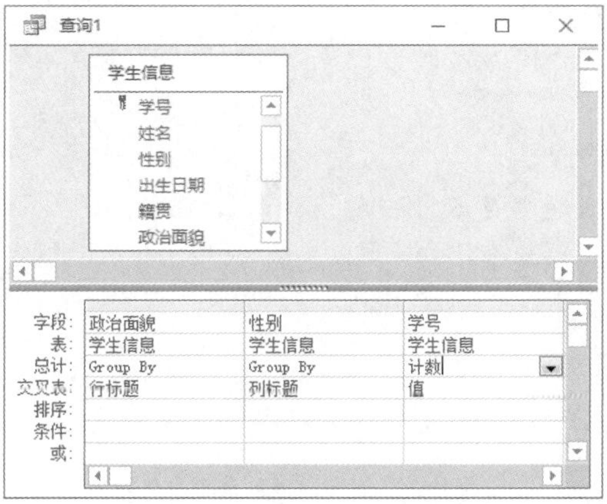

图 6-65　设计后的网格

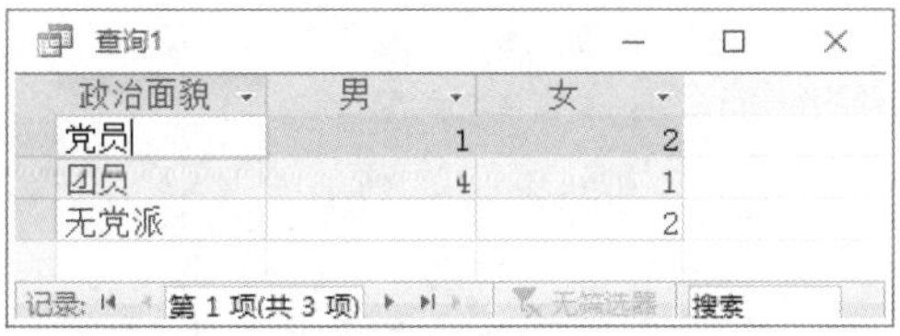

图 6-66　交叉表查询的运行结果

运用交叉表向导创建交叉表查询时，选择的字段必须是在同一个表或同一个查询中的。但是，当运用“设计视图”创建查询时，就可以对分布于不同表中的字段创建查询。只要从“显示表”对话框中选择多个数据表作为查询的数据源，再进行与上面相似的操作即可。

本 章 小 结

Access 2016 是微软公司推出的较新版本，是一个面向对象的可视化数据库管理工具。数据库对象是 Access 2016 最基本的对象，表对象、查询对象、窗体对象、报表对象、宏对象及模块对象都被封装在数据库对象中。本章介绍了数据库的基础知识、Access 数据库和数据库表的创建方法、主键的设置、数据表关系的定义、表字段的添加和删除、数据表的编辑操作，以及查询对象中的选择查询、参数查询、交叉表查询的应用。通过案例的操作培养学生利用数据库系统进行数据分析和处理的能力，为进一步学习数据库知识和数据库应用开发打下基础，使学生具有计算机信息管理的初步能力。

思考与练习

一、选择题

1. 在关系数据库系统中，所谓“关系”是指一个（　　）。

A. 表　　B. 文件　　C. 二维表　　D. 实体

2. 数据库（DB）、数据库系统（DBS）、数据库管理系统（DBMS）之间的关系是（　　）。

A. DBMS 包括 DB 和 DBS
B. DBS 包括 DB 和 DBMS
C. DB 包括 DBS 和 DBMS
D. DB、DBS 和 DBMS 是平等关系

3. 下列关于数据库系统的叙述中，正确的是（　　）。
   A. 表的字段之间和记录之间都存在联系
   B. 表的字段之间和记录之间都不存在联系
   C. 表的字段之间不存在联系，而记录之间存在联系
   D. 表中只有字段之间存在联系
4. 下列关于数据库系统的叙述中，正确的是（　　）。
   A. 数据库系统只是比文件系统管理的数据更多
   B. 数据库系统中数据的一致性是指数据类型一致
   C. 数据系统避免了数据冗余
   D. 数据系统减少了数据冗余
5. 关于表的说法正确的是（　　）。
   A. 表是数据库
   B. 表是记录的集合，每条记录又可划分成多个字段
   C. 在表中可以直接显示图形记录
   D. 在表中的数据不可以建立超链接
6. 在 Access 中表和数据库的关系是（　　）。
   A. 一个数据库可以包含多个表
   B. 一个表只能包含两个数据库
   C. 一个表可以包含多个数据库
   D. 一个数据库只能包含一个表
7. 关于主关键字的说法正确的是（　　）。
   A. 作为主关键字的字段，它的数据能够重复
   B. 主关键字中不许有重复值和空值
   C. 在每个表中，都必须设置主关键字
   D. 主关键字是一个字段
8. 关于查询和表之间的关系，下面说法正确的是（　　）。
   A. 查询的结果是建立了一个新表
   B. 查询的记录集存在于用户保存的地方
   C. 查询中所存储的只是在数据库中筛选数据
   D. 每次运行查询时，Access 便从相关的地方调出查询形成的记录集，这是物理上就已经存在的

二、填空题

1. 支持数据库系统的三种数据模型是________、________、________。
2. 两个实体间的联系有________、________、________。
3. 数据库系统的核心是________。
4. 在关系数据库中，一个属性的取值范围为________。
5. 关系是具有相同性质的________的集合。
6. 二维表中的列称为关系的________，二维表中的行称为关系的________。
7. 利用 Access 2016 创建的数据库文件，其扩展名是________。

三、简答题

1. 简述数据库系统的组成。
2. 数据库中表间的联系有哪几种？
3. Access 2016 中六种对象的功能是什么？
4. 简述创建一个 Access 数据库的步骤。
5. 常用的数据库管理系统软件有哪些？
6. 举例说明实体联系有哪几种。

四、操作题

1. 创建一个“学生管理”数据库。
2. 在“学生管理”数据库中创建如表 6-3～表 6-8 所示的几张数据表。

表 6-3 “学生”表（结构）

字段名	学号	姓名	性别	出生日期	专业
类型	文本	文本	文本	日期/时	文本
大小	4	6	2		16

表 6-4 “学生”表（数据）

学号	姓名	性别	出生日期	专业
2001	王云浩	男	1993 年 12 月 6 日	金融
2002	刘小红	女	1993 年 10 月 4 日	国际贸易
2003	陈芸	女	1995 年 3 月 5 日	国际贸易
2101	徐涛	男	1994 年 8 月 3 日	金融
2102	张晓兰	女	1993 年 5 月 4 日	电子商务
2103	张春晖	男	1995 年 2 月 23 日	电子商务

表 6-5 “课程”表（结构）

字段名	课程号	课程名	学时数	学分
类型	文本	文本	数字	数字
大小	3	16	整型	整型

表 6-6 “课程”表（数据）

课程号	课程名	学时数	学分
501	大学语文	60	4
502	高等数学	90	5
503	基础会计学	80	4

表 6-7 “成绩”表（结构）

字段名	学号	课程号	成绩
类型	文本	文本	数字
大小	4	3	单精度

表 6-8 “成绩”表（数据）

学 号	课 程 号	成 绩
2001	501	88
2001	502	66
2001	503	69
2002	501	92

3. 将学生表的“学号”字段定为主键，课程表的“课程号”定为主键，成绩表使用学号和课程号的组合作为主键。

4. 建立上述三个表之间的关系，在建立过程中要求选择“实施参照完整性”。

5. 查询所有同学的有关基本信息和考试成绩，要求查询显示字段为：学号、姓名、年龄、课程号、课程名、成绩。

6. 设计一个参数查询，要求根据用户输入的“学号”和“课程名”，查询某同学某门课程的成绩，查询显示字段为：学号、姓名、课程名、成绩。

第7章 云 计 算

云计算技术在短短的几年间就产生了巨大的影响力。谷歌、亚马逊、IBM和微软等IT巨头和国内阿里云、腾讯云、华为云等平台都以前所未有的速度和规模推动云计算技术的发展和云计算产品的普及。云计算已经走过十余年的风雨历程，从创立之初，到如今成长为一个巨大的行业和生态，给每个人的工作生活都带来了变化，未来将带来更大的变革。云，是继个人计算机变革、互联网变革之后的第三次IT浪潮，堪称是21世纪以来最伟大的技术进步之一。

7.1 云计算概述

7.1.1 云计算的概念

近年来，社交网络、电子商务、数字城市、在线视频等新一代大规模互联网应用发展十分迅猛。这些新兴的应用具有数据存储量大、业务增长速度快等特点。传统的应用正在变得越来越复杂：需要支持更多的用户，需要更强的计算能力，需要更加稳定安全等。为了支撑这些不断增长的需求，企业不得不去购买各类硬件设备和软件，另外还需要组建一个完整的运维团队来支持这些设备或软件的正常运作，这些维护工作就包括安装、配置、测试、运行、升级，以及保证系统的安全等。企业会发现支持这些应用的开销变得非常巨大，而且它们的费用会随着应用的数量或规模的增加而不断提高，对于这些中小规模的企业，甚至对于个人创业者来说，创造软件产品的运维成本就更加难以承受。针对上述问题2006年谷歌等公司提出了“云计算”的构想，人们需要访问的所有资源都放在了云上，不再需要本地投入大量资金购买计算机硬件设备，大大降低了企业的费用支出。目前，全球跨国企业和本地互联网公司都在使用云计算技术，云计算已经成为当前非常热门的技术。

关于云计算的定义有很多种，现阶段广为人们接受的是美国国家标准与技术研究院（NIST）的定义：云计算是一种按使用量付费的模式，这种模式提供可用的、便捷的、按需的网络访问，进入可配置的计算资源共享池（资源包括网络、服务器、存储、应用软件、服务），这些资源能够被快速提供，只需要投入很少的管理工作，或与服务供应商进行很少的交互。之所以称为“云”，是因为它在某些方面具有现实中云的特征：云一般都较大，云的规模可以动态伸缩，其边界是模糊的；云在空中飘忽不定，无法也无须确定它的具体位置，但它确实存在于某处。云计算结构如图 7-1 所示。

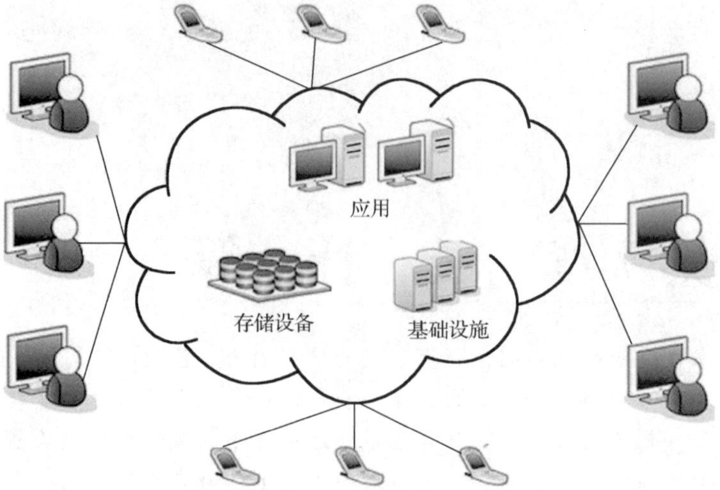

图 7-1　云计算结构

云计算可以算作网格计算的一个商业演化版。它把分散在各地的高性能计算机用高速网络连接起来，用专门设计的中间件软件有机地黏合在一起，以 Web 界面接收各地科学工作者提出的计算请求，并将其分配到合适的节点上运行。计算池能大大提高资源的服务质量和利用率，同时避免跨节点划分应用程序所带来的低效性和复杂性，能够在目前条件下达到实用化要求。云是一种新的计算范式。计算范式指的是用户、终端与计算实现方式之间的关系。从历史的角度来看，计算机从诞生至今，其计算范式已经经历了至少六个发展阶段见表 7-1。

表 7-1　计算范式的六个发展阶段

阶　段	阶 段 名	特　点
1	主机	一台主机同时为多台终端提供服务，而终端也仅仅是键盘、显示器等 I/O 设备
2	个人计算机	随着芯片技术的发展，个人计算机取代大型机成为独立的数据运算和存储单位，用户之间已经不需要再共享主机
3	局域网	不同的 PC 用户可以通过局域网进行资源的传输和共享
4	因特网	因特网的产生使得不同局域网之间的互联成为可能，用户可以通过互联网在全球范围内共享资源
5	网格计算	用户可以通过分布式计算实现大规模高复杂性的运算
6	云计算	云计算模式中，各种应用、数据和 IT 资源以服务的方式通过网络提供给用户使用，而用户终端也随着计算模式的变化而趋向于简单化

云计算阶段与主机阶段存在某种意义上的相似性。不同的是，主机阶段是以主机这一物理实体为计算载体，实现有限的计算能力；而云计算阶段则以网络中所有可能的资源为计算载体，提供的是一种近似于无限的运算能力。此外，两个阶段的终端也存在一定的差别，主机阶段的终端仅是一种简单的输入/输出设备，而云计算的终端需要一定的计算能力和缓存处理能力。云计算利用互联网实现随时随地、按需、便捷地访问共享资源池的计算模式。通过云计算，用户只需要一个远程的联网管理终端即可实现远程管理服务器、服务、数据等，同时用户可以根据其业务负载快速申请或释放资源，并以按需

支付的方式对所使用的资源付费，在提高服务质量的同时降低运维成本。云计算旨在整合各种计算相关资源，提高资源的利用效率，给使用者提供按需使用的计算资源，大大降低了使用者的成本。

7.1.2 云计算的特点

对云计算而言，其借鉴了传统分布式计算的思想。通常情况下，云计算采用计算机集群构成数据中心，并以服务的形式交付给用户，使得用户可以像使用水、电一样按需购买云计算资源。从这个角度看，云计算与网格计算的目标非常相似。但是，云计算和网格计算等传统的分布式计算也有着较明显的区别：首先云计算是弹性的，即云计算能根据工作负载大小动态分配资源，而部署于云计算平台上的应用需要适应资源的变化，并能根据变化做出响应；其次，相对于强调异构资源共享的网格计算，云计算更强调大规模资源池的分享，通过分享提高资源复用率，并利用规模经济降低运行成本。最后，云计算需要考虑经济成本，因此硬件设备、软件平台的设计不再一味追求高性能，而要综合考虑成本、可用性、可靠性等因素。基于上述比较并结合云计算的应用背景，云计算的特点可归纳如下：

1. 超大规模

"云"具有相当的规模，谷歌（Google）云计算已经拥有100多万台服务器，Amazon、IBM、微软、Yahoo等的"云"均拥有几十万台服务器。企业私有云一般拥有数百上千台服务器。"云"能赋予用户前所未有的计算能力。

2. 虚拟化

云计算支持用户在任意位置、使用各种终端获取应用服务。所请求的资源来自"云"，而不是固定的有形实体。应用在"云"中某处运行，但实际上用户无须了解，也不用担心应用运行的具体位置。只需要一台笔记本计算机或者一部手机，就可以通过网络服务来实现需要的一切，甚至包括超级计算这样的任务。

3. 高可靠性

"云"使用了数据多副本容错、计算节点同构可互换等措施来保障服务的高可靠性，使用云计算比使用本地计算机可靠。

4. 通用性

云计算不针对特定的应用，在"云"的支撑下可以构造出千变万化的应用，同一个"云"可以同时支撑不同的应用运行。

5. 高可扩展性

"云"的规模可以动态伸缩，满足应用和用户规模增长的需要。

6. 按需服务

"云"是一个庞大的资源池，可按需购买，像自来水、电、煤气那样计费。资源已经不限定在诸如处理器机时、网络带宽等物理范畴，而是扩展到了软件平台、Web服务和应用程序的软件范畴。传统模式下自给自足的IT运用模式，在云计算中已经改变成分工专业、协同配合的运用模式。对于企业和机构而言，他们不再需要规划属于自己的数据中心，也不需要将精力耗费在与自己主营业务无关的IT管理上。相反，他们可以将这些功能放到云中，由专业公司为他们提供不同程度、不同类型的信息服务。对于个人用户而言，也不再需要一次性投入大量费用购买软件，因为云中的服务已提供了人们所需要的功能。

7. 极其廉价

由于"云"的特殊容错措施可以采用极其廉价的节点来构成云，"云"的自动化集中式管理使大量企业无须负担日益高昂的数据中心管理成本，"云"的通用性使资源的利用率较之传统系统大幅提升，因此用户可以充分享受"云"的低成本优势，经常只要花费几百元、几天时间就能完成以前需要数万元、数月时间才能完成的任务。云计算可以彻底改变人们未来的生活，但同时也要重视环境问题，这样才能真正为人类进步做贡献，而不是简单的技术提升。

8. 潜在的危险性

云计算服务除了提供计算服务外，还必然提供了存储服务。但是，云计算服务当前垄断在私人机构（企业）手中，而他们仅仅能够提供商业信用。对于政府机构、商业机构（特别像银行这样持有敏感数据的商业机构）对于选择云计算服务应保持足够的警惕。一旦商业用户大规模使用私人机构提供的云计算服务，无论其技术优势有多强，都不可避免地让这些私人机构以"数据（信息）"的重要性挟制整个社会。对于信息社会而言，"信息"是至关重要的。另一方面，云计算中的数据对于数据所有者以外的其他云计算用户是保密的，但是对于提供云计算的商业机构而言却是毫无秘密可言。所有这些潜在的危险，是商业机构和政府机构选择云计算服务、特别是国外机构提供的云计算服务时，不得不考虑的一个重要的前提。

7.1.3 云计算的发展

1. 云计算的发展历程

众所周知，云计算被视为科技界的下一次革命，它将带来工作方式和商业模式的根本性改变。追根溯源，云计算与并行计算、分布式计算和网格计算不无关系，更是虚拟化、效用计算等技术混合演进的结果。几十年来，云计算是随着计算机技术和信息技术的不断发展一步步演变过来的。

1959 年 6 月，ChristopherStrachey 发表虚拟化论文，虚拟化是今天云计算基础架构的基石。

1962 年，J.C.R.Licklider 提出"星际计算机网络"设想。

1984 年，Sun 公司（已于 2009 年被 Oracle 公司收购）的联合创始人 JohnGage 说出了"网络就是计算机"的名言，用于描述分布式计算技术带来的新世界，今天的云计算正在将这一理念变成现实。

1999 年，Marc Andreessen 创建 LoudCloud，是第一个商业化的 IaaS 平台。

2004 年，谷歌公司发布 MapReduce 论文。Hadoop 就是 Google 集群系统的一个开源项目总称，主要由 HDFS、MapReduce 和 HBase 组成，其中 HDFS 是 Google File System（GFS）的开源实现；MapReduce 是 Google MapReduce 的开源实现；HBase 是 Google BigTable 的开源实现。2004 年，Doug Cutting 和 Mike Cafarella 实现了 Hadoop 分布式文件系统（HDFS）和 Map-Reduce，并且 Hadoop 成为了非常优秀的分布式系统基础架构。

2005 年，Amazon 宣布 Amazon Web Services 云计算平台。

2007 年 11 月，IBM 首次发布云计算商业解决方案，推出“蓝云”（Blue Cloud）计划。

2008 年 1 月，Salesforce.com 推出了随需应变平台 DevForce，Force.com 平台是世界上第一个平台即服务的应用。

2008 年 10 月，微软发布其公共云计算平台——Windows Azure Platform，由此拉开了微软的云计算大幕。

2008 年 12 月，Gartner 披露十大数据中心突破性技术，虚拟化和云计算上榜。

2009 年，思科先后发布统一计算系统（UCS）、云计算服务平台，并与 EMC、VMware 建立虚拟计算环境联盟。

2009 年 9 月，VMware 启动 vCloud 计划构建全新云服务。

2010 年 1 月，HP 和微软联合提供完整的云计算解决方案；IBM 与松下达成迄今为止全球最大的云计算交易；Microsoft 正式发布 Microsoft Azure 云平台服务。

2010 年 4 月，英特尔在 IDF 上提出互联计算，打算用 x86 架构统一嵌入式、物联网和云计算领域。

同样，我国云计算开始进入实质性发展阶段，许多大型网络公司纷纷加入云计算的阵列。

2009 年 1 月，阿里软件在江苏南京建立首个“电子商务云计算中心”。同年 11 月，中国移动云计算平台“大云”计划启动。到现阶段，云计算已经发展到较为成熟的阶段。

2019 年 8 月 17 日，北京互联网法院发布《互联网技术司法应用白皮书》，北京互联网法院互联网技术司法应用中心揭牌成立。

2020 年我国云计算市场规模达到 1 781 亿元，增速为 33.6%。其中，公有云市场规模达到 990.6 亿元，同比增长 43.7%；私有云市场规模达 791.2 亿元，同比增长 22.6%。

2. 云计算发展的阶段

云计算概念实际上起源于 20 世纪 60 年代，在那个绝大多数人还没有用过计算机的时代，来自斯坦福大学的科学家 John McCarthy 就指出“计算机可能变成一种公共资源”。同时代的 Douglas Parkhill 在其著作 *The Challenge of the Computer Utility* 中将计算资源类比为电力资源，并提出了私有资源、公有资源、社区资源等在今天被频繁提起的云计算概念。Christopher Strachey 发表了一篇论文，正式提出了“虚拟化”的概念。而虚拟化正是云计算基础架构的核心，是云计算发展的基础。云计算的发展经历了四个时期：

（1）萌芽时期 2000—2011 年

亚马逊计算服务（AWS）在 2006 年公开发布 S3（Simple Storage Service，简单存储服务）、SQS 消息队列及 EC2（Elastic Computing Cloud，弹性计算云）虚拟机服务，正式宣告了现代云计算的到来。在云计算兴起之前，对于大多数企业而言，硬件的自行采购和 IDC 机房租用是主流的 IT 基础设施构建方式。除了服务器本身，机柜、带宽、交换机、网络配置、软件安装、虚拟化等底层诸多事项总体上都需要相当专业的人士来负责，进行调整时的反应周期也比较长。

云的到来，给出了另一种高效许多的方式：只需轻点指尖或通过脚本程序即可让需求方自助搭建应用所需的软硬件环境，并且根据业务变化可随时按需扩展和按量计费，再加上云上许多开箱即用的组件级服务，对许多企业来说有着莫大的吸引力。早期的云上产品组合虽然还比较单薄，也存在一些限制，但计算和存储分离的核心理念已经得到初步确立，并深刻影响了基于云上应用程序的架构模式。

由于云计算是多种技术混合演进的结果，其成熟度较高，又有大公司推动，发展极为迅速。谷歌、亚马逊、IBM、微软和 Yahoo 等大公司是云计算的先行者。云计算领域的众多成功公司还包括 VMware、Salesforce、YouTube、MySpace 等。

亚马逊研发了弹性计算云 EC2 和简单存储服务 S3 为企业提供计算和存储服务。收费的服务项目包括存储空间、带宽、CPU 资源和月租费。月租费与电话月租费类似，存储空间、带宽按容量收费，CPU 根据运算量时长收费。在诞生不到两年的时间内，亚马逊的注册用户就多达 44 万人，其中包括为数众多的企业级用户。

谷歌是最大的云计算技术的使用者。它的一系列成功应用平台就建立在 200 多个站点、超过 100 万台服务器的支撑之上，而且这些设施的数量正在迅猛增长，包括 Gmail、Docs 等。采用 Google Docs 之类的应用，用户数据会保存在互联网上的某个位置，可以通过任何一个与互联网相连的终端十分便利地访问和共享这些数据。目前，谷歌已经允许第三方在其云计算中通过 Google App Engine 运行大型并行应用程序，还以发表学术论文的形式公开其云计算的三大法宝：GFS、MapReduce 和 Bigtable，并在美国、中国等高校开设如何进行云计算编程的课程。相应的，模仿者应运而生，Hadoop 是其中最受关注的开源项目。

IBM 在 2007 年 11 月推出了“改变游戏规则”的“蓝云”计算平台，为客户带来即买即用的云计算平台。它包括一系列自我管理和自我修复的虚拟化云计算软件，使来自全球的应用可以访问分布式的大型服务器池，使得数据中心在类似于互联网的环境下运行计算。IBM 正在与 17 个欧洲组织合作开展名为 RESERVOIR 的云计算项目，以“无障碍的资源和服务虚拟化”为口号，欧盟提供了 1.7 亿欧元作为部分资金。2008 年 8 月，IBM 宣布将投资约 4 亿美元用于其设在北卡罗来纳州和日本东京的云计算数据中心改造，并计划 2009 年在 10 个国家投资 3 亿美元建设 13 个云计算中心。

微软紧跟云计算步伐，于 2008 年 10 月推出了 Windows Azure 操作系统。Azure 是继 Windows 取代 DOS 之后，微软的又一次颠覆性转型——通过在互联网架构上打造新云计算平台，让 Windows 真正由 PC 延伸到 Azure 上。Azure 的底层是微软全球基础服务系统，由遍布全球的第四代数据中心构成。目前，微软已经配置了 220 个集装箱式数据中心，包括 44 万台服务器。

（2）探索时期 2011—2014 年

当云计算商家纷纷入场并确认大举投入的战略后，行业进入了探索时期。这一时期的各朵云在产品技术层面进行了许多有益尝试，虽然免不了在个别方向上走些弯路乃至经受挫折，但总体而言云端服务的能力与质量取得了相当大的进步和提升，也为云计算赢得了越来越多的关注和喝彩。

在这一百家争鸣的探索时期，令人可喜的是中国云计算真正如火如荼地发展了起来。除了早期入场的阿里云和盛大云，腾讯、百度等商家也都先后布局，并纷纷把“云”的品牌从一度红火的个人网盘服务让位于企业级云计算；微软 Azure 也于 2014 年在中国正式商用，标志着外资厂商开始参与国内市场竞争。值得一提的是，这段时期独立云计算企业 UCloud、七牛云、青云等都相继创立，分别以极具特色的产品服务和强大的自主研发能力，为中国云计算发展书写了浓墨重彩的篇章，使得国内云计算市场更加精彩纷呈。

（3）发展时期 2014—2018 年

当整个云计算行业一定程度走过探索时期之后，开创者们积累了越来越多的经验，对市场反馈和客户需求有了更清晰的了解与洞察，业务模式与商业运营也驾轻就熟起来，云计算行业进入高速发展时期。在这一时期，不论是总体市场规模，还是云计算的产品与服务，都得到了极大的增长和丰富。云计算产业蓬勃发展，产业规模不断壮大，一批具有技术创新能力的云服务企业快速崛起。在企业上云已经成为重要趋势下，云管服务、边缘云、智能云、云原生、云边协同等新概念、新技术和新应用不断涌现。

当前，我国经济已由高速增长阶段转向高质量发展阶段，正处于转变发展方式、优化经济结构、转换增长动力的关键时期，推动互联网、大数据、人工智能和实体经济深度融合，培育新兴产业发展。云计算是推动信息技术能力实现按需供给、提高信息化建设利用水平的新技术、新模式、新业态，并能够为互联网、大数据、人工智能等领域发展提供重要的基础支撑。企业上云，是企业顺应数字经济发展潮流，加快数字化、网络化、智能化转型，提供创新能力、业务实例和发展水平的重要路径。伴随云计算产业在我国的高速发展，国内厂商纷纷布局智能云市场，积极开放自身智能化技术能力。2017 年 4 月，工业和信息化部印发《云计算发展三年行动计划（2017—2019 年）》提出发展云计算的总体思路、发展目标、重点任务和保障措施；2018 年 7 月，工业和信息化部再次印发《推动企业上云实施指南（2018—2020 年）》从各方面支持和保障企业上云。2018 年我国云计算整体市场规模达 963 亿元，增速 34.32%。其中，公有云市场规模达到 437 亿元。

（4）繁荣时期 2019 年至今

2019 年的全球公有云市场规模已超越 2 000 亿美元，并将继续保持稳定增速。"上云"成为各类企业加快数字化转型、鼓励技术创新和促进业务增长的第一选择甚至前提条件。云计算进一步成为创新技术和最佳工程实践的重要载体和试验场，走在时代进步的前沿。云上的资源和产品让人工智能等新兴技术变得触手可及，大大降低了客户的探索成本，也加快了新技术的验证和实际交付，具有极高的社会价值。

随着通用类架构与功能的不断完善和对行业客户的不断深耕，云计算自然地渗透进入更多垂直领域，提供更贴近行业业务与典型场景的基础能力。云计算将顺应产业互联网大潮，下沉行业场景，向垂直化产业化纵深发展。

云计算将对互联网应用、产品应用模式和 IT 产品开发方向产生影响。云计算技术是未来技术的发展趋势，也是包括 Google 在内的互联网企业前进的动力和方向，未来主要朝以下三个方向发展。

① 手机上的云计算。云计算技术提出后，对客户终端的要求大大降低，瘦客户机将成为今后计算机的发展趋势。瘦客户机通过云计算系统可以实现目前超级计算机的功能，而手机就是一种典型的瘦客户机。云计算技术和手机的结合将实现随时、随地、随身的高性能计算。

② 云计算时代资源的融合。云计算最重要的创新是将软件、硬件和服务共同纳入

资源池，三者紧密地结合起来融合为一个不可分割的整体，并通过网络向用户提供恰当的服务。网络带宽的提高为这种资源融合的应用方式提供了可能。

③ 云计算的商业发展。最终人们可能会像缴水电费那样去为自己得到的计算机服务缴费。这种使用计算机的方式对于诸如软件开发企业、服务外包企业、科研单位等对大数据量计算存在需求的用户来说无疑具有相当大的诱惑力。

7.1.4 云计算的类型

云计算按照服务类型大致可以分为三类：基础设施即服务（IaaS）、平台即服务（PaaS）和软件即服务（SaaS），如图 7-2 所示。

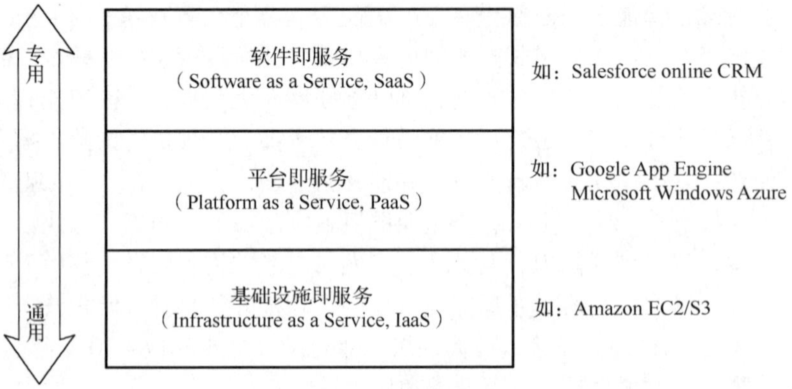

图 7-2　云计算的服务类型

1. 软件即服务（SaaS）

SaaS 是最常见的，也是最先出现的云计算服务。通过 SaaS 这种模式，用户只要接上网络，通过浏览器就能直接使用在云上运行的应用。SaaS 云供应商负责维护和管理云中的软硬件设施，同时以免费或者按需使用的方式向用户收费，所以用户不需要顾虑类似安装、升级和防病毒等琐事，并且免去初期高昂的硬件投入和软件许可证费用的支出，即可随时随地使用软件。这种模式下，客户不再像传统模式那样花费大量资金在硬件、软件、维护人员，只需要支出一定的租赁服务费用，通过互联网就可以享受到相应的硬件、软件和维护服务，这是网络应用最具效益的营运模式。对于小型企业来说，SaaS 是采用先进技术的最好途径。以企业管理软件来说，SaaS 模式的云计算 ERP 可以让客户根据并发用户数量、所用功能多少、数据存储容量、使用时间长短等因素不同组合按需支付服务费用。既不用支付软件许可费用，也不需要支付采购服务器等硬件设备费用，以及购买操作系统、数据库等平台软件费用，也不用承担软件项目定制、开发、实施费用，也不需要承担 IT 维护部门开支费用。云计算 ERP 继承了开源 ERP 免许可费用只收服务费用的最重要特征，是突出了服务的 ERP 产品。目前，Salesforce 是提供这类服务最有名的公司，Google Doc、Google Apps 和 Zoho Office 也属于这类服务。

（1）SaaS 产品

由于 SaaS 产品起步较早，而且开发成本低，所以在现在的市场上，SaaS 产品不论是在数量还是在类别上都非常丰富。同时，也出现了多款经典产品，其中最具代表性的莫过于 Google Apps、Salesforce CRM、Office Web Apps 和 Zoho。

① Google Apps：中文名为“Google 企业应用套件”，提供了企业版 Gmail、Google

日历、Google 文档和 Google 协作平台等多个在线办公工具，价格低廉，使用方便，并且已经有超过两百万家企业购买了 Google Apps 服务。

② Salesforce CRM：它是一款在线客户管理工具，在销售、市场营销、服务和合作伙伴这 4 个商业领域提供了完善的 IT 支持，还提供了强大的定制和扩展机制，让用户的业务更好地运行在 Salesforce 平台上。这款产品常被业界视为 SaaS 产品的“开山之作”。

③ Office Web Apps：它是微软所开发的在线版 Office，提供基于 Office 2010 技术的简易版 Word、Excel、PowerPoint 及 OneNote 等功能。它属于 Windows Live 的一部分，并与微软的 SkyDrive 云存储服务有深度的整合，而且兼容 Firefox、Safari 和 Chrome 等非 IE 系列浏览器。与其他在线 Office 相比，由于其本身属于 Office 2010 的一部分，所以在与 Office 文档的兼容性方面远胜其他在线 Office 服务。

④ Zoho：它是 AdventNet 公司开发的一款在线办公套件。在功能方面，它绝对是现在业界最全面的，有邮件、CRM、项目管理、在线会议、论坛和人力资源管理等几十个在线工具供用户选择。同时，包括美国通用电气在内的多家大中型企业已经开始在其内部引入 Zoho 的在线服务。

（2）SaaS 的优势

虽然与传统桌面软件相比，现有的 SaaS 服务在功能方面还稍逊一筹，但是在其他方面还是具有一定优势的。具体如下：

① 使用简单。在任何时候或者任何地点，只要接上网络，用户就能访问 SaaS 服务，而且无须安装、升级和维护。

② 支持公开协议。现有的 SaaS 服务在公开协议（如 HTML 4/HTML 5）的支持方面都做得很好，用户只需一个浏览器就能使用和访问 SaaS 应用，非常方便。

③ 安全保障。SaaS 供应商需要提供一定的安全机制，不仅要使存储在云端的用户数据处于绝对安全的境地，而且也要通过一定的安全机制（如 HTTPS 等）来确保与用户之间通信的安全。

④ 初始成本低。使用 SaaS 服务时，不仅无须在使用前购买昂贵的许可证，而且几乎所有的 SaaS 供应商都允许免费试用。

2. 平台即服务（PaaS）

通过 PaaS 这种模式，用户可以在一个提供 SDK（Software Development Kit，软件开发工具包）、文档、测试环境和部署环境等在内的开发平台上非常方便地编写和部署应用，而且不论是在部署还是在运行时，用户都无须为服务器、操作系统、网络和存储等资源的运维操心。PaaS 是一种分布式平台服务，厂商提供开发环境、服务器平台、硬件资源等服务给客户，用户在其平台基础上定制开发自己的应用程序并通过其服务器和互联网传递给其他客户。

PaaS 能够给企业或个人提供研发的中间件平台，提供应用程序开发、数据库、应用服务器、试验、托管及应用服务。Google App Engine、Salesforce 的 force.com 平台、八百客的 800APP 是 PaaS 的代表产品。以 Google App Engine 为例，它是一个由 Python 应用服务器群、BigTable 数据库及 GFS 组成的平台，为开发者提供一体化主机服务器及可自动升级的在线应用服务。用户编写应用程序在 Google 的基础架构上运行就可以为互联网用户提供服务，Google 提供应用运行及维护所需要的平台资源。

（1）PaaS 产品

和 SaaS 产品百花齐放相比，PaaS 产品主要以少而精为主，其中比较著名的产品有：Force.com、Google App Engine、Windows Azure Platform 和 Heroku。

① Force.com：就像上面所说的那样，是业界第一个 PaaS 平台，它主要通过提供完善的开发环境和强健的基础设施等来帮助企业和第三方供应商交付健壮的、可靠的和可伸缩的在线应用。此外，Force.com 本身是基于 Salesforce 著名的多租户架构的。

② Google App Engine：它提供 Google 的基础设施来让大家部署应用，还提供一整套开发工具和 SDK 来加速应用的开发，并提供大量免费额度来节省用户的开支。

③ Windows Azure Platform：它是微软推出的 PaaS 产品，运行在微软数据中心的服务器和网络基础设施上，通过公共互联网来对外提供服务。它由具有高扩展性的云操作系统、数据存储网络和相关服务组成，而且服务都是通过物理或虚拟的操作系统实例提供的。此外，它附带的 Windows Azure SDK 提供了一整套开发、部署和管理 Windows Azure 云服务所需要的工具和 API。

④ Heroku：它是一个用于部署 Ruby On Rails 应用的 PaaS 平台，并且其底层基于 Amazon EC2 的 IaaS 服务，在 Ruby 程序员中有非常好的口碑。

（2）PaaS 的优势

与现有的基于本地的开发和部署环境相比，PaaS 平台主要有下面这六方面的优势：

① 开发环境友好。通过提供 SDK 和 IDE（Integrated Development Environment，集成开发环境）等工具来让用户不仅能在本地方便地进行应用的开发和测试，而且能进行远程部署。

② 服务丰富。PaaS 平台会以 API 的形式将各种各样的服务提供给上层的应用。

③ 管理和监控精细。PaaS 能够提供应用层的管理和监控，比如，能够观察应用运行的情况和具体数值[如吞吐量（Throughput）和响应时间（Response Time）等]来更好地衡量应用的运行状态，还能通过精确计量应用所消耗的资源来更好地计费。

④ 伸缩性强。PaaS 平台会自动调整资源来帮助运行于其上的应用更好地应对突发流量。

⑤ 多住户（Multi-Tenant）机制。许多 PaaS 平台都自带多住户机制，不仅能更经济地支撑庞大的用户规模，而且能提供一定的可定制性以满足用户的特殊需求。

⑥ 整合率高。PaaS 平台的整合率非常高，比如 Google App Engine 能在一台服务器上承载成千上万个应用。

3. 基础设施即服务（IaaS）

IaaS 即把厂商的由多台服务器组成的“云端”基础设施作为计量服务提供给客户。它将内存、I/O 设备、存储和计算能力整合成一个虚拟的资源池为整个业界提供所需要的存储资源和虚拟化服务器等服务。这是一种托管型硬件方式，用户付费使用厂商的硬件设施。例如，Amazon Web 服务（AWS）IBM 的 Blue Cloud 等均是将基础设施作为服务出租。

通过 IaaS 模式，用户可以从供应商那里获得所需的计算或者存储等资源来装载相关应用，并只需为其所租用的那部分资源付费，而这些烦琐的管理工作则交给 IaaS 供应商来负责。

（1）IaaS 产品

最具代表性的 IaaS 产品有：Amazon EC2、IBM Blue Cloud、Cisco UCS 和 Joyent。

① Amazon EC2：主要以提供不同规格的计算资源（也就是虚拟机）为主。它基于著名开源虚拟化技术 Xen。通过 Amazon 的各种优化和创新，EC2 不论在性能上还是在稳定性上都已经满足企业级的需求。而且它还提供完善的 API 和 Web 管理界面来方便用户使用。

② IBM Blue Cloud："蓝云"解决方案是由 IBM 云计算中心开发的业界第一个，同时也是在技术上比较领先的企业级云计算解决方案。该解决方案可以对企业现有的基础架构进行整合，通过虚拟化技术和自动化管理技术来构建企业自己的云计算中心，并实现对企业硬件资源和软件资源的统一管理、统一分配、统一部署、统一监控和统一备份，也打破了应用对资源的独占，从而帮助企业能享受到云计算所带来的诸多优越性。

③ Cisco UCS：它是下一代数据中心平台，在一个紧密结合的系统中整合了计算、网络、存储与虚拟化功能。该系统包含一个低延时、无丢包和支持万兆以太网的统一网络阵列，以及多台企业级 x86 架构系列刀片服务器等设备，并在一个统一的管理域中管理所有资源。用户可以通过在 UCS 上安装 VMware vSphere 来支撑多达几千台虚拟机的运行。通过 Cisco UCS，能够让企业快速在本地数据中心搭建基于虚拟化技术的云环境。

④ Joyent：它提供基于 Open Solaris 技术的 IaaS 服务。其 IaaS 服务中最核心的是 Joyent Smart Machine。与大多数 IaaS 服务不同的是，它并不是将底层硬件按照预计的额度直接分配给虚拟机，而是维护了一个大的资源池，让虚拟机上层的应用直接调用资源，并且这个资源池也有公平调度的功能。这样做的好处是优化资源的调配，并且易于应对流量突发情况，同时使用人员也无须过多关注操作系统级管理和运维。

（2）IaaS 的优势

与传统的企业数据中心相比，IaaS 服务在很多方面都存在一定的优势：

① 免维护。主要的维护工作都由 IaaS 云供应商负责，用户不必操心。

② 非常经济。首先免去了用户前期的硬件购置成本，而且由于 IaaS 云大都采用虚拟化技术，所以应用和服务器的整合率普遍在 10（也就是一台服务器运行 10 个应用）以上，这样能有效降低使用成本。

③ 开放标准。虽然很多 IaaS 平台都存在一定的私有功能，但是由于 OVF 等应用发布协议的诞生，IaaS 在跨平台方面稳步前进，这样应用就能在多个 IaaS 云上灵活地迁移，而不会被固定在某个企业数据中心内。

④ 支持的应用。因为 IaaS 主要是提供虚拟机，而且普通的虚拟机能支持多种操作系统，所以 IaaS 所支持应用的范围非常广泛。

⑤ 伸缩性强。IaaS 云只需要几分钟就能给用户提供一个新的计算资源，而传统的企业数据中心则往往需要几周时间，并且计算资源可以根据用户需求来调整其资源的大小。

⑥ 在 IaaS 环境中，用户相当于在使用裸机和磁盘，既可以让它运行 Windows，也可以让它运行 Linux，因而几乎可以做任何想做的事情，但用户必须考虑如何才能让多台机器协同工作起来。

⑦ AWS 提供了在节点之间互通消息的接口简单队列服务 SQS。

⑧ IaaS 允许用户动态申请或释放节点，按使用量计费。

⑨ IaaS 是由公众共享的，具有更高的资源使用效率。

需要指出的是，随着云计算的深化发展，不同云计算解决方案之间相互渗透融合，同一种产品往往横跨两种以上类型。例如，Amazon Web Services 是以 IaaS 发展的，但新提供的弹性 MapReduce 服务模仿了 Google 的 MapReduce，简单数据库服务 SimpleDB 模仿了 Google 的 BigTable，这两者属于 PaaS 的范畴，而它新提供的电子商务服务 FPS 和 DevPay，以及网站访问统计服务 Alexa Web 服务，则属于 SaaS 的范畴。

7.1.5 云计算的部署模式

云部署就是为了简化工作流程，使业务更加自动化，节省人力物力财力，减少运营成本，实现更高的效率。云计算有四种部署模型，每一种都具备独特的功能，可满足用户不同的要求。

1. 私有云

云基础设施被某单一组织拥有或租用，该基础设施只为该组织运行。私有云的核心特征是云端资源只供一个企事业单位内的员工使用，其他的人和机构都无权租赁并使用云端计算资源。至于云端部署何处、所有权归谁、由谁负责日常管理，并没有严格的规定。

一是部署在单位内部（如机房），称为本地私有云；二是托管在别处（如阿里云端）。由于本地私有云的云端部署在企业内部，私有云的安全及网络安全边界定义都由企业自己实现并管理，一切由企业掌控，所以本地私有云适合运行企业中关键的应用。

托管私有云是把云端托管在第三方机房或者其他云端，计算设备可以自己购买，也可以租用第三方云端的计算资源。消费者所在的企业一般通过专线与托管的云端建立连接，或者利用叠加网络技术在因特网上建立安全通道（VPN），以便降低专线费用，托管私有云由于云端托管在公司之外，企业自身不能完全控制其安全性，所以要与信誉好、资金雄厚的托管方合作，这样的托管方抵御天灾人祸的能力更强。

2. 社区云

基础设施被一些组织共享，并为一个有共同关注点的社区服务（如任务、安全要求、政策和准则等）。社区云的核心特征是云端资源只给两个或者两个以上的特定单位组织内的员工使用，除此之外的人和机构都无权租赁和使用云端计算资源。参与社区云的单位组织具有共同的要求，如云服务模式、安全级别等。具备业务相关性或者隶属关系的单位组织建设社区云的可能性更大一些，因为一方面能降低各自的费用，另一方面能共享信息。与私有云类似，社区云的云端也有两种部署方法，即本地部署和托管部署。由于存在多个单位组织，所以本地部署存在三种情况：

① 只部署在一个单位组织内部。

② 部署在部分单位组织内部。

③ 部署在全部单位组织内部。

如果云端部署在多个单位组织，那么每个单位组织只部署云端的一部分，或者做灾备；当云端分散在多个单位组织时，社区云的访问策略就变得很复杂。如果社区云有 N 个单位组织，那么对于一个部署了云端的单位组织来说，就存在 N-1 个其他单位组织如何共享本地云资源的问题。换言之，就是如何控制资源的访问权限问题，常用的解决办法有“用户通过诸如 XACML 标准自主访问控制”、“遵循诸如‘基于角色的访问控制’

安全模型”和“基于属性访问控制”等。

除此之外，还必须统一用户身份管理，解决用户能否登录云端的问题。其实，以上两个问题就是常见的权限控制和身份验证问题，是大多数应用系统都会面临的问题。类似于托管私有云，托管社区云也是把云端部署到第三方，只不过用户来自多个单位组织，所以托管方还必须制定切实可行的共享策略。

3. 公共云

基础设施是被一个销售云计算服务的组织所拥有，该组织将云计算服务销售给一般大众或广泛的工业群体。公共云的核心特征是云端资源面向社会大众开放，符合条件的任何个人或者单位组织都可以租赁并使用云端资源。公共云的管理比私有云的管理要复杂得多，尤其是安全防范，要求更高。

4. 混合云

基础设施是由两种或两种以上的云（内部云、社区云或公共云）组成，每种云仍然保持独立，但用标准的或专有的技术将它们组合起来，具有数据和应用程序的可移植性。

每种服务模型实例有两种类型：内部或外部。内部云存在于组织的网络安全边界（指防火墙）之内，外部云存在于网络安全边界之外。

7.1.6 云计算的优势

云计算的核心思想是，将大量用网络连接的计算资源统一管理和调度，构成一个计算资源池向用户按需服务。云计算的基本原理是，通过使计算分布在大量的分布式计算机上，而非本地计算机或远程服务器中完成目标任务。企业数据中心的运行将更与互联网相似。这使得企业能够将资源切换到需要的应用上，根据需求访问计算机和存储系统。任何一件事物都有利弊之分，云计算也不例外，只有充分地认识到这些优势和劣势之后才能更好地做出决断。下面就具体分析一下云计算到底有哪些优势和劣势。

1. 云计算的优势

云计算最大的优点就是能够快速搭建企业应用，比如，现在要开发一个网站，我们不必再担心花巨资购买硬件来集群或花巨资购买所需的系统软件，而且这些也需要一些人员来组建和维护。对于一个比较新且可能会带来盈利的商业计划，搭建在云上是一个非常不错的选择，这起码能比其他企业先行一步。

2. 提供了更大的灵活性和扩展性

由于“云”的规模可以动态伸缩，这样就可以不用加大投资硬件设备的力度来满足应用和用户规模增长的需要，同时也无形中降低了成本。如果项目突然废弃，也没有什么大的损失，所以在这方面，云计算相当灵活且易于扩展。

3. 可以应对一些特殊的场景

很多公司都是在特定的时期盈利较大，比如一些重要节日的帮办公司，它们就是在这段时间的营业额比较大，在一年中的其他时候，几乎不能盈利。在这种情况下，如果按照传统的软件部署习惯，势必会造成一定的浪费。正如一个有大量波峰和波谷的企业一样，可能被迫要将更多的 IT 资源分配给峰值时期使用。这种情况下将峰值需求外包可能会节约更多成本。

4. 缩短了产品的开发周期

不管使用哪个厂商的云计算产品都有一个显著的特点，那就是能缩短产品的开发周期，一个想法到一个产品的开发周期因为云计算的到来而逐渐缩短，由此可以看出里面蕴藏的巨大价值。云计算确实已经开始影响到人们开展业务的方式。

5. 节约了建立基础设施的成本

对于每个企业来说进行基础设施建设都需要一笔比较大的费用，而且除了费用之外还需要专门的人力和物力投入，在这个过程中又要保持快速的软硬件更新速度来适应市场的不断变化，所以云计算的出现无疑是值得考虑的一种解决方案。很多时候，企业会出现数据中心使用面积不够、应用软件超出基础架构的承受能力、软硬件更新太快等问题，此时，云计算服务能帮助企业将资本转移到运营费用上，所以在这方面也值得企业考虑。

7.1.7 云计算的劣势

1. 数据安全性

从数据安全性方面看，目前比较热的云计算厂商亚马逊、谷歌、IBM、微软等都没有完全解决这个问题，所以很多企业了解到所用数据的类型和分类后，他们还是会决定通过内部监管来控制这些数据。而绝不会将具备竞争优势或包含用户敏感信息的应用软件放在公共云上，这也是众多企业保持观望的一个原因。

2. 成本有时会超出预算

虽然云厂商推出云产品时大力宣传随时获取，按需使用、随时扩展、按使用付费，但是在很大程度上成本都相对较高，至少在目前还没有大幅降低的趋势，这样对某些企业就会起到相反的效果，导致其不考虑采用外部云服务来应对存储扩展能力的挑战。

3. 企业的自主权降低

出于慎重考虑，用户都希望能完全管理和控制公司内部应用，原来的模式中，可以搭建自己的基础架构，每层应用都可以进行自定义的设置和管理；而换到云平台以后，企业不需要担心基础架构，或诸如安全、容错等方面的问题，但同时也产生新的问题——不能自行设置和管理内部应用。

4. 已有的 IT 部署难以转型

很多大型企业已经花了巨资来购买硬件并逐渐构建了自己的服务器集群，也购买了所需的系统软件和应用软件，而且也在此基础上搭建了基础平台架构。对于这样的企业，他们没有必要把自己的应用舍本求末地放在云上，所以这也是很多企业不愿意迁移的原因之一。

5. 云计算本身需不断成熟

尽管如今云计算市场如火如荼，但仍缺乏统一的平台和标准规范。它能否为企业所用，在安全性、稳定性和企业本身因素方面必须经过慎重考虑才行。云计算和业务的整合说起来简单执行却很难，很多地方都需要优化。当然，很多企业也愿意在这个过程中充当试金石，因为云技术日新月异，已然成为未来的趋势。

7.1.8 云计算的应用

云计算应用是由云计算运营商提供的服务，这些运营商需要事先采用云产品搭建云计算中心，然后才能对外提供云计算服务。云计算为用户提供动态、可扩展的计算资源，也就是说，用户想用的计算资源可以根据客户流量需要随时增减，利用云计算的弹性资源，企业解决了因需求量突然增加而出现计算资源不足的问题，同时避免了因闲置过剩计算资源而造成的浪费。云计算的目的是云应用，离开应用，搭建云计算中心没有任何意义。下面将介绍几种云计算比较典型的应用场景。

1. 云安全

云安全（Cloud Security）是一个从“云计算”演变而来的新名词。云安全的策略构想是：使用者越多，每个使用者就越安全，因为如此庞大的用户群，足以覆盖互联网的每个角落，只要某个网站被挂木马或某个新木马病毒出现，就会立刻被截获。

“云安全”通过大量客户端对网络中软件行为的异常监测，获取互联网中木马、恶意程序的最新信息，推送到服务器端进行自动分析和处理，再把病毒和木马的解决方案分发到每一个客户端。云端数据安全一直是用户所担忧的问题，用户期待看到更安全的应用程序和技术，未来新的数据加密技术、安全协议会越来越多，从而保障云数据安全和用户信息。

2. 云存储

使用云可以存储文件，并且通过任意支持 Web 的接口访问、存储和检索文件。网络服务接口通常比较简单。用户可以随时随地获得高可用性、高速、高可扩展性和高安全性的环境。在这个场景中，只需要为他们实际使用的存储量付费，而且在此过程中，无须监督存储基础结构的日常维护。此外，还可以将数据存储在内部部署或外部部署上，具体取决于法规合规性要求。根据客户规范要求，可以将数据存储在由第三方托管的虚拟存储池中。

传统的云存储不安全、速度慢且成本高，因此2018年实现了Google Drive和DropBox等众包数据存储。企业也正在使用这种类型的存储来生成更多的众包数据。例如，华为、百度等正在为大数据、数据分析和人工智能等应用提供免费的云存储，以便生成众包数据。

3. 金融云

互联网+普惠金融是国务院关于积极推进“互联网+”行动重点行业推进方向，鼓励金融机构利用云计算、移动互联网、大数据等技术手段加快金融产品和服务创新。越来越多的金融企业认识到只有与云计算结合，才能更好地支持业务发展和创新。目前的“金融云”市场，主要存在两个发展方向：一种是以往从事金融服务的传统 IT 企业，开始利用云的手段改造传统业务，实现自身的“互联网化”转型；另一种是互联网云计算企业借助自身的技术优势，积极地向金融行业拓展。近九成的金融机构已经或正计划应用云计算技术，其中，缩短应用部署时间、节约成本和业务升级不中断成为金融机构使用云计算的主要考量。银行作为传统的金融机构，在业务需求、安全需求、政策符合性考虑等方面有明显的行业特色。同时在利用云计算技术提高银行系统信息化管理能力，有效增强业务竞争能力方面有着更高的要求。

4. 教育云

构建教育云是一个庞大的系统工程，由一个国家层面的公共教育云和成千上万的学校私有教育云组成，而且私有教育云建设要先行启动，教育管理部门制定标准，由各个学校自己主导建设。

公共教育云由政府牵头完成，承载共性教育资源和标杆教育资源，同时作为连接各个私有教育云的纽带。各个学校的私有教育云承载各种特色资源，履行“教”与“学”的具体任务。每个学校运营自己的私有云端，而云终端发放到每个老师和学生的手上，形态上可以是固定云终端（放置在老师办公室、机房、多媒体教室、图书馆的多媒体阅览室等）、移动云终端（给老师和学生）、移动固定两用云终端及多屏云终端。云端和云终端通过校园高速光纤互联在一起，如图 7-3 所示。

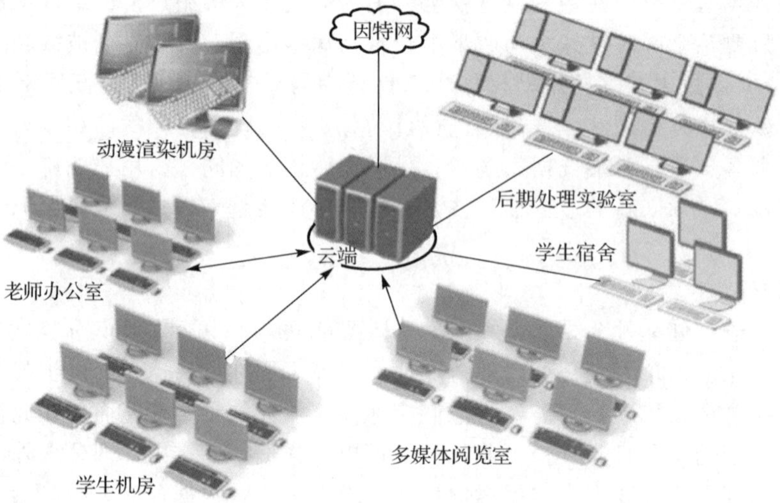

图 7-3　教育云架构

新生注册时，为每个学生分配一个云端账号和一台手持云终端，一个账号对应一个虚拟云桌面，学生毕业后回收其云端资源。在机房、宿舍、图书馆等场所，只要坐下来，就可以把手持设备插入固定云终端，然后就可以使用大键盘和大屏幕。手持设备也可以单独接入云端。与传统的非教育云相比，学校采用私有教育云有如下优点：

① 移动教学。无论师生在哪里，都能登录自己的云端桌面。

② 延续实验。由于每个学生都有自己独有的虚拟机，所以跨节次的实验不会被中断。

③ 远程教学。老师能选择云端的任何学生的云桌面并广播课件。

④ 规范学生用机行为。能轻松控制学生可以安装和使用的软件，杜绝学生沉迷于游戏。

⑤ 便于资源共享。

⑥ 便于学生积淀学习笔记和素材。

⑦ 便于学生通过计算机实现云中开发。

⑧ 轻松实现高性能计算，如科学研究、动漫渲染、游戏开发、虚拟现实模拟等。

⑨ 便于因材施教。在掌握一定的基础知识后因材施教，最大限度地发挥每个学生

的特长，这是最理想的教育方法。利用虚拟现实技术产生学生喜爱的“老师”，利用大数据分析为每个学生制订教学计划，然后给每个学生分配一个“老师”，按照制订的计划一对一教学。在私有教育云的基础上再抽取共性资源，形成全国性的公共教育云，同时引入虚拟现实技术，实现远程教育，使得偏远的广大农村受益。

未来，云计算还将为高校与科研单位提供实效化的研发平台。云计算将在中国高校与科研领域得到广泛的应用普及，各大高校将根据自身研究领域与技术需求建立云计算平台，并对原来各下属研究所的服务器与存储资源加以有机整合，提供高效可复用的云计算平台，为科研与教学工作提供强大的计算机资源，进而大大提高研发工作效率。随着“互联网+”的迅猛发展，高等教育正在进行基于信息技术的伟大变革，明确了开放大学的功能定位、目标任务和保障措施，为开放大学的创新发展提供了政策支持。

5. 医疗云

医疗云的核心是以全民电子健康档案为基础，建立覆盖医疗卫生体系的信息共享平台，打破各个医疗机构信息孤岛现象，同时围绕居民的健康关怀提供统一的健康业务部署，建立远程医疗系统，使得更多的乡镇和农村受惠，如图 7-4 所示。

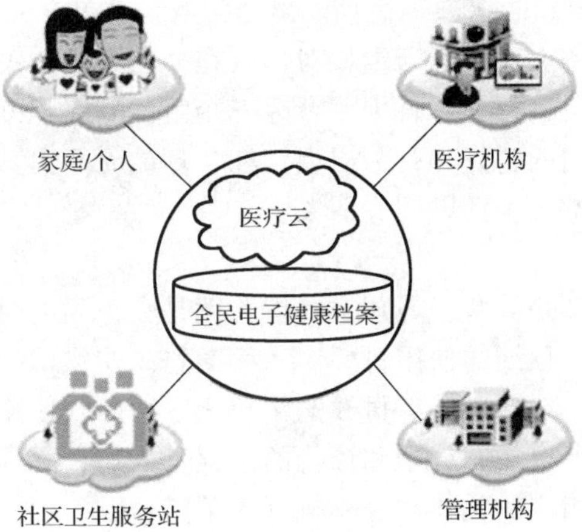

图 7-4 医疗云信息共享平台

进入移动互联网时代，物联网、大数据等技术进入医疗卫生领域就形成了智慧医疗。智慧医疗就是在医疗领域融入先进的物联网、人工智能等技术，使智能化的医疗服务进入人们的日常生活。智慧医疗的范围很大，从医院电子病历等的信息化，到在线医疗服务平台、移动端医疗健康应用等医疗信息的互联网化，再到药剂、医疗器械等医疗硬件的物联网化，甚至包括远程医疗。智慧医疗通过对物联网、云计算、大数据等多种先进的信息技术的应用，最终在医院、医生、药剂、医疗器械与患者之间实现互动，从而提高诊疗效率，改善患者的诊疗体验，提高医疗资源的使用效率，降低病患就诊的医疗成本，同时使医疗机构的整体管理水平得到大幅度提高。

6. 保健云

不同于医疗云，卫生保健云侧重于个人、家庭、家族的卫生、保健、饮食、作息等信息的收集、存储、加工、咨询及预测等，重在关怀国民的身体状况，覆盖从出生到死亡的全过程。建设主体也是中央政府，是国家层面的民生项目。鼓励企业开发各种体检和检验终端设备，如智能手环、家庭简易体检仪、小区自助体检亭、老人和小孩定位器、监护仪等。体检终端设备发放到千家万户，实时收集国民的身体状况数据，云端程序 7×24 小时监测这些数据，并及时把分析结果发到国民的云终端设备上。当沉淀大量保健数据后，就可以采用大数据来做各种定性分析，如疾病预测、饮食建议、流行病预测控制等。卫生保健云可与医疗云、公民档案云建立联动。

7. 交通云和出行云

交通云将车辆监控、路况监视、驾驶人行为习惯等错综复杂的信息，集中到云计算平台进行处理和分析，并能推送到云终端。建立一套信息化、智能化、社会化的交通信息服务系统，使国家交通设施发挥最大效能。可以为每位驾驶人和每辆机动车建立档案，收集车辆位置、车况、车内空气、车辆保养、车辆维修、驾驶行为等信息。经过云计算处理后，一方面把结果（如交通路况、驾驶提醒、保养提醒等）反馈给驾驶人和他的家人；另一方面利用大数据分析，预测车辆故障和交通事故的发生，提前做好预防措施，这将大大减少交通事故和人员伤亡。同时交警、汽车厂商、保险公司、维修部、汽车俱乐部等部门通过交通云都能获取相应的信息。

出行云涵盖天气、地图、公共交通、景点、人文风俗、酒店、特产等信息资源，覆盖人们的旅游、度假、出差、探亲等活动。出行云应该算是 SaaS 公共云，通过安装 App 呈现到人们的云终端设备上。出行云重在对出行在外的人施以关怀，而且建立与其家人的多方式联系和互动，覆盖行前、行中、行后三个阶段。在积累一定量的数据之后，出行云运用大数据分析人们的喜好和行为习惯，在合理的时间向其推送合理的建议，使人们感觉到出行云是其导游、生活顾问、朋友。

8. 购物云

购物的过程和目的都是体验，最理想的体验就是在正确的时间以合理的价格买到称心如意的商品且符合自己预期的使用目标。一次完整的购物消费过程包括八个阶段：产生需求、形成心理价位、选择商品、付钱购买、接收商品、使用商品、售后服务、用完回收。每个阶段都是一个选择、分享和评价的过程。购物云必须完全覆盖这八个阶段，且在每个阶段灵活引入相应的关怀和分享机制。例如：

① 购物云咨询其他云（如公民档案云、卫生保健云等）科学预测用户的需求，并在合理的时间点提醒用户需要购买什么商品。

② 咨询其他云，从而合理计算出用户购物的心理价位区间。

③ 选择商品时，用户只需要采用自然语言说出需求信息，购物云就会返回满足需求的商品列表，并且通过虚拟现实技术给用户建模，让其“进入”云中体验商品，如试穿衣服、触摸家具等。现实中的人们可以观看云中的“我”试用商品的情景，也可以观看云中的“其他人”试用商品的情景，并且可以分享各自的观点，这比实体店购物体验更好。

④ 购物界面上始终呈现一个虚拟的购物顾问，它其实就是一个无所不知的购物机器人（类似微软的小冰），用户可以向它咨询任何问题。

⑤ 付款购买直接在购物云中完成，无须登录网上银行。

⑥ 开辟高档商品俱乐部，线上、线下形成圈子，大家分享各自的商品使用体验。

⑦ 给每个注册的网购用户都安排一名虚拟的咨询顾问，对于购买的任何商品，虚拟的咨询顾问都会给用户无微不至的关怀（如提醒保养），用户也可以随时向它询问。

总之，与传统的网店相比，购物云具备更好的智能，可提供比线下购物更佳的用户体验。

7.2 云计算关键技术

作为一种新兴的计算模式，云计算能够将各种各样的资源以服务的方式通过网络交付给用户。这些服务包括种类繁多的互联网应用、运行这些应用的平台，以及虚拟化后的计算和存储资源。与此同时，云计算环境还要保证所提供服务的可伸缩性、可用性与安全性。云计算需要清晰的架构来实现不同类型的服务及满足用户对这些服务的各种需求。本节将介绍典型的云架构的基本层次，以及各个层次的功能。

7.2.1 云计算的体系结构

由于云计算分为 IaaS、PaaS 和 SaaS 三种类型，不同的厂家又提供了不同的解决方案，目前还没有一个统一的技术体系结构，对人们了解云计算的原理构成了障碍。清华大学刘鹏教授提出了一个云计算体系模型，构造了一个供参考的云计算体系结构。这个体系结构概括了不同解决方案的主要特征，如图 7-5 所示。

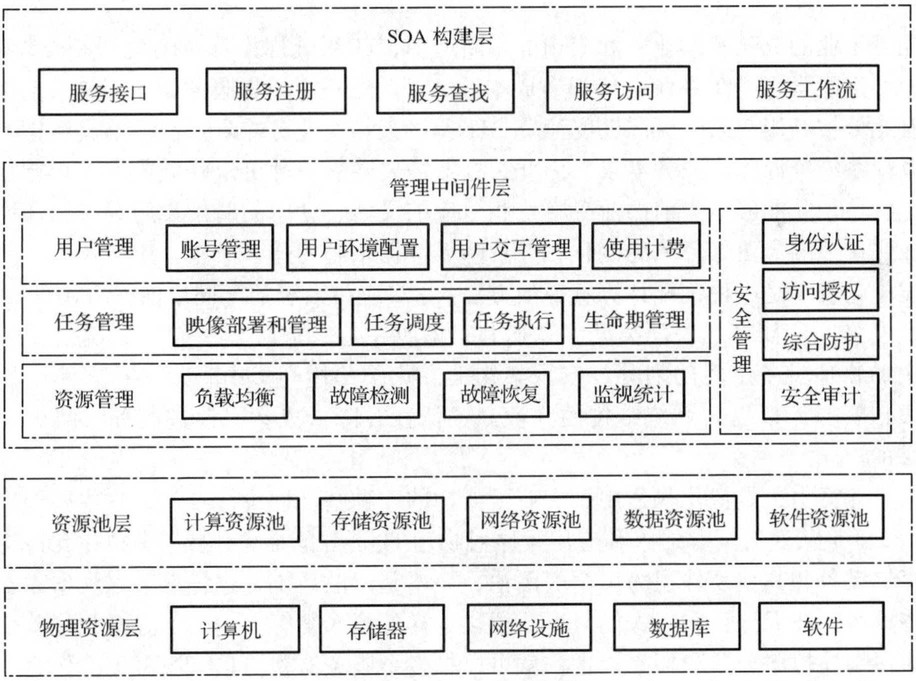

图 7-5　云计算技术体系结构

云计算技术体系结构分为四层：物理资源层、资源池层、管理中间件层和 SOA（Service-Oriented Architecture，面向服务的结构）构建层。

① 物理资源层：包括计算机、存储器、网络设施、数据库和软件等。

② 资源池层：将大量相同类型的资源构成同构或接近同构的资源池，如计算资

源池、数据资源池等。构建资源池更多的是物理资源的集成和管理工作，例如，研究在一个标准集装箱的空间如何装下 2 000 个服务器、解决散热和故障节点替换的问题并降低能耗。

③ 管理中间件层：负责对云计算的资源进行管理，并对众多应用任务进行调度，使资源能够高效、安全地为应用提供服务。

④ SOA 构建层：将云计算功能封装成标准的 Web Service 服务，并纳入到 SOA 体系进行管理和使用，包括服务接口、服务注册、服务查找、服务访问和服务工作流等。

管理中间件层和资源池层是云计算技术的关键部分，SOA 构建层的功能更多依靠外部设施提供。云计算的管理中间件层负责资源管理、任务管理、用户管理和安全管理等工作。资源管理负责均衡地使用云资源节点，检测节点的故障并试图恢复或屏蔽，并对资源的使用情况进行监视统计；任务管理负责执行用户或应用提交的任务，包括完成用户任务映像（Image）的部署和管理、任务调度、任务执行、任务生命期管理等；用户管理是实现云计算商业模式的一个必不可少的环节，包括提供用户交互接口、管理和识别用户身份、创建用户程序的执行环境、对用户的使用进行计费等；安全管理保障云计算设施的整体安全，包括身份认证、访问授权、综合防护和安全审计等。

7.2.2 虚拟化技术

随着企业的成长及其业务和应用的不断增加，IT 系统规模日益庞大，带来高能耗、数据中心空间紧张、IT 系统总体拥有成本过高等问题；而现有服务器、存储系统等设备又没有充分被利用起来，资源极度浪费；IT 基础架构对业务需求反映不够灵活，不能有效地调配系统资源适应业务需求。因此，企业需要建立一种可以降低成本，具有智能化和安全特性，并能够与当前的业务环境相适应的灵活、动态的基础设施和应用环境，以便更加快速地响应业务环境的变化，并且降低数据中心的运营成本。

虚拟化技术是一种调配计算资源的方法，它将应用系统的不同层面——硬件、软件、数据、网络、存储等一一隔离开，从而打破数据中心、服务器、存储、网络、数据和应用中的物理设备之间的划分，实现架构动态化，并达到集中管理和动态使用物理资源及虚拟资源，以提高系统结构的弹性和灵活性，降低成本、改进服务、减少管理风险等目的。

在云计算中，虚拟化是适用于所有云架构的一种基础性设计技术。它主要指平台虚拟化，或者是从使用资源的人和应用程序对物理 IT 资源的抽象作用。虚拟化允许将服务器、存储设备和其他硬件视为一个资源池，而不是离散系统，这样就可以根据需要来分配这些资源。在云计算中，人们对准虚拟化这样的技术很感兴趣，准虚拟化将单个服务器视为多个虚拟服务器和群集，这样就可以把多个服务器视为单个服务器。作为一种物理资源封装手段，虚拟化技术解决数据中心经理面对的若干核心难题，并产生具体优势。其中包括：

① 利用率更高：在虚拟化之前，企业数据中心的服务器和存储利用率一般平均不到 50%。通过虚拟化，可以把工作负载封装一并转移到空闲或使用不足的系统，这就意味着可以整合现有系统，因而可以延迟或避免购买更多服务器容量。

② 资源整合：虚拟化使得整合多个 IT 资源成为可能。除服务器和存储整合之外，虚拟化提供一个整合系统架构、应用程序基础设施、数据和数据库、接口、网络、桌面系统甚至业务流程，因而可以节约成本和提高效率。

③ 节省电能/成本：运行企业级数据中心所需的电能不再无限制地使用，而成本呈螺旋式上升趋势。在服务器硬件上每花一美元，就会在电费上增加一美元（包括服务器运行和散热方面的成本）。利用虚拟化进行整合使得降低总能耗和节约大量资金成为可能。

④ 节约空间：服务器膨胀仍然是多数企业数据中心面临的一个严重问题，但扩大数据中心并不总是一个良好的选择，因为每增大一平方英尺（1 平方英尺≈0.0 929 平方米）空间，就会平均增加数千美元建筑成本。虚拟化通过把多个虚拟系统整合到较少物理系统上，可以缓解空间压力。

⑤ 灾难恢复/业务连续：虚拟化可提高总体服务级利用率，并提供灾难恢复解决方案新选项。

⑥ 降低经营成本：一般企业在新基础设施上每花费 1 美元，就得花费 8 美元进行维护。虚拟化可以改变服务器与管理员之比，减轻总体管理工作负荷，并降低总体经营成本。

虚拟化技术可以分成以下几种：

1. 操作系统虚拟化

在云架构中使用操作系统级虚拟化或分区技术（如 LPAR、VPAR、NPAR、动态系统域等）有助于解决一些核心的安全、隐私和管理问题；如果不解决这些问题，云计算的采用就会受到阻碍。

例如，操作系统虚拟化（如 Solaris Containers 所提供的操作系统虚拟化）允许在共享硬件资源的同时维持“一台服务器一个应用程序”的部署模式。Solaris Containers 利用软件定义的界限隔离应用程序，并且允许在单个 Solaris OS 实例中创建多个专用执行环境。每个环境都有自己的身份，独立于基本硬件，这样各个环境就像运行在其自己的系统之上一样，因而使整合变得简单、安全和可靠。这就可以降低管理费用，并在减轻管理多个操作系统的复杂性的同时提高利用率。

2. 平台虚拟化

平台虚拟化允许任意操作系统以及结果产生的应用程序环境运行于特定系统之上。此系统虚拟化存在两种基本模式：完整虚拟化（或全面模拟基本硬件）和准虚拟化（提供基本硬件的接近相似的模式）。这两种虚拟化模式中模式一管理程序实施，使这些管理程序直接在硬件上运行，模式二管理程序则运行于传统操作系统顶端。每个顶端虚拟化供应商都提供两种模式的变体。重要的是认识到任何系统虚拟化模式都存在设计和性能取舍问题。一般来说，从基本硬件制作的操作系统越抽象，可以访问的特定硬件的功能越少。增强操作系统抽象性的同时会增加性能降低和受限的可能性。

3. 网络虚拟化

负载均衡技术已成为云计算领域的一个热门话题，因为随着云内的物理系统和虚拟系统的升级，管理为提供服务而执行的工作负载的复杂性也会增加。负载均衡器通过虚拟 IP 地址把多个服务器和服务组合起来。它们根据资源情况调度服务情况，并在节点失败时自动进行故障转移。尽管硬件均衡器在性能上优于基于软件的均衡器，其灵活性始终受到限制。工程师要么以编写通过次优用户界面与硬件进行交互的软件而告终，要么使用大量计算机来解决问题。云计算网络方面的重大挑战不仅是把具体虚拟网络接口预配置到特定虚拟环境，而且还面临云计算基础设施提供一个更复杂虚拟专用数据中心的日益增长的需要，虚拟专用数据中心配置一组不同的系统角色和这些角色之间的逻辑互连接。

4. 应用程序虚拟化

云中实施的 Web 容器技术对开发人员生产率和灵活性影响很大。Web 容器是管理 Servlet、Java Server Page（JSP）文件和其他 Web 层组件的应用程序服务器的组成部分。但并非所有 Web 容器技术在创造之初就是均等的。例如，Apache Tomcat 就是一项流行的开放源 Web 容器技术，但它对于希望超越 Web 层应用程序的开发人员来说具有若干局限性。如果一个应用程序需要使用持久性、群集、故障转移、信息收发或 Enterprise Java Beans（EJBTM），就必须将这些功能逐个添加到 Tomcat，而 GlassFish Project 提供具有上述所有功能的一整套 Java EE 容器。

现在，多数云计算技术都注重平台虚拟化，而且开发人员选择操作系统和开发平台。但是，越来越多的公用云当然还有专用云将会提供更高水平的开发环境编程抽象。随着时间的推移，我们可以预期达到以下抽象水平：随着越来越多功能渗透到平台之中，开发人员所连接的抽象水平也会逐步提高。

7.2.3 海量分布式数据存储技术

为了保证高可靠性和经济性，云计算采用分布存储的方式来存储数据，采用冗余存储的方式来保证存储数据的可靠性，以高可靠性软件来弥补硬件的不可靠，从而提供廉价可靠的海量分布式存储和计算系统。分布式数据存储技术的优势就是能够快速、高效地处理海量数据。在数据爆炸的今天，这一点至关重要。为了保证数据的高可靠性，云计算通常会采用分布式存储技术，将数据存储在不同的物理设备中。这种模式不仅摆脱了硬件设备的限制，同时扩展性更好，能够快速响应用户需求的变化。

云计算的数据存储系统主要有 Google GFS（Google File System）和 Hadoop 开发团队开发的开源系统 HDFS（Hadoop Distributed File System），大部分 IT 厂商及互联网服务商（包括雅虎、Intel 等）的“云”计划采用的都是 HDFS 的数据存储技术。

下面主要介绍 GFS 和 HDFS 两种主流的海量分布式数据存储技术。

1. GFS

为了满足 Google 迅速增长的数据处理需求，Google 设计并实现了 Google 文件系统 GFS。GFS 与过去的分布式文件系统拥有许多相同的目标，如性能、可伸缩性、可靠性和可用性。然而它的设计还受到 Google 应用负载和技术环境的影响，主要体现在以下四个方面。

① 集群中的节点失效是一种常态，而不是一种异常。由于参与运算与处理的节点数目非常庞大，通常会使用上千个节点进行共同计算，而每个节点都是廉价的普通 PC 服务器，因此，每时每刻总会有节点处在失效状态，需要通过软件程序模块监视系统的动态运行状况，侦测错误，并且将容错及自动恢复系统集成在系统中。

② Google 系统中的文件大小与通常文件系统中的文件大小概念不一样，其文件大小通常以吉字节计。另外，文件系统中的文件含义与通常文件也有所不同，一个大文件可能包含大量通常意义上的小文件，所以相对于传统文件系统的设计预期和参数（如 I/O 操作和块尺寸）都要重新考虑和定义。

③ Google 文件系统中的文件读/写模式和传统的文件系统不同。在 Google 应用（如搜索）中对大部分文件的修改，不是覆盖原有数据，而是在文件尾追加新数据，对文件的随机写几乎是不存在的。对于这类巨大文件的访问模式，客户端对数据块缓存操作就失去了意义，追加操作成为性能优化保证的焦点。

④ 文件系统的某些具体操作不再透明，而且需要应用程序协助完成。应用程序和文件系统 API 的协同设计提高了整个系统的灵活性。例如，放松了对 GFS 一致性模型的要求，这样不用加重应用程序的负担，从而大大简化了文件系统的设计。此外，还可引入追加操作，这样多个客户端同时进行追加时，就不需要额外的同步操作。

总之，GFS 是为 Google 应用程序本身而设计的，据称 Google 已经部署了许多 GFS 集群。有的集群拥有超过 1 000 个存储节点，超过 300 TB 的硬盘空间，可被不同机器上的数百个客户端连续不断地频繁访问。

2. HDFS 技术

Hadoop 分布式文件系统（Hadoop Distributed File System，HDFS）是针对谷歌文件系统 GFS 的开源实现。HDFS 具有处理超大数据流、流式处理、可以运行在廉价商用服务器上等优点。主要体现在以下四方面：

① 兼容廉价的硬件设备：在成百上千台廉价服务器中存储数据，常会出现节点失效的情况，因此 HDFS 设计了快速检测硬件故障和进行自动恢复的机制，可以实现持续监视、错误检查、容错处理和自动恢复。

② 大数据集：HDFS 中的文件通常可以达到 GB 甚至 TB 级别，一个数百台机器组成的集群里面可以支持千万级别这样的文件。

③ 简单的文件模型：HDFS 采用了“一次写入、多次读取”的简单文件模型，文件一旦完成写入，关闭后就无法再次写入，只能被读取。

④ 强大的跨平台兼容性：HDFS 是采用 Java 语言实现的，具有很好的跨平台兼容性，支持 JVM 的机器都可以运行 HDFS。

分布式存储与传统的网络存储并不完全一样，传统的网络存储系统采用集中的存储服务器存放所有数据，存储服务器成为系统性能的瓶颈，不能满足大规模存储应用的需要。分布式网络存储系统采用可扩展的系统结构，利用多台存储服务器分担存储负荷，利用位置服务器定位存储信息。它不但提高了系统的可靠性、可用性和存取效率，还易于扩展。

7.2.4 大规模数据管理

处理海量数据是云计算的一大优势，如何处理则涉及很多层面的东西，因此高效的数据处理技术也是云计算不可或缺的核心技术之一。对于云计算来说，数据管理面临巨大的挑战。云计算不仅要保证数据的存储和访问，还要能够对海量数据进行特定的检索和分析。由于云计算需要对海量的分布式数据进行处理、分析，因此，数据管理技术必须能够高效地管理大量的数据。

Google 的 BT（BigTable）数据管理技术和 Hadoop 团队开发的开源数据管理模块 HBase 是业界比较典型的大规模数据管理技术。

1. BT 数据管理技术

BigTable 是非关系型数据库，是一个分布式的、持久化存储的多维度排序 Map。BigTable

建立在 GFS、Scheduler、Lock Service 和 MapReduce 之上，与传统的关系数据库不同，它把所有数据都作为对象来处理，形成一个巨大的表格，用来分布存储大规模结构化数据。BigTable 的设计目的是可靠地处理 PB 级别的数据，并且能够部署到上千台机器上。

2. 开源数据管理模块 HBase

HBase 是 Apache 的 Hadoop 项目的子项目，定位于分布式、面向列的开源数据库。HBase 不同于一般的关系数据库，它是一个适合于非结构化数据存储的数据库；HBase 是基于列的而不是基于行的模式。作为高可靠性分布式存储系统，HBase 在性能和可伸缩方面都有比较好的表现。利用 HBase 技术可在廉价 PC 服务器上搭建起大规模结构化存储集群。

7.2.5 并行编程模式

从本质上讲，云计算是一个多用户、多任务、支持并发处理的系统。高效、简捷、快速是其核心理念，它旨在通过网络把强大的服务器计算资源方便地分发到终端用户手中，同时保证低成本和良好的用户体验。在这个过程中，编程模式的选择至关重要。云计算项目中分布式并行编程模式将被广泛采用。

分布式并行编程模式创立的初衷是更高效地利用软硬件资源，让用户更快速、更简单地使用应用或服务。在分布式并行编程模式中，后台复杂的任务处理和资源调度对于用户来说是透明的，这样用户体验能够大大提升。MapReduce 是当前云计算主流并行编程模式之一。

MapReduce 是一种并行编程模型，用于大规模数据集的并行运算，它将复杂的、运行于大规模群上的并行计算过程高度抽象到 Map 和 Reduce 两个函数。MapReduce 极大地方便了分布式编程工作，编程人员在不会分布式并行编程的情况下，也可以很容易地将自己的程序运行在分布式系统上，完成海量数据集的计算。

在 MapReduce 中，一个存储在分布式文件系统中的大规模数据集会被切分成许多独立的小数据块，这些小数据块可以被多个 Map 任务并行处理。MapReduce 框架会为每个 Map 任务输入一个数据子集，Map 任务生成的结果会继续作为 Reduce 任务的输入，最终由 Reduce 任务输出最后结果，并写入分布式文件系统。

MapReduce 设计的一个理念就是“计算向数据靠拢”，因为移动数据需要大量的网络传输开销，尤其是在大规模数据环境下，这种开销尤为惊人，所以，移动计算要比移动数据更加经济。本着这个理念，在一个集群中，只要有可能，MapReduce 框架就会将 Map 程序就近在 HDFS 数据所在节点运行，即将计算节点和存储节点放在一起运行，从而减少了节点间的数据移动开销。

MapReduce 系统主要由三个模块组成：客户端、主节点和工作节点。其中客户端（Client）用于将用户撰写的并行处理作业提交至 Master 节点；主节点（Master）自动将用户作业分解为 Map 任务和 Reduce 任务，并将任务调度到工作节点（Worker）；工作节点用于向 Master 请求执行任务，同时多个工作节点组成的分布式文件系统用于存储 MapReduce 的输入/输出数据。MapReduce 可以大幅提高程序性能，实现高效的批量数据处理。分布式程序运行在大规模计算机集群上，集群中包括大量廉价服务器，可以并行执行大规模数据处理任务，从而获得海量的计算能力。

7.2.6 分布式资源管理

云计算采用了分布式存储技术存储数据，那么自然要引入分布式资源管理技术。在多节点的并发执行环境中，各个节点的状态需要同步，并且在单个节点出现故障时，系统需要有效的机制保证其他节点不受影响。而分布式资源管理系统恰是这样的技术，它是保证系统状态的关键。

另外，云计算系统所处理的资源往往非常庞大，少则几百台服务器，多则上万台，同时可能跨越多个地域，且云平台中运行的应用也是数以千计，如何有效地管理这批资源，保证它们正常提供服务，需要强大的技术支撑。因此，分布式资源管理技术的重要性可想而知。

全球各大云计算方案/服务提供商都在积极开展相关技术的研发工作，其中 Google 内部使用的 Borg 技术很受业内称道。另外，微软、IBM、Oracle/Sun 等云计算巨头都各自提出了相应解决方案。

7.2.7 云计算平台管理

云计算资源规模庞大，服务器数量众多并分布在不同的地点，同时运行着数百种应用，如何有效地管理这些服务器，保证整个系统提供不间断的服务是巨大的挑战。云计算系统的平台管理技术，需要具有高效调配大量服务器资源，使其更好协同工作的能力。其中，方便地部署和开通新业务、快速发现并且恢复系统故障、通过自动化、智能化手段实现大规模系统可靠的运营是云计算平台管理技术的关键。

对于提供者而言，云计算可以有三种部署模式：公共云、私有云和混合云。三种模式对平台管理的要求大不相同。对于用户而言，由于企业对于 ICT 资源共享的控制、对系统效率的要求及 ICT 成本投入预算不尽相同，企业所需要的云计算系统规模及可管理性能也大不相同。因此，云计算平台管理方案要更多地考虑到定制化需求，能够满足不同场景的应用需求。

Google、IBM、微软、Oracle/Sun 等许多厂商都有云计算平台管理方案推出。这些方案能够帮助企业实现基础架构整合、实现企业硬件资源和软件资源的统一管理、统一分配、统一部署、统一监控和统一备份，打破应用对资源的独占，让企业云计算平台价值得以充分发挥。

7.2.8 运营支撑管理

为了支持规模巨大的云计算环境，需要成千上万台服务器来支撑。如何对数以万计的服务器进行稳定高效地运营管理，成为云服务被用户认可的关键因素之一。下面从云的部署、负载管理和监控、计量计费、服务水平协议（Service Level Agreement，SLA）、能效评测这五个方面分别阐述云的运营管理。

1. 云的部署

云的部署包括两个方面：云本身的部署和应用的部署。云一方面规模巨大，另一方面要求很好的服务健壮性、可扩展性和安全性。因此，云的部署是一个系统性的工程，涉及机房建设、网络优化、硬件选型、软件系统开发和测试、运维等各个方面。为了保证服务的健壮性，需要将云以一定冗余部署在不同地域的若干机房。为了应对规模的不断增长，云要具备便利的、近乎无限的扩展能力，因而从数据存储层、应用业务层到接入层都需要采用相应的措施。为了保护云及其应用的安全，需要建立起各个层次的信息安全机制。除此之外，还需要部署一些辅助的子系统，如管理信息系统（MIS）、数据统计系统、安全系统、监控和计费系统等，它们帮助云的部署和运营管理达到高度自动化和智能化的程度。

云本身的部署对云的用户来说是透明的。一个设计良好的云，应使得应用的部署对用户也是透明和便利的。这依赖云提供部署工具（或 API）帮助用户自动完成应用的部署。一个完整的部署流程通常包括注册、上传、部署和发布四个过程。

2. 负载管理和监控

云的负载管理和监控是一种大规模集群的负载管理和监控技术。在单个节点粒度，它需要能够实时地监控集群中每个节点的负载状态，报告负载的异常和节点故障，对出现过载或故障的节点采取既定的预案。在集群整体粒度，通过对单个节点、单个子系统的信息进行汇总和计算，近乎实时地得到集群的整体负载和监控信息，为运维、调度和成本提供决策。与传统的集群负载管理和监控相比，云对负载管理和监控有新的要求：首先，新增了应用粒度，即以应用为粒度来汇总和计算该应用的负载和监控信息，并以应用为粒度进行负载管理。应用粒度是可以再细分的，在下面的“计量计费”中会提到，粒度甚至精细到 API 调用的粒度。其次，监控信息的展示和查询现在要作为一项服务提供给用户，而不仅仅是少量的专业集群运维人员，这需要高性能的数据流分析处理平台的支持。

3. 计量计费

云的主要商业运营模式是采取按量计费的收费方式，即使对于私有云，其运营企业或组织也可能有按不同成本中心进行成本核算的需求。为了精确地度量“用了多少”，就需要准确、及时地计算云上的每一个应用服务使用了多少资源，称为服务计量。

服务计量是一个云的支撑子系统，它独立于具体的应用服务，像监控一样能够在后台自动地统计和计算每一个应用在一定时间点的资源使用情况。对于资源的衡量维度主要是：应用的上行（in）/下行（out）流量、外部请求响应次数、执行请求所花费的 CPU 时间、临时和永久数据存储所占据的存储空间、内部服务 API 调用次数等。也可认为，任何应用使用或消耗的云的资源，只要可以被准确地量化，就可以作为一种维度来计量。实践中，计量通常既可以用单位时间内资源使用的多少来衡量，如每天多少字节流量；也可以用累积的总使用量来衡量，如数据所占用的存储空间大小。在计量的基础上，选取若干合适的维度组合，制定相应的计费策略，就能够进行计费。计费子系统将计量子系统的输出作为输入，并将计费结果写入账号子系统的财务信息相关模块，完成计费。计费子系统还产生可供审计和查询的计费数据。

4. 服务水平协议

服务水平协议（SLA）是在一定开销下为保障服务的性能和可靠性，服务提供商与用户间定义的一种双方认可的协定。对于云服务而言，SLA 是必不可缺的，因为用户对云服务的性能和可靠性有不同的要求。从用户的角度而言，也需要从云服务提供商处得到具有法律效力的承诺，来保证支付费用之后得到应有的服务质量。从目前的实践看，国外的大型云服务提供商均提供了 SLA。一个完整的 SLA 同时也是一个具有法律效力的合同文件，它包括所涉及的当事人、协定条款、违约的处罚、费用和仲裁机构等。当事人通常是云服务提供商与用户。协定条款包含对服务质量的定义和承诺。服务质量一般包括性能、稳定性等指标，如月均稳定性指标、响应时间、故障解决时间等。实际上，SLA 的保障是以一系列服务水平目标（Service Level Object，SLO）的形式定义的。SLO 是一个或多个有限定的服务组件的测量的组合。一个 SLO 被实现是指那些有限定的组件的测量值在限定范围里。通过前述的对云及应用的监控和计量，可以计算哪些 SLO 被实现或未被实现。如果一个 SLO 未被实现，即 SLA 的承诺未能履行，就可以按照“违约的处罚”对当事人（一般是云服务提供商）进行处罚。通常采取的方法是减免用户已缴纳或将缴纳的费用。

5. 能效评测

云计算提出的初衷是将资源和数据尽可能放在云中，通过资源共享、虚拟化技术和按需使用的方式提高资源利用率，降低能源消耗。但是在实际应用中，大型数据中心的散热问题造成了大量的能源消耗。如何有效降低能源消耗构建绿色数据中心成为云服务提供商迫切需要解决的问题之一。云计算数据中心的能耗测试评价按照不同的维度有不同测试手段和方法。针对传统的数据中心它有显性评价体系和隐性评价体系两个方面。显性的能耗测试评价可以参照传统数据中心的评价体系，具体包括：能源效率指标、IT 设备的能效比、IT 设备的工作温度和湿度范围、机房基础设施的利用率指标。能源效率指标用于评估一个数据中心使用的能源中有多少用于生产，有多少被浪费。在这方面，绿色网格组织的电能利用率（Power Usage Effectiveness，PUE）指标影响力较大。PUE 值越小，意味着机房的节能性越好。目前，国内绝大多数的数据中心 PUE 值为 3 左右，而欧美一些国家数据中心的 PUE 平均值为 2 左右。隐性能耗测试评价包括云计算服务模式节省了多少社会资源，由于客户需求的不同，云吞吐量的变化节省了多少 IT 设备的投资和资源的重复建设。这些测试评价很多时候是不能量化或者不能够进行精准评价的。为了实现对数据中心能源的自动调节，满足相关的节能要求，一些 IT 厂商和标准化组织纷纷推出节能技术及能耗检测工具，如惠普公司的动态功率调整技术（Dynamic Power Saver，DPS）、IBM 的 Provisioning 软件。

7.2.9 绿色节能技术

节能环保是全球整个时代的大主题。云计算以低成本、高效率著称。云计算具有巨大的规模经济效益，在提高资源利用效率的同时，节省了大量能源。绿色节能技术已经成为云计算必不可少的技术，未来越来越多的节能技术还会被引入云计算中。

谷歌公司从 21 世纪初就开始强化服务器的节能，其数据中心 PUE 值平均仅为 1.21。它是通过建立冷热通道、提高电源供应器的使用效率、使用蒸发式的冷却水塔等，来降低资料中心的耗电量的。谷歌数据中心是按照亚洲最具效率和最为环保的数据中心标准建造的，它采用夜间制冷技术和热能存储系统，相对于更为陈旧的数据中心，可以将能耗降低近 50%。这些系统可以通过让公司在电价更低的夜间运行空调系统，并在电价更高的白天依靠存储的制冷容量制冷，从而降低成本。这也是谷歌在其全球数据中心首次采用夜间制冷和热能存储系统。

阿里云千岛湖数据中心以打造“互联网+”“旅游+”的主题城市为目标，它是浙江省最大的单体数据中心。这座风景区里的阿里云数据中心的建成，可满足阿里巴巴云计算和大数据的应用要求。图 7–6 所示的千岛湖数据中心是国内领先的新一代绿色数据中心，利用深层湖水制冷并采用阿里巴巴定制硬件，千岛湖数据中心因地制宜采用了湖水制冷。深层湖水通过密闭管道流经数据中心，帮助服务器降温，再流经 2.5 km 的青溪新城中轴溪，作为城市景观呈现，自然冷却后最终回到千岛湖。千岛湖数据中心的特色除了节水，还有节能。绿色理念贯穿始末，靠湖水替代 90%的电制冷，节能环保；为城市景观水道提供水源，堪称自然、城市、科技有机融合的典范。此外，千岛湖数据中心还广泛采用了光伏太阳能、水力发电等可再生能源，服务器余热也被回收用作办公区采暖。得益于千岛湖地区年平均气温 17℃，其常年恒定的深层湖水水温，阿里方面称可以让数据中心 90%的时间都不依赖湖水之外的制冷能源，制冷能耗节省超过 8 成。除了节能，千岛湖数据中心还可以节水，设计年平均 WUE（水分利用率）0.197，打破了此前由俄勒冈州数据中心创下的 WUE 0.28 的最低纪录（据公开报道）。同时，设计年平均 PUE 低于 1.3，最低时 PUE 1.17，比普通数据中心全年节电约数千万度，减少碳排放量一万多吨标煤，它是目前国内最节能的数据中心之一。

图 7-6　阿里云千岛湖数据中心

7.3　云计算与大数据

7.3.1　认识大数据

大数据是一个体量特别大、数据类别特别大的数据集，并且这样的数据集无法用传统数据库工具对其内容进行抽取、集成、管理、分析、解释等。电子商务、社交媒体、移动互联网和物联网的兴起极大地改变了人们生活与工作方式，给世界带来巨大变化，同时也产生了海量规模的数据，大数据时代已真正地到来。自从进入云计算时代，世界已积累了爆炸性增长的海量数据，并带来了两方面的巨变：一方面，所有数据都是要保存的，在过去没有数据积累的时代无法实现的应用终于可以实现；另一方面，从数据缺乏时代转变到数据泛滥时代，给数据的应用带来新的挑战和困扰，简单地通过搜索引擎获取数据的方式已经不能满足用户千变万化、层出不穷的需求，从海量数据中高效地获取数据并有效地深加工，最终得到感兴趣的数据变得异常困难。

大数据的价值开始日益受到重视。人们对数据处理的实时性和有效性的要求也在不断提高。现在大数据技术已经应用于商业智能、科学研究等多个方面。具体到企业而言，处于大数据时代的经营决策过程已经具备了明显的数据驱动特点，这种特点给企业的 IT 系统带来的是海量待处理的历史数据、复杂的数学统计和分析模型、数据之间的强关联性，以及频繁的数据更新产生的重新评估等挑战。这就要求底层的数据支撑平台具备强大的通信（数据流动和交换）能力、存储（数据保有）能力和计算（数据处理）能力，从而保证海量的用户访问、高效的数据采集和处理、多模式数据的准确实时共享，以及面对需求变化的快速响应。

传统的处理和分析技术在这些需求面前开始遭遇瓶颈，为了从大数据中挖掘出更多的信息，需要应对大数据在容量、数据多样性、处理速度和价值挖掘等四个方面的挑战。而云计算技术是大数据技术体系的基石，不仅为人们提供了一种挖掘大数据价值使其得以凸显的工具，也使大数据的应用具有了更多可能性。大数据与云计算的发展关系密切，大数据技术是云计算技术的延伸和发展。

7.3.2 大数据与云计算关系

大数据处理首先是获取和记录数据；其次是完成数据的抽取、清洁和标注，以及数据的整合、聚集和表达等重要的预处理或处理（取决于实际问题）工作；再次需要一个完整的数据分析步骤，通常包括数据过滤、数据摘要、数据分类或聚类等预处理，最后进入分析阶段，在这个阶段，各种算法和计算工具会施加到数据上，以求能得到分析者想要看到的或者可以进行解释的结果。当数据量很小时，很少的几台机器就能解决。慢慢地，当数据量越来越大时，传统的单机处理模式不但成本越来越高，而且不易扩展，并且随着数据量的递增、数据处理复杂度的增加，相应的性能和扩展瓶颈将会越来越大。在这种情况下，云计算所具备的弹性伸缩和动态调配、资源的虚拟化和系统的透明性、支持多租户、支持按量计费或按需使用，以及绿色节能等基本要素正好契合了新型大数据处理技术的需求；而以云计算为典型代表的新一代计算模式，以及云计算平台这种支撑一切上层应用服务的底层基础架构，以其高可靠性、更强的处理能力和更大的存储空间、可平滑迁移、可弹性伸缩、对用户的透明性和可统一管理和调度等特性，正在成为解决大数据问题的未来计算技术发展的重要方向。

基于云计算技术构建的大数据平台，能够提供聚合大规模分布式系统中离散的通信、存储和处理能力，并以灵活、可靠、透明的形式提供给上层平台和应用。它同时还提供针对海量多格式、多模式数据的跨系统、跨平台、跨应用的统一管理手段和高可用、敏捷响应的机制体系来支持快速变化的功能目标、系统环境和应用配置。比如，在基于云计算平台而构建的新型企业信息系统中，在以分布式集群技术构建高性能、高延展的存储平台之后，我们可以实现对不同业务应用中不同格式、不同访问模式的海量数据的统一存储；相关的数据分析系统则构建于分布式工作流和调度系统框架之上，采用分布式计算手段面向多模式海量数据提供数据的转换、关联、提取、聚合和数据挖掘等功能。在企业信息系统中经常提到的 BI（Bussiness Intelligence，商业智能）的具体业务功能（如决策支撑、销售预测等），就可以由上层业务应用通过调用数据分析系统所提供的功能附加业务逻辑来实现。云计算使大数据应用成为可能；没有云计算的出现，大数据将仍是空中楼阁，缺乏根基和落地可能。借助云计算技术，可以提高系统整体的弹性和灵活性，降低管理成本和风险，并且改进应用服务的可用性和可靠性；云计算不仅为大数据处理打造一个高效、可靠的系统环境，而且充分发挥云计算平台的优势，为大数据应用找到更多样化的出口。如果说大数据是一座蕴含巨大价值的矿藏，云计算则可以被看作采矿作业的得力工具；没有云计算的处理能力，大数据的信息沉淀再丰富，或许也只能望洋兴叹，入宝山而空手回；但从另外的角度来看，云计算也是为了解决大数据等“大”问题发展而来的技术趋势，没有大数据的信息沉淀，云计算的功用将得不到完全发挥。因此，从整体上看，大数据与云计算是相辅相成的。

7.4　云计算平台

通过云计算，用户可方便地访问云上的可配置计算资源共享池（如网络、服务器、存储、应用程序和服务），它的商业模式是按需计费，强调需求驱动、用户主导、按需服务、即用即付、用完即散，不对用户集中控制，用户不关心服务者在什么地方。它的访问模式是使用互联网，用户依托互联网，让强大的信息资源（包括存储资源、计算资源、软件资源、数据资源和管理资源）为用户所用。它的技术模式是可扩展、弹性和共享。这个模式具有规模经济性、高效率和动态共享，数据越多，用户越多，需求越多，服务越多。

根据云计算的服务范围和服务对象，可以将云计算平台分为公有云平台、私有云平台和混合云平台三大类。

公有云（PublicCloud），是指面向大众提供计算资源的服务，由云服务提供商运行和维护，为用户提供如应用程序、存储、物理基础设施等各种互联网资源。这些资源是在服务商的场所内部署，用户无须知道资源底层如何实现，也无法控制物理基础设施，按需付费，通过互联网使用云服务来获取自己所需的资源。

私有云（PrivateCloud），是指云服务提供商为一个企业或组织内部单独使用而构建的云服务，又称专属云。相对于公有云，私有云的用户可以构建云的基础设施，并控制在此技术设置上部署的应用程序的运行位置，以及决定用户的使用权限等，同时数据、安全和服务质量都较公有云有着更好的保障。

混合云（HybridCloud），是指用户同时使用公有云和私有云的模式。一方面，用户可以将关键性应用和数据部署在内部的私有云上，安全性更高，同时将次要的应用和数据部署到公有云上，降低成本。混合云能够在部署互联网应用并提供最佳性能的同时，兼顾私有云本地数据中心所具备的安全性和可靠性，并可根据需要更加灵活地去选择云部署模式。

现在国外和国内很多 IT 公司都部署云计算，本节介绍目前国内外几个主要云平台服务商。

7.4.1 国外云平台提供商

1. Amazon EC2

早在 20 世纪 60 年代，麦卡锡就提出把计算能力作为一种像水和电一样的公共事业提供给客户；1999 年，Salesforce 提出通过网站向企业提供企业级的应用概念；而真正推动云计算规模应用的是亚马逊，2002 年亚马逊提供一组包括存储空间、计算能力甚至人工智能等资源服务的 Web 服务。2006 年，亚马逊发布了简单存储服务 S3，这种存储服务按照每个月租金的形式进行服务付费，同时用户还需要为相应的网络流量进行付费。亚马逊网络服务平台使用 REST（Representational State Transfer，表现层状态转移）和简单对象访问协议（SOAP）等标准接口，用户可以通过这些接口访问到相应的存储服务。此后，亚马逊公司在此基础上开发了 EC2 系统，允许小企业和私人租用亚马逊的计算机来运行自己的应用。图 7-7 所示为 Amazon EC2 网站界面。

图 7-7　Amazon EC2 网站界面

Amazon EC2 是一个 Web 服务，是一个让用户可以租用云计算运行所需应用的系统。EC2 借由提供 Web 服务的方式让用户可以弹性地运行自己的 Amazon 机器镜像文件，用户将可以在这个虚拟机上运行任何自己想要的软件或应用程序。用户可以随时创建、运行、终止自己的虚拟服务器，根据使用时间付费，因此这个系统是“弹性”使用的。EC2 让用户可以控制运行虚拟服务器的主机地理位置，这可以减少延迟。Amazon EC2 在云端提供可调整大小的计算能力。它的设计使开发人员实现 Web 规模计算更容易，Amazon EC2 的简单 Web 服务接口界面，可让用户以最小的阻力来获取和配置计算能力。它为用户提供了对计算资源的完全控制，让用户能运行在亚马逊的经证明的计算环境。亚马逊 EC2 降低获取和启动新的服务器实例的时间至几分钟内，当用户的计算需求变化时，可使用户能够迅速测量计算能力，无论是向上还是向下。亚马逊 EC2 通过让用户只支付实际使用的计算费用，改变了计算的经济情况。

从体系结构上来说，亚马逊的云计算平台是建立在公司内部的大规模集群计算的平台之上，而用户可以通过网络界面去操作在云计算平台上运行的各个实例，而付费方式则由用户的使用量决定，即用户仅需要为自己所使用的云计算平台实例付费，运行结束后计费也随之结束。EC2 用户的客户端通过 HTTPS 之上的 SOAP 协议来实现与亚马逊内部的实例进行交互，使用 HTTPS 协议是为了保证远端连接的安全性，避免用户数据在传输过程中造成泄露。而 EC2 中的实例是一些真正在运行中的虚拟机服务器，每一个实例代表一个运行中的虚拟机，对于提供给某一个用户的虚拟机，该用户具有完整的访问权限，包括针对此虚拟机的管理员用户权限。由于用户在部署网络程序时，一般会使用的运行实例超过一个，需要多个实例共同工作，所以，EC2 的内部也架设了实例之间的内部网络，使得用户的应用程序在不同的实例之间可以通信。在 EC2 中的每一个计算实例都具有一个内部的 IP 地址，用户程序可以使用内部 IP 地址进行数据通信，以获得数据通信的最好性能。每一个实例也具有外部的地址，使得建立在 EC2 上的服务系统能够为外部提供服务。

2. Google 的 App Engine

Google 公司拥有目前全球最大规模的搜索引擎，并在数据处理方面拥有先进的技术，如分布式文件系统（GFS）、分布式存储服务 Datastore 及分布式计算框架 MapReduce 等。2008 年，Google 公司推出 Google App Engine（GAE）Web 运行平台，是一种让用户可以在 Google 的基础架构上运行用户的网络应用程序。Google App Engine 应用程序易于构建和维护，并可根据用户的访问量和数据存储需要的增长轻松扩展。使用 Google App Engine，将不再需要维护服务器：用户只需上传自己的应用程序，便可立即为其他用户提供服务。图 7-8 所示为 Google App Engine 网站。

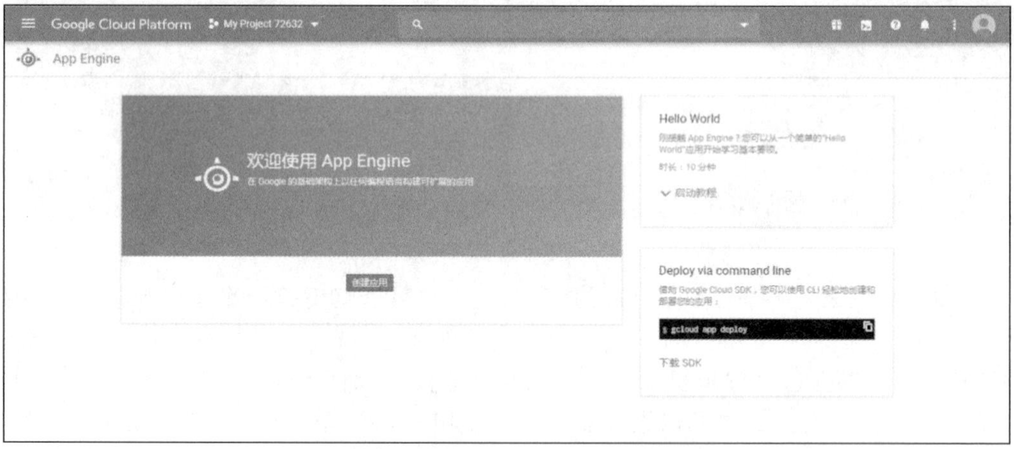

图 7-8　Google App Engine 网站界面

Google App Engine 平台主要包括五部分：GAE Web 服务基础设施、分布式存储服务、应用程序运行环境、应用开发套件（SDK）和管理控制台，如图 7-9 所示。

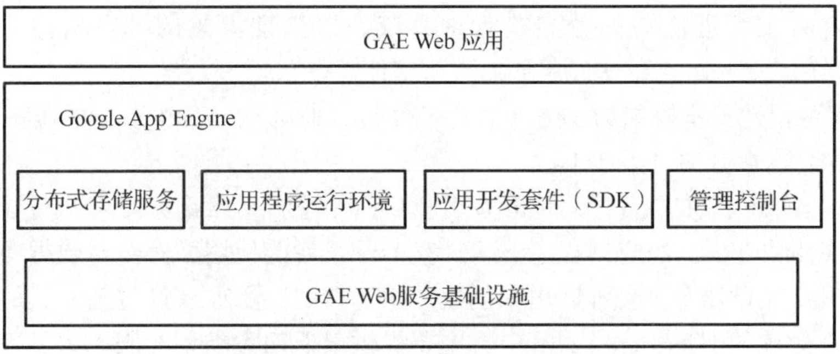

图 7-9　Google App Engine 系统结构

GAE Web 服务基础设施提供了可伸缩的服务接口，保证了 GAE 对存储和网络等资源的灵活使用和管理；分布式存储服务则提供了一种基于对象的结构化数据存储服务，保证应用能够安全、可靠并且高效地执行数据管理任务；应用程序运行环境为应用程序提供可自动伸缩的运行环境，目前应用程序运行环境支持 Java 和 Python 两种编程语言；开发者可以在本地使用应用开发套件开发（CSDR）和测试 Web 应用，并可以在测试完成之后将应用远程部署到 GAE 的生产环境；通过 GAE 的管理控制台，用户可以查看应用的资源使用情况，查看或者更新数据库，管理应用的版本，查看应用的状态和日志等。

GAE 不同于 Amazon 公司的 EC2，EC2 的目标是提供一个分布式的、可伸缩的、高可靠的虚拟机环境。GAE 更专注于提供一个开发简单、部署方便、伸缩快捷的 Web 应用运行和管理平台。GAE 的服务涵盖了 Web 应用整个生命周期的管理，包括开发、测试、部署、运行、版本管理、监控及卸载。GAE 使应用开发者只需要专注核心业务逻辑的实现，而不需要关心物理资源的分配、应用请求的路由、负载均衡、资源及应用的监控和自动伸缩等任务。

3. 微软公司的 Azure

Microsoft Azure 是微软的公用云端服务（Public Cloud Service）平台，是微软在线服务的一部分，如图 7-10 所示。

图 7-10　Microsoft Azure 网站

Microsoft Azure 的发展最早源于 2006 年，由 Amitabh Srivastava 与 Dave Culter 所主导，当时云计算在市场上还没有受到关注。微软当时所需要解决的问题是需要集成与提升在线服务的管理与运用能力，而提出代号为 Red Dog 的项目。该项目要解决的是：

① 开发一个计算资源的管理工具，称为 Hypervisor。后来演变为 Hyper-V 平台和 Azure 的虚拟机基础建设。

② 具有自主管理能力的分布式管理系统，以管理大量的计算资源，称为 Fabric Controller，当前为 Azure 基础建设服务的重要组件之一。

③ 高度可用性与备援能力的分布式存储系统，此为 Azure Storage 的源头。

④ 支持上述平台的开发工具。

Windows Azure 的主要目标是为开发者提供一个平台，帮助开发者运行在云服务器、数据中心、Web 和 PC 上的应用程序。云计算的开发者能使用微软全球数据中心的存储、计算能力和网络基础服务，它可以用来创建云中运行的应用或者通过基于云的特性来加强现有应用。在微软的 Microsoft Azure 中，主要提供以下四大类型的服务，见表 7-2。

表 7-2 Microsoft Azure 提供的四大类型服务

服务类型	服务业务
计算服务	Microsoft Azure 计算服务可提供云应用程序运行所需的处理能力。Microsoft Azure 当前可提供 4 种不同的计算服务
网络服务	Microsoft Azure 网络可为用户提供不同的方案，让用户选择 Microsoft Azure 应用程序如何交付给用户和数据中心
数据服务	Microsoft Azure 数据服务可以提供存储、管理、保障、分析和报告企业数据的不同方式
应用程序服务	Microsoft Azure 的应用程序服务可以提供各种方式以增强云应用程序的性能，安全、发现能力和继承性

7.4.2 国内云平台提供商

目前，中国公有云市场整体增长迅速，2017—2021 年复合增长率高达 44.2%，用户对云服务的接受度也逐渐认可提升，市场大环境较好。国家发布《中国云科技发展“十二五”专项规划》，明确指出发展云计算产业；发布《“十三五”国家科技创新计划》，提出大力发展云计算及应用，支撑云计算成为新一代 ICT 基础设施，推动云计算软件发展；发布《中华人民共和国国民经济和社会发展第十四个五年规划和 2035 年远景目标纲要》，数字中国建设被提到新高度，云计算是重点产业之一，云计算软件也将迎来新发展。各项国家举措都给公有云提供了良好的发展契机；目前，中国公有云服务厂商较多，尚未完全形成具有市场垄断地位的龙头厂商，各厂商都在自己固有优势行业的基础上企图进一步拓展市场版图。

1. 阿里云

阿里云创立于 2009 年，是全球领先的云计算及人工智能科技公司，是目前中国最大的云计算平台。阿里云致力于提供安全、可靠的计算和数据处理能力，致力于以在线公共服务的方式，提供安全、可靠的计算和数据处理能力，让计算和人工智能成为普惠科技。阿里云服务于制造、金融、政务、交通、医疗、电信、能源等众多领域的领军企业。用户通过阿里云，用互联网的方式即可远程获取海量计算、存储资源和大数据处理能力。阿里云已在全世界很多地方建立起大规模数据中心，并在全球主要互联网市场形成云计算基础设施覆盖，将为我国出海企业及当地企业提供云计算服务。图 7-11 所示为阿里云主页。

阿里云是目前中国公有云 IaaS 市场最大的服务提供商。得益于阿里巴巴、淘宝品牌的影响，阿里云在市场上反响良好，主要客户以电商行业、淘宝卖家为主。阿里云产品主要包括弹性计算（云服务器、块存储、专有网络 VPC）、数据库、存储与 CDN、网络、中间件等产品，同时面向电商、多媒体等行业提供个性化云解决方案，包括中国联通、

12306、中国石化、中国石油、飞利浦、华大基因等大型企业客户，以及微博、知乎、锤子科技等明星互联网公司。在天猫双 11 全球狂欢节、12306 春运购票等极富挑战的应用场景中，阿里云保持着良好的运行纪录。阿里云在全球各地部署高效节能的绿色数据中心，利用清洁计算为万物互联的新世界提供源源不断的能源动力。

图 7-11　阿里云主页

针对中国绝大多数用户关心的云安全问题，阿里云在 2016 年成都云栖大会 · 成都峰会上发布了《数据安全白皮书》，公开了阿里云在用户数据安全方面建立的流程、机制，以及具体实践办法。2022 年，阿里云全球企业付费客户数量超过 400 万。得益于阿里巴巴电子商务背景，阿里云客户目前以电商行业客户为主，绝大多数客户是中小企业客户和个人客户，企业级客户还需要进一步积累和拓展。阿里云目前正在积极拓展企业级客户，尤其是政府行业客户，针对不同行业打造不同的行业云解决方案。2016 年，阿里云发布专有云 Apsara Stack，目的在于进军政企行业客户，为政企客户提供专有云服务。早前，阿里云与专注于政企行业客户的国产服务器厂商浪潮达成合作协议，双方共同推进政企云和智慧城市建设。阿里云此举正是看中了浪潮在政府行业多年的深耕细作，意在借用浪潮的政企行业渠道及相关资源。同时，阿里云与咨询公司埃森哲、ERP 解决方案商 SAP 达成合作，旨在提供打包的云化解决方案。

阿里云生态体系建设主要围绕商业应用、解决方案、云计算、基础云工具、基础设施安全等方面着手。目前，阿里云与各类合作伙伴展开合作，积极建设自身的云生态体系。阿里云主要合作伙伴包括：咨询公司、SI、ISV、软件外包服务提供商、IT 服务提供商、数据中心服务提供商等。阿里云为其提供资格认证、技术支持、资金支持及客户共享等服务，帮助合作伙伴实现云服务商转型。2014 年，阿里云发布了云合计划，招募一万家云服务商，其中包括 100 家大型服务商、1 000 家中型服务商。目前，东软、中软、浪潮、东华软件等国内主流的大型 IT 服务商，均相继成为阿里云合作伙伴。目前阿里云业务的主要战略如下：

① 数据中心扩张战略：阿里云目前的数据中心集中在我国北京、青岛、深圳、香港、杭州，以及新加坡、美国硅谷等地。未来，阿里云将进一步扩展其数据中心建设版图，计划在美东、德国、迪拜、俄罗斯、日本等地设立新的数据中心。

② 市场战略：阿里云目前在 SMB（服务信息块）市场的市场份额已经较为领先，目前主要面向企业级市场客户，向企业级客户提供行业云解决方案。尤其是政企市场，

是阿里云下一步主要的发力方向。

阿里云帮助北京海淀区建设海淀政务云平台，希望以此案例向全国各地推广政企云平台建设。在国家大力倡导智慧城市建设的今天，阿里此举无疑迎合了市场和政府的多重需要。作为政企客户最为关心的云安全问题，阿里云未来在产品方面将会完善自身的产品安全性，防止数据泄露。2016 年发布的数据安全白皮书，旨在制定云计算安全标准，也是阿里云向政企及企业级用户市场迈入的关键一步。同时，作为注重生态圈建设的阿里而言，继续扩大与合作伙伴的合作，实现资源渠道共享，是阿里云市场战略的重要一环。

③ 产品战略：目前，阿里云主要产品集中在公有云 IaaS 部分，主要向用户提供弹性计算、数据存储、CDN（内容分发网络）与应用服务等。阿里云 IaaS 目前以规模化成本和价格优势在 IaaS 市场基本已经占领市场先机。未来，阿里云产品规划将进一步专注于向客户提供 PaaS 层面的服务，同时面向不同行业形成细分的行业云产品解决方案服务。同时，基于阿里云前期获得的巨大数据资源，阿里云将进一步专注于 BI（商业智能）分析，利用数据创造商业价值导向。数据分析将作为阿里云业务的重要组成部分，探索以云端开放数据获取创造价值的商业模式。

2. 华为云

2010 年，华为发布“云帆计划”，正式进入云计算领域。2015 年 7 月，对外发布企业云服务，产品定位于企业级用户 IaaS 层面，致力于让企业像用水用电一样使用 ICT 服务。华为企业云市场聚焦于金融、媒资、城市及公共服务、园区、软件开发等垂直行业的企业云服务。得益于华为在运营商领域的强势品牌背书，拥有服务器、存储、网络设备等较为完善的数据中心基础设施产品线优势，以及华为公有云、私有云基于同一架构，华为企业云在市场上的表现稳步前进。2023 年 3 月，华为公司在 2022 年年报发布会上公布五大产业营收数据。其中，华为云实现收入 453 亿元，持续保持高速增长。图 7-12 所示为华为云主页。

图 7-12　华为云主页

华为企业云服务产品采用一个架构支持私有云和公有云，具备开放的混合云架构，可根据用户的不同业务需要进行个性化部署。其推出的云基础设施 FusionCloud，支持私有云、公有云、混合云等多种部署模式，为客户提供云计算（弹性云服务器、弹性伸缩服务、镜像服务）、云存储（云硬盘、云备份、对象存储）、网络（虚拟私有云、弹性负载均衡）、安全（Web应用扫描、Web防火墙）等云产品，同时积累了面向电商、游戏、媒资、金融、零售、政务、生物科学等领域的垂直行业云解决方案服务。

华为的企业云战略可分为三大部分：一是针对行业部署云数据中心，扩展云服务业务，提供垂直行业云解决方案；二是坚持“被集成”的生态合作战略，加大与业内合作伙伴在云平台建设中的合作，提供合作云服务交付模式；三是强调Fusion（融合）战略，精简用户在云应用中的IT部署。华为云主要发展战略如下：

① 市场战略：华为企业云目标市场聚焦企业级用户，尤其是金融、媒资、城市及公共服务、园区、软件开发等垂直行业的企业云服务。目前，华为的市场开拓战略是：借助各行业具有优秀渠道资源、产品技术优势的合作伙伴，推进行业云平台建设，打造行业云解决方案。在金融行业，与万国数据、金证科技、中金数据系统等公司共建可用金融云，拓展金融行业客户；在电力、能源行业，与北明软件达成战略合作，开拓电力、能源行业客户；在政府、大企业及垂直行业，与太极计算机股份有限公司达成战略合作，在智慧城市领域进行深度合作，拓展各地市的政企云建设；在园区产业方面，华为与天安数码城（创新企业生态圈开发运营商）结成云服务产业联盟，展开在智慧园区和云服务产业等领域的合作；在软件开发云方面，与软通动力、中软国际合作，致力于云端软件开发；在城市车联网云平台建设方面，与楼兰科技合作，共同打造车联网解决方案，构建车联网云平台，推进智能汽车等领域的发展。

② 产品战略：华为企业云产品一直坚持走同一个架构支持私有云和公有云部署模式，可根据用户的不同业务需要进行个性化部署。目前，华为在产品上主要为客户提供IaaS层面的云服务，未来将进一步加深对行业客户云服务需求的理解，打造不同垂直行业的云解决方案。目前，华为在全球部署了5个云计算研发中心，中国范围内大约有10个数据中心节点，机房面积约15万平方米。国内最大的数据中心位于深圳总部，大约有超过6 000台服务器。随着华为海外业务的拓展，华为将进一步延伸部署其海外节点，以支持其云业务的发展需求。

3. 腾讯云

腾讯云创立于2010年，是腾讯公司打造的面向广大企业和个人的公有云平台。腾讯云有着深厚的基础架构，并且有多年对海量互联网服务的经验，不管是社交、游戏还是其他领域，都有多年成熟的产品。腾讯在云端完成重要部署，为开发者及企业提供云服务、云数据、云运营等整体一站式服务方案。作为目前中国互联网综合服务提供商和中国服务用户最多的互联网企业，腾讯正在积极通过云计算、云技术，推进互联网与各行业的融合创新。图7-13所示为腾讯云主页。

腾讯云产品体系包括基础产品、域名服务，以及大数据与AI三大部分。其中，域名服务模块提供域名注册、域名安全、解析与备案四个功能。除此之外，大数据模块提供大数据处理套件、云搜、文智自然语言处理、机智机器学习、用户洞察分析与云推荐引擎功能，AI提供万象优图、智能语音服务与微金小云客服功能。

腾讯云已经拥有完整的产品体系，为合作伙伴提供多样化、高性能的云服务，腾讯云同时提供通用解决方案、行业解决方案及技术解决方案。其中，通用解决方案包括视频、位置服务、网站、微信生态、运维等服务；行业解决方案覆盖了游戏、O2O、金融、广告、医疗、在线教育、电商、智能硬件、旅游、政务行业；技术解决方案提供安全、数据迁移与直播安全服务。腾讯云服务主要提供云服务器、数据存储、网络加速、BGP 带宽四个方面的通用型产品服务，主推产品有：云服务器、SSD 本地盘、云数据库、大禹分布式防御、腾讯云 CDN、云通讯 IM、云点播、云直播、互动直播、万象优图、易出行。同时，针对不同的垂直行业客户，腾讯云还推出了个性化的行业云解决方案。

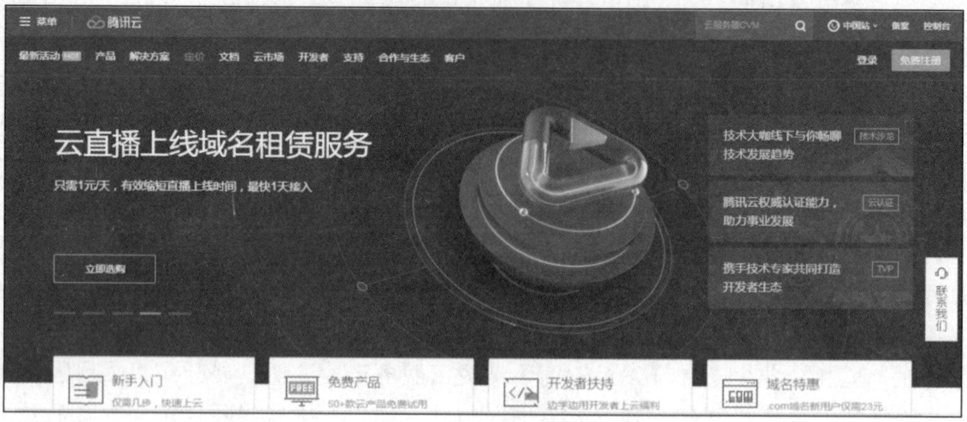

图 7-13　腾讯云主页

近期，腾讯云发布“云+计划”，旨在建设以腾讯云为核心的云生态体系，计划 5 年内投入 100 亿元打造覆盖 IaaS、PaaS、SaaS 三个层面的云生态圈。目前的合作伙伴主要包括咨询服务商、系统集成商、培训合作商、分销商、独立软件开发商、SaaS/PaaS 伙伴、基础环境伙伴、商业软件伙伴、工具软件伙伴等。按照合作服务类型，大致可分为三类：主营云服务运维、监控、安全、备份等软件或服务提供商；主营 CRM、OA、建站等企业软件服务提供商；主营各垂直行业企业相关专业技术解决方案的软件公司。腾讯云为合作伙伴提供销售培训、技术培训、投标支持、架构支持、联合护航、品牌推广、资质认证等服务。腾讯云业务未来战略包括：

① 数据中心扩张战略：腾讯国内的数据中心主要包括总部深圳、天津、上海、西安，以及重庆两江新区西部数据中心。这些数据中心的机器设备、网络带宽等基础资源规模强大，基本完成了覆盖东西南北中全国区域的数据中心布局。

腾讯于 2015 年开始发展海外市场，在加拿大多伦多市建设了覆盖北美市场的数据中心，同时建设了新加坡数据中心等覆盖东南亚市场。腾讯云发布了全球云服务节点版图，美西、美东、欧洲、日本等数据节点已开放服务，南美洲、悉尼、俄罗斯、韩国等已于 2017 年陆续开放。据悉，腾讯云布局海外业务主要以社交、游戏、视频等业务为突破口，与国内的游戏、视频厂商合作，提供海外的云服务需求。

② 市场战略：腾讯云当前主要聚焦于互联网市场，部分借助于腾讯开放的平台产业链整合优势，为游戏、移动应用、网页应用和智能硬件开发商提供服务，腾讯云以提供底层基础设施作为应用研发和运营的 IT 支撑，同时借助开放平台能力和自有产业链优势，帮助厂商接入应用发布渠道，营销推广变现，并可提供运营过程中的管理、辅助、优化等多种服务。

未来，腾讯云在深耕互联网行业的同时，也将在企业级云服务市场发力。腾讯云目前着眼的第一块企业级市场是金融行业。由腾讯主导的前海微众银行是腾讯在金融云服务中的重要试点，随着其规模的扩大及盈利能力的提升，腾讯云将有可能借助互联网优势在金融市场打开突破口。

③ 产品战略：腾讯云当前 IaaS 产品布局已基本完成，并开始向通用类 PaaS 服务和行业专业 SaaS 服务拓展。开拓其他行业垂直云服务是腾讯云下一步的重要产品战略。

目前，腾讯云媒体融合云已在人民日报完成试点上线，金融云在微众银行完成上线，教育云携手新东方合作打造，与税友合作打造了税务云，为四川省人民政府建设了省级政务云，在电商领域积累了小红书、蘑菇街、锤子科技等电商云客户。腾讯云在不同的垂直行业相继完成了部分客户的行业云试点实践，为腾讯云下一步打造具有垂直行业特色的云服务提供了很好的案例借鉴。

4. 浪潮云

浪潮云属于浪潮集团，目标市场定位于政府和企业级用户，旨在做中国政务云市场的领导者，面向政企客户提供 IaaS、PaaS、SaaS 三个层面的服务。浪潮云定位于企业级用户及政务行业，企业级用户主要是指从传统 IT 架构向云业务转型迁移的客户，政务客户主要指面向建设智慧政府的客户，如政务云服务等，这与浪潮常年在政务和企业级客户行业的长期深耕运作有关。得益于其在政府、政务、部委等领域的长期耕耘，浪潮云旨在开拓政务云市场。目前，浪潮政务云已经在济南、重庆、贵州、山东、昆明、利川、呼和浩特等省市成功部署上线。图 7-14 所示为浪潮云主页。

图 7-14　浪潮云主页

目前，浪潮云致力于帮助区域政府实现云服务转型，建设智慧城市平台，提升政府整体服务能力。浪潮集团已把浪潮云作为独立品牌运营，可见浪潮在政务云市场的决心，已基本把云服务提升成与浪潮服务器、浪潮软件并驾齐驱的集团发展战略。浪潮云产品主要包括计算和网络（云服务器、物理主机、网络、负载均衡）、存储和容灾（云硬盘、云数据库、云容灾、云存储）、IDC（云托管、云加速）、安全中心等产品，同时面向区域政府、行业部委和大型企业客户提供个性化的云服务解决方案。

浪潮云生态体系圈建设主要依托浪潮的小机天梭 K1 和其通用 x86 服务器的生态圈而建设。浪潮云的合作伙伴有 7 000 家，主要包括 ISV、分销商、垂直行业解决方案商、平台软件供应商，其中具有集成资质的增值合作伙伴占65%，行业软件开发商ISV大约700家，全国方案商大约80家，典型合作伙伴有IBM、SAP、达梦、人大金仓、南大通用等。2016年初，浪潮云发布“云腾计划”，招募1 000+云拓展合作伙伴、1 000+云渠道合作伙伴、1 000+云方案合作伙伴，浪潮承诺将与合作伙伴一起开拓政务云市场。

浪潮云定位于政务及大型企业级客户。鉴于政务及大型企业集团对云服务的要求个性化，浪潮云产品将进一步根据政务政府、企业的需求提供个性化的垂直行业政务云解决方案。同时，政企客户对云安全的可用性要求较高，浪潮云将在云安全方面加大产品研发及人员投入。据悉，浪潮云目前已完成了可信云认证。鉴于浪潮在云安全领域并不十分专注擅长，加大与云安全服务厂商的合作势必是其开拓政企市场的重要手段。

本 章 小 结

云计算普遍认为是一种商业计算模型。它将计算任务分布在大量计算机构成的资源池上，使用能够按需获取计算存储空间和信息服务。本章首先对云计算的起源、发展和现状进行详细介绍，接着围绕云计算的基本组成、体系结构、关键技术、云计算应用，以及云计算与大数据的关系等方面进行了重点介绍，使读者对云计算这一新技术有全面的认识，最后介绍了国内外主流的云计算提供商及其相关产品。

思考与练习

一、选择题

1. 云计算的主要特征包括（　　）。
   A. 以网络为中心　　B. 以服务为提供方式
   C. 资源的池化与透明化　　D. 高扩展高可靠性
2. 大数据的特征不包括（　　）。
   A. 大量化　　B. 多样化　　C. 快速化　　D. 结构化
3. 云计算就是把计算资源都放到（　　）上。
   A. 对等网　　B. 因特网　　C. 广域网　　D. 无线网
4. SaaS是（　　）的简称。
   A. 软件即服务　　B. 平台即服务
   C. 基础设施即服务　　D. 硬件即服务
5. 微软于2008年10月推出的云计算操作系统是（　　）。
   A. Google App Engine　　B. 蓝云
   C. Azure　　D. EC2
6. 云计算是对（　　）技术的发展与运用。
   A. 并行计算　　B. 网格计算
   C. 分布式计算　　D. 三个选项都是

7. (　　) 是私有云计算基础架构的基石。

A. 虚拟化　　B. 分布式　　C. 并行　　D. 集中式

8. 下列对云计算部署模式的描述中正确的是(　　)。

A. 私有云是部署在企业内部，服务于内部用户的云计算类型

B. 公有云一般是由云服务运营商搭建，面向公众的云计算类型

C. 混合云则是包含了两种以上类型的云计算形式，典型的是公有云和私有云构成混合云

D. 基于上述主要部署模式，产生新的云计算资源部署和服务模式，例如虚拟私有云. 客户专属私有云等

9. 与网络计算相比，不属于云计算特征的是(　　)。

A. 资源高度共享　　B. 适合紧耦合科学计算

C. 支持虚拟机　　D. 适用于商业领域

10. 亚马逊 AWS 提供的云计算服务类型是(　　)。

A. IaaS　　B. PaaS

C. SaaS　　D. 三个选项都是

二、简答题

1. 什么是云计算？云计算有哪些特征？
2. 简述大数据与云计算的关系。
3. 云计算的类型有哪些？
4. 简述云计算的部署模式。

第8章　大　数　据

随着互联网、物联网、三网融合、云计算、Web 2.0 等技术的兴起，各种终端设备每时每刻都在记录着人类社会复杂频繁的信息行为，这直接引发了数据的指数级增长，数据量的产生已经不受时间、地点的限制。信息数据的单位以 PB（1 PB=1 024 TB）的级别暴增，人类社会进入了一个以 PB 为单位的结构与非结构数据信息的新时代。

互联网数据中心（Internet Data Center，IDC）的报告预测：2025 年，全球数据总量将达到 175 ZB（相当于 4 万亿 GB）! 巨量的数据让经济学、政治学、社会学和许多科学门类发生变化和发展，进而影响人类的价值体系、知识体系和生活方式。

如果能对这些海量数据进行有序、有结构的分类组织和存储，有效利用并发掘，就能获得有巨大价值的产品和服务。目前，大数据已经在企业战略规划、经营管理、产品研发、在线学习等方面创造了价值。那么什么是大数据？又是什么样的系统在处理这样大量的数据呢？本章将介绍大数据技术的相关知识。

8.1　大数据概述

8.1.1　大数据的发展历程

从 1998 年美国硅图公司（Silicon Graphics，SGI）的首席科学家 John R.Mastey 在其发表的一篇名为 *Big Data and the Next Wave of Infrastress* 的论文中首次用大数据这个词来描述数据爆炸的现象，到大数据分析技术广泛应用于社会的各个领域，已经走过了 40 年的时间。大数据的整个发展过程按照进程分为四个阶段，分别是大数据的萌芽阶段、发展阶段、爆发阶段、成熟阶段。

1. 大数据萌芽阶段（1980—2008 年）

1980 年，美国著名未来学家阿尔文·托夫勒在《第三次浪潮》一书中将“大数据”称为“第三次浪潮的华彩乐章”，最早提出“大数据”这一概念。

这一阶段，各行各业中服务的提升需要更大量的数据处理，而这种处理的数据量超出了当时主存储器、本地磁盘，甚至远程磁盘的承载能力，呈现出“海量数据问题”的特征，但是缺少基础理论研究和技术变革能力。

2008 年，美国的《自然》杂志推出大数据专刊：计算社区联盟（Computing Community

Consortium）发表了报告《大数据计算：在商务、科学和社会领域创新革命性突破》，阐述了大数据技术及其面临的一些挑战。

2. 大数据发展阶段（2009—2011 年）

这个阶段，非结构化的数据大量出现，传统的数据库处理难以应对，对海量数据处理已经成为整个社会迫在眉睫的事情，全球范围内开始进行大数据的研究探索和实际运行。"大数据"成为互联网技术行业中的热门词汇。

2009 年，联合国全球脉冲项目开始利用大数据预测疾病暴发。

2011 年，麦肯锡发布了关于"大数据"的报告，正式定义了大数据的概念，引发各行各业对大数据的重新讨论；2011 年 12 月，工业和信息化部发布的《物联网"十二五"发展规划》将海量数据存储、数据挖掘、图像视频智能分析等大数据技术正式提出。这一阶段，技术进步的巨大鼓舞重新唤起了人们对于大数据的热情，人们开始对大数据及其相应的产业形态进行新一轮的探索创新，推动大数据走向应用发展的新高潮。

3. 大数据爆发阶段（2012—2016 年）

2012 年，维克托·迈尔·舍恩伯格教授的《大数据时代》一书出版，"大数据"这一概念在各行各业中扮演了举足轻重的角色。

2012 年 3 月，美国政府发布了《大数据研究和发展倡议》，这一倡议标志着大数据已经成为重要的时代特征。

大数据成为了各行各业讨论的时代主题，对数据的认知更新引领着思维变革、商业变革和管理变革，大数据应用规模不断扩大。以英国发布的《英国数据能力发展战略规划》、日本发布的《创建最尖端 IT 国家宣言》、韩国提出的"大数据中心战略"为代表，美国政府宣布 2 亿美元投资大数据领域，世界范围内开始针对大数据制定相应的战略和规划，大数据技术从商业行为上升到国家科技战略。政府把大数据定义为"未来的新石油"，大数据技术领域的竞争，事关国家安全和未来。

2013 年是我国大数据元年，此后以大数据为核心的产业形态在我国逐渐展开，大数据技术开始向商业、科技、医疗、政府、教育、经济、交通、物流等社会的各个领域渗透、探索与落地实践。但是，在这一阶段大数据产业发展良莠不齐，一些别有用心的机构则有意炒作并通过包装大数据概念来谋取不当利益。在此过程中，获取数据能力薄弱、处理非结构化数据准确率低、数据共享存在障碍等缺陷逐渐暴露，人们开始对大数据进行质疑。

2015 年 8 月，国务院印发《促进大数据发展行动纲要》，全面推进我国大数据发展和应用，标志着大数据正式上升到国家战略。

4. 大数据成熟阶段（2017 年至今）

这一阶段，与大数据相关的政策、法规、技术、教育、应用等发展因素开始走向成熟，计算机视觉、语音识别、自然语言理解等技术的成熟消除了数据采集障碍，政府和行业推动的数据标准化进程逐步展开减少了跨数据库数据处理的阻碍，以数据共享、数据联动、数据分析为基本形式的数字经济和数据产业蓬勃兴起，市场上逐渐形成了涵盖数据采集、数据分析、数据集成、数据应用的完整成熟的大数据产业链，以数据利用的服务形式贯穿到生活的方方面面，有力提高了经济社会发展智能化水平，有效地增强了公共服务和城市管理能力。

国际数据公司 IDC 统计显示，全球近 90%的数据将在这几年内产生，预计到 2025

年，全球数据量将比 2016 年的 16.1 ZB（ZB，即十万亿亿字节）增加十倍，达到 163 ZB。根据 IDC 最新发布的统计数据，中国的数据产生量约占全球数据产生量的 23%，美国的数据产生量占比约为 21%，EMEA（欧洲、中东、非洲）的数据产生量占比约为 30%，APJxC（日本和亚太）数据产生量占比约为 18%，全球其他地区数据产生量占比约为 8%。

8.1.2 大数据的概念和特征

1. 大数据的定义

《汉语新词语词典》中定义大数据为："指对海量数据进行挖掘分析，以获取有价值的信息和见解的一种技术。"IBM 在 2012 年提出了大数据的三大基本特征（即 3V 特征），即 Volume（大量）、Variety（多样性）和 Velocity（高速），并获得业界的普遍认可。IDC 在 3V 特征的基础上，提出了第四个特征 Value（价值）。"大数据不是一个'事物'，而是一个跨多个信息技术领域的趋势或活动。大数据技术描述了新一代的技术和架构，其被设计用于：通过高速的（Velocity）采集、发现和分析，从超大容量的（Volume）多样的（Variety）数据中经济地提取价值（Value）。"

2. 大数据的特征

目前，业界较为统一的认识是"大数据"的 4V 特点，即 Volume、Variety、Velocity、Value，其核心在于对这些含有意义的数据进行专业化处理。

（1）数据体量巨大

大型数据集，一般在 10 TB 规模左右。伴随着各种随身设备、物联网和云计算、云存储等技术的发展，人和物的所有轨迹都可以被记录，数据因此被大量生产出来，已经形成了 PB 级的数据量。PB 是大数据层次的临界点，一般情况下，大数据是以 PB、EB、ZB 为单位进行计量的。

①1 PB 相当于 50% 的全美学术研究图书馆图书信息内容。

②5 EB 相当于至今全世界人类所讲过的话语。

③1 ZB 如同全世界海滩上的沙子数量总和。

④1 YB 相当于 7 000 位人类体内的细胞总和。

（2）数据类别多样

数据来自多种数据源，数据种类和格式日渐丰富。数据类型复杂多样，不仅是文本形式，更多的是图片、视频、音频、地理位置信息等多类型的数据，个性化数据占绝对多数。通常分为三类：结构化数据、半结构化数据和无结构的非结构化数据。

数据多样性的增加主要是由于新型多结构数据，包括网络日志、社交媒体、互联网搜索、手机通话记录及传感器网络等数据类型。

大数据具有多层结构，这意味着大数据会呈现出多变的形式和类型。相较传统的业务数据，大数据存在不规则和模糊不清的特性，造成很难甚至无法使用传统的应用软件进行分析。传统业务数据随时间演变已拥有标准的格式，能够被标准的商务智能软件识别。目前，企业面临的挑战是处理并从各种形式呈现的复杂数据中挖掘价值。

（3）处理速度快

高速描述的是数据被创建和移动的速度。在高速网络时代，通过基于实现软件性能优化的高速计算机处理器和服务器，创建实时数据流已成为流行趋势。企业不仅需要了解如何快速创建数据，还必须知道如何快速处理、分析并返回给用户，以满足他们的实时需求。

数据处理遵循“1 秒定律”，对大数据应用而言，必须要在 1 秒内形成答案，否则处理结果就是过时和无效的。在未来，越来越多的数据挖掘趋于前端化，即提前感知预测并直接提供服务给所需要的对象，这也需要大数据具有迅速的处理速度。

（4）价值真实性高和密度低

数据真实性高，随着社交数据、企业内容、交易与应用数据等新数据源的兴起，传统数据源的局限被打破，企业愈发需要有效的信息以确保其真实性及安全性。以视频为例，一小时的视频，在不间断的监控过程中，可能有用的数据仅仅只有一两秒。

数据的真实性和质量是获得真知和思路最重要的因素，是制定成功决策最坚实的基础。

8.1.3 大数据时代的思维变革

大数据时代的思维变革在于从样本思维向总体思维转变、从精确思维向容错思维转变、从因果思维向相关思维转变、从自然思维向智能思维转变，最终使得大数据具有旺盛的生命力，获得“类脑”的智能，甚至是智慧。

1. 总体思维

随着数据收集、存储、分析技术的突破性发展，人们可以更加方便、快捷、动态地获取和研究与对象有关的所有数据。大数据更强调数据的多样性和整体性，思维方式只有从样本思维转向总体思维，才能更加全面、系统地洞察事物或现实的总体状况。

2. 容错思维

在小数据时代，由于样本采集困难和种类缺乏的限制，可用于分析的信息量十分有限，为了保证结论及推论的准确性，在记录数据时必须使数据尽量精确化、结构化。随着大数据技术的不断突破，大量的异构化、非结构化的数据能够得到存储和分析。当拥有海量即时数据时，绝对的精准不再是追求的主要目标，适当忽略微观层面上的精确度，允许一定程度的错误与混杂，反而可以在宏观层面拥有更好的知识和洞察力，因此，大数据时代思维方式要从精确思维转向容错思维。

3. 相关思维

小数据世界中，人们往往执着于现象背后的因果关系，试图通过有限样本数据来剖析其中的内在机理。小数据的另一个缺陷就是有限的样本数据无法反映出事物之间的普遍性的相关关系。而大数据的核心议题是建立在相关关系分析基础上的预测，人们可以通过大数据技术挖掘出事物之间隐蔽的相关关系，捕捉现在和预测未来。

思维方式要从因果思维转向相关思维，通过关注线性的相关关系，以及复杂的非线性相关关系，可以帮助人们看到很多以前不曾注意的联系，还可以掌握以前无法理解的复杂技术和社会动态，成为人们了解这个世界的更好视角。

4. 智能思维

人脑之所以具有智能、智慧，就在于它能够对周围的信息进行全面收集、逻辑判断和归纳总结，获得有关事物或现象的认识与见解。在大数据时代，随着物联网、云计算、社会计算、可视技术等的突破发展，大数据系统也能够自动地搜索所有相关的数据信息，并进而类似“人脑”一样主动、立体、逻辑地分析数据、做出判断，无疑也就具有了类似人类的智能思维能力和预测未来的能力。

"智能、智慧"是大数据时代的显著特征，大数据时代的思维方式也要求从自然思维转向智能思维，不断提升机器或系统的社会计算能力和智能化水平，从而获得具有洞察力和新价值的东西，甚至类似于人类的"智慧"。

8.2 大数据技术

8.2.1 大数据技术发展历程

大数据技术，起源于谷歌公司（Google）在2004年前后发表的三篇论文，分别是*The Google File System*、《MapReduce：超大集群的简单数据处理》和《Big Table：结构化数据的分布式存储系统》，解决的就是搜索引擎在网页抓取和索引构建的过程中，大量数据存储和计算的问题。Google的思路是部署一个大规模的服务器集群，通过分布式的方式将海量数据存储在这个集群上，然后利用集群上的所有机器进行数据计算。Lucene开源项目的创始人Doug Cutting根据Google论文的原理初步实现了类似GFS和MapReduce的功能，也就是HDFS的前身。

2006年，Doug Cutting从Nutch中分离出大数据相关的功能，作为一个独立的项目专门开发维护，即Hadoop，主要包括Hadoop分布式文件系统HDFS和大数据计算引擎MapReduce。

2008年，Hadoop正式成为Apache的顶级项目，商业公司Cloudera成立专门运营Hadoop。Yahoo（雅虎）开发了Pig，取代编程烦琐的MapReduce进行大数据编程。Pig是一种脚本语言，使用类SQL的语法，经过编译后会生成MapReduce程序，可在Hadoop上运行。之后出现了基于Hadoop的Hive。Hive支持使用SQL语法来进行大数据计算，当用Select语句进行数据查询时，Hive会把SQL语句转化成MapReduce的计算程序，Hive出现后极大限度地降低了Hadoop的使用难度。

在Hadoop早期，MapReduce既是执行引擎，又是资源调度框架，服务器集群的资源调度管理由MapReduce完成，这样不利于资源复用，也使得MapReduce非常臃肿。于是新项目Yarn启动，将MapReduce执行引擎和资源调度分离开来。2012年，Yarn作为一个独立的项目开始运营，随后被各类大数据产品支持，成为大数据平台上主流的资源调度系统。

2012年，UC伯克利AMP实验室（Algorithms、Machine和People的缩写）开发的Spark提供内存计算，把中间结果放到内存中，通过支持有向无环图（DAG）的分布式并行计算的编程框架，减少了迭代过程中数据需要写入磁盘的需求，提高了迭代运算效率。Spark一经推出，立即受到业界的追捧，并逐步替代MapReduce在企业应用中的地位。

众多Hadoop周边产品开始出现，大数据生态体系逐渐形成，其中包括：专门将关系数据库中的数据导入、导出到Hadoop平台的Sqoop；针对大规模日志进行分布式收集、聚合和传输的Flume；MapReduce工作流调度引擎Oozie等。

来自互联网、物联网和企业的大量的、非结构化数据，通过数据收集框架（Flume/Kafka/Sqoop）准备数据；通过数据存储框架（HDFS/HBase/Hive）存储数据；通过资源管理平台（Yarn）监控、分配和管理资源，有序调度和协调每个具体应用程序；通过计算框架（MapReduce/Storm）处理数据；通过机器学习算法（Mahout/Mllib）生成数据模型，预测新的数据；最后通过可视化平台展现数据结果。所有这些大数据的框架、平台及相关的算法整合起来共同构成了大数据的技术体系。

8.2.2 大数据关键技术

大数据技术，是针对大数据的采集、存储、分析和应用的相关技术，通过使用非传统的一系列工具，处理结构化、半结构化和非结构化数据，获得分析和预测结果的一系列数据处理和分析技术。基础的技术包含数据的采集、数据预处理、分布式存储、NoSQL 数据库、数据仓库、机器学习、并行计算、可视化等各种技术范畴和不同的技术层面。随着大数据开源技术的快速发展，目前应用最广泛的是以 Hadoop 与 Spark 为核心的生态系统，整个大数据技术栈涉及数据收集、数据存储、资源管理与服务协调、大数据计算模式和数据分析这五个层级。

1. 数据收集

利用数据仓库（ETL）将把零散的结构化和非结构化的海量数据抽取到临时中间层进行清洗、转换、集成最终加载到数据仓库或数据集市中，成为联机分析处理、数据挖掘的基础；利用日志采集工具（Flume、Kafka 等）采集实时的数据，经过滤聚集后加载到 HDFS 等存储系统。

2. 数据存储管理

主要由面向文件存储的分布式系统和面向行/列存储的分布式数据库构成。

分布式文件系统（HDFS）具有良好的扩展性与容错性等优点；分布式数据仓库（HBase）允许用户存储结构化与半结构化的数据，支持行列无限扩展，以及数据随机查找与删除。分布式列式存储数据库（Kudu）允许用户存储结构化数据，支持行无限扩展，以及数据随机查找与更新。

3. 资源管理与服务协调

统一资源管理与调试系统，管理集群中的各种资源（比如 CPU 和内存等），并按照一定的策略分配给上层的各类应用。

4. 大数据计算模式

大数据的计算模式包括批处理、流式实时处理、图计算、查询分析计算四种计算模式。其中各计算模式的代表产品见表 8-1。

表 8-1 大数据计算引擎及代表产品

大数据计算模式	解决问题	代表产品
批处理计算	针对大规模数据的批处理	MapReduce、Spark 等
流计算	针对流数据的实时计算	Storm、S4、Flume、Scribe、Spark、Streaming
图计算	针对规模巨大包含具有复杂关系的图数据进行存储和计算	Pregel、GraphX、Griaph、PowerGraph 等
查询分析计算	大规模数据的存储管理和查询分析	Dremel、Hive、Cassandra、Impala 等

5. 数据分析

为方便用户解决大数据问题而提供的各种数据分析工具。

8.2.3 大数据架构

Twitter 工程师 Nathan Marz 提出来的 Lambda Architecture（LA）是一种大数据软件设计

架构，目的是指导用户充分利用批处理和流式计算技术各自的优点实现一个复杂的大数据处理系统。LA 的主要思想是将数据处理流程分解成三层：批处理层、流式处理层和服务层。

① 批处理层：主要思想是利用分布式批处理计算，以批为单位处理数据，并产生一个经预计算产生的只读数据视图。该层可以一次性处理大量数据，引入复杂的计算逻辑，吞吐率高，但数据处理延迟也高，从数据产生到最终处理完成，整个过程用时通常是以分钟或小时计。

② 流式处理层：采用流式计算技术，数据处理延迟低，但无法进行复杂的逻辑计算，得到的结果往往是近似解。

③ 服务层：LA 引入服务层，以整合批处理层和流式处理层的计算结果，对外提供统一的访问接口以方便用户使用。

8.2.4 分布式存储和计算平台 Hadoop

1. Hadoop 简介

Hadoop 采用 Java 语言开发，是在分布式服务器集群上存储海量数据并运行分布式分析应用的开源框架。Hadoop 1.x 中包括的两个核心部件是 HDFS 与 MapReduce。HDFS 是一个分布式文件系统：引入存放文件元数据信息的服务器 NameNode 和实际存放数据的服务器 DataNode，对数据进行分布式存储和读取。MapReduce 是面向大数据并行处理的计算模型、框架和平台。MaReduce 能自动完成计算任务的并行化处理，自动划分计算数据和计算任务，在集群节点上自动分配和执行任务并收集计算结果。MapReduce 提供了一种简便的并行程序设计方法，用 Map 和 Reduce 两个函数编程实现基本的并行计算任务，提供了抽象的操作和并行编程接口，以简单方便地完成大规模数据的编程和计算处理。HDFS 在 MapReduce 任务处理过程中提供了对文件操作和存储等的支持，MapReduce 在 HDFS 的基础上实现了任务的分发、跟踪、执行等工作，并收集结果，二者相互作用，完成了 Hadoop 分布式集群的主要任务。

2. Hadoop 的特点

Hadoop 基于 Java 语言开发，是以一种可靠、高效、可扩展的方式对大量非结构化数据进行分布式处理的软件框架，可以较好地运行在 Linux 平台上，并支持多种编程语言，如 C++。Hadoop 具有以下几方面的特点：

（1）成本低且易扩展

Hadoop 运行在普通的硬件设备集群上分配数据并完成计算任务，这些集群可以方便地扩展。Hadoop 可以支持数千个节点的并行处理，达到 PB 级以上的海量数据处理能力。

（2）高可靠性和容错性

Hadoop 采用冗余数据存储方式，能自动地维护数据的多份副本，并在任务失败后能自动地重新部署计算任务，实现了工作可靠性（Rehabie）和弹性扩容能力（Scalable）。

（3）高效性

Hadoop 作为并行分布式计算平台，采用分布式存储和分布式处理两大核心技术，可以在数据所在的节点上并行地存储和处理 PB 级的数据。

3. Hadoop 的版本

Hadoop 开源项目自最初推出后，经历了数十个版本的演进。Hadoop 最早的一个开源版本是 0.x 系列版本，在此基础上演变出 1.x 及 2.x 的版本；Hadoop 版本当中的第二代开源版本 1.x 版本系列，主要修复 0.x 版本的一些 bug 等；Hadoop 2.x 版本系列，架构产生重大变化，包含 HDFS Federation（HDFS 联盟）和 YARN（独立的分布式资源管理与调度系统）两个系统，分别解决了 NameNode（名称节点）内存瓶颈问题的水平横向扩展和为上层应用提供统一的资源管理和调度。目前，Hadoop 的版本已经发展到 3.x 系列。

Hadoop 除了免费开源的 Apache Hadoop 以外，还有一些公司如 MapR、ClouderaManager、Hortonwroks、华为、DKhadoop 等推出了自己的 Hadoop 商业版。商业化公司推出的 Hadoop 发行版也是以 Apache Hadoop 为基础，但具有更好的易用性、更多的功能、更高的性能和更为专业的技术支持。

4. Hadoop 生态系统

Hadoop 主要是通过 HDFS 来实现对分布式存储的底层支持，并通过 MapReduce 来实现对分布式并行任务处理的程序支持。

MapReduce 是一个分布式计算框架，用来实现数据分析，是 Hadoop 的一个基础组件。MapReduce 支持使用廉价的计算机集群对规模达到 PB 级的数据集进行分布式并行计算，也是一种编程模型。它由 Mapc()函数和 Reduce()函数构成，分别完成任务的分解与结果的汇总。MapReduce 的用途是进行批量处理，而不是进行实时查询，即特别不适用于交互式应用。它极大地方便了编程人员在不会分布式并行编程的情况下，将自己的程序运行在分布式系统上。

HDFS 是 Hadoop 的存储系统，有创建文件、删除文件、移动文件和重命名文件等功能，实现高吞吐率的数据读/写。

HDFS 中的数据具有“一次写，多次读”的特征，即保证一个文件在一个时刻只能被一个调用者执行写操作，但可以被多个调用者执行读操作。HDFS 是以流式数据访问模式来存储超大文件，运行于商用硬件集群上。HDFS 具有高容错性，可以部署在低廉的硬件上，提供了对数据读/写的高吞吐率，因此非常适合具有超大数据集的应用程序。HDFS 为分布式计算存储提供了底层支持，HDFS 与 MapReduce 框架紧密结合，是完成分布式并行数据处理的典型案例。

经过多年的发展，Hadoop 生态系统不断完善和成熟，目前已经发展成为包含很多子项目的集合，形成了一个以 Hadoop 为中心的生态系统，如图 8-1 所示。

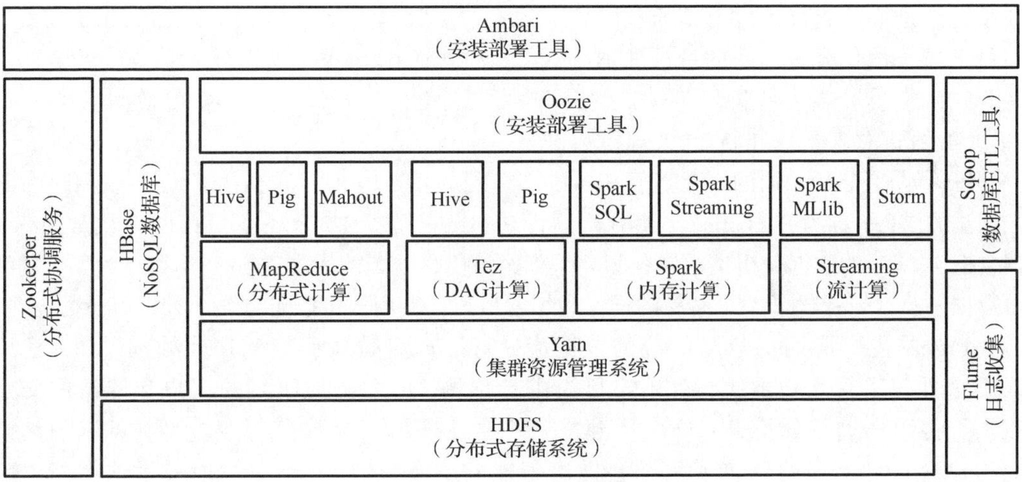

图 8-1　Hadoop 生态系统

（1）Sqoop（ETL 工具）

Sqoop 是 SQL-to-Hadoop 的缩写，主要用于传统数据库和 Hadoop 之间传输数据。数据的导入和导出本质上是 MapReduce 程序，充分利用了 MapReduce 的并行化和容错性。其中主要利用的是 MapReduce 中的 Map 任务来实现并行导入、导出。

（2）Mahout（数据挖掘算法库）

Mahout 起源于 2008 年，最初是 Apache Lucent 的子项目，它在极短的时间内取得了长足的发展，现在是 Apache 的顶级项目。相对于传统的 MapReduce 编程方式来实现机器学习的算法时，往往需要花费大量的开发时间，并且周期较长，而 Mahout 的主要目标是创建一些可扩展的机器学习领域经典算法的实现，旨在帮助开发人员更加方便快捷地创建智能应用程序。

Mahout 现在已经包含了聚类、分类、推荐引擎（协同过滤）和频繁集挖掘等广泛使用的数据挖掘方法。除了算法，Mahout 还包含数据的输入/输出工具、与其他存储系统（如数据库、MongoDB 或 Cassandra）集成等数据挖掘支持架构。

（3）Hive（基本的 Hadoop 查询与分析）

Hive 是 Hadoop 上的数据仓库基础构架。利用 SQL 来操作和分析大数据，是用来管理结构化数据的中间件。它以 MapReduce 为执行环境，数据存储于 HDFS 上，元数据储存于 RDMBS 中。对存储在 HDFS 中的数据提取转化和加载分析和管理。

Hive 定义了一种类似 SQL 的查询语言（HQL），将 SQL 转化为 MapReduce 任务在 Hadoop 上执行。Hive 的优点有：操作接口采用类 SQL 语法，可以快速开发；避免了写 MapReduce，减少开发成本；可与查询系统（Impala）/计算引擎（Spark）等共享元数据（Metadata），统一元数据管理；可以扩展集群规模，支持自定义函数，易扩展；离线处理数据。

Hive 的执行延迟比较高，因此 Hive 常用于对实时性要求不高的场合的大数据分析。Hive 的应用场景有社交平台的海量结构化日志分析、购物平台搜索中的自定义筛选与商品推荐等。

Hive 0.x 版本中，在查询过程中，MapReduce 需要扫描整个数据集，作业的处理过程中还需要把大量的数据传输到网络，导致浏览一个完整的数据集可能要花费几分钟到几小时，这样的查询速度有些不切实际。Hive 2.x 版本主要在 Stinger Initiative 和 Presto 项目上做了优化升级，新的特性让 Hive 可以支持 ACID 事务、实现亚秒级查询、全面支持 SQL、集成机器学习框架 Spark，使用户可以通过 Hive 运行机器学习模型。

（4）Pig（基于 Hadoop 的大规模数据分析平台）

Pig 最早是雅虎公司的一个基于 Hadoop 的并行处理架构。Pig 包括两部分：一是用于描述数据流的语言，称为 Pig Latin；二是用于运行 Pig Latin 程序的执行环境。Pig Latin 语言的编译器会把类 SQL 的数据分析请求转化为一系列经过优化处理的 MapReduce 运算，为复杂的海量数据并行计算提供了一个简易的操作和编程接口，让用户可以更方便地处理海量数据。

Pig 的主要应用场景是传统的数据流处理、原生数据研究和迭代处理。Pig 还可以用来处理离线用户数据，对用户行为进行预测，比如扫描所有的用户和网站的交互数据，将用户进行分类，对每一类建立一个数学模型，通过分析该模型，可以预测某类用户对各种类型的广告或新闻会做出怎样的反应，从而有针对性地展示这类用户感兴趣的广告。

Pig 的编程语言，可加载数据、表达转换数据并存储最终结果，简化了 Hadoop 常见的工作任务。Hive 在 Hadoop 中扮演数据仓库的角色，主要用于静态的结构以及需要经常分析的工作。Hive 与 SQL 相似促使其成为 Hadoop 与其他 BI 工具结合的理想交集。Pig 赋予开发人员在大数据集领域更多的灵活性，并允许开发简洁的脚本用于转换数据流以便嵌入到较大的应用程序。Pig 相比 Hive 相对轻量，其主要的优势是相比于直接使用 Hadoop Java APIs 可大幅削减代码量。Pig 与 Hive 的区别见表 8-2。

表 8-2　Pig 与 Hive 的区别

Pig	Hive
Pig 是一种面向过程的数据流语言	Hive 是一种数据仓库语言，并提供了完整的 SQL 查询功能
Pig 更轻量级，执行效率更快，适用于实时分析	Hive 适用于离线数据分析
Pig 查询语言为 Pig Latin，不支持分区	Hive 查询语言为 HQL，支持分区
Pig 不支持 JDBC/ODBC	Hive 支持 JDBC/ODBC
Pig 适用于半结构化数据（如日志文件）	Hive 适用于结构化数据

（5）Flume（日志收集系统）

Flume 是由 Cloudera 公司提供的分布式日志收集系统，支持对海量日志的采集、聚合和传输，具有高可用性、高可靠性、可扩展性。

Flume 可以高效率地将多个网站服务器中收集的日志信息存入 HDFS/HBase 中；支持各种接入资源数据的类型和接出数据类型；支持多路径流量、多管道接入流量、多管道接出流量、上下文路由等。在应用场景方面，Flume 系统可以用来接入收集规模宏大的社交网络（如 Twitter）、电商网站（如亚马逊、Flipkart）等节点事件数据；可以收集获取到用户访问的页面及点击的产品数据等日志数据信息并移交给 Hadoop 平台上去分析。

（6）Oozie（大数据任务调度框架）

Oozie 起源于雅虎，主要用于管理与组织 Hadoop 工作流，是 Hadoop 平台开源的工作流调度引擎，属于 Web 应用程序。Oozie 由 Oozie Client 和 Oozie Server 两个组件构成，Oozie Server 是运行于 Java Servlet 容器（Tomcat）中的 Web 程序。

Oozie 在 Hadoop 中执行任务时可以把多个 Map/Reduce 作业组合到一个逻辑工作单元中，从而完成更大型的任务。

（7）Storm（分布式实时计算系统）

Storm 是 Twitter 的开源流计算平台。Storm 通过简单的 API 使开发者可以可靠地处理无界持续的流数据，进行实时计算，开发语言为 Clojure 和 Java，非 JVM 语言可以通过 stdin/stdout 以 JSON 格式与 Storm 进行通信。Storm 的应用场景有：实时分析、在线机器学习、ETL（数据仓库技术）处理等。

Storm 擅长流处理，实时处理新数据和更新数据库，兼具容错性和可扩展性；擅长连续计算，可进行连续查询并把结果即时反馈给客户端；擅长分布式远程程序调用，可用来做并行搜索或者处理大集合的数据。

8.2.5　分布式文件系统（HDFS）

1. 分布式文件系统介绍

分布式文件系统（Hadoop Distributed File System，HDFS）是 Apach Nutch 搜索引擎

的一部分，后来独立出来作为一个 Apache 子项目，并和 MapReduce 一起成为 Hadoop 的核心组成部分。HDFS 作为 Hadoop 体系中数据存储管理的基础，在设计上采取了多种机制保证在硬件出错的环境中实现数据的完整性。

（1）HDFS 的优点

① 能处理超大型数据。HDFS 中的文件通常可以达到 GB 甚至 TB 级别，一个数百台机器组成的集群里面可以支持千万级别这样的文件。

② 流式处理。HDFS 以满足批量数据处理的要求而设计，简化了文件的一致性模型，以流式方式来访问文件系统数据。

③ 兼容廉价硬件设备。能检测和应对硬件故障，可以运行在廉价商用服务器。

④ 跨平台兼容性强。支持 JVM（Java Virtual Machine）的机器都可以运行 HDFS。

（2）HDFS 不适合应用的类型

① 低延时的数据访问。HDFS 的设计主要是面向大规模数据批量处理，采用流式数据读取，具有很高的数据吞吐率，但会有较高的延迟，所以 HDFS 不适合用在需要低延迟数据访问的应用场合。

② 存储大量小文件。HDFS 采用名称节点来管理文件系统的元数据，在大量文件的情况下，元数据的检索效率比较低；利用 MapReduce 处理大量小文件时，会极大增加线程管理开销，因此 HDFS 无法高效存储大量小文件。

③ 不支持多用户写入及任意修改文件。HDFS 只允许一个文件有一个写入者，对文件执行追加操作；不允许多个用户对同一个文件执行写操作，不能执行随机操作。

2. HDFS 核心概念

HDFS 采用主/从的架构来存储数据，这种架构主要由四部分组成，分别为 HDFS Client、NameNode、DataNode 和 Secondary NameNode。

（1）Client

用户通过客户端与 NameNode 和 DataNode 交互，完成 HDFS 管理，例如，服务启动或者关闭；读取和写入数据；读取数据时，与 NameNode 交互，获取文件位置信息；写入 HDFS 时，Client 将文件切分成等大的数据块（默认一个数据块大小为 128 MB），之后从 NameNode 上领取三个 DataNode 地址，并在它们之间建立数据流水线，进而将数据块流式写入这些节点。

（2）NameNode

主节点 NameNode 又称“元数据节点”，只有一个，是 HDFS 集群管理者，负责管理文件系统元信息和所有 DataNode。NameNode 中的 fsimage 文件存储文件系统的元数据信息，如文件名、文件目录结构、文件属性（生成时间、副本数、文件权限），以及每个文件的块列表和块所在的 DataNode 等。NameNode 记录了每个文件中各个块所在的数据节点的位置信息，但是并不持久化存储这些信息，而是在系统每次启动时扫描所有数据节点重构得到这些信息。NameNode 的 edit logs 日志文件，记录文件系统客户端执行的写操作。如果 NameNode 发生故障，最近的 fsimage 文件会被载入到内存中，用来重构元数据的最近状态，再从相关点开始向前执行 edits 日志文件中记录的每个事务。

（3）DataNode

DataNode 又称“数据节点”，负责管理它所在节点上的存储。NameNode 下达命令，

DataNode 执行实际的操作，在本地文件系统存储文件数据、校验块数据，汇报存储信息给 NameNode；执行数据块的读/写操作。

（4）Secondary NameNode

在 NameNode 运行期间，客户端对 HDFS 的写操作都保存到 edits 文件中，久而久之 edits 文件会变得很大。当 NameNode 重启时，NameNode 要先将 fsimage 中的内容映射到内存中，然后再一条一条执行 edits 编辑日志中的操作。当 edits 文件非常大时会导致 NameNode 启动的时间非常漫长，所以需要在 NameNode 运行时将 edits 和 fsimage 定时进行合并，减小 edits 文件的大小。

Secondary NameNode 就是为了帮助解决上述问题提出的，它的职责是合并 NameNode 的 edits 到 fsimage 文件中。Secondary NameNode 的工作原理是，定时到 NameNode 去获取 edits，并更新到自己的 fsimage 上；把新的复制回 NameNode 上；NameNode 在下次重启时会使用这个新的 fsimage 文件，从而减少重启时间。

3. HDFS 架构

HDFS 采用以数据块为单位读取数据，这种设计支持大规模文件存储，存储管理简化，默认的一个块大小是 128 MB。当客户端需要访问一个文件时，首先从 NameNode 获得组成这个文件的数据块的位置列表，根据位置列表获取实际存储各个数据块的数据节点的位置，最后数据节点根据数据块信息在本地 Linux 文件系统中找到对应的文件，并把数据返回给客户端。HDFS 基本架构如图 8-2 所示。图中虚线和实线代表不同的逻辑关系。

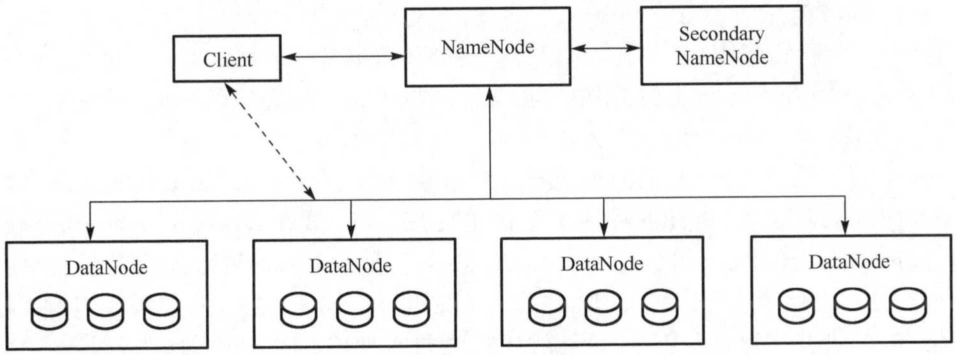

图 8-2　HDFS 架构图

4. HDFS 关键技术

HDFS 在实现时采用了大量分布式技术，其中的关键技术有容错性设计、副本放置策略、异构存储介质和集中式缓存管理等。

（1）容错性设计

HDFS 内置了良好的容错性设计策略，降低各种故障情况下数据丢失的可能性。常见故障及应对策略有：HDFS 为每个 Active NameNode 分配一个 Standby NameNode，以防止单个 NameNode 宕机后导致元信息丢失和整个集群不可访问；DataNode 能通过心跳机制向 NameNode 汇报状态信息，当某个 DataNode 宕机后，NameNode 可在其他节点上重构该 DataNode 上的数据块，以保证每个文件的副本数在正常水平线上；存取数据块时，如果发现校验码不一致，则认为该数据块已经损坏，NameNode 会通过其他节点上的正常副本重构受损的数据块。

（2）副本放置策略

副本的存放是 HDFS 实现高可靠性和高性能的关键，该技术允许数据在多个服务器端共享，一个本地服务器可以存取不同物理地点的远程服务器上的数据，也可以使所有的服务器均持有数据的副本。

HDFS 采用机架敏感（Rack Awareness）的副本存放策略来提高数据的可靠性、可用性和网络带宽的利用率。

（3）异构存储介质

随着 HDFS 的不断完善，它已经从最初只支持单存储介质（磁盘）的单一文件系统逐步演化成支持异构存储介质的综合分布式文件系统。HDFS 支持的多种常用存储类型有，存储冷数据的高存储密度但耗电较少的 ARCHIVE、磁盘介质 DISK、固态硬盘 SSD、RAM_DISK，异构存储介质使得 HDFS 变成了一个提供混合存储方式的文件系统，用户可以根据数据的特点，选择合适的存储介质满足应用需求。

（4）集中式缓存管理

HDFS 允许用户将一部分目录或文件缓存在内存中，以加速对这些数据的访问效率，这种机制称为集中式缓存管理。集中式缓存管理的引入提高集群的利用率，防止那些被频繁使用的数据从内存中清除，提高数据读取效率。

8.2.6 分布式数据库 HBase

1. HBase 简介

传统的关系型数据库 RDBMS 可以存储一定量数据进行数据检索，但是当数据量上升到 TB 或 PB 级别时，传统的 RDBMS 就无法支撑了，这时就需要一种新型的数据库系统更好、更快地处理这些数据。

HBase 是一个分布式的、面向列的开源数据库，该技术来源于 Fay Chang 发表于 2006 年 11 月的 Google 论文《BigTable：一个结构化数据的分布式存储系统》。HBase 是 Apache 的 Hadoop 项目的子项目。HBase–Hadoop Database，是一个高可靠性、高性能、面向列、可伸缩的分布式存储系统，利用 HBase 技术可在廉价 PC Server 上搭建起大规模结构化存储集群，主要用来存储和检索大规模数据，通过水平扩展的方式，处理超过 10 亿数据和数百万列元素组成的表。

在 Hadoop 生态系统中，HBase 利用 Hadoop MapReduce 来处理 HBase 中的海量数据，实现高性能计算；利用 Zookeeper 作为协同服务，实现稳定服务和失败恢复；使用 HDFS 作为高可靠的底层存储，利用廉价集群提供海量数据存储能力；利用 Sqoop 高效、便捷的 RDBMS 数据导入功能，同时 Pig 和 Hive 为 HBase 提供了高层语言支持。

2. HBase 和传统数据库的区别

HBase 和传统数据库的区别见表 8-3。

表 8-3　HBase 和传统数据库的区别

对 比 项	HBase	传统数据库
数据类型	HBase 的数据类型简单，只保留字符串	有丰富的数据类型
数据操作	HBase 有简单的插入、查询、删除、清空等操作，表和表之间是分离的，没有复杂的表和表之间的关系	通常有各式各样的函数和连接操作

续表

对　比　项	HBase	传统数据库
存储模式	HBase 是基于列存储的，利于数据压缩，可以并行查询列，查询效率高	传统数据库是基于表格结构和行存储，需要维护大量索引，存储成本高，不能线性扩展，压缩效率低
数据维护	HBase 的更新是插入了新的数据	传统数据库的更新是替换和修改数据
可伸缩性	HBase 可以轻松地增加或减少硬件的数目，并且对错误的兼容性比较高	传统数据库需要增加中间层才能实现类似的功能
事务	HBase 只可以实现单行的事务性，意味着行与行之间、表与表之间不必满足事务性	传统数据库可以实现跨行的事务性

8.2.7　NoSQL 数据库

1. NoSQL 的产生

大数据处理要求高并发读/写，能高并发、实时动态地获取和更新数据；支持海量数据的高效率存储和访问；拥有快速横向扩展能力、提供 7×24 小时不间断服务。传统的关系数据库具有高稳定性，使用简单，功能强大。

随着网站的高速发展，数据库的写入压力增加，出现了 Memcached 技术来缓解数据库的读取压力；为了解决集中读/写一个数据库的压力，出现了主从复制技术来达到读/写分离，以提高读/写性能和读取数据库的可扩展性。Web 2.0 的高速发展，在 Memcached 的高速缓存、MySQL 的主从复制、读/写分离的基础之上，MySQL 主库的写入数据压力出现瓶颈；数据量的持续猛增、MyISAM 使用表锁，在高并发下会出现严重的锁问题，因此出现了分表分库技术来缓解写入数据压力和数据增长的扩展问题。

数据库的分库、分表受业务规则影响，需求变动导致分库分表的维护十分复杂，分库分表的子库到一定阶段面临扩展问题，同时需求的变更，可能又需要一种新的分库方式，在实时性高的应用场合需要做一些处理才能保障实时性。

在改进这些缺点的背景下，NoSQL（Not Only SQL）数据库应运而生。现在主流的 NoSQL 数据库有 BigTable、HBase、Cassandra、SimpleDB、CouchDB、MongoDB 和 Redis 等。

NoSQL 数据库在以下几种情况下比较适用：数据模型比较简单；需要灵活性更强的 IT 系统；对数据库性能要求较高；不需要高度的数据一致性；对于给定键值 key，比较容易映射复杂值的环境。

2. NoSQL 的优势

（1）易扩展

NoSQL 数据库种类繁多，共同的特点是都去掉了关系数据库的关系型特性。数据之间无关系，这样就在架构的层面上带来了可扩展的能力。

（2）大数据量，高性能

由于 NoSQL 数据库的无关系性，数据库的结构简单，具有在大数据量下非常高的读写性能。

（3）灵活的数据模型

NoSQL 无须事先为要存储的数据建立字段，随时可以存储自定义的数据格式。

（4）高可用

NoSQL在不太影响性能的情况下，就可以方便地实现高可用的架构，通过复制模型也能实现高可用。

3. NoSQL的类型

一般将NoSQL数据库分为四大类：键值（Key-Value）存储数据库、列存储数据库、文档型数据库和图形（Graph）数据库。

（1）键值存储数据库

这一类数据库主要会使用到一个哈希表，这个表中有一个特定的键Key和一个指针指向特定的数据Value。Key可以用来定位Value，即存储和检索具体的Value。Value对数据库而言是透明不可见的，不能对Value进行索引和查询，只能通过Key查询。Key/Value模型对于IT系统来说的优势在于简单、易部署。但是，如果DBA只对部分值进行查询或更新时，Key/Value就显得效率低下。有关键值存储数据库的产品及应用情况见表8-4。

表8-4　键值存储数据库

项　目	描　述
相关产品	Redis、Riak、SimpleDB、Chordless、Scalaris、Memcached
数据模型	Key指向Value的键值对，通常用hash table来实现
典型应用	内容缓存，主要用于处理大量数据的高访问负载，也用于一些日志系统等
优点	扩展性好、灵活性好、大量写操作时性能高
缺点	无法存储结构化信息、条件查询效率低

（2）列存储数据库

基于Google的*BigTable*论文，面向列的数据库在列上工作，每列都单独处理。单列数据库的值连续存储。在聚合查询（如SUM、COUNT、AVG、MIN等）上提供了高性能，因为数据在列中随时可用。基于列的NoSQL数据库被广泛用于管理数据仓库、商业智能、CRM、图书馆书籍目录，Base、Cassandra、HBase、Hypertable是基于列的数据库。列存储数据库相关应用及优缺点见表8-5。

表8-5　列存储数据库

项　目	描　述
相关产品	BigTable、HBase、Cassandra、HadoopDB、GreenPlum、PNUTS
数据模型	以列存储，将同一列数据存在一起
典型应用	分布式文件系统
优点	查找速度快，可扩展性强，更容易进行分布式扩展
缺点	功能相对局限

（3）文档型数据库

面向文档的NoSQL DB将数据存储和检索为键值对，值部分存储为文档。该文档以JSON或XML格式存储。DB可以理解该值，并且可以查询该值。文档类型主要用于CMS系统、博客平台、实时分析和电子商务应用程序。它不应用于需要多种操作或针对不同聚合结构进行查询的复杂交易。文档型数据库相关应用及优缺点见表8-6。

表 8-6　文档型数据库

项　　目	描　　述
相关产品	CouchDB、MongoDB、Terrastore、ThruDB、RavenDB、SisoDB、RaptorDB、Cloudkit、Perservere、Jackkrabbit
数据模型	Key-Value 对应的键值对，Value 为结构化数据
典型应用	Web 应用（与 Key-Value 类似，Value 是结构化的，不同的是数据库能够了解 Value 的内容）
优点	性能好、灵活性好、复杂性低、数据结构灵活
缺点	查询性能不高，缺乏统一的查询语法

（4）图形数据库

图形数据库可以高效地存储实体和这些实体之间的关系。图数据库以图论为基础，图是一个数学概念，一个图用来表示一个对象集合，包括顶点及连接顶点的边。图形数据库相关应用及优缺点见表 8-7。

表 8-7　图形数据库

项　　目	描　　述
相关产品	Neo4J、OrientDB、InfoGrid、Infinite Graph、GraphDB
数据模型	图结构
典型应用	应用于大量复杂、互连接、低结构化的图结构场合、如社交网络、推荐系统等
优点	灵活性高、支持复杂的图算法，如最短路径寻址、*N* 度关系查找等、可用于构建复杂的关系图谱
缺点	复杂性高、只能支持一定的数据规模

8.2.8　编程模型 MapReduce

Hadoop MapReduce 最早是由谷歌公司研究提出的一种面向大规模数据处理的并行计算模型和方法。基于 MapReduce 写出来的应用程序能够运行在由普通机器组成的大型集群上，并以一种可靠容错的方式并行处理 TB 级别以上的数据集。

MapReduce 将复杂的、运行于大规模集群上的并行计算过程高度地抽象到两个函数：Map（映射）和 Reduce（归约），极大地方便了编程人员在不会分布式并行编程的情况下，将自己的程序运行在分布式系统上。当前的软件实现是指定一个 Map（映射）函数，用来把一组键值对映射成一组新的键值对，指定并发的 Reduce（归约）函数，用来保证所有映射的键值对中的每一个共享相同的键组。Map 是把原始输入 Input 分解成一组中间的<key，value>键值对，Reduce 则对中间结果中相同“键”的所有“值”进行规约，以得到最终结果。MapReduce 这样的功能划分，就是把一个存储在分布式文件系统中的大规模数据集切分成许多独立的小数据块，这些小数据块可以被多个 Map 任务并行处理，最后把 Map 阶段的结果由 Reduce 进行汇总，输出到 HDFS 中，大大缩短了数据处理的时间开销。MapReduce 就是以这样一种可靠且容错的方式进行大规模集群海量数据进行数据处理、数据挖掘、机器学习等方面的操作。

1. MapReduce 1.x 架构

MapReduce 1.x 采用 Master/Slave 架构，由全局唯一的 JobTracker 和多个 TaskTracker 组成，并且在客户端（Client）中提供一系列应用程序接口（API）供编程和管理使用。Client 提交一个任务（Job），JobTracker 把他提交到候选列队中，将 Job 拆分成 Map 任务

（Task）和 Reduce 任务，把 Map 任务和 Reduce 任务分给 TaskTracker 执行。MapReduce 1.x 中重要组件的作用如下：

① JobTracker：负责集群资源监控和作业调度。JobTracker 监控集群中所有的 TaskTracker，一旦 TaskTracker 出现宕机、失败等情况，JobTracker 中的调度器会将原来在这个 TaskTracker 上面执行的任务转移到其他的节点上继续执行。当有新的作业进入到集群中时，调度器会根据资源的使用情况合理地分配这些作业。并且，用户可以根据自己的需要自定义作业和集群的调度方法。但是，JobTracker 存在单点故障的问题，一旦 JobTracker 所在的机器宕机，那么集群就无法正常工作。这也是 MapReduce 2.x 所要解决的主要问题之一。

② TaskTracker：TaskTracker 使用 slot 对本节点的资源（CPU、内存、磁盘等）进行划分，负责具体的任务执行工作。TaskTracker 通过心跳通信机制周期性地向 JobTracker 汇报本节点的运行情况、作业执行情况等。JobTracker 中的调度器会对其分配 slot，TaskTracker 获得 slot 之后，就开始执行相应的工作。其中 slot 有两种：MapSlot 和 TaskSlot，分别负责执行 Map 任务和 Task 任务，二者互不影响。

JobTracker 给 TaskTracker 下达各种命令，主要包括：启动任务（LaunchTaskAction）、提交任务（CommunitTaskAction），杀死任务（KillJobAction）和重新初始化（TaskTracker ReinitAction）。

③ Client：提供应用程序接口供用户编程调用，将用户编写的 MapReduce 程序提交到 JobTracker 中。

④ Shuffle 过程：对 Map 输出结果进行分区、排序、合并等处理并交给 Reduce 的过程。Shuffle 过程分为 Map 端的操作和 Reduce 端的操作。

⑤ Split 切片：将输入文件切分开读取。

⑥ Slot：Hadoop 的资源单位，一个节点的 slot 的数量用来表示某个节点资源的容量，或能力的大小。

2. MapReduce 处理流程

MapReduce 处理数据过程主要分成 Map 和（Map shuffle 和 Reduce shuffle）Reduce 两个阶段。首先执行 Map 阶段，再执行 Reduce 阶段。Map 和 Reduce 的处理逻辑由用户自定义实现，但要符合 MapReduce 框架的约定。

当向 MapReduce 框架提交一个计算作业时，计算作业会先被拆分成若干个 Map 任务，然后分配到不同的节点上去执行，每个 Map 任务处理输入数据中的一部分，Map 任务完成后，会生成一些中间文件，这些中间文件将会作为 Reduce 任务的输入数据。Reduce 把数个 Map 的输入汇总并输出。

（1）Map 阶段

① Map 处理输入，把输入文件的每一行解析成键值对（Key/Value），多个 Map Worker 可同时工作。

每个 Map Worker 在读入各自的数据后，写自己的逻辑，处理输入的键值对，转换成新的键值对输出。

② 对输出的键值对（Key/Value）进行分区（Partition）。把不同分区的数据，按照 Key 进行排序，相同的 Key/Value 放到一个集合中，相同 Key 的数据会被发送给同一个

Reduce Worker，单个 Reduce Worker 有可能会接收到多个 Key 值。

③ 规约分组后的数据。数据规约是指通过对数据的属性及数值处理，产生更小但保持原数据完整性的新数据集，在规约后的数据集上进行分析和挖掘将更有效率。

Shuffle 的本义是把一组有一定规则的数据尽量转换成一组无规则的数据。MapReduce 中的 Shuffle 则是把一组无规则的数据尽量转换成一组具有一定规则的数据。

在进入 Reduce 阶段之前，MapReduce 框架会对数据按照 Key 值排序，使得具有相同 Key 的数据彼此相邻。如果指定了合并操作（Combiner），框架会调用 Combiner，将具有相同 Key 的数据进行聚合。Combiner 的输入、输出的参数必须与 Reduce 保持一致，这部分的处理通常又称为洗牌。

在 Shuffle 阶段后期，数据被发送到 Reduce 端。Reduce Worker 收到数据后依赖 Key 值再次对数据排序。

（2）Reduce 阶段

① 输出多个 Map 任务，按照不同的分区，到达不同的 Reduce 节点。

② 相同 Key 的数据会到达同一个 Reduce Worker，同一个 Reduce Worker 会接收来自多个 Map Worker 的数据，每个 Reduce Worker 会对 Key 相同的多个数据进行 Reduce 操作。最后，一个 Key 的多条数据经过 Reduce 的处理后，转换成一个新的 Key/Value 输出。

③ 把 Reduce 的输出写入到 HDFS 中。

MapReduce 的工作流程如图 8-3 所示。

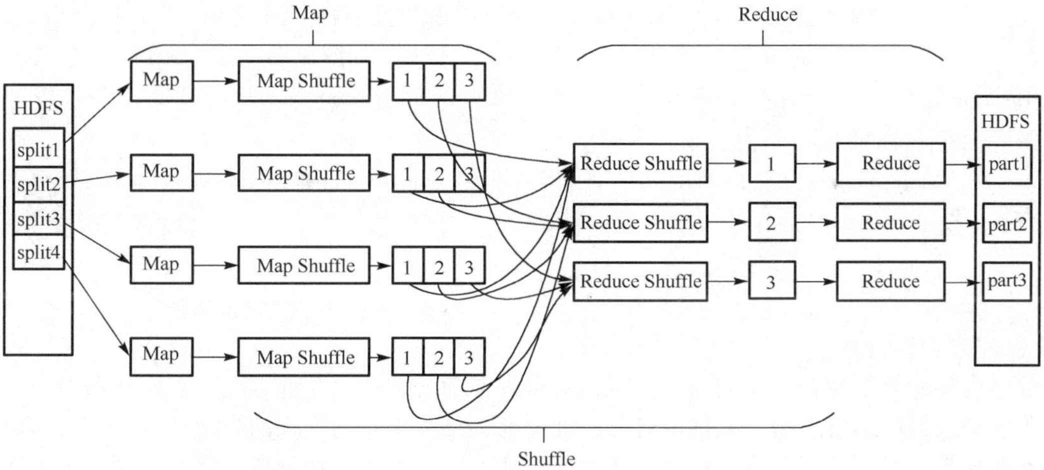

图 8-3　MapReduce 的工作流程

3. MapReduce 应用场景

MapReduce 框架实现的是跨节点的通信，擅长横向扩充、负载均衡、失效恢复、一致性等功能，可以对海量的非结构化数据、时空数据、图像数据进行数据挖掘；分析和挖掘用户在 Web 上的访问、购物行为特征，实现个性化推荐；可以做字数统计（WordCount）、词频 TFIDF 分析；学术论文、专利文献的引用分析和统计；基于语料库构建单词同现矩阵、频繁项集数据挖掘、重复文档检测等。

8.2.9 新一代资源管理调度框架 YARN

MapReduce 1.0 的 Master/Slave 架构设计中，全局唯一的 JobTracker 容易引发单节点故障；JobTracker 同时负责资源管理和作业调度，节点的工作任务过重，内存开销大，上限 4 000 节点；该架构是专为 MapReduce 设计的，当 Hadoop 上运行其他的框架（如内存计算框架、流式计算框架和迭代式计算框架等扩展性）时受限。

鉴于这些缺陷，在 Hadoop 2.x 中，把 MapReduce 1.0 中的资源管理调度功能单独分离出来形成了 YARN（Yet Another Resource Negotiator，另一种资源协调者），是一个纯粹的资源管理调度框架，为上层应用提供统一的资源管理、调度、监控和数据共享，提高了集群的利用率。

被剥离了资源管理调度功能的 MapReduce 框架就变成了 MapReduce 2.0，它是运行在 YARN 之上的一个纯粹的计算框架，不再自己负责资源调度管理服务，而是由 YARN 为其提供资源管理调度服务。

重新设计的 YARN 包括 ResourceManager、ApplicationMaster 和 NodetManager。MapReduce 1.0 中 JobTracker 的资源管理、任务调度和任务监控三大功能被拆分成两个独立的服务：一个全局的资源管理器 ResourceManager 和每个应用程序特有的 ApplicationMaster。其中，ResourceManager 负责整个系统的资源管理和分配，而 ApplicationMaster 负责单个应用程序的任务调度和监控。原 TaskTracker 的任务由 NodeManger 负责执行。

① ResourceManager：全局资源管理器，全局唯一，负责整个集群的资源管理和分配，主要由负责资源调度分配的调度器和负责应用程序提交协商的应用程序管理器组成。

② ApplicationMaster：由 ResourceManager 创建，负责数据的切片，负责与 ResourceManager 中的调度器通信，为任务申请资源并分配资源，将得到的任务进行分配，监控作业的执行情况。

③ NodeManager：管理单个节点的资源，处理来自 ResourceManager 的命令，处理来自 ApplicationMaster 的作业分配命令。

8.2.10 轻量级的分布式内存计算系统 Spark

1. 内存计算

内存计算是指在内存数据库上进行数据存储和处理。内存计算允许在服务器的内存中处理大量的实时数据，提供即时分析和交易的结果，利用内存的高速性能，更快速地获取数据、汇总数据、分析数据；通过分布式的环境，内存计算器的服务器被分到不同的节点上，快速地进行数据分散计算、数据分散汇总、更快速地获取结果。

2. Spark 概述

Spark 是专为大规模数据处理而设计的快速通用的计算引擎。Spark 是美国加州大学伯克利分校 AMPLaab 的集群计算平台，也是 Apache 基金会的开源项目。Spark 立足于内存计算，从多迭代批量处理出发，整合了数据仓库、流处理和图计算多种计算范式，可用于构建大型的、低延迟的数据分析应用程序。

Spark 提供 Scala、Java 和 Python 三种程序设计语言的 API。Spark 可利用 Scala 或 Python 控制台进行交互式工作。Spark 计算速度快，对小数据集能达到亚秒级（1 GHz/1.2 s）的延迟，对大数据集典型的迭代机器学习、即席查询、图计算等应用，Spark 版本比基于

MapReduce、Hive 和 Pregel 的实现速度快十倍到百倍。

Spark 是基于内存的迭代计算框架，适用于需要多次操作特定数据集的应用场合。需要反复操作的次数越多，所需读取的数据量越大，受益越大；数据量小但是计算密集度较大的场合，受益就相对较小。

3. Spark 核心概念

Spark 提出了一个数据集抽象概念弹性分布式数据集（Resilient Distributed Dataset，RDD），指的是一个只读的、带分区的数据集合，并支持多种分布式算子。RDD 具有以下几个特点：

① 分布在集群中的只读对象集合，由多个分区构成，这些分区可能存储在不同机器上。

② RDD 可以存储在磁盘或内存中（多种存储级别），分区可全部存储在内存或磁盘上，也可以部分在内存中，部分在磁盘上。

③ 通过并行“转换”操作构造：Spark 提供了大量 API 通过并行的方式构造和生成 RDD。

④ 失效后自动重构：RDD 可通过一定计算方式转换成另外一种 RDD（父 RDD），这种通过转换而产生的 RDD 关系称为“血统”（lineage）。Spark 通过记录 RDD 的血统，可了解每个 RDD 的产生方式（包括父 RDD 和计算方式），进而能够通过重算的方式构造因机器故障或磁盘损坏而丢失的 RDD 数据。

Spark 是一个通用 DAG（Directed Acyclic Graph）引擎，使得用户能够在一个应用程序中描述复杂的逻辑，以便于优化整个数据流（比如避免重复计算等），并让不同计算阶段直接通过本地磁盘或内存交换数据。Spark 中使用 DAG 对 RDD 的关系进行建模，描述了 RDD 的依赖关系，即 RDD 是 Spark 中最基本的数据单元，各个 RDD 之间通过不同 RDD 算子，连接形成了 DAG（有向无环图），并依据 RDD 的宽窄依赖关系将 DAG 划分为不同的 stage，使得 spark 更加高效地进行调度及计算。

4. Spark 与 Hadoop MapReduce 的对比

相对于 Hadoop MapReduce，Spark 主要有以下优点：

① Spark 提供了多种数据集操作类型，编程模型比 MapReduce 更灵活。

② Spark 提供了多种高层次、简洁的 API，同时提供了实时交互式编程反馈，可高效实现很多复杂的算法操作；而对于实现相同功能的应用程序，Hadoop 需要编写不少相对于底层的代码，不够高效。

③ Spark 把数据载入内存，迭代计算可以直接使用内存中的中间结果进行运算，避免了从磁盘中频繁读/写数据，带来了更高的迭代运算效率。而 Hadoop 每次迭代都需要从磁盘中写入、读取中间数据，I/O 开销大，迭代计算非常耗资源。

④ Spark 通过在内存中缓存处理的数据，提高了处理流式数据和迭代式数据的性能，更适合做迭代运算比较多的数据挖掘与机器学习运算。Hadoop 对于迭代式流式数据的处理能力差，适合处理静态数据。

8.2.11 流计算

1. 流数据

静态数据和动态数据都属于大数据，静态数据即批量计算，动态数据是实时计算。在传统的数据处理流程中，总是先收集数据，将数据放到数据库中，当人们需要时通过数据库对数据进行查询，得到答案或进行相关的处理。但数据的价值在其产生之后，将随着时间的流逝，逐渐降低。因此，人们希望在事件发生之后，能实时、快速地对新产生的数据进行有效处理，而不是等数据存储在一起之后，再进行批量处理。

流数据是指在时间分布和数量上无限的一系列动态数据集合体；数据记录是流数据的最小组成单元。流数据具有如下特征：

① 数据快速持续到达，潜在大小也许是无穷无尽的。

② 数据来源众多，格式复杂。

③ 数据量大，但一旦经过处理，要么被丢弃，要么被归档存储（存储于数据仓库）。

④ 注重数据的整体价值，不过分关注个别数据。

⑤ 数据顺序颠倒，或者不完整，系统无法控制将要处理的新到达的数据元素的顺序。

2. 流计算框架

数据规模的日益增长，越来越多的应用场景中对 Hadoop 的 MapReduce 高延迟无法容忍，比如网站统计、推荐系统、预警系统、金融系统（高频交易、股票）等，针对流数据实时分析计算的需求逐渐增加。传统的 MapReduce 框架采用离线处理的方式，主要用于对静态数据的批量计算，流数据数据量大且不间断，传统的架构已经不合适，因此流计算的概念被提出。

2011 年，Twitter 开发的开源流计算框架 Storm 被业界称为实时版 Hadoop，以应对不断增加的流数据实时处理需求。开发人员基于开源流处理框架 Storm，可快速地搭建一套实时流处理系统，配合 Hadoop 平台，低成本地做出很多实时产品。

流计算方式作为一种新的数据计算结构，它可以对大规模流动数据在不断变化的运动过程中实时地进行分析，捕捉到可能有用的信息，并把结果发送到下一计算节点。例如，系统实时处理来自用户每秒成千上万次的查询，以支持个性化搜索广告，并即时分析用户的会话特征来提高广告相关性和预测模型的准确度。从 2010 年开始，流计算逐渐成为大数据处理中的应用热点。典型应用场景有证券数据分析、网站广告的上下文分析、社交网络的用户行为分析等。

流计算系统中，数据以流的方式进入计算集群，集群中的处理单元对实时数据流进行提取、过滤和分析等操作，最后输出计算结果。好的流计算框架的特点应该具备高吞吐量和低时延；完善的故障处理机制；功能可扩展，易于二次开发，提供友好的编程接口、良好的负载均衡、Web 管理、自动部署等功能。

目前主要的流计算框架和平台：商业级的流计算平台、开源流计算框架、公司为支持自身业务开发的流计算框架。

① 商业级：IBM InfoSphere Streams 和 IBM StreamBase。

② 开源流计算框架表：Twitter Storm、Yahoo! S4（Simple Scalable Streaming System）。

③ 公司为支持自身业务开发的流计算框架：Puma、Dstream（百度）、银河流数据处理平台（淘宝）等。

3. 流计算应用

流计算是针对流数据的实时计算，主要面向以下几种应用：对金融与科学计算当中的数据进行更快运算和分析；对存在于社交网站、博客、电子邮件、视频、新闻、电话记录、传输数据、电子感应器之中的数字格式的信息流进行快速处理并反馈。

8.2.12 图计算

1. 图计算简介

大量数据中不同个体间彼此交互产生的数据以图的形式表现。这里的“图”指的是数据结构，是针对“图论”而言的，而不是指图像。图（Graph）由节点 V（Vertice）与边 E（Edge）构成，一般表示为 G（V，E）。比如，微信的社交网络，是由节点（个人、公众号）和边（关注、点赞）构成的图；淘宝的交易网络，是由节点（个人、商品）和边（购买、收藏）构成的图。

图数据结构很好地表达了数据之间的关联性，关联性计算是大数据计算的核心——通过获得数据的关联性，可以从噪声很多的海量数据中抽取有用的信息，抽象出来的图数据构成了研究和商用的基础，将这些应用到商业领域，其底层的运算往往是图相关的算法，这便是图计算。有关图计算通用软件见表 8-8。

表 8-8 图计算通用软件

特　征	代表软件
基于遍历算法的、实时的图数据库	Neo4j、OrientDB、DEX 和 Infinite Graph
以图顶点为中心、基于消息传递批处理的并行引擎	GoldenOrb、Giraph、Pregel 和 Hama 等图处理软件是基于 BSP 模型实现的并行图处理系统

其中，Pregel 是一种基于 BSP（Bulk Synchronous Parallel，整体同步并行计算模型）实现的并行图处理系统。为了解决大型图的分布式计算问题，Pregel 搭建了一套可扩展的、有容错机制的平台，该平台提供了一套非常灵活的 API，可以描述各种各样的图计算。

Pregel 作为分布式图计算的计算框架，主要用于图遍历、最短路径、PageRank 计算等。

2. 图计算的应用场景

在金融行业中，图计算及认知技术重点应用的业务领域包括：金融风险的管控、客户的营销拓展，内部的审计监管，以及投资理财等方面。利用图计算和图认知技术，完整地刻画企业客户之间、企业与自然人之间的社会关系、经济往来关系，构建全方位的风险关联网络，实现风险要素的动态性和完整性呈现，从而提升风险管理的可靠性和准确率。

在互联网行业中，主要应用于社交关系分析、推荐、精准营销、舆情及社会化聆听、信息传播、防欺诈等具有丰富关系数据的场景。

8.3 数据可视化

大规模数据的容量和复杂性在不断增加，大大超出了人们的处理能力，必须有一种高效的方式来刻画和呈现数据所反映的本质问题。这就需要数据可视化，通过丰富的视觉效果，把数据以直观、生动、易理解的方式呈现出来，辅助用户理解数据，有效提升数据分析的效率和效果；变化的数据生成实时变化的可视化图表，可以直观地看出各种参数的动态变化，有效跟踪各种参数值；对当前分析结果的实时呈现，可引导用户参与分析过程，根据用户反馈信息执行后续分析操作，完成用户与分析算法的全程交互。

可视化技术分为可视化报表和可视化分析两类。可视化报表用图和表来描述业务绩效，通常通过度量和时间系列信息来定义。可视化分析，即可视化地探索数据，可视化地过滤、比较和关联数据。数据可视化工具有入门级工具、在线可视化工具、互动图形用户界面控制、地图工具、专家级工具等。

8.3.1 入门级工具

Excel 可以快速分析数据，也能创建内部使用的数据图，是普通用户的首选工具，但在颜色、线条和样式上可选择的范围较为有限。

8.3.2 在线数据可视化工具

常用的在线数据可视化工具有以下几种：

① Google Chart API 工具集：在所有支持 SVG\Canvas 和 VML 的浏览器中使用，Google Chart 图表在客户端生成，不支持 JavaScript 的设备无法使用，无法离线使用或将结果存成其他格式。

② D3（Data Driven Documents）：支持 SVG 渲染的一种 JavaScript 库。D3 能够提供大量线性图和条形图之外的复杂图表样式，如 Voronoi 图、树形图、圆形集群和单词云等。

③ Visual.ly：提供了大量信息图模板，简单易用。

④ Tableau：企业智能化软件，部署迅速、易于维护、程序容易上手，各公司可以将大量数据拖放到数字“画布”上，能快速创建各种图表，实现数据运算与美观图表的完美结合。

8.3.3 互动图形用户界面（GUI）控制

随着在线数据可视化的发展，按钮、下拉列表和滑块都在进化成更加复杂的界面元素，例如，能够调整数据范围的互动图形元素，操作这些图形元素时输入参数和输出结果数据会同步改变，在这种情况下，图形控制和内容已经合为一体。Crossfilter 是实现这些功能的工具，当调整一个图表中的输入范围时，其他关联图表的数据也会随之改变。

8.3.4 地图工具

地图工具可直观地展现分析指标的分布、区域等特征，可使用户了解整体的数据情况，根据地理位置快速地定位到某一地区来查看详细数据。

①Modest Maps：只有 10 KB 大小，是目前最小的可用地图库。

②Leaflet：一个小型化的地图框架，通过小型化和轻量化来满足移动网页的需要。

Leaflet 和 Modest Maps 都是开源项目，有强大的社区支持，是在网站中整合地图应用的理想选择。

③PolyMaps：一个地图库，主要面向数据可视化用户，在地图风格化方面，有类似 CSS 样式表的选择器。

④OpenLayers：它是一个专为 Web GIS 客户端开发提供的 JavaScript 类库包，用于实现标准格式发布的地图数据访问。

8.3.5 专家级工具

R 软件属于 GNU 系统的一个自由、免费、源代码开放的软件，是一个用于统计计算和统计制图的优秀工具，使用难度较高。R 软件的功能包括数据存储和处理系统、数组运算工具（具有强大的向量、矩阵运算功能）、完整连贯的统计分析工具、优秀的统计制图功能、简便而强大的编程语言，可操纵数据的输入和输出，实现分支、循环和用户可自定义功能等，通常用于大数据集的统计与分析。

Weka 是一个能根据属性分类和集群大量数据的优秀工具，它不但是数据分析的强大工具，还能生成一些简单的图表。

Gephi 是进行社交图谱数据可视化分析的工具，不但能处理大规模数据集并生成漂亮的可视化图形，还能对数据进行清洗和分类。

8.3.6 基于 Python 库的数据可视化

在数据分析中，除了前面介绍的各种可视化工具之外，还可以使用 Python、R 语言或 MATLAB 来实现数据分析可视化。下面基于 Python 中的 turtle 库为例进行介绍。

turtle 库是 Python 的标准库之一，属于入门级的图形绘制函数库。其绘制原理为：有一只海龟在窗体中的画布上游走，走过的轨迹形成了绘制的图形。海龟由程序控制，可以自由改变颜色、方向、宽度等。分形几何学是一门以非规则几何形态为研究对象的几何学。由于不规则现象在自然界是普遍存在的，因此分形几何学又称为描述大自然的几何学，它在物理学、材料学、地质勘探，乃至股价的预测等领域都得到了广泛的应用。相当一部分的分形图案可以通过调用 Python 中的 turtle 库来实现。

【例 8-1】 分形树的绘制。

分析：分形树是一种典型的分形图形，一般包括两分形树、三分形树和四分形树等。可以采用递归算法来实现绘制分形树。

```
import turtle
def draw_tree(length):
    if length>5:
        turtle.pencolor("brown")
        turtle.pensize(4)
        turtle.forward(length)
        turtle.right(30)
        draw_tree(length-15)
        turtle.left(60)
        draw_tree(length-15)
        turtle.right(30)
        turtle.up()
        turtle.backward(length)
        turtle.down()
def main():
    turtle.left(90)
    turtle.up()
    turtle.backward(200)
    turtle.down()
    turtle.pensize(10)
    turtle.speed(0)
    draw_tree(100)
main()
```

程序运行结果如图 8-4 所示。

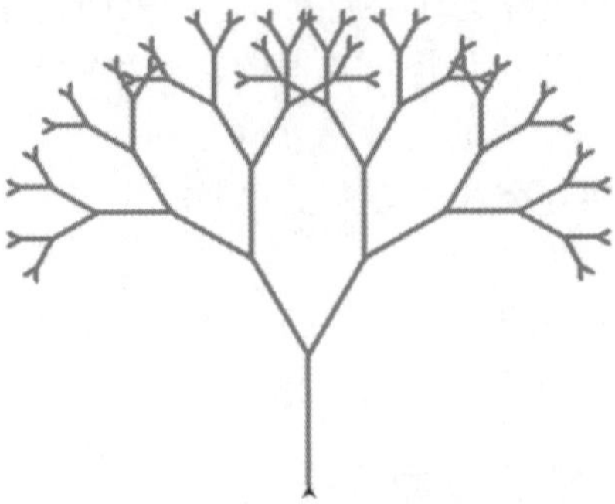

图 8-4　利用 Python 程序生成的两分形树

8.4　大数据的应用

8.4.1　大数据在互联网领域的应用

由于用户的所有行为都会在互联网平台上留下痕迹，并且用户在互联网商务平台产生的信息一般具有真实性和确定性。互联网企业通过大数据技术对用户行为进行分析，可以帮助企业制定出具有针对性的服务策略，从而获取更大的效益。推荐系统是大数据在互联网领域的典型应用，它可以通过分析用户的历史记录来了解用户的兴趣和需求，从而主动为用户推荐其感兴趣的信息，满足用户的个性化需求。

比如携程、马蜂窝等旅游网站分析用户在查询、浏览、预订、出行、评论等一系列旅行前后行为中所产生的数据，再将大量的数据进行实时筛选、分拣与重新组织并应用到用户的出行前、出行中、出行后的个性化需求中，从而为用户提供个性化旅游服务。

在线音频、视频网站根据用户在网站的点击、浏览和收藏情况，分析用户的偏好，推荐贴合用户品味的音频、视频等娱乐内容。

新浪微博等社交网络中根据用户的社交网络关系和用户偏好信息，对用户进行个性化的物品推荐、信息流的会话推荐和给用户推荐好友。

8.4.2　大数据在医疗卫生领域的应用

大数据在医疗卫生领域的应用有以下几点。

1. 促进医疗信息平台的建设

大数据技术可以通过建立海量医疗数据库、网络信息共享、数据实时监测等方式，采集基本数据源，并提供数据源的存储、更新、挖掘分析、管理等功能。通过大数据平台，医疗机构之间能够实现同级检查结果互认，节省医疗资源，减轻患者负担；患者可以实现网络预约、异地就诊、医疗保险信息即时结算。对普通的医疗患者来说，个人的数据源将全周期地保存到数据信息中心。医疗信息系统中所有的数据不再是为某一家医疗机构所独享的资源，而是为整个地区的所有医疗机构共享，可以实现给上级医疗机构或者甚至是区域级、省级、国家级的医疗机构中实现数据的共享与利用，使医疗服务变得更加优化与便捷。

2. 辅助临床决策

在传统的医疗诊断中，医生仅依靠目标患者的信息和自己的经验与知识储备，有一定的局限性。大数据技术的平台则可以汇总患者的影像数据、病历数据、检验检查结果、诊疗费用等各种数据，通过机器学习和挖掘分析方法进行整合分析，大夫即可获得类似症状患者的病理报告、治愈方案、药物报告等。这可以让大夫更快、更好地明确定位疾病，制定有效治疗方案。

3. 预测预防流行病

在公共卫生领域，流行病疾病如果没有得到有效预防，往往会带来大量的生命和经济损失。大数据以搜索数据和地理位置信息数据为基础，分析不同时空尺度人口流动性、移动模式和参数，结合病原学、人口统计学和人群地域移动等因素，建立流行病时空传播模型，确定流行病传播的时空路线和规律，得到更加准确的态势评估和预测。

8.4.3 大数据在金融行业的应用

随着大数据、云计算、人工智能、区块链等技术的创新，大数据时代改变了传统金融行业的服务模式，例如，电子化的现金支付手段、网络化的金融销售方式、数字化的信用获取方法。大数据在金融业的应用体现在以下几方面：

1. 精准营销

电子商务网站依据客户消费习惯、地理位置、消费时间进行推荐；预测流行趋势、消费趋势、地域消费特点、客户消费习惯、各种消费行为的相关度、消费热点、影响消费的重要因素等。

以阿里巴巴为例，通过采集消费者的社交媒体数据、浏览器日志、文本挖掘各类数据集，运用大数据技术创建预测模型，更全面地了解客户及其行为与喜好，从而能够进行个性化推荐。

证券业作为金融业中一个非常重要的组成部分，通过大数据技术高效地整合分析复杂的证券交易信息，模拟价格走向，详尽地分析各金融机构和企业的内在价值和影响证券价格的宏观经济走向、行业发展状况，以及企业经营成果。大数据的分析结果可提高证券业投资的可靠性和有效性。

2. 信用评估

依据客户消费和现金流提供信用评级或融资支持，根据信用等级和成长性等指标，预测未来的发展情况，授予客户不同的额度，利用客户社交行为记录实施信用卡反欺诈。

例如，蚂蚁金服旗下独立的第三方征信机构“芝麻信用”通过云计算、机器学习等技术客观呈现个人的信用状况。芝麻信用基于阿里巴巴的电商交易数据和蚂蚁金服的互联网金融数据，并与公安网等公共机构、合作伙伴建立数据合作，数据涵盖了信用卡还款、网购、转账、理财、水电煤缴费、租房信息、住址搬迁历史、社交关系等。

“芝麻信用”通过分析大量的网络交易及行为数据，可对用户进行信用评估，这些信用评估可以帮助互联网金融企业对用户的还款意愿及还款能力做出结论，继而为用户提供快速授信及现金分期服务。

“芝麻信用”已经在信用卡、消费金融、融资租赁、酒店、租房、出行、婚恋、分类信息、学生服务、公共事业服务等上百个场景为用户、商户提供信用服务。

3. 风险管理

大数据环境下保险公司通过各种渠道可以获得丰富的风险信息资源，通过客户的身份信息和交易记录，分析客户的具体情况，得到与保险理赔相关的信息，降低保险业的风险，进一步减少投保人的责任，简化承保理赔手续。

银行通过数据挖掘技术，分析互联网金融活动的数据，发现其中存在的问题，及时采取有效的措施进行规避和防范欺诈及流动性风险的后果。通过大数据技术，利用实际的交易数据，对违约概率进行估算。分析信用违约的情况可以非常准确地预测消费者的实际购买力，实现对金融产品及产品组合等进行个性化的定价。

4. 智能服务

阿里巴巴的店小蜜商业版，做到 7×24 小时全自动模式、售前到售后全链路的智能服务；不仅能替代人工客服一半的工作，还具备了人的热情温度和个性化。店小蜜不仅服务着国内亿万消费者，还能用英语、泰语等四种语言，在东南亚第一大电商平台 Lazada 服务东南亚 6 个国家和地区的 5.6 亿消费者。

“生意参谋”是阿里巴巴商家端统一数据产品平台，支持多端联动，基于全渠道数据融合、全链路数据产品集成，为商家提供数据披露、分析、诊断、建议、优化、预测等一站式数据产品服务。超过 600 万商家在利用“生意参谋”提升自己的电商店面运营水平。

8.4.4 大数据在智能交通领域的应用

城市交通数据有种类繁多、时空尺度跨越大、动态多变等特征，可有效地采集交通状况和交通数据，利用大数据技术进行整合、转换处理，用于支撑交通规划、交通监控、智能诱导、智能停车等应用系统建设。通过大数据分析推出车辆轨迹、道路流量、案件聚类等大数据模型；基于大数据模型，推出智能跟车分析、轨迹碰撞、人脸比对、舆情分析等数据应用。城市建设的车辆大数据平台，可以协助有关部门每天自动发现套牌车辆，再根据车辆的轨迹分析和落脚点分析，快速找到套牌车辆进行处罚管理。

大数据的应用场景还有很多，例如，大数据应用在互联网学习中，学生可以借助网络平台搜索和分析数据，根据自己的爱好与需求，检索相应的学习资源，制定适合自己的学习策略，提升学习效率。再如，工程师在网络数据采集和管理平台，通过大数据技术感知和收集网络上的威胁情报（如病毒、安全漏洞等），为人们提供服务，减少网络攻击对系统用户的影响。随着大数据技术的进一步深化，会有越来越多的应用场景，最大限度发挥大数据应用的价值。

本 章 小 结

本章从大数据的发展历程入手，使读者能够了解大数据的产生主要和人类社会网络结构的复杂化、生产活动的数字化、科学研究的信息化相关。人们通过大数据分析可解释复杂的社会行为和结构。本章重点理解大数据管理需要综合考虑数据的“大量”、“高速”、“多样”和“价值及密度”等特点，以及大数据的获取、集成、复杂分析和解释等技术难点；最后了解大数据在互联网、医疗卫生领域、金融和智能交通等行业的广泛应用。希望读者在切身感受大数据时代的便捷和科技感的同时，能对其背后的机制有所了解，或者有兴趣对大数据相关的领域做更深入的研究学习。

思考与练习

简答题

1. 简述 Hadoop 的特点。
2. 简述 Hadoop 生态系统和每个部分的功能。
3. 简述 HDFS 中的名称节点和数据节点的具体功能。
4. 阐述 HBase 和传统数据库的区别。
5. 简述 NoSQL 数据库的四大类型。
6. 简述 MapReduce 和 Hadoop 的关系。
7. 对比分析 YARN 和 MapReduce 1.0 框架。
8. 简述图计算及其应用。
9. 简述数据可视化工具。
10. 简述大数据的应用。

第9章 物 联 网

物联网是技术发展与应用需求达到一定阶段的必然结果。物联网是典型的跨学科技术，作为计算进程与物理进程发展的统一体，已经成为信息技术发展的新趋势。物联网在现有技术的基础上，综合运用多种新兴技术，突破了互联网中人与人通信的限制，通信能力扩展到人与物、物与物，用户端将由几十亿扩展到几百亿。因此，物联网将在今后的智能化世界中起到不可估量的作用。物联网通过计算进程与物理进程的实时交互使网络延伸到物体之上，可实现对物理系统的实时跟踪与控制，进而达到全球信息的交换与共享。本章将介绍物联网的概念和发展状况、物联网的架构和关键技术，以及物联网的应用。

9.1 物联网概述

9.1.1 物联网的概念

物联网是在互联网基础上的延伸和扩展，突破了互联网对服务对象的限制，将其用户端从单纯的人延伸扩展到任何物品，从而进行信息交换和通信的一种网络概念。在互联网时代，人与人之间的“距离”变小了；而继互联网之后的物联网时代，则是人与物、物与物之间的“距离”变小了。

物联网（The Internet of Things，IOT）就是“物与物相连的互联网”。由此可以看出：物联网的核心和基础仍然是互联网，是在互联网的基础上延伸和扩展的一种网络；其用户端延伸和扩展到了任何物品，人与物、物与物可通过互联网进行信息交换和通信。

目前，国际上对物联网并没有明确统一的定义，较为多见的定义为：指通过各种信息传感器、射频识别技术、全球定位系统、红外感应器、激光扫描器等各种信息传感装置与技术，按照约定的协议，将任何物品与互联网连接起来进行信息交换和通信，实时采集任何需要监控、连接、互动的物体或过程，采集其声、光、热、电、力学、化学、生物、位置等各种需要的信息，从而实现对物品和过程的智能化感知、识别、定位、跟踪、监控和管理的一种网络。物联网是一个基于互联网、传统电信网等的信息承载体，是互联网的延伸和扩展，让所有能够被独立寻址的普通物理对象形成互联互通的网络。

物联网的概念最早出现于1995年比尔·盖茨出版的《未来之路》一书，但受限于无线网络、硬件及传感设备的发展，并未引起重视。2005年，国际电信联盟（ITU）正式提出了“物联网”的概念，无所不在的“物联网”通信时代即将来临，世界上所有的物品从轮胎到牙刷、从房屋到纸巾都可以通过互联网主动进行信息交换。物联网技术将对今后的“智能化”世界起着不可估量的作用。

物联网的概念打破了之前的传统思维。过去的思维一直是将物理基础设施和 IT 基础设施分开，一方面是机场、公路、建筑物等物理基础设施，另一方面是数据中心、个人计算机、宽带等 IT 基础设施；而在物联网时代，物理基础设施与 IT 基础设施整合为统一的基础设施，将感应器嵌入真实的物体之后，人类梦寐以求的“将物体赋予智能”在物联网时代将成为现实。图 9-1 为某物联网示意图。

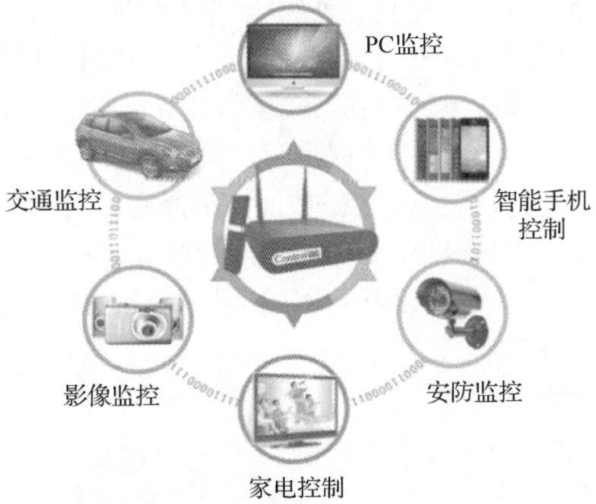

图 9-1　某物联网示意图

物与物、人与物之间的信息交互是物联网的核心。从通信对象和过程来看，物联网的基本特征是全面感知、互联互通和智能处理。全面感知解决的是人类社会与物理世界的数据获取问题，是指利用射频识别、二维码、智能传感器等感知设备感知获取物体的各类信息；互联互通解决的是信息传输问题，是指通过对互联网、无线网络的融合，将物体的信息实时、准确地传送，以便信息交流、分享；智能处理解决的是计算、处理和决策问题，是指使用各种智能技术，对感知和传送到的数据、信息进行分析处理，实现监测与控制的智能化。

9.1.2　物联网的发展

物联网是现代信息技术发展到一定阶段的必然产物，是现代技术的殊途同归与聚合效应，是信息技术系统性的创新与革命。物联网的发展已经不仅仅是 IT 行业的发展，而是上升为国家综合竞争力的体现。

1. 物联网的诞生

① 1985 年，Peter T. Lewis 在华盛顿最早提出物联网的概念，在那个连个人计算机和互联网都还未被普及的年代，他已经想到了人、流程和技术可以通过传感器集成在一起，并且能够被远程控制，并监控其动态。他预测，当这些技术和大量的实体设备连接在一起时，人类世界的一切都能够被连接起来。

② 1995 年，比尔·盖茨在《未来之路》一书中首次提出了未来的发展方向就是物联网。

③ 1998 年，麻省理工学院（MIT）提出了当时被称作 EPC 系统的物联网构想。

④ 1999 年，MIT 建立了自动识别中心（Auto-ID Center），提出“万物皆可通过网络互

联”，依托射频识别（Radio Frequency Identification，RFID）技术，明确提出了物联网的概念。

⑤ 2005 年，在信息社会世界信息峰会（WSIS）上，国际电信联盟发布了《ITU 互联网报告 2005：物联网》（*ITU Internet Reports 2005：The Internet of Things*），正式提出了物联网的概念，指出“物联网”时代的来临，物联网真正受到广泛关注。

2. 物联网在国外的发展

① 2008 年 11 月，IBM 公司首次提出了“智慧地球”概念。智慧地球是指将新一代的 IT 技术充分运用到各行各业之中，把感应器嵌入、装备到全球的医院、电网、铁路、桥梁、隧道、公路、建筑、供水系统、大坝、油气管道等物体之中，通过互联网形成“物联网”；而后通过超级计算机和云计算，使得人类以更加精细、动态的方式工作和生活，从而在世界范围内提升“智慧水平”，最终就是“互联网+物联网=智慧地球”。

② 2009 年 1 月，美国总统奥巴马在与美国科技界举行的“圆桌会议”上公开肯定了 IBM 提出的“智慧地球”的建议。当年，美国将新能源和物联网列为两大重点国家发展战略。

③ 2009 年 6 月，欧盟执委会在比利时首都布鲁塞尔向欧洲一会、欧洲理事会、欧洲经济与社会委员会和地区委员会提交了《物联网-欧洲行动计划》（*Internet of Things - An action plan for Europe*），描绘了物联网技术的应用前景，提出欧盟政府要加强对物联网的管理，促进物联网的发展。

3. 物联网在国内的发展

在我国，物联网概念的前身是传感网。

① 中国科学院早在 1999 年就启动了传感网技术的研究，并取得了一系列科研成果。

② 2006 年，《国家中长期科学和技术发展规划纲要（2006—2020 年）》将物联网列入重点研究领域。

③ 2009 年 8 月，时任总理温家宝在无锡视察时提出“感知中国”；2009 年 9 月，“传感器网络标准工作组成立大会暨‘感知中国’高峰论坛”在北京举行，国内出现了对物联网技术进行集中研究的浪潮；2010 年 3 月，教育部办公厅下发《关于战略性新兴产业相关专业申报和审批工作的通知》，中国科学院、运营商在无锡建立了物联网研究院，我国高校开始创办物联网工程专业。其后，物联网被写入十一届全国人大三次会议政府工作报告，正式列为国家五大新兴战略性产业之一。

④ 2015 年 7 月，国务院发布《国务院关于积极推进“互联网+”行动的指导意见》，“物联网+”将在协同制造、现代农业、智慧能源、普惠金融、益民服务、高校物流、电子商务、便捷交通、绿色生态和人工智能方面开展重点行动。

“十二五”时期，我国在物联网发展政策环境、技术研发、标准研制、产业培育以及行业应用方面取得了显著成绩，物联网应用推广进入实质阶段，示范效应明显；“十三五”规划纲要明确提出“发展物联网开环应用”，将致力于加强通用协议和标准的研究，推动物联网不同行业不同领域应用之间的互联互通、资源共享和应用协同；“十四五”规划纲要中五次提到“物联网”一词，除了划定数字经济的七大重点产业外，其余四次提到的场合均体现出对物联网发展重点的表述，包括分级分类推进新型智慧城市建设，将物联网感知设施、通信系统等纳入公共基础设施统一规划建设，推进市政公用设施、建筑等物联网应用和智能化改造；推动物联网全面发展，打造支持固移融合、宽窄结合的物联接入能力。

9.1.3 物联网的特征

从通信对象和过程来看，物与物、人与物之间的信息交互是物联网的核心，物联网展现出与互联网、无线传感网等不同的特征。物联网的基本特征可概括为全面感知、可靠传递和智能处理三个方面。

1. 全面感知

“感知”是物联网的核心。物联网是由具有全面感知能力的“物”组成的，为了使物品具有感知能力，需要利用无线射频识别（RFID）、传感器、定位器和二维码等手段随时随地对物体进行信息采集和获取。感知包括传感器的信息采集、协同处理、智能组网，甚至信息服务，以达到控制、指挥的目的。

2. 可靠传递

数据传递的稳定性和可靠性是保证物联网中物-物相连的关键。可靠传递是指通过互联网和各种电信网络的融合，对接收到的感知信息进行实时、准确的远程传送，以便实现信息的交互和共享，并进行各种有效的处理。在这一过程中，通常需要用到现有的电信运行网络，包括无线和有线网络。由于传感器网络是一个局部的无线网，因而无线移动通信网、5G 网络是作为承载物联网的一个有力的支撑。

3. 智能处理

物联网的目的是实现对各种物品进行智能化识别、定位、跟踪、监控和管理等功能。这就需要利用云计算、人工智能、模糊识别等各种智能计算技术，对随时接受到的跨地域、跨行业、跨部门的海量数据和信息进行存储、分析和处理，实现监测与控制的智能化，从而提升对物理世界、经济社会各种活动和变化的洞察力，实现智能化的决策和控制。

9.2 物联网的关键技术

物联网是一个层次化的网络，大致分为三层：感知层、网络层和应用层，如图 9-2 所示。

感知层犹如人的感知器官，它是物联网的感觉器官，用于识别物体和采集信息。在感知层中目前嵌入有感知器件和射频识别（RFID）标签的物体形成局部网络，协同感知周围环境或自身状态，并对获取的感知信息进行初步处理和判断，根据相应规则积极响应。同时，通过各种接入网络把中间或最终处理结果接入到网络层。

网络层犹如人的大脑和中枢神经，它是物联网的神经系统，将从感知层获取的信息进行处理和传输。它包括各种无线/有线网关、接入网和核心网，在传输大量感知信息的同时，也要对传输的信息进行融合等处理。

应用层是物联网和用户的接口，将感知和传输过来的信息进行分析，做出正确的控制和决策，解决信息处理和人机交互的问题。应用层包括中间件和各种物联网应用，其中，中间件为物联网应用提供信息处理、计算等通用基础服务设施、功能及资源调用接口，以此为基础实现物联网在众多领域的各种应用。

物联网的三个层次涉及的关键技术非常多，是典型的跨学科技术。物联网对现有技术提出改进和提升要求，并催生出新的技术体系。目前，物联网的关键技术包括自动识别技术、传感器技术、物联网通信技术、物联网网络服务、中间件和智能技术。

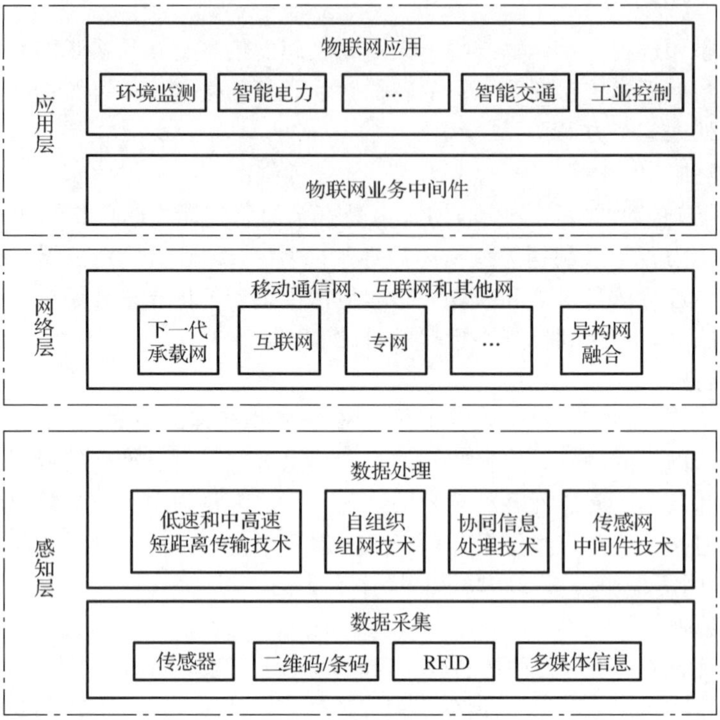

图 9-2　物联网的体系架构

9.2.1　自动识别技术

自动识别（Auto Identification）通常与数据采集（Data Collection）联系在一起，形成自动识别与数据采集（Auto Identification and Data Capture，AIDC）技术。AIDC 技术是应用一定的识别装置，通过被识别物品和识别装置之间的接近活动，自动获取、自动识读被识别物品的相关信息，并提供给后台的计算机处理系统来完成后续相关处理的一种技术，它将计算机、光、电、通信和网络技术融为一体，与互联网、移动通信等技术相结合，实现了全球范围内物品的跟踪与信息的共享，从而给物体赋予智能，实现人与物体、物体与物体之间的沟通和对话。

1. 自动识别系统的组成

自动识别系统因应用不同，其组成会有所不同，但基本都是由标签、读写器和计算机网络这三大部分组成的，如图 9-3 所示。

（1）标签

标签的形式很多，例如，可以是条码或电子标签，附着在物体上，用于标识目标对象。每个标签都具有编码，存储着被识别物体的相关信息。

（2）读写器

读写器是用于读写标签信息的设备。自动识别系统工作时，一般先由读写器发射一个特

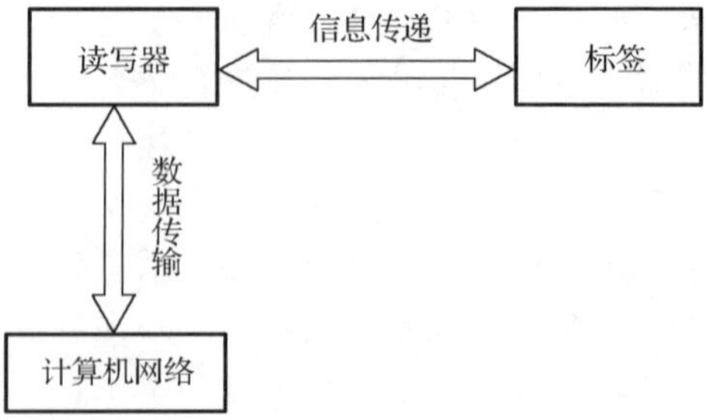

图 9-3　自动识别系统的基本组成

定的询问信号；当标签接收到询问信号后，就会给出应答信号，应答信号中含有标签携带的数据信息；读写器接收到应答信号，并对其进行处理，然后将处理后的应答信号传递给外部计算机网络。

（3）计算机网络

最简单的自动识别系统只有一个读写器，它一次只对一个标签进行操作。例如，公交车上的读写器每次只能对一个乘客的充值卡进行刷卡识读。复杂的自动识别系统会有多个读写器和大量标签，并要实时处理数据信息，这就需要计算机来处理问题。读写器可以通过标准接口与计算机网络进行连接，在计算机网络中完成数据的处理、传输、通信和管理。

在物联网中，标签与读写器构成了识别系统，标签是物品编码的物理载体，附着在可跟踪的物品上，可全球流通，并可识别和读写；读写器与计算机网络相连，是读取标签内物品编码并将编码提供给网络的设备。读写器与计算机网络连接后，在互联网上可以发布大量的物品信息，并可以实时更新物品的数据信息，一个全新的物联网就建立起来了。

2. 自动识别技术的分类

近年来，自动识别技术在全球范围内得到了迅猛发展，形成了一个包括条码识别技术、生物识别技术、图像识别技术、磁条磁卡技术、射频识别技术及光学字符识别技术等集计算机、光、磁、机电、通信技术为一体的高新技术学科。自动识别技术的分类方法很多，按照应用领域和具体特征进行分类，可以分为以下七种：

（1）条码识别技术

条码是由宽度不同、反射率不同的条（黑色）和空（白色）按照一定的编码规则编制而成，用于表达一组数字或字母符号信息的图形标识符。图 9-4 所示为一维条码和二维条码的样图。

（a）一维条码　　（b）二维条码

图 9-4　条码的样图

一维条码是由平行排列的宽窄不同的线条和间隔组成的二进制编码，如图 9-4（a）所示，这些线条和间隔根据预定的模式进行排列并且表达相应记号系统的数据项，宽窄不同的线条和间隔的排列次序可以解释成数字或者字母，可以通过光学扫描对一维条码进行阅读，即根据黑色线条和白色间隔对激光的不同反射来识别。二维条码技术是在一维条码无法满足实际应用需求的前提下产生的，如图 9-4（b）所示。由于受信息容量的限制，一维条码通常是对物品的标示，而不是对物品的描述。二维条码能够在横向和纵向两个方向同时表达信息，因此能在很小的面积内表达大量的信息。

条码可以标出物品的生产国、制造厂家、商品名称、商品类别、图书分类号、包裹起止地点等许多信息，因而在工业生产、商品流通、仓储管理、银行系统、信息服务、图书管理、邮政管理等许多领域都得到了广泛的应用。

（2）生物识别技术

生物识别技术是指通过获取和分析人体的生物特征来实现人的身份的自动鉴别。生物特征分为物理特征和行为特点两类，其中，物理特征包括指纹、掌形、眼睛（视网膜和虹膜）、人体气味、脸形、皮肤毛孔、手腕、手的血管纹理和 DNA 等；行为特点包括签名、语音、行走的步态、击打键盘的力度等。

① 声音识别技术：是一种非接触的识别技术，用户可以很自然地接受。这种技术可以用声音指令实现“不用手”的数据采集，其最大特点就是不用手和眼睛，这对那些采集数据同时还要完成手脚并用的工作场合尤为适用。由于声音识别技术的迅速发展，以及高效可靠应用软件的开发，使声音识别系统在很多方面得到了应用。

② 人脸识别技术：特指利用分析比较人脸视觉特征信息进行身份鉴别的计算机技术。人脸识别是一项热门的计算机技术研究领域，包括人脸追踪侦测、自动调整影像放大、夜间红外侦测、自动调整曝光强度；它属于生物特征识别技术，是对生物体（一般特指人）本身的生物特征来区分生物体个体。

③ 指纹识别技术：指纹是指人的手指末端正面皮肤上凸凹不平产生的纹线。纹线有规律的排列形成不同的纹形。由于指纹具有终身不变性、特定性和方便性，几乎已经成为生物特征识别的代名词。指纹识别技术是指通过比较不同指纹的细节特征点来进行自动识别的技术。由于每个人的指纹不同，就是同一人的十指之间，指纹也有明显区别，因此指纹可用于身份的自动识别。

（3）图像识别技术

在人类认知的过程中，图像识别指图形刺激作用于感觉器官，人们进而辨认出该图像是什么的过程，又称图像再认。在信息化领域，图像识别技术是指利用计算机对图像进行处理、分析和理解，以识别各种不同模式的目标和对象的技术。例如，地理学中将遥感图像进行分类的技术。

图像识别技术的关键信息，既要有当时进入感官（即输入计算机系统）的信息，也要有系统中存储的信息。只有通过存储的信息与当前的信息进行比较的加工过程，才能实现对图像的再认。

（4）磁卡识别技术

磁卡是一种利用磁性介质记录英文与数字信息，以用来标识身份、记载数据的磁记录介质卡片。它由高强度、高耐温的塑料或纸质涂覆塑料制成，能防潮、耐磨且有一定的柔韧性，携带方便、使用较为稳定可靠。磁卡记录信息的方法是变化磁的极性，在磁性氧化的地方具有相反的极性，识别器才能够在磁卡内分辨到这种磁性变化，这个过程称作磁变。一部解码器可以识读到磁性变化，并将它们转换回字母或数字的形式，以便由一部计算机来处理。磁卡识别技术能够在小范围内存储较大数量的信息，在磁卡上的信息可以被重写或更改。

（5）IC 卡识别技术

IC 卡即集成电路卡，包含了微电子技术和计算机技术，作为一种成熟的高科技产品，是继磁卡之后出现的又一种信息识别工具。IC 卡是将一个微电子芯片嵌入到塑料的卡基中，做成卡片形式，是一种电子式数据自动识别卡。它通过卡里的集成电路存储信息，采用射频技术与支持 IC 卡的读卡器进行通信。

按读取界面可将 IC 卡分为接触式 IC 卡和非接触式 IC 卡。接触式 IC 卡通过 IC 卡读写设备的触点与 IC 卡的触点接触后进行数据的读写（例如银行卡），国际标准 ISO 7816

对此类卡的机械特性、电器特性等进行了严格的规定；非接触式 IC 卡与 IC 卡读取设备无电路接触，通过非接触式的读写技术进行读写（例如公交储值卡），卡内所嵌芯片除了 CPU、逻辑单元、存储单元外，还增加了射频收发电路。国际标准 ISO 10536 系列阐述了对非接触式 IC 卡的规定，该类卡一般用在使用频繁、信息量相对较少、可靠性要求较高的场合。

（6）射频识别技术

射频识别（RFID）技术是通过无线电波进行数据传递的自动识别技术，是一种非接触式的自动识别技术。它通过射频信号自动识别目标对象并获取相关数据，识别工作无须人工干预，可工作于各种恶劣环境。与条码识别、磁卡识别技术和 IC 卡识别技术等相比，它具有特有的无接触、抗干扰能力强、可同时识别多个物体等优点，成为自动识别领域中最优秀和应用最广泛的自动识别技术之一，是最重要的自动识别技术。

（7）光学字符识别技术

光学字符识别（Optical Character Recognition，OCR）技术属于图像识别的一项技术，其目的就是要让计算机知道它到底看到了什么，尤其是文字资料。OCR 是针对印刷体字符（如一本纸质的书），采用光学的方式将文档资料转换成为黑白点阵的图像文件，然后通过识别软件将图像中的文字转换成文本格式，以便文字处理软件进一步编辑加工的系统技术。

一个 OCR 识别系统，从影像到结果输出，必须经过影像输入、影像预处理、文字特征抽取、比对识别，然后经过人工校正更正认错的文字，最后输出结果。

9.2.2 传感器技术

传感器是物体感知物质世界的“感觉器官”，可以从声、光、电、热、力、位移、湿度等信号来感知，为物联网的工作采集、分析、反馈最原始的信息。它是一种检测装置，能感受到被测量的信息，并能将检测感受到的信息，按一定规律变换成为电信号或其他所需形式的信息输出，以满足信息的传输、处理、存储、显示、记录和控制等要求。随着科学技术的不断发展，传统的传感器正逐步实现微型化、智能化、信息化、网络化，正经历着传统传感器→智能传感器→嵌入式 Web 传感器的内涵不断丰富的发展过程。

1. 传感器的组成

依据国家标准 GB/T 7665—2005，传感器是能感受规定的被测量并按照一定的规律（数学函数法则）转换成可用信号的器件或装置，通常由敏感元件和转换元件组成。具体而言，传感器一般由敏感元件、转换元件、变换电路和辅助电源四部分组成，如图 9-5 所示。其中，敏感元件直接感受被测量，并输出与被测量有确定关系的物理量；转换元件将敏感元件的输出信号作为它的输入信号，将输入物理量转换为电信号；由于转换元件输出的信号（一般为电信号）都很微弱，传感器一般还配以转换电路，它负责对转换元件输出的电信号进行放大调制，最后以

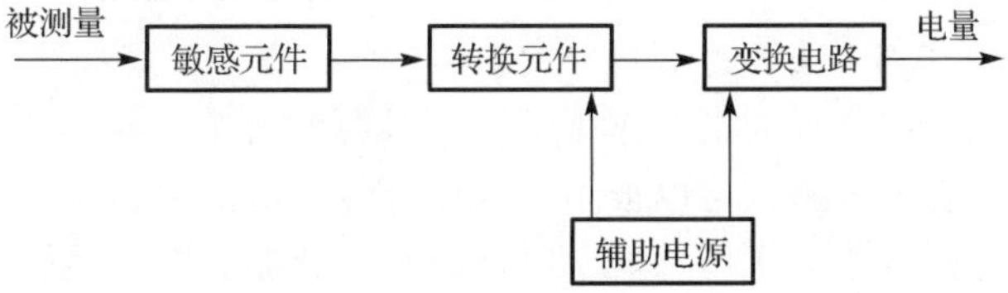

图 9-5　传感器的基本组成

电量的方式输出；同时，转换元件和变换电路一般还需要辅助电源供电。这样，传感器就完成了从感知被测量到输出电量的全过程。

2. 传感器的作用

传感器又称电五官，其作用可以通过与人类感觉器官的比较给出，见表 9-1。

表 9-1 人类感觉器官与传感器的比较

人类感觉器官	传　感　器
人的视觉	光敏传感器
人的听觉	声敏传感器
人的嗅觉	气敏传感器
人的味觉	化学传感器
人的触觉	压敏、温敏、流体传感器

3. 传感器的分类

传感器的品种丰富、原理各异、检测对象门类繁杂，因此分类方法非常多。至今为止，传感器没有统一的分类方法，人们通常是站在不同的角度，突出某一方面对传感器进行分类，下面是几种常见的传感器分类方法。

（1）按用途分类

按用途分类，传感器可分为力敏传感器、方位传感器、水位传感器、能耗传感器、速度传感器、加速度传感器、烟雾传感器、温度传感器、湿度传感器、射线辐射传感器等。

（2）按工作原理分类

按不同学科的原理、规律、效应等分类，传感器一般可分为物理型传感器、化学型传感器、生物型传感器等。以物理效应为例，诸如压电效应、磁致伸缩效应、极化效应、热电效应、光电效应、磁电效应等、都可以作为传感器的分类依据。举例见表 9-2。

表 9-2 传感器按工作原理分类举例

工 作 原 理	传感器举例
变换电阻	电位器式传感器、应变式传感器、光敏式传感器
变换磁阻	电感式传感器、差动变压器式传感器
变换电容	电容式传感器、湿敏式传感器
变换电荷	压电式传感器
变换电势	霍尔式传感器、感应式传感器

（3）按敏感材料分类

在外界因素的作用下，材料会做出相应的、具有特征性的反应，那些对外界作用最敏感的材料，可以被用来制作成传感器的敏感元件。按敏感材料可将传感器分为金属传感器、半导体传感器、磁性材料传感器、陶瓷传感器等。

（4）按输出信号分类

按照传感器的输出信号对传感器进行分类，可以分为模拟传感器、数字传感器、膺数字传感器和开关传感器。

4. 传感器的发展趋势

20 世纪 80 年代，由于计算机技术的发展，出现了“信息处理能力过剩、信息获取能力不足”的问题。为了解决这个问题，世界各国在同一时期掀起了一股传感器热潮，也将这一时期视为传感器技术的年代。近些年来，传感器的发展非常迅速，正朝着探索新理论、开发新材料、实现智能化和网络化的方向发展，传感器技术的发展水平已经成为判断一个国家现代化程度和综合国力的重要标志。

（1）传感器新原理、新材料、新工艺的发展趋势

传感器的工作原理是基于各种物理的、化学的、生物的效应和现象，发现新原理、开发新材料、采用新工艺是新型传感器问世的重要基础。

（2）传感器微型化、多功能、集成化的发展趋势

微细加工技术的发展使传感器制造技术有了突飞猛进的发展，多功能、集成化传感器成为发展方向，使得既具有敏感功能、又具有控制执行能力的传感器微系统成为可能。

（3）传感器智能化、多融合、网络化的发展趋势

近年来具有感知能力、计算能力、通信能力、协同能力的传感器应用日趋广泛，作为信息技术源头的传感器技术正朝着物联网的方向发展，具有智能化、多融合、网络化的发展趋势。

9.2.3 物联网通信技术

将电信网按服务对象进行分类，可分为公用电信网和专用通信网，其中专用通信网通常属用户所有，所以电信网通常是指公用电信网部分。公用电信网部分又可分为核心网和接入网，其中接入网是公用电信网中最大和最重要的部分，主要用于完成将用户接入到核心网。

物联网通信是将感知获得的大量信息进行交换和共享，将物理世界产生的数据接入公用电信网，构成了物联网中物与物、物与人互联的基础。物联网通信几乎包含了现在所有的通信技术，形成了大规模的信息化网络。

物联网通信技术很多，主要分为两类：无线通信技术和有线通信技术。

1. 无线通信技术

迄今为止，没有任何一种单一的无线通信网络能够满足所有的场合和应用需要，因此相应的无线通信技术具有多元性这样的基本特征。根据通信覆盖范围的不同，可将无线通信网络从小到大依次分为无线个域网（Wireless Personal Area Network，WPAN）、无线局域网（Wireless Local Area Network，WLAN）、无线城域网（Wireless Metropolitan Area Network，WMAN）和无线广域网（Wireless Wide Area Network，WWAN）。

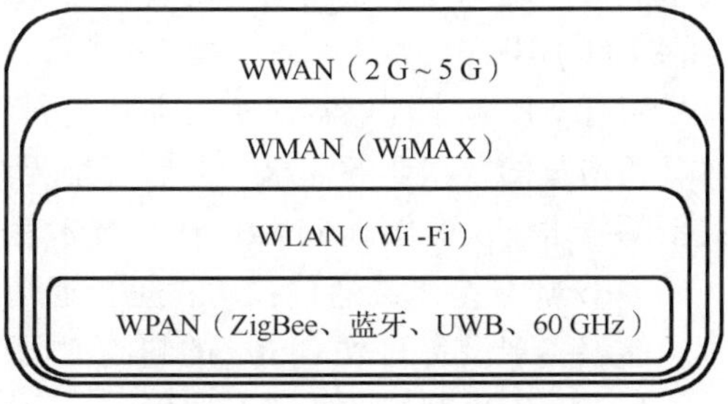

图 9-6　无线网络及典型技术

无线通信技术是指利用电磁波信号在空间直接传播而进行信息交换的通信技术，进行通信的两端之间无须有形的媒介连接。如图 9-6 所示，紫蜂（ZigBee）、蓝牙、超宽带（UWB）和 60 GHz 技术属于 WPAN 范畴，覆盖范围最小（10m 半径以内）；Wi-Fi 技术属于 WLAN 范畴，覆盖范围比 WPAN 大（几十米到几百米范围）；全球微波互联接入（WiMAX）技术属于 WMAN 范畴，覆盖范围比 WLAN 大（几千米到几十千米范围）；移动通信 2G、

3G、4G 和 5G 技术都属于 WWAN 范畴，覆盖范围最大（一个国家或一个洲）。下面对这些无线通信技术进行简单介绍。

（1）ZigBee

ZigBee 这一名称取自于蜜蜂，蜜蜂（Bee）靠飞翔和“嗡嗡”（Zig）的抖动翅膀的“舞蹈”来与同伴传递花粉所在的方位信息。蜜蜂依靠这样的方式构成了群体中的通信网络。人们基于蜜蜂间这种联系方式，研发生成一项新兴的、应用于网络通信的短距离无线个域网通信技术，称为“ZigBee”，通常译为“紫蜂”。

ZigBee 通信技术具有低功耗、低成本、低速率、有效范围大、短时延、高容量、高安全和工作频段灵活等特点。

（2）蓝牙

蓝牙的创始人是瑞典爱立信公司，该公司早在 1994 年就已经开始进行蓝牙技术的研发。1998 年 5 月，世界著名的五家大公司爱立信（Ericsson）、诺基亚（Nokia）、东芝（Toshiba）、国际商用机器公司（IBM）和英特尔（Intel）联合宣布了一种全球性的小范围无线通信新技术——蓝牙。

蓝牙是一种支持设备短距离通信（一般 10 m 内）的无线电技术，能在包括移动电话、PDA、无线耳机、笔记本计算机等众多设备之间进行无线信息交换，能在设备间实现方便快捷、灵活安全、低成本、低功耗的数据通信和语音通信，因此它是目前实现无线个域网通信的主流技术之一。

蓝牙技术具有全球可用、设备广泛、易于使用、可进行数据传输与语音通信等技术优势，但与 ZigBee 相比，蓝牙技术显得太复杂，并且有功耗大、距离近、组网规模小等弊端。

（3）UWB

UWB 技术始于 20 世纪 60 年代兴起的脉冲通信技术。UWB 技术是一种使用 1 GHz 以上（纳秒级别）频率带宽的无线载波通信技术，它不采用正弦载波，而是采用时间间隔极短的非正弦波窄脉冲进行数据通信，因此其所占的频谱范围很大，即带宽非常宽，主要用于军用雷达、定位和低截获率/低侦测率的通信系统中。

UWB 技术具有系统结构简单、数据传输速率高（数百 Mbit/s）、功耗低、成本低、安全性高、多径分辨能力强、穿透能力强、与现有其他无线通信系统共享频谱等特点，该技术成为实现无线个域网通信的首选技术。

（4）60 GHz

尽管 UWB 技术能够提供数百兆比特每秒的无线数据传输速率，但依旧不能满足人们对日益增长的数据业务需求，并且当前无线通信频谱资源越来越紧张，这就促使人们寻找新的技术解决方案，60 GHz 通信技术就是在这样的背景下产生的。

60 GHz 属于毫米波通信技术，是指通信载波为 60 GHz 附近频率的短距离无线通信技术，能够实现设备间数 Gbit/s 的超高速无线传输。毫米波与较低频段的微波相比，具有以下特点：①可利用的频谱范围宽，信息容量大；②数据传输速率高；③分辨率高，抗干扰性强；④短距离通信的安全性高。因此，60 GHz 频段短距离无线通信技术也越来越受到关注，成为实现无线个域网通信的最具潜力的技术之一。

（5）Wi-Fi

1999 年，工业界成立了 Wi-Fi 联盟，当时的名称为 Wireless Ethernet Compatibility

Alliance（WECA），在 2002 年 10 月正式改名为 Wi-Fi Alliance，该联盟致力于解决匹配 IEEE 802.11 标准的产品生产和设备兼容性问题。现在 IEEE 802.11 这个标准已被统称为 Wi-Fi，全称为 Wireless-Fidelity（无线保真技术），它是一种可以将个人计算机、手持设备（如 PDA、手机）等终端以无线方式互相连接的短程无线局域网通信技术，通信距离通常在几十米到几百米。

Wi-Fi 技术具有灵活性和移动性、安装便捷、易于进行网络规划和调整、容易定位故障、易于扩展等特点；其局域网部署无须使用电线，可降低部署和扩充的成本；由于 Wi-Fi 模块的价位持续下跌，使其已成为企业和家庭的普遍基础设施；Wi-Fi 联盟指定“Wi-Fi 认证”是向后兼容的，具有一套全球统一标准，使得任何 Wi-Fi 标准设备可在世界上任何地方正确运行。这些特点使得 Wi-Fi 更加顺应了物联网时代的发展。

（6）WiMAX

WiMAX 技术是基于 IEEE 802.16 标准的一项无线城域网技术，能提供面向互联网的高速连接，其信号传输半径可达 50 km，基本上能覆盖到城郊。正是由于这种远距离传输特性，WiMAX 将不仅仅是解决无线接入的技术，还能作为有线网络接入的无线扩展，方便地实现边远地区的网络连接。WiMAX 将逐步实现宽带业务的移动化，而移动通信则实现移动业务的宽带化，两种网络的融合程度越来越高。

WiMAX 技术可以实现更远的传输距离，提供更高速的宽带接入，提供优良的最后一千米网络接入服务。现在 IEEE 802.16 标准已被统称为 WiMAX，该技术已成为继 Wi-Fi 之后最受业界关注的宽带无线接入技术。

（7）移动通信技术

移动通信是沟通移动体之间的通信方式，或移动体与固定体之间的通信方式，也就是说，移动通信的双方至少有一方需要处于移动中。移动体可以是任何处于移动的物体。

移动通信是进行无线通信的现代化技术，它是电子计算机与移动互联网发展的重要成果之一。移动通信技术经历了 1G、2G、3G、4G 技术的发展，目前已经迈入了 5G 技术发展的时代。

1G（First Generation）表示第一代移动通信技术，它是以模拟技术为基础的蜂窝无线电话系统。1G 无线系统在设计上只能传输语音，并受到网络容量的限制，系统的容量十分有限；安全性和抗干扰性也存在很大问题；同时，不同国家的各自为政也使得 1G 的技术标准各不相同，国际漫游成为突出的问题。如今，1G 时代的 BP 机、大哥大已经成为很多人的回忆。

第二代（2G）移动通信技术以数字语音传输技术为核心，以传输语言和低速数据业务为目的，因此又称为窄带数字通信系统，典型代表是 GSM 和 IS95。随着 2G 的到来，1G 移动通信的技术缺陷得到了很大的改善。2G 提供了更高的网络容量，改善了语音质量和保密性，还引入了无缝的国际漫游。2G 时代手机还没有那么普及，只是一个打电话的工具，信号也不是很好。

运营商对更大的容量和为用户提供更多可产生收益的功能的需求是推动 3G 网络发展的主要动力。第三代（3G）移动通信技术是指支持高速数据传输的蜂窝移动通信技术，传输速率一般为几百 kbit/s 以上。相对于 1G 的模拟移动通信和 2G 的数字移动通信，3G 的代表特征是能够将无线通信与互联网等多媒体通信相结合，在全球更好地实现无缝漫游，处理图像、音乐、视频流等多种媒体信息，提供包括网页浏览、电话会议、电子商务等多种高速数据业务，且与2G有良好的兼容，从而使网络移动化成为现实。3G时代，当时的手机屏幕不大，有后置摄像头但像素并不高，没有前置摄像头无法自拍，听歌时不能同时使用照相机，需要拨号才能上网，网速非常慢，用得最多的是短信和QQ。

国际电信联盟（ITU）认为：第四代（4G）移动通信是基于IP协议的高速蜂窝移动网，无线通信技术从3G演进而来，传输速率可达100 Mbit/s。4G集3G与WLAN于一体，并且能够快速传输数据、高质量音频、视频和图像等，几乎能够满足所有用户对于无线服务的要求。4G具有通信速度快、通信灵活、智能性高、兼容性好、费用便宜等特点，有着不可比拟的优越性。

第五代（5G）移动通信技术是新一代蜂窝移动通信技术，也是继4G、3G和2G系统之后的延伸。5G的性能目标是高数据传输速率（最高可达10 Gbit/s）、减少延迟、节省能源、降低成本、提高系统容量和大规模设备连接。5G是万物互联、连接场景的一代；5G是电信IT化、软件定义的一代；5G是云化的一代；5G是蜂窝结构变革的一代；5G是承前启后和探索的一代。移动、联通、电信三大运营商于2019年10月31日公布了5G商用套餐，并于11月1日正式上线5G商用套餐。

第六代（6G）移动通信技术是5G的延伸，在传输速度上，6G网络将比5G快将近100倍，最高速度预计可以达到1 Tbit/s，能实现极低时延，具有极高的安全性和定位精准度。6G通信技术不再是简单的网络容量和传输速率的突破，而是缩小数字鸿沟，实现万物互联的“终极目标”。在5G迈向商用化的背景下，6G的竞争已经拉开序幕，国内外的标准组织、运营商、通信产品制造商等都在积极布局，各国目前发布的6G初步商用化预期在2030年左右。

2. 有线通信技术

有线通信技术，是指利用金属导线、光纤等有形媒质传送信息的技术。目前，有线通信技术主要有基于双绞线的通信技术、基于光传输的通信技术和基于同轴电缆传输的通信技术。

（1）基于双绞线的通信技术

所谓双绞线通信技术，是指无须改动铜缆网络、在现有铜线用户线上提供各种宽带业务的技术，主要有高速率数字用户线路（HDSL）技术、不对称数字用户线路（ADSL）技术和超高速数字用户线路（VDSL）技术。

（2）基于光传输的通信技术

虽然利用原有的电话线路进行通信，可以发挥铜缆的潜力，投资少、见效快，但从发展的趋势来看，光传输是宽带接入的理想解决方案。随着光纤覆盖的不断扩展，光纤通信技术已得到广泛的重视和应用。光纤通信就是利用光波作为载波来传送信息，而以光纤作为传输介质实现信息传输，从而达到通信目的的一种最新通信技术。该技术具有通信容量大、传输距离远、信号干扰小、保密性能好、抗电磁干扰、传输质量佳等优点。

（3）基于混合光纤同轴电缆传输的通信技术

混合光纤同轴电缆（Hybrid Fiber Coax，HFC）是一种基于频分复用的有线通信技术。主干网使用光纤，采用频分复用方式传输各种信息；分支网则采用同轴电缆，用于传输和分配用户信息。传输速率可达20 Mbit/s以上。现在家庭中数字电视是以HFC为传输基础网络，信号通过光纤传输到光纤节点，再通过同轴电缆传输到有线电视网用户。

9.2.4 物联网网络服务

物联网是建立在互联网之上的，其得到的物理世界的信息需要在互联网上进行交流和共享。随着互联网的不断壮大，它提供的服务越来越多，物联网通过这些服务可以将物品的信息发布出去，同时也可以获得发布在互联网上的各种资源。

目前，比较成熟的物联网网络服务是 EPC（Electronic Product Code）系统。为了有效地搜集信息，EPC 系统给全球每一个“物”都分配了一个全球唯一的编码，这个编码就是 EPC 码。EPC 码用来给全球物品提供可识别的 ID 号，但是有关物品的大量信息存放在互联网上，并且存放地址和 ID 号一一对应，这样通过物品的 EPC 码（ID 号）就可以在互联网上找到物品的详细信息。

物联网名称解析服务（Internet of Things Name Service, IOT-NS）和物联网信息发布服务（Internet of Things Information Service, IOT-IS）是物联网的主要组成部分，用于完成物联网的网络运行和网络服务功能。

1. 物联网名称解析服务

物联网名称解析服务是物联网网络服务的重要一环，类似于互联网域名系统（Domain Name System，DNS），其作用是通过物品的电子标签的编码获取物品的识别 ID 号，进而解析获取对应的网络资源地址，即统一资源标识符（Uniform Resource Identifiers，URI）。

2. 物联网信息发布服务

物品标签内存储的信息十分有限，主要用来存储表示物品身份的 ID 号，而有关物品原材料、生产、加工、运输、仓储等大量信息则存放在互联网上。互联网上存放物品信息的服务器称为物联网信息服务器。通过互联网可以访问物联网信息服务器，这些服务器提供的服务称为物联网信息发布服务。IOT-IS 是用网络数据库来实现的，其目的是共享物品的详细信息。IOT-IS 收到查询要求后，一般将物品的详细信息在物联网上以网页的形式发回以供查询，并可以对物品信息进行发布、处理及实时更新。

在互联网上，物联网信息服务器非常多，就像在互联网上将查找域名的 IP 地址一样，查找物联网信息服务器需要知道它的网络地址。IOT-NS 能够将电子标签的识别 ID 号转换成对应的 URI，即 IOT-NS 对应的物联网名称解析服务器能够解析出物联网信息服务器对应的网络地址，从而可以找到物联网信息服务器，也就找到了关于物品信息的一个文件夹或网页绝对地址，这样用户就可以随时在网上查找对应的物品信息。由物联网名称解析服务器、物联网信息服务器构成的物联网网络服务如图 9-7 所示。

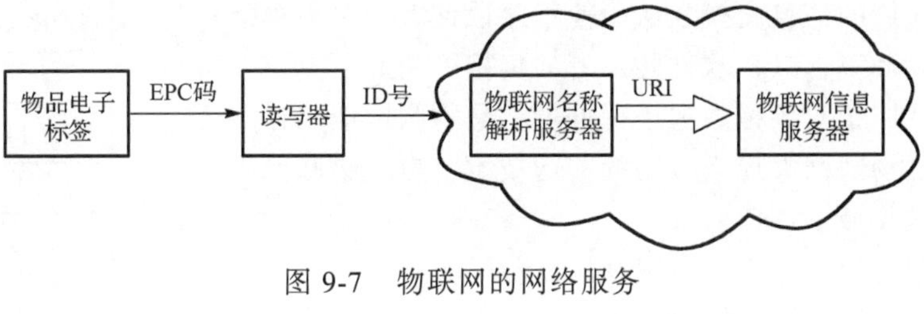

图 9-7　物联网的网络服务

9.2.5 中间件

随着计算机技术和网络技术的迅速发展，许多应用程序需要在网络环境的异构平台上运行。在这种分布式异构环境中，存在如传感器、读写器等多种硬件系统平台；在这些硬件平台上，又存在如不同的操作系统、数据库等各种各样的系统软件。为解决这种分布异构、不同系统之间的网络通信、安全、事务的性能、传输的可靠性、语义的解析、数据和应用的整合等问题，人们提出了中间件（Middleware）的概念。

1. 中间件的概念

目前中间件并没有严格的定义，人们普遍接受的定义是，中间件是一种独立的系统软件或服务程序，分布式应用系统借助这种软件，可实现在不同的应用系统之间共享资源。人们在使用中间件时，往往是一组中间件集成在一起，构成一个平台（包括开发平台和运行平台），但在这组中间件中必须有一个通信中间件，即中间件=平台+通信。从上面这个定义来看，中间件是由"平台"和"通信"两部分构成的，这就限定了中间件只能用于分布式系统中，同时也把中间件与支撑软件和实用软件区分开。中间件是位于平台（硬件和操作系统）和应用之间的通用服务，这些服务具有标准的程序接口和协议，如图 9-8 所示。

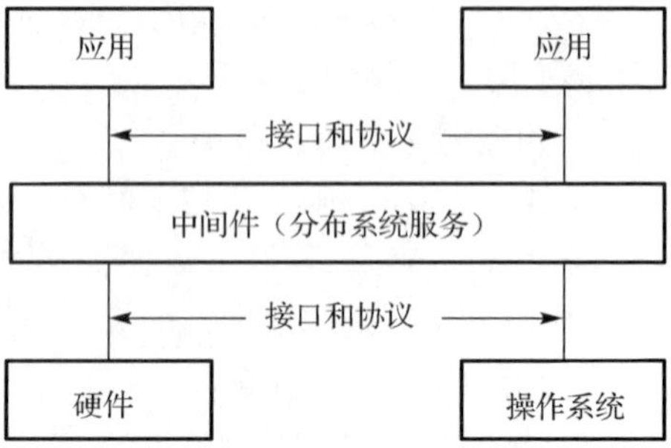

图 9-8　中间件的概念

中间件首先要为上层的应用层服务，此外又必须连接到硬件和操作系统的层面，并且必须保持运行的工作状态。中间件具有的特点：满足大量应用的需要；能够运行于多种硬件和操作系统平台；支持分布计算，提供跨网络、硬件和操作系统平台的透明性应用或服务的交互；支持标准的协议；支持标准的接口。

中间件提供的程序接口定义了一个相对稳定的高层应用环境，不管底层的计算机硬件和系统软件怎样更新换代，只要将中间件升级更新，并保持中间件对外的接口定义不变，应用软件几乎不需要进行任何修改，从而保护了企业在应用软件开发和维护中的重大投资。

2. 物联网中间件

物联网应用层解决的是信息处理和人机交互的问题，网络层传输而来的数据在这一层进入各种类型的信息处理系统，并通过各种设备与人进行交互。在应用层中，各种各样的物联网应用场景通过物联网中间件接入网络层。

物联网中间件是一种独立的系统软件，是介于前端硬件模块与后端应用软件之间的重要环节，它屏蔽了前端硬件的复杂性，将采集的数据发送到后端的网络，同时完成与上层复杂应用的信息交换，从而使程序设计者面对简单而统一的开发环境，减轻软件开发者的负担。由此可见，物联网中间件用于对各种数据进行处理，是物联网应用运作的中枢，是物联网大规模应用的关键技术，也是物联网产业链的高端领域。

图 9-9　物联网中间件的作用

物联网中间件的作用（见图 9-9）：

① 控制物联网感知层按照预定的方式工作，保证设备之间能够很好地配合协调，按照预定的内容采集数据。

② 按照一定的规则筛选过滤采集到的数据，筛除绝大

部分冗余数据，将真正有用的数据传输给后台的信息系统。

③ 在应用程序中，使用中间件提供的通用应用程序接口（Application Programming Interface，API）就能够连接到感知层的各种系统，保证与分布式应用系统平台之间的可靠通信，能够为分布式环境下异构的应用程序提供可靠的数据通信服务。

3. 中间件分类

中间件产品的范围十分广泛，目前已经涌现出各种各具特色的中间件产品。中间件主要有两种分类方法：一种是按中间件的技术和作用分类；另一种是按中间件的独立性分类。

（1）按中间件的技术和作用分类

根据中间件采用的技术和在系统中所起的作用，中间件可分为：数据访问中间件、远程过程调用中间件、面向消息中间件、面向对象中间件、事件处理中间件、网络中间件和屏幕转换中间件。

（2）按中间件的独立性分类

按独立性作为分类标准，中间件分为非独立中间件和独立的通用中间件两大类。

4. 物联网中间件的发展阶段

在全球范围内，物联网中间件正在成为软件行业新的技术和经济增长点。中间件从最初只是面向单个读写器或在特定应用中驱动交互的程序，到如今已经发展为全球信息网络的基础之一，其发展经历了三个阶段：

（1）初始阶段——应用程序中间件

在本阶段，中间件多以整合、串接数据采集装置为目的。在技术使用初期，企业需要花费许多成本去处理后端系统与数据采集装置的连接问题，中间件根据企业的需要帮助企业将后端系统与数据采集装置串接起来。

（2）成长阶段——构架中间件

物联网促进了国际各大厂商对中间件的研发，中间件不但具备了数据收集、过滤、处理等基本功能，同时也满足了企业多点对多点的连接需求，并具备了平台的管理与维护功能。

（3）成熟阶段——解决方案中间件

本阶段针对不同领域的应用，提出了各种中间件的解决方案，企业只需要通过中间件，就可以将原有的应用系统快速地与物体信息相连接，实现了对物体的可视化管理。

9.2.6 智能技术

智能技术是为了有效地达到某种预期的目的，利用知识所采用的各种方法和手段。通过在物体中植入智能系统，可以使得物体具备一定的智能性，能够主动或被动地实现与用户的沟通，也是物联网的关键技术之一。主要的研究内容和方向如下：

1. 人工智能理论研究

人工智能理论研究的内容包括智能信息获取的形式化方法、海量信息处理的理论和方法、网络环境下信息的开发与利用方法、机器学习方法等。

2. 先进的人-机交互技术与系统

先进的人-机交互技术与系统包括声音、图形、图像、文字及语言处理、虚拟现实技术与系统、多媒体技术等。

3. 智能控制技术与系统

物联网就是要给物体赋予智能，可以实现人与物体的沟通和对话，甚至实现物体与物体互相间的沟通和对话。为了实现这样的目标，必须要对智能控制技术与系统实现进行研究。例如，研究如何控制智能服务机器人完成既定任务（运动轨迹控制、准确的定位和跟踪目标等）。

4. 智能信号处理

智能信号处理包括信息特征识别和融合技术、地球物理信号处理与识别。

9.3 物联网的应用

物联网产业覆盖了传感感知、传输通道、运算处理、行业应用等领域，其中涉及的技术包括自动识别、传感器、网络通信、中间件、人工智能等。物联网的应用正从面向企业逐步发展到面向公众，将遍及智能城市、智能交通、智能建筑、智能家居、智能农业、智能物流和二维码支付等各个方面。

1. 智能城市

物联网在城市信息化领域的典型应用是智能城市管理和智能城市服务。智能城市管理，是指以新一代通信技术、空间信息技术和高精度定位技术（GPS）为基础支撑，面向物联网环境，实现城市管理中人、事、物的有机集成，实现全天候、无缝的城市智能管理；智能城市服务，是指在物联网环境下，为商业、应急、公共设施、教育和卫生医疗等市民关注的领域提供位置信息的多源信息融合的城市信息服务。

智能城市包括对城市的数字化管理和城市安全的统一监控。智能城市的数字化管理基于3S（地理信息系统GIS、全球定位系统GPS、遥感系统RS）等关键技术，深入开发和应用空间信息资源，建设服务于城市规划、城市建设和管理，服务于政府、企业、公众，服务于资源环境、经济社会的信息基础设施和信息系统。智能城市安全的统一监控基于宽带互联网的实时远程监控、传输、存储、管理等业务，利用无处不达的网络，将分散的图像采集点进行联网，实现对城市安全的统一监控和统一管理。

2. 智能交通

智能交通的发展跟物联网的发展是离不开的，只有物联网技术不断发展，智能交通系统才能越来越完善。智能交通是交通物联化的体现，它是一个基于现代电子信息技术面向交通运输的服务系统，其突出特点是以信息的收集、处理、发布、交换、分析、利用为主线，为交通参与者提供多样性的服务。

21世纪是公路交通智能化的世纪，人们将要采用的智能交通系统，是一种先进的一体化交通综合管理系统。在该系统中，利用全球定位系统、地理信息系统、移动通信（4G、5G）等技术，车辆靠自己的智能在道路上自由行驶，公路靠自身的智能将交通流量调整至最佳状态，管理人员对道路、车辆的行踪将掌握得一清二楚。

3. 智能建筑

绿色智能建筑是构建智能城市的最基本单元，是靶心的靶心，许多行业如智能交通、市政管理、应急指挥、安防消防、环保监测等业务中，智能建筑都是其“物联”的基本单元。物联网对智能建筑技术的影响无处不在，设备经过传感器联网技术遍及大部分子系统，可以说，智能建筑的很多子系统已经是准物联网形态或物联网形态。例如，智能家居、建筑设备监控、安防、一卡通、电子配线架、远传抄表等系统。

4. 智能家居

智能家居集自动化控制系统、计算机网络系统和网络通信系统于一体，将各种家庭设备（如音频视频设备、照明系统、空调控制、网络接入系统、安防系统、电视对讲门禁区系统、煤气泄漏探测系统、远程抄表系统、紧急求助系统、远程医疗诊断及护理系统、室内电器自动控制管理及开发系统、集中供冷热系统、网上购物系统、语音与传真服务系统、网上教育系统、股票操作系统、视频点播、付费电视系统、有线电视系统等）通过智能家庭网络联网实现自动化，通过电信运营商的网络实现对家庭设备的远程操控，从而让家庭更舒适、更方便、更安全、更符合环保。随着人类消费需求和住宅智能化的不断发展，以及基于 ARM 方案及 GPRS、4G、5G 网络的可远程控制，今天的智能家居系统将拥有更加丰富的内容，智能家居系统的内容将进一步拓展。

5. 智能农业

智能农业通过采集温度传感器等信号，经由无线信号传输数据，能够实时采集室内温度、湿度、光照、土壤温度、二氧化碳浓度、叶面湿度、露点温度等环境参数，从而自动开启或者关闭指定设备。智能农业还包括智能粮库系统，该系统通过将粮库内温度湿度变化的感知与计算机或手机连接起来，进行实时观察，记录现场情况以保证粮库内的温、湿度平衡。

6. 智能物流

智能物流的目的是建设集物流配载、仓储管理、电子商务、金融抵押、园区安保、海关保税等功能于一体的物流综合信息服务平台，它是利用条形码、射频识别技术、传感器、全球定位系统等先进的物联网技术、通过信息处理和网络通信技术平台广泛应用于物流业运输、仓储、配送、包装、装卸等基本活动环节，实现货物运输过程的自动化运作和高效率优化管理，提高物流行业的服务水平，降低成本，减少自然资源和社会资源消耗。物联网为物流业将传统物流技术与智能化系统运作管理相结合提供了一个很好的平台，进而能够更好、更快地实现智能物流的信息化、智能化、自动化、透明化、系统的运作模式。智能物流在实施的过程中强调的是物流过程数据智慧化、网络协同化和决策智慧化。智能物流在功能上要实现六个“正确”，即正确的货物、正确的数量、正确的地点、正确的质量、正确的时间和正确的价格；在技术上要实现物品识别、地点跟踪、物品溯源、物品监控和实时响应。

7. 二维码支付

二维码支付是一种基于账户体系搭建起来的新一代无线支付方案。商家可将账号、商品价格等交易信息利用二维码技术汇编成二维码，然后印刷在各种报纸、杂志、广告等载体上发布；用户通过微信、支付宝等手机支付客户端扫描二维码，可以实现与商家账户的支付结算；商家再根据支付交易信息中的用户付费、收货等联系资料进行商品配送，完成交易。

2010 年底，互联网上广泛流传二维码及相关技术，标志着国内二维码开始被广泛普及。人们在购物付款时，不再需要支付现金等待找零，只需扫一扫即可完成支付。二维码支付有技术成熟、使用简单、支付快捷、成本较低等特色。

二维码支付有主动式扫码支付和被动式扫码支付两种方式。对于主动式扫码支付，商家事先按支付宝或微信支付协议生成支付二维码；用户再用支付宝或微信客户端的“扫一扫”功能识别商家二维码中包含的金额、身份等支付信息，并在弹出的支付页面中输入密码确认，同时将该授权确认信息发送至支付系统；支付系统完成支付结算后，将支付结果告知用户和商家。对于被动式扫码支付，用户通过支付宝或微信向商家展示付款二维码，商家通过手机、红外扫描枪等扫描二维码，识别用户的授权信息，并将该授权信息发送至支付系统，完成支付。

本 章 小 结

本章主要介绍了物联网的概念、发展、架构、关键技术及应用，其中对物联网的关键技术做了比较详细的介绍。物联网的英文名称是 The Internet of Things，其定义是“物与物相连的互联网”；从 1999 年至今，物联网经历了长足发展；物联网从下到上大致有三层，分别为感知层、网络层和应用层；结合物联网的架构，物联网发展需要的关键技术包括自动识别、传感器、物联网通信、物联网网络服务、中间件及智能技术等技术。通过本章的学习，应该对物联网的概念、发展状况及典型应用有一定程度的了解，理解物联网的架构和关键技术。

思考与练习

简答题

1. 物联网的定义是什么？物联网的英文名称是什么？简述你对物联网的理解。
2. 物联网从下到上依次可以划分为哪三层？各自的功能是什么？
3. 什么是自动识别？自动识别系统由哪几部分构成？简述自动识别技术的分类方法。
4. 什么是传感器？传感器由哪几部分构成？简述传感器的分类方法。
5. 根据通信覆盖范围的不同，无线网络从小到大分为哪几种？覆盖的范围各有多大？
6. 物联网无线通信技术有哪些？有线通信技术有哪些？
7. 什么是物联网的网络服务？各自的功能是什么？简述物联网网络服务的工作流程。
8. 什么是中间件？中间件主要由哪两部分构成？
9. 什么是物联网中间件？其作用是什么？简述物联网中间件的发展阶段。

第 10 章　人工智能及其应用

随着电子技术和机械制造工艺的发展，人类制造自动化机器的水平极大提高，这些机器虽然在一定程度上减轻了人类的劳动，有一定程度的自主性，但与人们理想中的“智能”程度仍然有相当大的距离。20 世纪 40 年代，电子计算机的问世，使人类的计算能力有了质的飞跃，由此极大促进了智能机器的发展，并催生了一门全新的学科“人工智能”。几十年来，从最初的简单搜索和推理，到自动定理证明和专家系统，再到如今各种能听会说、能思能想的智能机器，人工智能技术已经悄无声息地走入人们的日常生活。

今天，云计算和大数据技术的普及，大规模机器学习和基于信息流丰富多样的应用场景和众多的用户，以及持续累积大量的训练样本和数据，让机器学习系统形成闭环，不断改善和进化。人工智能进一步引起人们无限美好的想象和憧憬，已经成为学科交叉发展中的一面旗帜，但其理论和实践起伏跌宕，在争议和误解中开拓前行。

本章首先介绍人工智能的定义、发展概况及相关学派的认知观，然后讨论人工智能的研究和应用领域，综述人工智能发展特征及我国人工智能发展规划与实施情况。

10.1　人工智能概述

从 1950 年图灵提出的著名的“图灵测试（Turing Test）”开始，人工智能已经取得重大发展，引起众多学科和不同专业背景学者的日益重视，成为一门广泛的交叉和新兴的前沿科学。计算机学科中的云计算技术、大数据技术、物联网技术的发展已经能够采集、存储和快速处理海量信息，计算机软件功能和硬件制作工艺的实现均取得很大进步，为人工智能的普及应用和发展奠定了基础。

10.1.1　人工智能的概念

目前学术界和产业界并没有一个关于人工智能的确切定义。要回答这一问题，需要先了解“什么是智能”。智能（Intelligence）是指生物一般性的精神能力，包括推理、理解、计划、解决问题、抽象思维、表达意念，以及语言和学习多方面的能力，一般理解为“思考的能力”。而人工智能（Artificial Intelligence，AI）是指设计让机器具有这种思考能力的科学。一旦机器真的具备了这种能力，就可以称为智能机器（Intelligence

Machine）。人工智能的先驱 John McCarthy（约翰·麦卡锡）在 1955 年曾给出这样的定义："人工智能是制作智能机器的科学与工程。"《人工智能标准化白皮书（2018 版）》的定义是："人工智能是利用数字计算机或者数字计算机控制的机器模拟、延伸和扩展人的智能，感知环境、获取知识并使用知识获得最佳结果的理论、方法、技术及应用系统。"学术界一般认为人工智能是研究、开发用于模拟、延伸人类智能、智能行为的理论、方法和技术及应用系统的一门技术学科。其主要任务是建立智能信息处理理论，进而设计可以展现某些近似于人类智能行为的计算系统。

不同的科学领域和学科背景的学者对人工智能有不同的理解，人工智能的三大主流学派逻辑学派（符号主义方法）、仿生学派（联结主义学派）和控制论学派（行为主义方法）对人工智能概念有着不同的描述，下面是学者们各自对人工智能所下的定义。

① 人工智能是那些与人的思维相关的活动，诸如决策、问题求解和学习等自动化（Bellman，1978 年）。

② 人工智能是一种计算机能够思维，使机器具有智力的激动人心的新尝试（Haugeland，1985 年）。

③ 人工智能是研究如何让计算机做现阶段只有人才能做得好的事情（Rich Knight，1991 年）。

④ 人工智能是那些使知觉、推理和行为成为可能的计算的研究（Winston，1992 年）。

⑤ 广义地讲，人工智能是关于人造物的智能行为，而智能行为包括知觉、推理、学习、交流和在复杂环境中的行为（Nilsson，1998 年）。

⑥ 人工智能是像人一样思考的系统、像人一样行动的系统、理性地思考的系统、理性地行动的系统（Stuart Russell 和 Peter Norvig，2003 年）。

智能机器是能够在各类环境中自主、交互执行各种拟人任务的机器。人工智能能力是智能机器所执行的通常与人类智能有关的智能行为。

10.1.2 人工智能的起源和发展

1. 图灵测试

1936 年，年仅 24 岁的英国科学家图灵（Turing）在他的论文《论可计算数及其在判定问题上的应用》中给"可计算性"下了一个严谨的数学定义，并提出著名的"图灵机"（Turing Machine）设想。"图灵机"不是一种具体的机器，而是一种思想模型，一种十分简单但运算能力极强的计算装置，用来计算所有能想象到的可计算函数。"图灵机"与"冯·诺依曼机"齐名，被永远载入计算机的发展史。1945 年 6 月，美国著名数学家和物理学家冯·诺依曼等人联名发表的著名的"101 报告"，阐述了计算机设计的基本原理，即著名的冯·诺依曼结构。1946 年 2 月 14 日，世界上第一台计算机 ENIAC 在美国宾夕法尼亚大学诞生。1951 年，ENIAC 的发明者约翰·莫奇莱（John Mauchly）教授和艾普斯波·埃克特（J.Presper Echert）博士依据冯·诺依曼结构对 ENIAC 进行了升级，即著名的 EDVAC 计算机，计算机的出现为快速逻辑演算准备好了工具，奠定了人工智能大厦的基石。

在美国人设计 ENIAC 的同时，图灵也在英国曼彻斯特大学负责"曼彻斯特一号"软件开发工作，并开始关注让计算机执行更多智能性的工作。例如，他主张智能机器不该只复制成人的思维过程，还应该像孩子一样成长学习，这正是机器学习的早期思路；他认为可以通过模仿动物进化的方式获得智能；还自己编写了一个下棋程序，这可能是最早的机器博弈程序了。为了对人工智能有个明确的评判标准，图灵 1950 年撰写的一篇论文《计算机器与智能》中提出著名的图灵测试。这一测试中图灵设想将一个人和一台计算机隔离开，通过打字进行交流。如果在测试结束后，机器有 30%以上的可能性骗过测试者，让他误以为自己是人，则说明计算机具有智能。这一测试标准一直延续至今，可惜还没有一台计算机可以确定无疑地通过这一看似简单的测试。图灵的这些工作使其成为人工智能当之无愧的创始人，赢得了“人工智能之父”的美称。

2. 人工智能的开端

图灵对人工智能的先驱性研究，开创了一个新的科学发展领域，其闪耀的光芒点燃了当时一大批年轻科学家的科学热情，当时很多年轻人开始关注这一崭新的领域。1956 年，饱含人工智能热情的科学家们聚会在美国达特茅斯学院，讨论如何让机器拥有智能，这次会议称为“达特茅斯（Dartmonth）会议”。与会的有数学家、逻辑学家、认知学家、心理学家、神经生理学家和计算机科学家，如达特茅斯学院数学助理教授约翰·麦卡锡（John McCarthy）、IBM 公司信息研究经理纳撒尼尔·罗切斯特（Nathaniel Rochester）、美国哈佛大学数学与神经学初级研究院马文·明斯基（Marvin Minsky）、贝尔实验室数学家克劳德·香农（Claude Shannon）、卡内基理工学院计算机科学家希尔伯特·西蒙（Herbert Simon）等。在这次会议上，正式提出了“人工智能”的概念， AI 从此走上了历史舞台。

达特茅斯会议标志着人工智能学科的诞生，他从一开始就是交叉学科的产物。会议讨论的研究方向包括：可编程计算机、编程语言、神经网络、计算复杂性、自我学习、抽象表示方法、随机性和创见性等八个方面，Marvin Minsky 的神经网络模拟器、John McCarthy 的搜索法，以及 Herbert Simon 和 Allen Newell 的定理证明器是会议的三个亮点。可见，当时人工智能的研究非常宽泛，像编程语言、计算复杂性这些现在看来并不算 AI 的范畴也需要人工智能的学者们考虑，这是因为当时计算机刚刚诞生不久，很多事情还没有头绪，AI 研究者不得不从基础做起。

1969 年召开了第一届国际人工智能联合会议（International Joint Conference on AI，IJCAI），此后，每两年召开一次；1970 年，杂志 *International Journal of AI* 创刊，这些对开展人工智能国际学术活动和交流、促进人工智能的研究与发展起到积极的作用。

3. 人工智能发展的“三起两落”

（1）黄金时期（1956—1974 年）

达特茅斯会议之后的近十年是 AI 的黄金发展期，是人工智能的第一次高潮。这一阶段开发出一系列堪称神奇的程序：计算机可以解决代数应用题，证明几何定理，学习和使用英语。当时大多数人几乎无法相信机器能够如此“智能”。研究者们私下的交流和公开发表的论文中表达出相当乐观的情绪，认为经过一代人的努力，创造出与人类具有同等智能水平的机器并不是难题。1965 年，希尔伯特·西蒙（Herbert Simon）就曾乐观预言：“20 年内，机器将完成人能做到的一切工作。”1970 年，马文·明斯基（Marvin Minsky）讲道：“在三到八年的时间里我们将得到一台具有人类平均智能的机器。”在近 20 年里，包括 DARPA（美国国防部高等研究计划署）在内的资助机构投入了大笔资金支持 AI 研究，希望发明具有通用智能的机器。这一时期的典型方法只有两种：其一是符号方法，该方法基于人为定义的知识，利用符号的逻辑演算解决推理问题；其二是搜索式推理算法，该算法通过引入问题的相关的领域知识对搜索空间进行限制，从而极大地提高符号演算的效率，这一时期的典型成果包括定理证明、基于模板的对话机器人（ELIZA、SHRDLU）等。

（2）第一次 AI 低谷（1974—1980 年）

20 世纪 70 年代，AI 遭遇了瓶颈。即使是最杰出的 AI 程序也只能解决它们尝试解决的问题中最简单的一部分。AI 研究者们遭遇了无法克服的基础性障碍，比如当时计算机有限的内存和处理速度不足以解决任何实际的 AI 问题，许多问题的解决需要近乎无限长的时间，这就意味着 AI 中的许多程序没有实用意义。从方法论上讲，当时的 AI 以逻辑演算为基础，试图将人的智能方式复制给机器。这种方法在处理确定性问题（如定理证明）时表现很好，但在处理包含大量不确定的实际问题时则具有极大的局限性。由于缺乏进展，对 AI 提供资助的机构（如英国政府、DARPA 和 NRC）对无方向的 AI 研究逐渐停止了资助。一些研究者开始怀疑用逻辑演算模拟智能过程的合理性，但不依赖逻辑运算的感知器模型有很大的应用局限性，这些因素都使人工智能研究状态走向低迷。人工智能研究在 20 世纪 70 年代进入冰点期。

（3）短暂的繁荣（1980—1987 年）

20 世纪 80 年代，研究者意识到通用的 AI 太理想化，AI 研究应该首先关注有限任务。一类名为"专家系统（Expert System）"的 AI 程序兴起，通过积累大量领域知识，构造了一批应用于特定场景下的专家系统。专家系统仅限于一个很小的知识领域，从而避免了常识问题；其简单的设计又使它能够较为容易地编程实现或修改。1982 年，物理学家约翰·霍普菲尔德（John Hopfield）证明一种新型的神经网络（现被称为"Hopfield 网络"）能够用一种全新的方式学习和处理信息。同一时期大卫·鲁姆哈特（David Rumelhart）推广了一种神经网络训练方法、神经网络得以复苏。这两件事情事实上都脱离了传统 AI 的标准方法，从抽象的符号转向更具体的数据，从人为设计的推理规则转向基于数据的自我学习。其间，日本政府积极投资 8.5 亿美元支持第五代计算机项目。其目标是造出能够与人对话、翻译语言、解释图像，并且像人一样推理的机器。英国也开始了耗资 3.5 亿英镑的 Alvey 工程。美国一个企业协会组织和 DARPA 向 AI 和信息技术的大规模项目提供资助。

（4）第二次 AI 低潮（1987—1993 年）

20 世纪 80 年代末到 90 年代初，人们逐步发现专家系统依然有很大问题：知识维护困难，新知识难以加入，老知识互相冲突。同时，日本雄心勃勃的"第五代计算机"无疾而终，社会机构对 AI 的投资再次削减，AI 再次进入低谷。这一时期，人们进一步思考人工智能中的符号逻辑方法，意识到推理、决策等任务并不是人工智能的当务之急，实现感知、移动、交互等基础能力也许是更现实、更迫切的事，而这些任务与符号逻辑并没有必然的联系。

（5）从华丽到务实（1993—2010 年）

经过 20 世纪 80 年代末和 20 世纪 90 年代初的反思，一大批研究者脱去 AI 光鲜的外衣，脚踏实地地去研究特定领域内的特定问题的解决方法，如语音识别、图像识别、自然语言处理等。越来越多的 AI 研究者开始开发和使用复杂的数学工具，从概率论、控制论、信息论和数值优化等各个领域汲取营养，一步步提高系统的性能。这一时期，研究者意识到数据的重要性和数学模型的价值，如贝叶斯网络模型和神经网络受到空前重视，机器学习成为 AI 的主流方法。

（6）高歌猛进（2011 年至今）

2011 年，苹果公司发布了新一代手机产品 iPhone 4S，该手机包含一款称为 Siri 的语音对话软件，引起公众的关注，重新燃起了公众对人工智能技术的兴趣和热情。近年来随着移动互联环境的普及，人们比以往任何时候都更关注、更渴望人工智能应用。由于过去几十年研究者们在人工智能领域的知识积累，研究的理论和方法趋于成熟。随着云计算、大数据、物联网技术的逐步成熟，以及超级计算机和量子计算机的逐步兴起，困扰研究者多年的计算资源和数据量问题云开雾散，以深度神经学习网络（Deep Neural Net，DNN）为代表的新一代机器学习方法使一大批过去无法解决的问题得以解决。

10.1.3 弱人工智能与强人工智能

长期以来，人们对人工智能存在两种不同的目标或者理念：一种是希望借鉴人类的智能行为，研制出更好的工具，以减轻人类智力劳动，一般称为“弱人工智能”；另一种是希望研制出达到甚至超越人类智慧水平的人造物，具有心智和意识，能根据自己的意志开展行动，一般称为“强人工智能”。

人工智能技术取得的成就，都应归结为“弱人工智能”范畴，而不是“强人工智能”的突破。一方面现有的科技研究水平尚不具备达到“强人工智能”的程度；另一方面，人们对具有独立思维能力的人工智能机器存在一定的敬畏和顾虑。人工智能虽然已经催生了关于人类思想的精辟观点，未来依然会继续前进。但是，人工智能和它的不断进步并不包括制造“像你一样思考”的东西。即使某一天，人造机器能够真正通过图灵测试，可能仍然不会像人类一样思考。

现实社会中的人工智能技术所取得的如下成功，均属于“弱人工智能”：图像、语音识别方面，机器已经达到甚至超过普通人类的水平，人脸识别在应用中得到普及；在机器翻译方面，一台便携的翻译器或手机上的 APP 翻译软件，让五湖四海的朋友语言交流无障碍；智能机器研制初期，就能进行定理自动证明和推理；在棋类博弈方面，IBM 的“深蓝”1997 年就战胜了国际象棋冠军卡斯帕罗夫，谷歌的 AlphaGo 于 2016 年大胜韩国棋手李世石，机器可以轻松打败人类顶尖棋手。

在人工智能研制的征程中，强人工智能几乎没有进展，国际主流学界所秉持的目标都是弱人工智能。在弱人工智能尚且无法满足人们对人工智能的期望的今天，也少有人有能力致力于强人工智能。因此，对于强人工智能，南京大学周志华教授的观点受到大家普遍的认可：一是从技术上说，主流 AI 学界的努力从来就不是朝向强人工智能，现有技术的发展也不会自动地使强人工智能成为可能；二是即使想研究强人工智能，也不知道路在何方；三是强人工智能有独立的思维意识，即使强人工智能是可能的，也不应该去研究它。

10.1.4 人工智能各学派的认知观

目前，人工智能的主要学派有以下三家：

① 符号主义（Symbolicism）：又称逻辑主义（Logicism）、心理学派（Psychologism）或计算机学派（Computerism），其原理主要为物理符号系统（即符号操作系统）假设和有限合理性原理。

② 联结主义（Connectionism）：又称仿生学派（Bionicsism）或生理学派（Physiologism），其原理主要为神经网络及神经网络间的连接机制与学习算法。

③ 行为主义（Actionism）：又称进化主义（Evolutionism）或控制论学派（Cyberneticsism），其原理为控制论及感知-动作型控制系统。

1. 符号主义学派

认知基元是符号，智能行为通过符号操作实现，以鲁宾孙（J.A.Robinson）提出的归结原理为基础，以 LISP 和 Prolog 语言为代表；着重问题求解中启发式搜索和推理过程，在逻辑思维的模拟方面取得成功，如自动定理证明和专家系统。人工智能源于数理逻辑。数理逻辑和计算机科学具有完全相同的宗旨，都是扩展人类大脑的功能，帮助人脑正确、高效地思维。它们分别关注基础理论和实用技术。数理逻辑试图找出构成人类思维或计算的最基础的机制，如推理中的“代换”“匹配”“分离”，计算中的“运算”“迭代”“递归”。而计算机程序设计则是把问题的求解归结于程序设计语言的几条基本语句，甚至归结于一些极其简单的机器操作指令。数理逻辑的形式化方法又和计算机科学不谋而合。计算机系统本身，它的硬件、软件都是一种形式系统，它们的结构都可以形式地描述；程序设计语言更是不折不扣的形式语言系统。

符号主义强调对知识的处理，它认为知识是信息的一种形式，是构成智能的基础，人工智能的核心问题是知识表示、知识推理和知识运用。知识可用符号表示，也可用符号进行推理，因而有可能建立起基于知识的人类智能和机器智能的统一理论体系。也就是说，它将所有的知识和规则以逻辑的形式进行编码。符号主义还认为人工智能的研究方法应为功能模拟方法，即分析人类认知系统所具备的功能，然后用计算机模拟这些功能，最终实现人工智能。这是一种典型的符号处理为核心的方法。

符号主义致力于用数学逻辑方法来建立人工智能的统一理论系统，但遇到不少暂时无法解决的困难。例如，它可以顺利解决逻辑思维问题，但难以对形象思维进行模拟；信息表示成符号后，在处理和转换时，存在信息丢失的情况。

2. 联结主义学派

人的思维基元是神经元，它把智能理解为相互联结的神经元竞争与协作的结果，以人工神经网络为代表。其中，反向传播（BP）网络模型和 Hopfield 网络模型更为突出；着重结构模拟，研究神经元特征、神经元网络拓扑、学习规则、网络的非线性动力学性质和自适应协同行为。

联结主义学派认为人工智能源于仿生学，特别是对人脑模型的研究。它的代表性成果是 1943 年生理学家麦克劳（W.S.McCulloch）和匹茨（W.A.Pitts）创立的脑模型，即 M-P 模型，开创了用电子装置模仿人脑结构和功能的新途径。它从神经元开始，进而研究神经网络模型和脑模型，开辟了人工智能的又一发展道路。

2006 年，随着深度网络（Deep Network）和深度学习（Deep Learning）概念的提出，神经网络进一步发展。深度网络，从字面上理解就是深层次的神经网络。这个名词由多伦多大学的杰弗里·辛顿（Geoffrey Hinton）研究组于 2006 年创造。事实上，Geoffrey Hinton 研究组提出的这个深度网络从结构上讲与传统的多层次感知机没有什么不同，并且在做有监督学习时，算法也是一样的。唯一不同的是，这个网络在做监督学习前要先做非监督学习，然后将非监督学习学到的权值当作有监督学习的初值进行训练。

联结主义的研究离不开大数据的支持，对于深度学习而言，算法的优越性不再重要，真正的决定性要素是数据的庞大和完全。大数据支持下的人工神经网络以深度学习的崭新面貌重焕生机，图像处理、模式识别等领域高歌猛进，自然语言的处理和理解、人脸检测和识别都变成了现实。

但是联结主义同样也有缺点，它不适合解决逻辑思维问题，而且神经网络模型具备的“黑盒”属性，也一直是困扰研究者和开发者的问题之一。

3. 行为主义学派

行为主义学派认为人工智能源于控制论，控制论思想早在 20 世纪 40～50 年代就成为时代思潮的重要部分，影响了早期的人工智能研究者。控制论把神经系统的工作原理与信息理论、控制理论、逻辑及计算机联系起来。早期的研究工作重点是模拟人在控制过程中的智能行为和作用，如对自寻优、自适应、自校正、自镇定、自组织和自学习等控制论系统的研究，并进行“控制论动物”的研制。到 20 世纪 60～70 年代，上述这些控制论系统的研究取得一定进展，播下智能控制和智能机器人的种子，并在 20 世纪 80 年代诞生了智能控制和智能机器人系统。行为主义是 20 世纪末才以人工智能新学派的面孔出现的，引起许多人的兴趣。这一学派的代表作首推美国机器人制造专家罗德尼·布鲁克斯（Rodney Brooks）的六足行走机器人，它被看作是新一代的“控制论动物”，是一个基于感知 - 动作模式的模拟昆虫行为的控制系统。

如果说符号主义是强调用知识去教，联结主义强调用数据去学，那么行为主义强调用问题去引导学习，把一个智能体放到一个环境里面，它对这个环境做出一定的反应，这个环境对它给出奖励或惩罚。因此，反馈是控制论的基石，没有反馈就没有智能。通过目标与实际行为之间的误差消除此误差的控制策略。控制论导致机器人研究，机器人是“感知 - 行为”模式，是没有知识的智能，强调系统与环境的交互，从运行环境中获取信息，通过自己的动作对环境施加影响。

人工智能发展的 60 多年间，三大学派也得到了长足的发展。在人工智能诞生早期，符号主义的研究占据绝对优势。近十年来，随着机器学习尤其是深度学习的兴起，联结主义思想又大放异彩。单纯追随某一学派不足以实现人工智能，现在人工智能的研究早就综合了多个学派的观点。三大学派将长期共存与合作，取长补短，并走向融合和集成。

10.2 人工智能的研究与应用

国际人工智能联合会议（IJCAI）程序委员会的专家一致认定，人工智能领域分为：

约束满足问题、知识表示与推理、机器学习、多 Agent、自然语言处理、规划与调度、机器人、搜索、不确定性问题、网络与数据挖掘等。在过去 60 多年来，已经建立了一些具有人工智能的计算机系统，例如，进行定理证明推理、下棋博弈、合成人类自然语言、检索情报、诊断疾病，以及实时控制飞行器、机器人的具有不同程度的人工智能的计算机系统。

近些年，人脸识别、声音识别、机器翻译、AI 机器人等具体应用逐步走进人们的生活。人工智能的各种智能特征是相互关联的，很难相互割裂开来，下面将从智能感知、知识推理、机器学习和智能行动四个方面进行概述。

10.2.1　智能感知

1. 模式识别

模式识别研究主要集中在两个方面：研究生物体是如何感知对象的；在给定的任务下，如何用计算机实现模式识别的理论和方法。

根据采用的理论不同，模式识别方法可分为模板匹配法、统计模式法、模糊模式法、神经网络法等。模板匹配法首先对每个类别建立一个或多个模板，然后对输入样本与数据库中每个类别的模板进行比较，最后根据相似性大小进行决策；统计模式法是根据待识别对象的有关统计特征构造出一些彼此存在差别的样本，并把这些样本作为待识别的标准模式，然后利用这些标准模式及相应的决策函数对要识别的对象进行分类，统计模式法适用于不易给出典型模板的待识别对象，如手写体数字的识别；模糊模式法运用模糊数学中的“关系”概念和运算进行分类；神经网络法将人工神经网络与模式识别相结合，即以人工神经元为基础，对脑部工作的生理机制进行模拟，实现模式识别。

按照模式识别实现的方法区分，模式识别还可以分为有监督分类和无监督分类。有监督分类又称有人管理分类，主要利用判别函数进行分类判别，需要有足够的先验知识；无监督分类又称无人管理分类，用于没有先验知识的情况，主要采用聚类分析的方法。

一个计算机模式识别系统基本上由三部分组成：数据采集、数据处理和分类决策（或模型匹配）。任何一种模式识别方法都首先要通过各种传感器把待识别对象的各种物理变量转换为计算机可以接收的数值或符号集合。为了抽取出这些数值或符号对识别有效的信息，必须对其进行处理，其中包括消除噪声，排除不相干的信号，以及与对象的性质和采用的识别方法密切相关的特征的计算和必要的变换等。然后，通过特征选择和提取形成模式的特征空间，后期的模式分类或模式匹配就在特征空间的基础上进行。

初期的模式识别研究工作主要集中在对文字和二维图像的识别方面。自 20 世纪 60 年代中期起，开始转向相对复杂的三维景物的计算机视觉方面的课题研究，目前研究的热点是活动目标的识别和分析。

在模式识别领域，神经网络方法已经成功地应用于手写字符的识别、机器牌照的识别、指纹识别、语音识别等多个方面。模式识别已经在天气预报、卫星航空图片解释、工业产品检测、字符识别、语音识别、指纹识别、人脸识别、遥感和医学诊断等许多方面得到成功应用。

2. 视觉感知

视觉感知旨在利用计算机对目标景物的一幅或多幅图像的数据进行处理后，实现类似人的视觉感知功能。研究者把实现视觉感知所要进行的图像获取、表示、处理和分析交给计算机系统，使整个计算机视觉系统成为一个能够看的机器，从而可以对周围的景物提取各种有关信息，包括物体的形状、类别、位置和物理特性等，以实现对物体的识别理解和定位，并在此基础上做出相应的对策。

计算机视觉感知功能实现的基本方法：①获取灰度图像；②从图像中提取边缘、周长、惯性矩等特征；③从描述已知的物体的特征库中选择特征匹配最好的相应结果。整个感知问题的要点是形成一个精练的表示，以取代难以处理的、极其庞大的、未经加工的输入数据。最终表示的性质和质量取决于感知系统的目标。不同系统有不同的目标，但所有系统都必须把来自输入的海量的感知数据简化为一种容易处理和相对精确的描述。

计算机视觉感知的前沿研究领域包括实时并行处理、主动式定性视觉、动态和时变视觉、三维景物的建模与识别、实时图像压缩传输和复原、多光谱和彩色图像的处理与解释等。计算机视觉感知的应用范围很广，包括条形码识别、指纹自动鉴定、文字识别、生物医学图像分析和遥感图片自动解释系统等。机器人也是视觉感知应用的一个重要领域。对于无人驾驶汽车，以及在工业装配、太空、深海（或其他危险环境）中代替人类工作的自主式机器人，计算机三维视觉是不可或缺的一项关键技术。

3. 自然语言理解

自然语言理解是用计算机对人类的书面或口头形式的自然语言信息进行处理加工的技术，它涉及语言学、数学和计算机科学等多学科知识领域。自然语言理解主要研究如何使计算机能够理解和生成机器语言，即采用人工智能的理论和技术将设定的自然语言机理用计算机程序表达出来，构造能够理解自然语言的系统。

自然语言理解研究有以下三个目标：①计算机能正确理解人类用自然语言输入的信息，并能正确答复（或响应）；②计算机对输入的信息能摘取重点，并且复述输入的内容；③计算机能把输入的自然语言按要求翻译成另一种语言。

自然语言理解的主要任务是建立各种自然语言处理系统，如文字自动识别系统、语音自动识别系统、语音自动合成系统、电子词典、机器翻译系统、自然语言人机接口系统、自然语言辅助教学系统、自然语言信息检索系统、自动文摘系统、自动索引系统、自动校对系统等。

与视觉感知、模式识别取得突破相比，人工智能对人类自然语言的理解目前还处于相对滞后的阶段。主要原因是自然语言有以下四个特点：①自然语言中充满歧义；②自然语言的结构复杂多样；③自然语言的语义表达千变万化，至今还没有一种简单而通用的途径描述它；④自然语言的结构和语义之间有着千丝万缕、错综复杂的联系。目前，基于深度学习的人工智能算法已经可以十分准确地完成“听写”或“看图识别”，但对听到的、看到的文字的含义，机器还是难以准确掌握。

自然语言理解的研究有两大主流：一是面向机器翻译的自然语言处理；二是面向人机接口的自然语言处理。2013 年来，随着深度学习的研究取得较大进展，基于人工神经网络的机器翻译逐渐兴起。其技术核心是一个拥有海量节点（神经元）的深度神经网络，可以自动地从语言资料中学习翻译知识。一种语言的句子被向量化之后，在网络中层层传递，转化为计算机可以“理解”的表示形式，再经过多层复杂的传导运算，生成另一种语言的译文。实现了“理解语言，生成译文”的翻译方式。这种翻译方法最大的优势在于译文流畅，更加符合语法规范，容易理解。相比之前的翻译技术，质量有“跃进式”的提升。

机器翻译，又称自动翻译，是利用计算机将一种自然语言（源语言）转换为另一种自然语言（目标语言）的过程。例如，需要获得某个学术术语或某段文字的英文表述时，很多人会选择使用网络在线翻译系统，如图 10-1 所示，当在左侧窗格输入“人工智能”时，右侧窗格就会出现对应的英文术语“artificial intelligence”。机器翻译的背后，离不开自然语言理解。

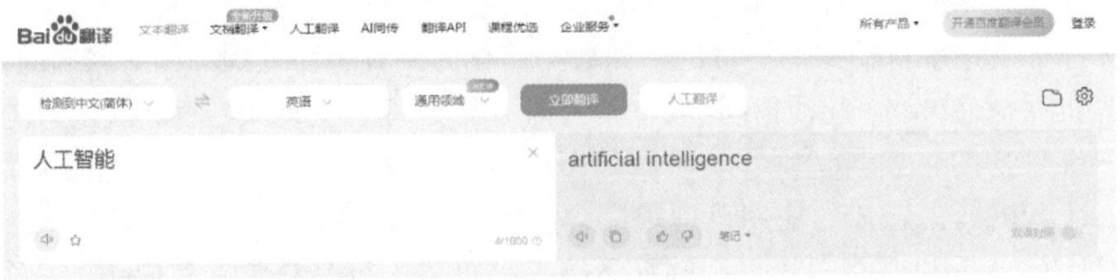

图 10-1　百度的网络在线翻译系统

目前，广泛应用于机器翻译的是长短期记忆网络（Long Short-Term Memory，LSTM）是一种特殊类型的循环神经网络（Recurrent Neural Network，RNN）。该模型擅长对自然语言建模，把任意长度的句子转化为特定维度的浮点数向量，同时“记住”句子中比较重要的单词，让“记忆”保存比较长的时间。2015 年，百度发布了融合统计和深度学习方法的在线翻译系统，谷歌也在此方面开展了深入研究。

10.2.2　知识推理

1. 推理的概念

知识推理是运用知识的主要过程，如利用知识进行推断、预测、规划、回答问题或获取新知识。从不同的角度出发，推理有很多种方式，产生了很多特定的推理方法。演绎推理从一般性的前提出发，通过推导（即“演绎”），得出具体陈述或个别结论的过程；归纳推理是根据一类事物的部分对象具有某种性质，得出这一类事物的所有对象都具有这种性质的推理，是从特殊到一般的过程；常识性推理要用大量的知识，旨在帮助计算机更自然地理解人的意思并与人进行交互，其方式是收集所有背景假设，并将它们交给计算机，长期以来常识推理在自然语言处理领域最为成功；规划是指从某个特定问题状态出发，寻找并建立一个操作序列，直到求得目标状态为止的一个行动过程的描述，这是一个重要的问题求解方法，要解决的问题一般是真实世界中的实际问题，更侧重于问题求解的过程。

对推理的研究往往涉及对逻辑的研究。逻辑是人脑思维的规律，也是推理的理论基础。机器推理或人工智能用到的逻辑主要包括经典逻辑中的谓词逻辑和非经典/非标准逻辑。经典逻辑中的谓词逻辑是一种表达能力很强的形式语言。基于一阶谓词逻辑，人们开发了一种人工智能程序设计语言 Prolog。非经典逻辑又称非标准逻辑，泛指除经典逻辑以外的逻辑，如多值逻辑、多类逻辑、模糊逻辑、时态逻辑、动态逻辑、非单调逻辑。各种非经典逻辑是在为了弥补经典逻辑的不足而发展起来的。推理与逻辑是相辅相成的，一方面，推理为逻辑提出了课题；另一方面，逻辑为推理奠定了基础。

2. 自动定理证明

自动定理证明是指利用计算机证明非数值性的结果，即确定它们的真假值。

在数学领域中对臆测的定理寻求一个证明，是一项很需要智能的任务。定理证明时，不仅需要有根据假设进行演绎的能力，而且需要有某种直觉和技巧。例如，为了求证主要定理而猜测应当首先证明哪一个引理。头脑清晰的数学家运用其学术造诣能够推测出某个科目范围内那些已经证明的定理在当前的证明中有用，并把他的主问题归纳为若干个子问题，以便独立处理它们。

自动定理证明的方法主要有四类：①自然演绎法，基本思想是依据推理规则，从前提和公理中可以推出许多定理，如果待证的定理恰在其中，则定理得证；②判定法，对一类问题找出统一的计算机上可实现的算法解，在这方面一个著名的成果是我国数学家吴文俊教授于 1977 年提出的初等几何定理证明方法，即“吴氏方法”；③定理证明器，它研究一切可判定问题的证明方法；④计算机辅助证明，以计算机为辅助工具，利用机器的高速度和大容量，帮助人完成手工证明中难以完成的大量计算、推理和穷举。

1976 年，美国伊利诺斯大学阿佩尔（Kenneth Appel）与哈肯（Wolfgang Haken）等人合作解决了长达 124 年之久的世界难题“四色定理”。他们使用三台大型计算机，用了 1 200 小时，进行了 100 亿次判断，并对中间结果进行人为反复修改达 500 多处。

3. 专家系统

专家系统是一个能在某特定领域内，以人类专家水平去解决该领域中困难问题的计算机应用系统。其特点是拥有大量的专家知识（包括领域知识和经验知识），能模拟专家的思维方式，面对领域中复杂的实际问题，能给出专家水平的决策，像专家一样解决实际问题。这种系统主要用软件实现，能根据形式的和先验的知识推导出结论，并具有综合整理、保存、再现与传播专家知识和经验的功能。

专家系统由知识库、数据库、推理机、解释模块、知识获取模块和人机接口六部分组成。其中，知识库是专家系统的知识存储器，存放求解问题的领域知识；数据库用来存储有关领域问题的事实、数据、初始状态（证据）和推理过程中得到的中间状态等；推理机是一组用来控制、协调这个专家系统的程序；解释模块以用户便于接受的方式向用户解释自己的推理过程；知识获取模块为修改知识库中的原有知识和扩充新知识提供了手段；人机接口主要用于专家系统和外界之间的通信和信息交换。

专家系统的实现一般采用专家系统开发工具进行，多数专家系统使用外壳类开发工具实现，也可使用程序设计语言实现。LISP 语言是一种表处理语言，是许多专家系统编程语言的基础，另一种广泛使用的语言是 Prolog，它基于一阶谓词演算逻辑。

专家系统是人工智能的重要应用领域，诞生于 20 世纪 60 年代中期，经过 20 世纪 70 年代和 80 年代的较快发展，现在已广泛应用于医疗诊断、地质探矿、资源配置、金融服务和军事指挥等领域。

4. 智能搜索

所谓“搜索”就是为了达到某一“目标”，而连续进行推理的过程。搜索技术是推理进行引导和控制的技术，也是一种规划技术，因为对于有些问题，其解就是由搜索而得到的“路径”。在人工智能研究的初期，“启发式”搜索算法曾一度是人工智能的核心课题。传统的搜索技术都是基于符号推演方式进行的。近几年，研究者将神经网络技术应用问题求解，开辟了问题求解和搜索技术研究的新途径。

检索是搜索另一技术分支。随着互联网的飞速发展和海量知识数据的出现，智能搜索引擎研究和应用为科技持续发展做出突出贡献。智能搜索引擎除了具有传统搜索引擎的快速检索、相关度排序等基本功能，还具有用户角色登记、兴趣自动识别、内容的语义理解、智能化信息过滤和推送功能。现代搜索引擎的核心技术已经从传统的网页排序转变成人工智能支撑的新一代智能检索技术。

智能推荐系统就是知识推理的典型应用。随着电子商务规模的不断扩大，商品个数和种类快速增长，顾客需要花费大量的时间才能找到自己想要的商品。为了解决这些问题，智能推荐系统应运而生。智能推荐系统是建立在海量数据挖掘基础上的一种高级商务智能平台，以帮助电子商务网站为其顾客提供个性化结果的决策支持和信息服务。

5. 大数据知识工程

2015 年，吴信东教授与郑南宁院士等多人提出了大数据知识工程的顶层设计与研究纲要，大数据知识工程的基本目标是研究如何利用海量、低质、无序的碎片化知识进行问题求解与知识服务。不同于依靠领域专家的传统知识工程，大数据知识工程除权威知识源以外，知识主要来源于用户生成内容。知识库具备自我完善和增殖能力，问题求解过程能够根据用户交互进行学习，大数据知识工程有望突破以专家知识为核心的传统知识工程中的“知识获取”和“知识再工程”两个瓶颈问题。

大数据知识工程的研究将以我国经济社会发展对大数据知识工程的战略需求为牵引，以多源海量碎片化数据到知识的“在线学习—拓扑融合—知识导航”转换为主线，针对知识碎片化引起的知识表示、质量、适配等问题，围绕“探索碎片化知识发现、表示与演化规律”“揭示碎片化知识拓扑融合机理”“构建个性化知识导航的交互模型”三个科学问题开展基础理论和关键技术研究，建立一套大数据支持工程的理论体系，突破碎片化知识发现、融合、服务的核心技术，研制出碎片化知识融合与导航服务原型系统，开发出具有高附加值的面向碎片化知识的处理工具。该项目领域包括普适医疗、远程教育、“互联网+”三个知识密集型应用领域。

10.2.3 机器学习

1. 概述

回望人工智能的发展历程，AI 技术的进步走的是一条“反逻辑”的路。人类用了 1 000 多年的时间得到了可计算的逻辑，即数理逻辑。虽然绝大多数逻辑系统并不完备（可能存在不可证明真伪的命题），但在很多时候已经足以描述在数学和物理学上的很多知识（如概念、关系等）。这些知识如果可以被计算机掌握，则有望实现理解、决策等智能行为，这也是最初的人工智能研究者所持有的基本思路。然而，人们在研究过程中逐步发现，人为设计的知识和基于这些知识推理过程实际应用起来非常困难。这不仅因为对知识进行形式化本身就很烦琐，即使完成了这一形式化，依然会有各种冲突和不确定性存在，使得推理很难完成。相反，从数据中学习得到的知识虽然可能不精确、不全面的，但在很多的时候更适合实际应用。因此，人工智能的研究者不得不用数据学习逐渐取代人为学习。在这一过程中，我们失去了传统数理逻辑的简洁和清晰，越来越依赖从数据中得到统计规律，而这些规律具有天然的模糊性和近似性。

当代人工智能与传统人工智能在方法论上已经有很大不同，当代人工智能的本质是让机器从数据中学习知识，而不再是对人类知识的复制，这一方法称为“机器学习”。基于这种思路，人工智能已经不再是人的附庸，它将和人类在平等的起跑线上汲取和总结知识，因而可能创造出比人类更巧妙的方法，生成比人类更高效的决策，探索人类从未发现过的知识空间。当代人工智能的很多成就在很大程度上是由庞大的数据资源和计算资源支撑的，典型的领域包括语音识别、图形识别、自然语言处理、生物信息处理等。

从理论上讲，机器学习是研究计算机怎样模拟或实现人类的学习行为，以获取新的知识或技能，重新组织已有的知识结构，使之不断改善自身的性能。具体来讲，机器学习主要有下列三层意思：一是对人类已有知识的获取（类似于人类的书本知识学习）；二是对客观规律的发现（类似于人类的科学发现）；三是对自身行为的修正（类似于人类的技能训练和对环境的适应）。

学习方法从过程论上讲又称“算法”，机器学习算法可分为有监督学习、无监督学习、半监督学习和强化学习四种。机器学习从方法论上讲通常包括归纳学习、类比学习、分析学习、连接学习和遗传学习。归纳学习从具体实例出发，通过归纳推理，得到新的概念或知识；类比学习以类比推理为基础，通过识别两种情况的相似性，使用一种情况中的知识分析或理解另一种情况；分析学习是利用背景或领域知识，分析很少的典型实例，然后通过演绎推导，形成新的知识，其目的在于改进系统的效率与性能；连接学习是在人工神经网络中，通过样本训练，修改神经元间的连接强度，甚至修改神经网络本身结构的一种学习方法，主要基于样本数据进行学习；遗传学习源于模拟生物繁殖中的遗传变异原则和达尔文的自然选择原则，当概念描述的变体在发生突变和重组后，经过某种目标函数（与自然选择准则对应）的衡量，决定谁被淘汰，谁继续生存下来。

2. 神经网络

人工神经网络就是由简单计算单元组成的广泛并行互联的网络。其原理是根据人脑的生理结构和工作机理，实现计算机的智能。它是在现代神经学研究成果的基础上提出的，反映了人脑的基本特征，但它并不是人脑的真实描写，而是它的某种抽象、简化与模拟。

人工神经网络是人工智能中最近发展较快、十分热门的交叉学科。它采用物理上可实现的器件或现有的计算机来模拟生物神经网络的某些结构与功能，并反过来用于工程或其他领域。人工神经网络的着眼点不是用物理器件去完整地复制生物体的神经细胞网络，而是抽取其主要结构特点，建立简单可行且能实现人们所期望功能的模型。人工神经网络由很多处理单元有机地连接起来，进行并行的工作。人工神经网络的最大特点是具有学习功能。通常的应用是先用已知数据训练人工神经网络，然后用训练好的网络完成操作。

从计算模型看，它是由大量简单的计算单元组成网络进行计算。这种计算模型具有健壮性、适应性和并行性。从方法论的角度看，神经网络计算是自底向上的，它直接从数据通过学习与训练，自动建立计算模型，其计算表现出很强的灵活性、适应性和学习能力，这些特性都是传统计算不具备的。然而，神经网络计算的可扩展性和可理解性是采用神经网络技术解决现实问题必须面对的困难。任何神经网络方法都无法避免问题规模和海量数据的考验。

人工神经网络源于 1943 年生理学家麦克劳（W.S.McCulloch）和数学家匹茨（W.A.Pitts）提出的 M-P 模型，20 世纪 50 年代末由美国计算机科学家罗森布拉特（F.Roseblatt）提出的感知机把神经网络的研究付诸工程实践。这种感知机能通过有教师指导的学习来实现神经元间连接权的自适应调整，以产生线性的模式分类和联想记忆能力。由于以感知机为代表的早期神经网络缺乏先进的理论和实现技术，感知信息处理能力低下，导致神经网络的研究一度进入十年的萧条期。1982 年，美国生物物理学家霍普菲尔德（J.Hopfield）提出具有联想记忆能力的神经网络模型，神经网络的研究重获生机。目前人工神经网络已经成为人工智能中一个极其重要的研究发现，并在模式识别、图像处理、组合优化、自动控制、信息处理、机器人学和人工智能的其他领域均获得日益广泛的应用。

人工神经网络具有四个基本特征：

① 非线性：大脑的智慧是一个非线性的现象，人工神经元处于激活或抑制两种不同的状态，这种行为在数学上表现为一种非线性关系。

② 非局限性：一个神经网络通常由多个神经元广泛连接而成。一个系统的整体行为不仅取决于单个神经元的特征，还取决于单元之间的相互作用和互连。通过单元之间的大量连接模拟大脑的局限性。联系记忆就是非局限性的典型例子。

③ 非常定性：人工神经网络具有自适应、自组织、自学习能力。神经网络处理的信息不但可以有各种变化，而且在处理信息的同时，非线性动力系统本身也在不断变化，经常采用迭代过程描写动力系统的演化过程。

④ 非凸性：非凸性是一个系统的演化方向，指函数有多个极值，故系统具有多个稳定的平衡态，这将导致系统演化的多样性。

3. 深度学习

深度学习是机器学习的一种，而机器学习是实现人工智能的必经路径。深度学习的概念源于人工神经网络的研究，含多个隐藏层的多层感知器就是一种深度学习结构。深度学习通过组合低层特征形成更加抽象的高层表示属性类别或特征，以发现数据的分布式特征表示。研究深度学习的动机在于建立模拟人脑进行分析学习的神经网络，它模仿人脑的机制来解释数据。

区别于传统的浅层学习，深度学习有三个明显的特征：一是强调了模型结构的深度，通常有 5 层、6 层，甚至 10 多层的隐层节点；二是明确了特征学习的重要性，通过逐层特征变换，将样本在原空间的特征表示变换到一个新的特征空间，利用大数据来学习特征，更能够刻画数据丰富的内在信息；三是通过设计建立适量的神经元计算节点和多层运算层次结构，选择合适的输入层和输出层，通过网络的学习和优化，建立起从输入到输出的函数关系。

典型的深度学习模型有三种：卷积神经网络、深度信任网络和堆栈自编码网络。近年来，研究人员也逐渐将这几类模型方法结合起来，例如，对原本是以监督学习为基础的卷积神经网络结合自编码神经网络进行无监督的预训练，进而利用鉴别信息微调网络参数形成卷积深度置信网络。与传统的学习方法相比，深度学习方法预设了更多的模型参数，因此模型训练难度更大。根据统计学习的一般规律可知，模型参数越多，需要参与训练的数据量也越大。

20 世纪八九十年代，由于计算机计算能力有限和相关技术的限制，可用于分析的数据量太小，深度学习在模式分析中并没有表现出优异的识别性能。自从 2006 年，杰弗里·辛顿提出快速计算受限玻耳兹曼机（Restricted Boltzmann Machine，RBM）网络权值及偏差的对比散度算法（CD-K）以后，深度信任网络就成了增加神经网络深度的有力工具，促进了后面使用广泛的深度信任网络（由 Hinton 等开发并已被微软等公司用于语音识别中）出现。与此同时，稀疏编码等由于能自动从数据中提取特征也被应用于深度学习中。基于局部数据区域的卷积神经网络方法今年也被大量研究应用。目前，深度学习在图像、语音、视频等应用领域都取得了很大成功。

4. 遗传算法

遗传算法（Genetic Algorithm）是模拟达尔文生物进化论的自然选择和遗传学机理的生物进化过程而设计的算法，是一种通过模拟自然进化过程搜索最优解的方法。

遗传算法是在 20 世纪六七十年代由美国密歇根大学的约翰·霍兰德（John Holland）教授创立。60 年代初，霍兰德在设计人工自适应系统时提出应借鉴遗传学基本原理模拟生物自然进化的方法。一般认为，1975 年是遗传算法的诞生年。1989 年，John Holland 教授的学生戈尔德伯格（Goldberg）博士的专著《遗传算法——搜索、优化及机器学习》对遗传算法做了全面系统的总结和论述,奠定了现代遗传算法的基础。

进入 20 世纪 90 年代，遗传算法迎来了兴盛发展时期，无论是理论研究还是应用研究都成了十分热门的课题。尤其是遗传算法的应用研究显得格外活跃，不但它的应用领域扩大，而且利用遗传算法进行优化和规则学习的能力也显著提高，同时产业应用方面的研究也在摸索之中。此外，一些新的理论和方法在应用研究中也得到了迅速的发展。遗传算法的应用研究已从初期的组合优化求解扩展到了许多更新、更工程化的应用方面。

随着应用领域的扩展，遗传算法的研究出现了几个引人注目的新动向：①基于遗传算法的机器学习，这一新的研究课题把遗传算法从离散的搜索空间的优化搜索算法扩展到具有独特的规则生成功能的崭新的机器学习算法。这一新的学习机制对于解决人工智能中知识获取和知识优化精练的瓶颈难题带来了希望。②遗传算法正日益与神经网络、模糊推理及混沌理论等其他智能计算方法相互渗透和结合，这对开拓新的智能计算技术具有重要的意义。③并行处理的遗传算法的研究十分活跃。这一研究不仅对遗传算法本身的发展，而且对于新一代智能计算机体系结构的研究都是十分重要的。④遗传算法和另一个称为"人工生命"的崭新研究领域不断渗透。所谓人工生命即是用计算机模拟自然界丰富多彩的生命现象，其中生物的自适应、进化和免疫等现象是人工生命的重要研究对象，而遗传算法在这方面将会发挥一定的作用。⑤遗传算法和进化规划（Evolution Programming，EP），以及进化策略（Evolution Strategy，ES）等进化计算理论日益结合。EP 和 ES 几乎是和遗传算法同时独立发展起来的，同遗传算法一样，它们也是模拟自然界生物进化机制的智能计算方法，即同遗传算法具有相同之处，也有各自的特点。目前，这三者之间的比较研究已形成新的热点。

目前，遗传算法在众多领域得到广泛的应用，如用于控制（煤气管道的控制）、规划（生产任务规划）、设计（通信网络设计）、组合优化（TSP 问题、背包问题），以及图像处理和信号处理等。

遗传算法的优点是：适应性强、除需要知道其适应性函数外，几乎不需要其他的先验知识，故能在不同的领域得到广泛应用。但反过来看，正是因为它利用先验知识少，不能做到“具体问题具体分析”，故一般（如用于优化）能较快取得一个比较好的解，但很难实现得出一个精确的解。遗传算法精于全局搜索，短于局部搜索。一般情况下，遗传算法需要与其他方法相结合，取长补短，方能取得相对满意的结果。

5. 数据挖掘

20 世纪 90 年代，随着数据库系统的广泛应用和网络技术的高速发展，数据库技术也进入一个全新的阶段，即从过去仅管理一些简单数据发展到管理图形、图像、音频、视频、电子档案、Web 页面等多种类型的复杂数据，并且数据量也越来越大。数据库在提供丰富信息的同时，也体现出明显的海量信息特征。信息爆炸时代，海量信息给人们带来许多负面影响，最主要的就是有效信息难以提炼，过多无用的信息必然会产生信息距离（信息状态转移距离）和有用知识的丢失。这也就是约翰·内斯伯特（John Nalsbert）所说的“信息丰富而知识贫乏”窘境。因此，人们迫切希望能对海量数据进行深入分析，发现并提取隐藏在其中的信息，以更好地利用这些数据。但仅以数据库系统的录入、查询、统计等功能，无法发现数据中存在的关系和规则，无法根据现有的数据预测未来的发展趋势，更缺乏挖掘数据背后隐藏知识的手段。正是在这样的条件下，诞生了数据挖掘技术。

数据挖掘是人工智能和数据库领域研究的热点问题，数据挖掘是指从大量的数据中通过算法搜索隐藏于其中信息的过程。数据挖掘通过统计、在线分析处理、情报检索、机器学习、专家系统和模式识别等诸多方法来实现上述目标。数据挖掘和知识发现能够自动处理数据库中大量的原始数据，提炼出抽象的知识，从而揭示出蕴含在这些数据背后的客观世界的内在联系和本质规律，实现知识的自动获取。

数据挖掘吸收了来自如下一些领域的思想：①来自统计学的抽样、估计和假设检验；②人工智能、模式识别和机器学习的搜索算法、建模技术和学习理论；③最优化、进化计算、信息论、信号处理、可视化和信息检索；④数据库系统提供有效的存储、索引和查询处理支持；⑤高性能（并行）计算和分布式技术在处理海量数据方面的突出能力。另一方面，汲取充分营养的数据挖掘，对知识发现和人工智能研究提供有力的反支撑。

知识发现过程由以下三个阶段组成：数据准备、数据挖掘、结果表达（或解释）。

数据挖掘和知识发现具有四个特征：发现的知识用高级语言表示；发现的内容是对数据内容的精确描述；发现的结果是用户感兴趣的；发现的过程是高效的。目前，数据挖掘的算法主要包括神经网络法、决策树法、遗传算法、粗糙集法、模糊集法和关联规则法等。

10.2.4 智能行动

1. 智能调度与指挥

确定最佳调度（或组合）是人们感兴趣的又一类问题。推销员旅行问题（Traveling Salesman Problem，TSP）就是一个经典的组合优化问题。一个推销员要去若干个城市推销商品，他从某个城市出发，访问每个城市一次，且只允许一次，最后回到出发城市。应如何选择行进路线，以使总的行程最短？从图论的角度来看，该问题实质是从一个带权完全无向图中，找一个权值最小的哈密顿（Hamilton）回路。由于该问题的可行解是所有顶点的全排列，随着顶点数的增加，会产生组合爆炸，它是一个 NP 完全问题。

人工智能专家曾经研究过若干组合问题。他们努力集中在使“时间-问题大小”曲线的变化尽可能缓慢增长，即使是必须按指数方式增长。人工智能有关领域的知识（启发式搜索算法、遗传算法和神经网络等）再次成为比较有效地解决问题的关键。同时，为了处理组合问题而发展起来的许多方法对其他组合不甚严重的问题也是有用的。

智能组合调度和指挥的方法已被广泛应用于车辆运输调度、列车的编组与指挥、控制交通管制和军事指挥系统。其中，军事指挥系统已从 C^3I（Command，Control，Communication and Intelligence）发展为 C^4ISR（Command，Control，Communication，Computer，Intelligence，Surveillance and Reconnaissance），即在 C^3I 的基础上增加了侦查、信息管理和信息战，强调战场情报的感知能力、信息综合能力及系统之间的交互作用能力。

2. 智能控制

智能控制是驱动智能机器自主地实现其目标的过程。许多复杂的系统难以建立有效的数学模型，也很难利用常规控制理论进行定量计算与分析，而必须采用定量数据解析法与基于知识的定量分析方法的混合控制方式。随着人工智能和计算机技术的发展，已有可能把自动控制和人工智能与系统科学的某些分支结合起来，建立一种适用于复杂系统的控制理论和技术。

智能控制系统是能够实现某种控制任务的智能系统。由传感器、感知信息处理模块、认知模块、规划和控制模块、执行器和通信接口模块等主要部件组成，一般应具有学习能力、自适应功能和自组织功能。此外，还应具有相当的在线实时响应能力和友好的人机界面，以保证人机互助和人机协同工作。

智能控制以控制理论、计算机科学、人工智能、运筹学等学科为基础，扩展了相关的理论和技术，其中应用较多的有模糊逻辑、神经网络、专家系统、遗传算法等理论，以及自适应控制、自组织控制和自学习控制等技术。专家系统是利用专家知识对专门的或困难的问题进行描述的控制系统。尽管专家系统在解决复杂的高级推理中获得了较为成功的应用，但是专家系统的实际应用相对还是比较少的。模糊逻辑用模糊语言描述系统，既可以描述应用系统的定量模型，也可以描述其定性模型，可适用于任意复杂的对象控制。遗传算法作为一种非确定的拟自然随机优化工具，具有并行计算、快速寻找全局最优解等特点，它可以和其他技术混合使用，用于智能控制的参数、结构或环境的最优控制。神经网络是利用大量的神经元，按一定的拓扑结构进行学习和调整的自适应控制方法。它能表示出丰富的特性，具体包括并行计算、分布存储、可变结构、高度容错、非线性运算、自我组织、自我学习。这些特性是人们长期追求和期望的系统特性。神经网络在智能控制的参数、结构或环境的自适应、自组织、自学习等控制方面具有独特的能力。

智能控制有很多研究领域，他们的研究课题既具有独立性，又相互关联。目前研究得较多的是以下六个方面：智能机器人规划和控制、智能过程规划、智能过程控制、专家控制系统、语音控制和智能仪器。

3. 智能机器人

机器人分一般机器人和智能机器人。一般机器人指不具有智能，只具有一般编程能力和操作功能的机器人。智能机器人指具有人类特有的某种智能行为的机器人。

一般认为，按照机器人从低级到高级的发展程度，可以把机器人分成三代。第一代机器人，即工业机器人，主要指只能以“示教-再现”方式工作的机器人。这里机器人的本体是一只类似于人的上肢功能的机械手臂，末端是手爪等操作机构。第二代机器人是指基于传感器信息工作的机器人。它依靠简单的感觉装置获取作业环境和对象的简单信息，通过分析、处理这些信息做出一定的判断，对动作进行反馈控制。第三代机器人，即智能机器人，这是一类具有高度适应性的有一定自主能力的机器人。它本身能感知工作环境、操作对象及状态；能接受、理解人给予的指令，并结合自身认识外界的结果独立地决定工作规划，利用操作机构和移动机构实现任务目标；还能适应环境的变化，调整自身行为。

智能机器人根据其智能程度的不同，又可分为三种：传感型机器人、交互型机器人和自主型机器人。传感型机器人（又称外部受控机器人），其本体上没有智能单元，只有执行机构和感应机构，可利用传感信息（包括视觉、听觉、触觉、接近觉、力觉和红外、超声及激光等）进行传感信息处理、实现控制与操作的能力。传感型机器人受控于外部计算机，在外部计算机上具有智能处理单元，处理由受控机器人采集的各种信息和机器人本身的各种姿态及轨迹等信息，然后发出控制指令指挥机器人的动作。交互型机器人通过计算机系统与操作员进行人机对话，实现对机器人的控制与操作。虽然具有了部分处理和决策功能，能够独立地实现一些诸如轨迹规划、简单的避障等功能，但是还要受到外部的控制。自主型机器人又称新一代智能机器人，无须人的干预，本体上具有感知、处理、决策、执行等模块，可以像一个自主的人一样独立地活动和处理问题。自主型机器人最重要的特点在于它的自主性和适应性，自主性是指它可以在一定的环境中，不依赖任何外部控制，完全自主地执行一定的任务。适应性是指它可以实时识别和测量周围的物体，根据环境的变化，调节自身的参数，调整动作策略，以及处理紧急情况。交互性也是自主型机器人的一个重要特点，机器人可以与人、与外部环境，以及与其他机器人之间进行信息交流。

新一代智能机器人必须具备四种技能：行动技能——施加于外部环境和对象，相当于人的手、足的动作技能；感知技能——获取外部环境和对象的状态信息，以便进行自我行为监视技能；思维技能——求解问题的认知、推理、记忆、判断、决策、学习等技能；人机交互技能——理解指示命令，输出内部状态，与人进行信息交互的技能。简而言之，智能机器人的“智能”特征在于它具有与外部世界——环境、对象和人相协调的工作技能。

智能机器人的研究从20世纪60年代初开始，经过几十年的发展，基于感觉控制的智能机器人（又称第二代机器人）已达到实际应用阶段，基于知识控制的智能机器人（自主型机器人或下一代智能机器人）也取得一定进展。整体上看，智能机器人的功能与人们的想象期望还有相当远的距离，其研究还处于初级阶段，研究目标一般围绕感知、行动和思考三方面展开。

目前，研究工作主要从三方面深入：依靠人工智能基于领域知识的成熟技术，发展面向专门任务的特种机器人；在研制各种新型传感器的同时，发展基于多传感器集成的大量信息获取的实时处理技术；改变排除人的参与、机器人完全自主的观念，发展人机一体化的智能系统。

智能机器人的研究和应用体现出广泛的学科交叉，涉及众多的课题，如机器人体系结构、控制、智能、视觉、触觉、力觉、听觉、机器人装配、恶劣环境下的机器人，以及机器人语言等。机器人在多个行业领域得到越来越多应用。例如，星际探索机器人、海洋（水下）机器人、机器人外科手术系统、微型机器人、足球机器人、人机交互智能客服等。

4. 智能车辆

智能车辆是一个集环境感知、规划决策、多等级辅助驾驶等功能于一体的综合系统，它集中应用了计算机、现代传感、信息融合、通信、人工智能及自动控制等技术，是典型的高新技术综合体。近年来，智能车辆已经成为世界车辆工程领域研究的热点和汽车工业增长的新动力，很多国家都将其纳入重点发展的智能交通系统当中。

智能汽车根据智能等级不同，划分为 L0 ~ L5 共 6 个级别。L0 定义为应急辅助，由驾驶员执行所有的动态驾驶任务，但在行驶过程中驾驶员可以得到相关系统的辅助；L1 定义为辅助驾驶，驾驶员必须完成所有的动态驾驶操作，但在某些情况下能够获得系统的基本辅助，如紧急情况下自动制动或车道偏离修正等；L2 定义为部分自动驾驶，车辆可以承担一些基本的驾驶任务，但驾驶员必须随时准备接管车辆；L3 定义为有条件的自动驾驶，自动驾驶系统可以执行完整的动态驾驶任务，但在系统发出请求时，驾驶员必须接管车辆；L4 定义为高度自动驾驶，自动驾驶系统可在大多数情况下执行完整的驾驶任务，但在特定环境下系统发出请求时，驾驶员应当响应请求并接管车辆；L5 定义为完全自动驾驶，自动驾驶系统可以完成驾驶人能够完成的所有道路环境下的动态驾驶任务，不需要驾驶员介入，即完全无人驾驶状态。

除了传统的汽车生产商，像谷歌、苹果、百度、腾讯、华为等企业也都开始涉及智能汽车业务，专门进行智能驾驶等业务的拓展。相信随着人工智能、计算机网络、芯片技术的快速发展，智能驾驶功能会不断提高和健全，带给人们更多、更好、更安全的智能体验。

5. 分布式人工智能与 Agent

分布式人工智能是分布式计算与人工智能相结合的结果。分布式人工智能系统以健壮性作为控制系统质量的标准，并具有互操作性，即不同的异构系统在快速变化的环境中具有交换信息和协同工作的能力。

分布式人工智能的研究目标是要创建一种能够描述自然系统和社会系统的精确概念模型。分布式人工智能中的"智能"并非独立存在的概念，只能在团队协作中实现。因而，其主要研究问题是各 Agent 之间的合作和对话，包括分布式问题求解和多 Agent 系统（Multi-Agent System，MAS）两方面。其中，分布式问题求解把一个具体的求解问题划分为多个相互合作和知识共享的模块和节点。多 Agent 系统则研究各 Agent 之间智能行为的协调，包括规划、知识、技术和动作的协调。

MAS 更能体现人类的社会智能，具有更大的灵活性和适应性，更适合开放和动态的世界环境，因而更受重视，目前已成为人工智能、计算机科学和控制科学的研究热点。MAS 已在自动驾驶、足球机器人、机场管理和信息检索方面得到应用。

6. 人工生命

人工生命（Artificial life，AL）是通过人工模拟生命系统来研究生命的领域。人工生命的概念，包括两方面内容：一是属于计算机科学领域的虚拟生命系统，涉及计算机软件工程与人工智能技术；二是用基因工程技术改造生物的工程生物系统，涉及合成生物学技术。AL是首先由计算机科学家克里斯托弗·兰顿（Christopher Langton）于1987年在美国拉莫斯国家实验室（Los Alamos National Laboratory）召开的“生成以及模拟生命系统的国际会议”上提出，旨在用计算机和精密机械等人工媒介生成或构造出能够表现自然生命系统行为特征的仿真系统或模型系统。自然生命系统行为具有自组织、自复制、自修复等特征，以及形成这些特征的混沌动力学、生命进化和环境适应等储多因素。

人工生命是借助计算机和其他非生物媒介，实现一个具有生物系统特征的过程或系统。这些生物系统特征如何实现呢？AL研究者任务认为：

① 繁殖可以通过数据结构在可判定条件下的翻倍实现。同样，个体的死亡可以通过数据结构在可判定条件下的删除实现。有性繁殖，可通过组合两个个体的数据结构特性的数据结构生成的方式实现。

② 进化可通过模拟突变，以及通过设定对其繁殖能力与存活能力的自然选择的选择压力实现。

③ 信息交换与处理能力模拟的个体与模拟的外界环境之间的信息交换，以及模拟的个体之间的信息交换，即模拟社会系统。

④ 决策能力通过人工模拟脑实现，可以用人工神经网络或其他人工智能结构实现。

人工生命的理论和方法，有别于传统人工智能和神经网络的理论和方法。人工生命通过计算机仿真生命现象所体现的自适应机理，对相关非线性对象进行更真实的动态描述和动态特征研究。人工生命科学的研究内容包括生命现象的仿真系统、人工建模与仿真、进化动力学、人工生命的计算理论、进化与学习综合系统，以及人工生命的应用等。比较典型的人工生命研究有计算机病毒、计算机进程、进化机器人、自催化网络、细胞机器人、人工核苷酸和人工脑等。

10.3 新一轮人工智能的发展特征

当前人工智能发展的突飞猛进和重大变化，表现出区别于过去的三方面的阶段性特征。

10.3.1 进入大数据驱动智能发展阶段

可以说，2000年之后成熟起来的三大技术成就了人工智能的新一轮发展高潮：一是以深度学习为代表的新一代机器学习模型；二是GPU、云计算等高性能并行计算技术应用于智能计算；三是大数据技术的进一步成熟。以上三大技术构建起支撑新一轮人工智能高速发展的重要基础。

美国国防高级研究计划署认为，人工智能发展将经历三个浪潮，第一波次是人工智能发展初期的基于规则的时代，专家们会基于自己掌握的知识设计算法和软件，这些AI系统通常是基于明确而又符合逻辑的规则。在第二波次AI系统中，人们不再直接教授AI系统规则和知识，而是通过开发特定类型问题的机器学习模型，基于海量数据形成智能获取能力，深度学习是其典型代表。在这种技术路线下，获得高质量的大数据和高性能的计算能力成为算法成功的关键要素。比如，2015年以来，IBM通过收购大量医疗健康领域的公司，获取患者病例、医疗影像和临床记录等医疗数据，以提升 Watson 医疗诊断水平。

尽管现在基于现有的“深度学习+大数据”的方法，离最终实现强人工智能还有相当的距离，下一步可能需要借鉴人脑高级认知机理，突破深度学习方法，形成能力更强大的知识表示、学习、记忆、推理模型。但业界普遍认为，最近的 5～10 年里，人工智能仍会基于大数据来运行，并形成巨大的产业红利。

10.3.2 进入智能技术产业化阶段

在“机器学习+大数据”的人工智能研究范式下，得益于硬件计算性能的快速增强，智能算法性能大幅度提升，围棋算法、语言识别、图像识别都在近年陆续达到或超过人类水平，智能搜索和推荐、语音识别、自动翻译、图像识别等技术进入产业化阶段。各类语音控制类家电产品和脸部识别应用在生活中已随处可见；无人驾驶技术难点不断突破，自动驾驶汽车已经得到美、英政府上路许可；德勤会计师事务所发布财务机器人，开始代替人类阅读合同和文件；IBM 的沃森智能认知系统也已经在医疗诊断领域表现出了惊人的潜力。

人工智能的快速崛起正在得到资本界的青睐。*Nature* 文章指出，近一两年来，人工智能领域的社会投资正在快速聚集。人工智能技术的发展正在由学术推动的实验室阶段，转到由学术界和产业界共同推动的产业化阶段。

10.3.3 进入认知智能探索阶段

得益于深度学习和大数据、并行计算技术的发展，感知智能领域已经取得了重大突破，目前已处于产业化阶段。同时，认知智能研究已经在多个领域启动并取得进展，将是人工智能的一个突破点。

2016 年初，谷歌 AlphaGo 战胜韩国围棋世界冠军李世石的围棋人机大战，成为人工智能领域的重大里程碑性事件，人工智能系统的智能水平再次实现跃升，初步具备了直觉、大局观、棋感等认知能力。目前在人工智能的多个研究领域都在向认知智能挑战，如图像内容理解、语义理解、知识表达与推理、情感分析等，这些认知智能问题的突破，将再次引发人工智能技术的飞跃式发展。

除谷歌外，微软、亚马逊等跨国科技企业，以及国内的百度、阿里巴巴、腾讯等 IT 巨头都在投入巨大研发力量，抢夺这一新的技术领地。“微软小冰”通过理解对话的语境与语义，建立用于情感计算的框架方法；IBM 的认知计算平台 Watson 在智力竞猜电视节目中击败了优秀的人类选手，并进一步应用于医疗诊断、法律助理等领域。

10.4 我国的人工智能战略布局

《2017 互联网科技创新白皮书》显示，我国人工智能企业总量全球排名第二，仅次于美国。每期融资额占据全球资本总额的 1/3 以上。在核心深度学习算法图像识别等多个领域的技术处于世界领先地位。中国已成为全球人工智能的发展中心之一。人工智能的发展离不开国家战略。党的十八大以来，党和国家高度重视和大力扶持新一代人工智能技术的发展，出台了一系列政策，推动人工智能技术快速成熟，产业迅猛发展。

1. 智能制造明确主攻方向

2015 年 5 月，国务院发布的相关规划中将发展智能制造作为主攻方向，提出以推进信息化和工业化深度融合为主线，大力发展智能制造，构建信息化条件下的产业生态体系和新型制造模式。工业和信息化由此启动实施的“智能制造试点示范专项行动”，在全国范围内遴选出了 46 个智能制造试点示范项目，涉及 38 个行业 21 个地区。随着此次政策的革新突破，智能制造产业进入高速发展阶段。

2. “互联网+”提速规划

2015 年 7 月，《国务院关于积极推进“互联网 + ”行动的指导意见》颁布，提出“人工智能作为重点布局的 11 个领域之一”。2016 年，在“互联网+”的带动下，我国人工智能规划全面提速。2016 年 3 月，《国民经济和社会发展第十三个五年规划纲要（草案）》颁布，人工智能概念进入“十三五”重大工程，明确人工智能作为发展新一代信息技术的主要方向。2016 年 5 月，《“互联网+”人工智能三年行动实施方案》明确提出，到 2018 年国内要形成千亿元级的人工智能市场应用规模。2016 年 8 月，《“十三五”国家科技创新规划》，研发新一代互联网技术及发展自然人机交互技术成首要目标。2016 年 12 月，《“十三五”战略性新兴产业发展规划》提出培育人工智能产业生态，打造国际领先的技术体系；在正式发布“新一代信息技术产业”的名录中增加了人工智能产业，人工智能将从平台、硬件、软件和应用系统四方面展开构建。

3. 列入国家战略规划

随着人工智能上升至国家战略地位，政策支持力度逐步加大。2017 年 7 月，国务院印发的《新一代人工智能发展规划》明确了新一代人工智能发展分三步走的战略目标：到 2020 年，人工智能总体技术和应用与世界先进水平同步，人工智能产业成为新的重要经济增长点，人工智能技术应用成为改善民生的新途径；到 2025 年，人工智能基础理论实现重大突破，部分技术与应用达到世界领先水平，人工智能成为带动我国产业升级和经济转型的主要动力；到 2030 年，人工智能理论、技术与应用总体达到世界领先水平，成为世界主要人工智能创新中心。

依托该规划背景，科技部召开了新一代人工智能发展规划暨重大科技项目启动会，并公布了首批国家人工智能开发创新平台名单，包括百度、阿里云、腾讯、科大讯飞等多家中国企业，覆盖自动驾驶、城市大脑、医疗影像和智能语音四个细分领域。至此，一个由国家政府部门与实力企业共同主导的人工智能发展宏图正式成型。

4. 人工智能战略持续发力

2017 年 12 月，《促进新一代人工智能产业发展三年行动计划（2018—2020）》推进人工智能和制造业深度融合。2018 年 3 月，时任总理李克强在《政府工作报告》提出发展壮大新动能，做大做强新兴产业集群，加强新一代人工智能研发应用。2018 年，人工智能等内容正式进入全国高中“新课标”。教育部还制定了《高等学校人工智能创新行动计划》，提升高校人工智能领域的各项能力。

2019 年 3 月，习近平总书记主持召开的中央全面深化改革委员会第七次会议审议通过了《关于促进人工智能和实体经济深度融合的指导意见》，该指导意见为人工智能在实体经济中落地开花，促进实体经济快速发展有很强的引领意义。

2021 年 3 月 12 日，新华社授权播发《中华人民共和国国民经济和社会发展第十四个五年规划和 2035 年远景目标纲要》，全文共十九篇六十五章，“智能”“智慧”相关表述达到 57 处，表明在当前我国经济从高速增长向高质量发展的重要阶段中，以人工智能为代表的新一代信息技术，将成为我国“十四五”期间推动经济高质量发展、建设创新型国家，实现新型工业化、信息化、城镇化和农业现代化的重要技术保障和核心驱动力之一。

近年来，人工智能在经济发展、社会进步、国际政治经济格局等方面已经产生重大而深远的影响。纲要对“十四五”及未来十余年我国人工智能的发展目标、核心技术突破、智能化转型与应用，以及保障措施等多个方面都作出了部署，为人工智能技术的开发和应用构建出一个健康的发展环境。

本章小结

本章从人工智能的定义和概念入手，介绍了业界不同学派对人工智能的理解和认识。人工智能的起源、开端和发展，包含着人们对人工智能的憧憬和研究者不懈探索的跌宕历程。从智能感知、知识推理、机器学习和智能行动四方面进行概述，先后对机器学习、多 Agent、自然语言处理、规划与调度、机器人、搜索、不确定性问题、网络与数据挖掘等 18 个子领域的研究和应用状态进行了分析，并对新一代人工智能的发展特征予以归纳。最后整理了我国政府在人工智能领域战略布局情况。

通过本章节的学习，学生将对人工智能的发展和应用有深入的认识，用所了解的人工智能的概念和各子领域的发展情况，对比我国 IT 巨头推出的系列基于人工智能的具体应用，从而促进我国人工智能的发展。

思考与练习

一、选择题

1. 人工智能学科诞生的标志是（　　）。

   A. 图灵测试

   B. 1969 年的第一届人工智能联合会议

   C. 1956 年的达特茅斯会议

   D. 机器学习的兴起

2. 2016 年 3 月，战胜韩国围棋高手李世石的是（　　）。

   A. 深蓝　　B. AlphaGo　　C. 微软小冰　　D. 华为小度

3. 人工智能的三大学派为符号主义、联结主义和（　　）。

   A. 逻辑主义　　B. 仿生学派　　C. 行为主义　　D. 过程主义

4. 机器学习算法可分四种：有监督学习、无监督学习、半监督学习和（　　）。

A. 强化学习　　B. 类比学习　　C. 深度学习　　D. 遗传学习

5. 关于遗传算法的理解，错误的是（　　）。

A. 遗传算法是按照自然界“优胜劣汰”法则设计的算法

B. 遗传算法是在由美国密歇根大学的 Holland 教授创立

C. 遗传算法精于全局搜索，短于局部搜索

D. 遗传算法源于 1943 年心理学家麦克劳和数学家匹茨提出的 M-P 模型

6. 智能机器人中自主型机器人的特点正确的是（　　）。

A. 没有智能单元只有执行机构和感应机构，完全依赖外部控制

B. 无须人干预，本体上具有感知、处理、决策、执行等能力，可以像一个自主的人一样独立地活动和处理问题

C. 自主移动机器人属于第二代机器人

D. 自主移动机器人发展很成熟，已经广泛应用于人民的日常生活中

7. 我国新一代人工智能发展分三步走的战略目标是在（　　）政策文件提出的。

A. 2016 年 3 月《国民经济和社会发展第十三个五年规划纲要（草案）》

B. 2016 年 8 月《“十三五”国家科技创新规划》

C. 2017 年 7 月《新一代人工智能发展规划》

D. 2019 年 3 月，习近平总书记主持召开的中央全面深化改革委员会第七次会议审议通过了《关于促进人工智能和实体经济深度融合的指导意见》

二、问答题

1. 如何理解弱人工智能和强人工智能？
2. 人工智能有哪些学派，他们的认知观是什么？
3. 描述人工智能视觉感知功能的实现方法与前沿研究领域。
4. 人工智能的主要研究和应用领域是什么？哪些是新的研究热点？
5. 请结合本章内容的学习，展开想象的翅膀，描述人工智能未来的发展方向。

第 11 章　信息安全和职业道德

随着计算机和网络技术的迅猛发展和广泛普及，社会的信息化程度越来越高，信息资源也得到更大程度共享。但随着信息化发展而来的网络信息安全问题也暴露出来，如果不能很好地解决这个问题，必将阻碍信息化发展的进程。计算机和网络使用可以为人类造福，也可以给人类带来危害。关键在于应用它的人采取什么道德态度，遵循什么行为规范和约束。

本章主要阐述信息安全的概念，介绍信息安全的策略和信息安全技术；介绍计算机病毒的概念、特点及防治方法；介绍计算机黑客及如何预防黑客攻击；介绍知识产权的概念、特点，以及计算机软件著作权的相关知识；最后介绍了信息社会应遵守的道德规范和相关的法律法规。

11.1　信息安全概述及技术

信息安全本身包括的范围很大，大到国家政治军事机密安全，小到防范政府企业机密的泄露、个人信息的泄露等。网络环境下的信息安全体系是保证信息安全的关键，任何一个安全漏洞都可以威胁全局安全。

11.1.1　信息安全概述

信息安全是指信息网络的硬件、软件及其系统中的数据受到保护，不受偶然的或者恶意的原因而遭到破坏、更改、泄露，系统连续正常地运行，信息服务不中断，最终实现业务连续性。

有很多原因可能导致信息安全受到威胁，下面对其主要影响因素进行介绍。

① 硬件及物理因素：指系统硬件及环境的安全性，如机房设施、计算机主体、存储系统、辅助设备、数据通信设施，以及存储介质的安全性。

② 软件因素：指系统软件及环境的安全性，软件的非法删改、复制与窃取都可能造成系统损失、泄密等情况，如计算机病毒即是以软件为手段侵入系统造成破坏。

③ 人为因素：指人为操作、管理的安全性，包括工作人员的素质、责任心，严密的行政管理制度、法律法规等。防范人为因素方面的安全，即是防范人为主动因素直接对系统安全所造成的威胁。

④ 数据因素：指数据信息在存储和传递过程中的安全性。数据因素是计算机犯罪的核心途径，也是信息安全的重点。

⑤ 其他因素：信息和数据传输通道在传输过程中产生的电磁波辐射，可能被检测或接受，造成信息泄露，同时空间电磁波也可能对系统产生电磁干扰，影响系统的正常运行。此外，一些不可抗力的自然因素，也可能对系统的安全造成威胁。

在研究信息安全问题时，更关注于恶意的犯罪导致的对信息安全的威胁，包括以下内容：信息窃取、信息截取、信息伪造、信息篡改、拒绝服务攻击、行为否认、非授权访问和传播病毒等。

国际标准化组织定义信息安全性的含义主要是指信息的完整性、可用性、保密性和可靠性。研究信息安全，就是为了实现以下目标：

① 真实性：对信息的来源进行判断，能对伪造来源的信息予以鉴别。

② 保密性：保证机密信息不被窃听，或窃听者不能了解信息的真实含义。

③ 完整性：保证数据的一致性，防止数据被非法用户篡改。

④ 可用性：保证合法用户对信息和资源的使用不会被不正当地拒绝。

⑤ 不可抵赖性：建立有效的责任机制，防止用户否认其行为，这一点在电子商务中是极其重要的。

⑥ 可控制性：对信息的传播及内容具有控制能力。

⑦ 可审查性：对出现的网络安全问题提供调查的依据和手段。

11.1.2 信息安全的主要威胁

信息安全威胁主要来自人为因素。常见的信息安全威胁有以下几方面：

1. 信息泄露

网络中的数据文件或进行网络通信时，如果不采取任何保密措施，数据文件或通信内容就有可能被他人看到，造成信息泄露。如果是未经系统授权而使用网络或计算机资源，属于非授权访问。如果因内部人员安全意识差而泄露信息，是一种内部泄露行为。

2. 信息窃取

非法用户通过数据窃听、流量分析等各种手段窃取系统中的信息资源和敏感信息。例如，对通信线路传输的信号搭线监听，或者利用通信设备在工作过程中产生的电磁泄漏截取有用信息等。业务流分析则是通过对系统进行长期监听，利用统计分析方法对诸如通信频度、通信的信息流向、通信总量的变化等参数进行研究，从中发现有价值的信息和规律。

3. 冒名顶替

通过欺骗通信系统或用户达到非法用户冒充成为合法用户，或者特权小的用户冒充成为特权大的用户的目的。侵入者通常通过一个合法的用户账号和密码来获得网络服务。

4. 篡改信息

非法用户对合法用户之间的通信信息进行修改，生成伪造数据，再发给接收者。信息篡改是一种严重的主动威胁，其危害程度有时比主动攻击更甚。这种主动威胁可以发生在通信线路上的任何地方，例如，电缆、微波线路、卫星信道、路由节点、主机或客户计算机系统等。

5. 行为否认

行为否认又称抵赖。在网络中，合法用户在电子商务等交易活动中不能否认其曾经发出的报文。在传统的交易活动中，可以通过用户的亲笔签名或印章来保证合同的有效性。在网络中，要保证发送者对报文的不可抵赖是通过数字签名实现的。

6. 授权侵犯

被授权以某一目的使用某些资源的人，却将此授权用于非授权的目的，又称作内部攻击。

7. 恶意攻击

恶意攻击是当前网络中存在的最大信息安全威胁之一。一般通过“黑客”程序，持续扫描指定的网段，查找计算机系统漏洞，从而传播病毒、设置木马以达到控制对方计算机的目的。当黑客控制很多计算机后，通常会采用拒绝服务和注入漏洞的方式对网络进行攻击。

11.1.3 信息安全策略

信息安全策略是指为保证提供一定级别的安全保护所必须遵守的规则。为了保证信息安全，需要从先进的技术、法律约束、严格的管理和安全教育等几方面着手，制定完善的规则。

1. 先进的技术

先进的信息安全技术是信息安全的根本保证，用户对自身面临威胁的风险性进行评估，然后对所需要的安全服务种类进行确定，通过相应的安全机制，集成先进的安全技术，形成全方位的安全系统。

2. 法律约束

法律法规是信息安全的基石，必须建立与网络安全相关的法律法规，对网络犯罪行为实施约束。《中华人民共和国计算机信息系统安全保护条例》《计算机信息网络国际联网安全保护管理办法》《中华人民共和国网络安全法》等都是有关信息安全的法律法规。

3. 严格的管理

信息安全管理是提高信息安全的有效手段，对于计算机网络使用机构、企业和事业单位而言，必须建立相应的网络安全管理办法和安全管理系统，加强对内部信息安全的管理，建立起合适的安全审计和跟踪体系，提高网络安全意识。

4. 安全教育

要建立网络安全管理系统，在提供技术、制定法律、加强管理的基础上，还应该加强安全教育，提高用户的安全意识，对网络攻击与攻击检测、网络安全防范、安全漏洞与安全对策、信息安全保密、系统内部安全防范、病毒防范、数据备份与恢复等有一定的了解，及时发现潜在问题，尽早解决安全隐患。

11.1.4 信息安全技术

信息安全技术是一门涉及计算机科学、网络技术、密码技术、信息安全技术、应用数学、数论、信息论等多种学科的综合性学科。为了保证网络信息的保密性、完整性和可用性，必须对影响计算机网络安全的因素进行研究，通过各种信息安全技术保障计算机网络信息的安全。下面主要对六种关键的信息安全技术进行介绍。

1. 加密技术

密码技术包含两方面内容，即加密和解密。加密就是研究、编写密码系统，把数据和信息转换为不可识别的密文的过程；解密就是研究密码系统的加密途径，恢复数据和信息本来面目的过程。加密和解密过程共同组成了加密系统。根据加密和解密过程是否使用相同的密钥，加密算法可分为对称密钥加密算法和非对称密钥加密算法两种。一个密码系统采用的基本工作方式称为密码体制。密码体制从原理上分为两大类：对称密钥密码体制和非对称密钥密码体制。

① 对称密钥密码体制又称常规密钥密码体制。在大多数的对称算法中，加密密钥和解密密钥是相同的，所以也称这种加密算法为秘密密钥算法或单密钥算法。它要求发送方和接收方在安全通信之前，商定一个密钥。对称算法的安全性依赖于密钥，泄漏密钥就意味着任何人都可以对他们发送或接收的消息解密，所以密钥的保密性对通信的安全性至关重要。

② 非对称密钥密码体制，又称公开密钥密码体制。非对称加密算法需要两个密钥：公开密钥和私有密钥。公开密钥与私有密钥是一对，如果用公开密钥对数据进行加密，只有用对应的私有密钥才能解密；如果用私有密钥对数据进行加密，那么只有用对应的公开密钥才能解密。因为加密和解密使用的是两个不同的密钥，所以这种算法称作非对称加密算法。非对称加密算法比对称加密算法慢数千倍，但在保护通信安全方面，非对称加密算法却具有对称密码难以企及的优势。

2. 认证技术

认证就是对于证据的辨认、核实、鉴别，以建立某种信任关系。在通信中，要涉及两方面：一方提供证据或标识，另一方面对这些证据或标识的有效性加以辨认、核实、鉴别。

① 数字签名。数字签名是数字世界中的一种信息认证技术，是公开密钥加密技术的一种应用，根据某种协议来产生一个反映被签署文件的特征和签署人特征，以保证文件的真实性和有效性的数字技术，同时也可用来核实接收者是否有伪造、篡改行为。

② 身份验证。身份验证是指通过一定的手段，完成对用户身份的确认。身份验证的目的是确认当前所声称为某种身份的用户，确实是所声称的用户。身份验证的方法有很多，基本上可分为：基于共享密钥的身份验证、基于生物学特征的身份验证和基于公开密钥加密算法的身份验证。不同的身份验证方法，安全性也各有高低。

3. 访问控制技术

访问控制是对信息系统资源的访问范围及方式进行限制的策略。它是建立在身份认证之上的操作权限控制。身份认证解决了访问者是否合法，但并非身份合法就什么都可以做，还要根据不同的访问者，规定他们分别可以访问哪些资源，以及对这些可以访问的资源可以用什么方式（读、写、执行、删除等）访问。

访问控制通常用于系统管理员控制用户对服务器、目录、文件等网络资源的访问，涉及的技术比较广，包括入网访问控制、网络权限控制、目录级安全控制、属性安全控制和服务器安全控制格式等多种手段。

4. 防火墙技术

防火墙是一种位于内部网络与外部网络之间的网络安全防护系统，有助于实施一个比较广泛的安全性政策。防火墙可以依照特定的规则允许或限制传输的数据通过，网络中的“防火墙”主要用于对内部网和公众访问网进行隔离，使一个网络不受另一个网络的攻击。

防火墙系统的主要用途是控制对受保护网络的往返访问，是网络通信时的一种尺度，只允许符合特定规则的数据通过，最大限度地防止黑客的访问，阻止他们对网络的非法操作。防火墙不仅可以有效地监控内部网和 Internet 之间的活动，保证内部网络的安全，还可以将局域网的安全管理集中起来，屏蔽非法请求，防止跨权限访问。

5. 入侵检测技术

入侵检测是对入侵行为的检测。它通过收集和分析网络行为、安全日志、审计数据、其他网络上可以获得的信息及计算机系统中若干关键点的信息，检查网络或系统中是否存在违反安全策略的行为和被攻击的迹象。入侵检测作为一种积极主动的安全防护技术，提供了对内部攻击、外部攻击和误操作的实时保护，在网络系统受到危害之前拦截和响应入侵，因此被认为是防火墙之后的第二道安全闸门，在不影响网络性能的情况下能对网络进行监测。

6. 云安全技术

云安全技术是网络时代信息安全的最新体现，它融合了并行处理、网格计算、未知病毒行为判断等新兴技术和概念,通过网状的大量客户端对网络中软件行为的异常监测，获取互联网中木马、恶意程序的最新信息，推送到服务器端进行自动分析和处理，再把病毒和木马的解决方案分发到每一个客户端。

11.2 计算机中的信息安全

随着信息技术的飞速发展，计算机信息已经成为不同领域、不同职业的重要信息交换媒介。计算机用户要做好安全防范，必须了解计算机信息面临计算机病毒、黑客等潜在的威胁。

11.2.1 计算机病毒及其防范

1. 计算机病毒的概念

在《中华人民共和国计算机信息系统安全保护条例》中，计算机病毒有明确的定义：“计算机病毒，是指编制或者在计算机程序中插入的破坏计算机功能或者毁坏数据，影响计算机使用，并能自我复制的一组计算机指令或者程序代码”。根据这个定义，计算机病毒可以理解为一种计算机程序，它不仅能破坏计算机系统，而且还能传染到其他计算机系统。

2. 计算机病毒的传播途径

计算机病毒的传播途径大致分为两种：一种是网络传播，包括互联网和局域网；另一种是移动介质传播，如，U 盘、移动硬盘、光盘等。

（1）网络传播

在计算机日益普及的今天，人们通过计算机网络相互传递文件、信件，这样使病毒传播速度加快；因为资源共享，人们经常从网上下载免费的共享软件，病毒文件也难免夹带在其中，因此网络也是现代病毒传播的主要方式。

随着 Internet 的不断发展，计算机病毒也出现了一种新的趋势。不法分子制作的个人网页，不仅直接提供了下载大批计算机病毒活样本的便利途径，而且还将制作计算机病毒的工具、向导、程序等内容写在自己的网页中，使没有编程基础和经验的人制造新病毒成为可能。

（2）移动介质传播

① U 盘传播：U 盘携带方便，便于计算机之间传递文件，因此成为计算机病毒传播的主要媒介。当人们使用 U 盘在计算机之间进行文件交换时，计算机病毒就已经悄悄地传播。

② 移动硬盘传播：由于带病毒的移动硬盘在本地或者移到其他地方使用，使得移动硬盘上的病毒得以传染和扩散。

③ 光盘传播：光盘容量较大，可以存放很多可执行文件，当然也为计算机病毒提供了藏身之地。对于只读光盘来说，由于不能对它进行写操作，因此只读光盘上的病毒就不能被删除。

3. 计算机病毒的特点

计算机病毒可谓五花八门，但它们有一些公共的特性。

（1）传染性

计算机病毒具有极强的传染性，病毒一旦入侵，就会不断地自我复制，占据磁盘空间，寻找适合其传染的介质，向其他计算机传播，达到破坏数据的目的。

（2）破坏性

任何病毒只要侵入系统，都会对系统及应用程序产生程度不同的影响。轻者会降低计算机工作效率，占用系统资源；重者对数据造成不可挽回的破坏，甚至导致系统崩溃。

（3）潜伏性

某些病毒可长期隐藏在系统中，只有在满足特定条件时才启动其破坏模块，只有这样它才可能进行广泛的传播。例如，著名的“黑色星期五”会在逢 13 号的星期五发作。

（4）隐蔽性

病毒一般是具有很高编程技巧、短小精悍的程序，通常附在正常程序中或磁盘较隐蔽的地方，也有个别的以隐含文件的形式出现，目的是不让用户发现它的存在。

（5）不可预见性

从对病毒的检测方面来看，病毒还有不可预见性。病毒的制作技术一直在不断地提高，病毒对反病毒软件来说永远是超前的。

4. 常见的计算机病毒

网络的飞速发展给计算机病毒制造者、传播者提供了先进的传播手段和渠道。常见的病毒有以下几种：

（1）系统病毒

系统病毒一般共有的特性是感染 Windows 操作系统的*.exe 和*.dll 文件，并通过这些文件进行传播。

（2）蠕虫病毒

蠕虫病毒的特性是通过网络或者系统漏洞进行传播，大部分蠕虫病毒都有向外发送带毒的邮件、阻塞网络的特性。例如，冲击波病毒，它运行时，会不停地利用 IP 扫描技术寻找网络上系统为 Windows 的计算机，找到后就利用缓冲区漏洞不停地重启甚至导致系统崩溃。

（3）木马/黑客病毒

木马病毒的共有特性是通过网络或者系统漏洞进入用户的系统并隐藏，然后向外界泄露用户的信息，而黑客病毒则有一个可视的界面，能对用户的计算机进行远程控制。木马、黑客病毒一般成对出现，木马病毒负责侵入用户的计算机，而黑客病毒通过木马病毒来进行控制。木马病毒的前缀是 Trojan，黑客病毒的前缀一般为 Hack。

（4）宏病毒

宏病毒的共有特性是感染 Office 系列文档，然后通过 Office 通用模板进行传播，如著名的梅丽莎病毒。该病毒传播快、制作和变种方便、破坏性大。

5. 计算机病毒的危害

计算机病毒不但造成资源和财富的巨大浪费，而且有可能造成社会性灾难。具体危害如下：

（1）直接破坏计算机数据信息

大部分病毒发作时直接破坏计算机的数据，如格式化硬盘、改写文件分配表和目录区、删除文件或改写文件、破坏 CMOS 设置等。

（2）占用磁盘空间

寄生在磁盘上的病毒总会非法占用一部分磁盘空间。引导型病毒占据磁盘引导扇区，把原来的引导区转移到其他扇区并覆盖该扇区原有内容，造成被覆盖扇区数据永久性丢失，无法恢复。一些文件型病毒传染速度很快，在短时间内感染大量文件，每个文件都不同程度加长，造成空间严重浪费。

（3）抢占系统资源

大多数病毒都常驻内存，必然会占据一部分系统资源，内存资源减少一部分软件不能运行，同时还会干扰系统正常运行。

（4）影响计算机运行速度

病毒为了判断传染触发条件，时刻要监控计算机的工作状态。有些病毒为了保护自己，会对病毒程序进行加密，这将使计算机额外执行很多指令。病毒在进行传染时同样要插入非法的额外操作。以上这些都会降低计算机运行正常程序的速度。

6. 计算机病毒的防范

计算机病毒的危害性很大，用户可以采取一些方法来防范病毒，减少计算机感染病毒的概率。具体有以下几种方法：

（1）给系统打补丁

很多计算机病毒都是利用操作系统的漏洞进行感染和传播的。如果使用 Windows 操作系统，用户可以在系统的正常状况下，登录微软的 Windows 网站进行有选择的更新。在网络连通的状态下，可以通过控制面板把系统设置成自动更新。

（2）更新或升级杀毒软件和防火墙

正版的杀毒软件及防火墙都提供了在线升级的功能，将病毒库（包括程序）升级到最新，然后进行病毒搜查。

（3）切断病毒的传播途径

最好不要使用和打开来历不明的光盘或移动存储设备，使用前最好先进行查毒操作以确认这些介质中无病毒。

（4）良好的使用习惯

网络是计算机病毒最主要的传播途径，因此用户在上网时不要随意浏览不良网站，不要打开来历不明的电子邮件，不要下载和安装未经过安全认证的软件。

（5）提高安全意识

在使用计算机的过程中，应该有较强的安全防护意识，如及时更新操作系统、主动备份硬盘的主引导区和分区表、定时体检计算机、定时系统修复、定时查杀计算机中的病毒等。

7. 杀毒软件

杀毒软件是一种反病毒软件，主要用于对计算机中的病毒进行扫描和清除。杀毒软件通常集成了监控识别、病毒扫描清除和自动升级等多项功能，可以防止病毒和木马入侵计算机、查杀病毒和木马、清理计算机垃圾和冗余注册表、防止进入钓鱼网站等。有的杀毒软件还具备数据恢复、防范黑客入侵、网络流量控制、保护网购、保护用户账号等功能，是计算机防御系统中一个重要的组成部分。现在市面上提供杀毒功能的软件非常多，如金山毒霸、瑞星杀毒软件、360 安全卫士、诺顿杀毒软件等。

11.2.2 网络黑客及其防范

1. 网络黑客的概念

“黑客”一词源于英语单词 Hacker，早期在美国的计算机界是带有褒义的，是对一群智力超群、奉公守法的计算机迷的统称。也就是说，“黑客”原指那些热心于计算机技术，水平高超的计算机专家。

黑客一般都精通各种编程语言和各类操作系统，拥有熟练的计算机技术。事实上根据黑客的行为，行业内也对黑客的类型进行了细致的划分。在未经许可的情况下，进入对方系统的黑客一般称为黑帽黑客，黑帽黑客对计算机安全或账户安全都具有很大的威胁性，如非法获取支付结算、证券交易、期货交易等网络金融服务的账号、密码等信息。而调试和分析计算机系统的黑客称为白帽黑客，白帽黑客有能力破坏计算机安全但没有恶意目的，他们一般有明确的道德规范，其行为也以发现和改善计算机安全弱点为主。

但是到了今天，黑客一词已被用于泛指那些专门利用计算机漏洞搞破坏和恶作剧的人。对这些人的正确英文用词是 Cracker，也有人翻译成“骇客”或“入侵者”。

2. 黑客攻击方式

（1）密码破解

如果不知道密码而随便输入一个，猜中概率很低。但如果连续测试一万个或更多的密码，那么猜中的概率就会非常高，尤其利用计算机自动测试。

假设密码有 8 位，每一位可以是 26 个字母和 10 个数字，那每一位的选择就有 62 种，密码的组合可达 62^8 个（约 219 万亿），如果逐个去验证所需时间太长，所以黑客一般会利用密码破解程序尝试破解用户常用的密码，如生日、手机号、门牌号、姓名加数字等。

（2）IP 嗅探

IP 嗅探又称网络监听。黑客通过改变网卡的操作模式接收流经该计算机的所有信息包，截获其他计算机的数据报文或密码。例如，当用户 A 通过 Telnet 远程登录到用户 B 的机器上以后，黑客就可能通过网络监听软件截获用户的 Telnet 数据包。

（3）网络钓鱼

就是黑客利用具有欺骗性的电子邮件和伪造的 Web 站点来进行网络诈骗活动，受骗者往往会泄露自己的敏感信息，如信用卡账号与密码、银行账号信息、身份证号码等。诈骗者将自己伪装成网络银行、信用卡公司等，向用户发送类似紧急通知、身份确认等虚假信息，并诱导用户单击其邮件中的超链接。用户一旦单击超链接，将进入诈骗者精心设计的伪造网页，被骗取私人信息。

（4）端口扫描

利用一些端口扫描软件对被攻击的目标计算机进行端口扫描，查看该机器的哪些端口是开放的，然后通过这些开放的端口发送木马程序到目标计算机上，利用木马来控制被攻击的目标。

3. 网络黑客的防范

黑客攻击会造成不同程度的损失，为了将损失降到最低限度，计算机用户应该了解一些防范网络黑客攻击的方法。

① 通过密码、指纹、面部特征或视网膜图案等特征信息来确认用户的真实性，只对确认了的用户给予相应的访问权限。

② 屏蔽可疑 IP 地址。这种方式见效最快，一旦网络管理员发现了可疑的 IP 地址申请，可以通过防火墙屏蔽相对应的 IP 地址，这样黑客就无法再连接到服务器上。但这种方法也有一些缺点，如很多黑客都使用动态 IP 地址，一个 IP 地址被屏蔽，只要更换其他 IP 地址，就可以进攻服务器，而且高级黑客有可能会伪造 IP 地址，屏蔽的也许是正常用户的地址。

③ 过滤信息包。通过编写防火墙规则，可以让系统知道什么样的信息包可以进入，什么样的信息包应该放弃。当黑客发送的攻击性信息包经过防火墙时，就会被丢弃掉，从而防止了黑客的进攻。

④ 关闭不必要的服务和无用端口。系统中安装的软件越多，所提供的服务就越多，而存在的系统漏洞也越多，因此对于不需要的服务，可以适当进行关闭。计算机进行网络连接必须通过端口，黑客控制用户计算机也必须通过端口。如果暂时无用的端口，可将其关闭，减少黑客的攻击路径。

⑤ 建立完善的访问控制策略。设置入网访问权限、网络共享资源的访问权限、目录安全等级控制、网络端口和节点安全控制、防火墙安全控制等，通过各种安全控制机制的相互配合，最大限度地保护系统。

⑥ 经常升级系统版本。任何一个版本的系统发布之后，一旦其中的问题暴露出来，黑客会蜂拥而至。管理员在维护系统时，可经常浏览著名的安全站点，找到系统的新版本或者补丁程序进行安装，以保证系统中的漏洞在没有被黑客发现之前已经修补上，从

而保证服务器的安全。

⑦ 安装必要的安全软件。用户还应在计算机中安装并使用必要的防黑软件、杀毒软件和防火墙。在上网时打开它们，这样即使有黑客进攻，用户的安全也是有一定保证的。

11.3 职业道德与相关法规

在高度信息化的今天，信息已深入到社会生活的各个方面，信息安全不仅是安全管理人员的责任，同时也需要全社会的共同维护。在享受信息化带来的优质服务的同时，也需要遵守相应的道德规范和法律法规。

11.3.1 使用计算机应遵守的道德规范

国外一些计算机和网络组织制定了一系列规范，比较著名的是美国计算机伦理学会为计算机伦理学所制定的十条戒律。这些规范是一个计算机用户在任何情况下都应该遵循的最基本的行为准则。具体内容如下：

① 不应该用计算机去伤害别人。

② 不应该干扰别人的计算机工作。

③ 不应该窥探别人的文件。

④ 不应该用计算机进行偷窃。

⑤ 不应该用计算机作伪证。

⑥ 不应该使用或复制没有付费的软件。

⑦ 不应该未经许可而使用别人的计算机资源。

⑧不应该盗用别人的智力成果。

⑨ 应该考虑所编写程序的社会后果。

⑩ 应该以深思熟虑和慎重的方式来使用计算机。

11.3.2 网络社会应遵守的道德规范

我国的信息产业，特别是互联网行业发展迅速，目前我国已拥有世界上人数最多的网民群。在这种情况下，互联网的道德规范建立显得尤其重要。从 2002 年起，中国互联网协会先后颁布了一系列行业自律规范，这些自律规范主要包括：《中国互联网行业自律公约》《互联网新闻信息服务自律公约》《互联网站禁止传播淫秽、色情等不良信息自律规范》《中国互联网协会公共电子邮件服务规范》《搜索引擎服务商抵制违法和不良信息自律规范》《中国互联网网络版权自律公约》《文明上网自律公约》《抵制恶意软件自律公约》《博客服务自律公约》《中国互联网协会反垃圾短信息自律公约》等。

上述的公约规范与人类社会的其他道德规范一样，不仅要理解道德规范的基本原则，更要对这些基本原则深思熟虑，明白哪些应该做，哪些不应该做。

11.3.3 有关知识产权和软件使用

1990 年 9 月，我国颁布了《中华人民共和国著作权法》，把计算机软件列为享有著作权保护的产品。1991 年 6 月，颁布了《计算机软件保护条例》，规定计算机软件是个人或者团体的智力产品，同专利、著作一样受法律保护。任何未经授权的使用、复制都是非法的，按规定要受到法律的制裁。人们在使用计算机软件或数据时，应遵照国家有关法律规定，尊重其作品的版权，这是使用计算机的基本道德规范。

11.3.4 我国信息安全的相关法律法规

所有的社会行为都需要法律法规来规范和约束。随着 Internet 的发展，我国各项涉及网络信息安全的法律法规也相继出台。

我国现行的信息安全法律体系框架包括四个层面。

① 一般性法律规定。这类法律法规是指宪法、国家安全法、国家秘密法、治安管理处罚条例、著作权法、专利法等。这些法律法规并没有专门对网络行为进行规定，但是，它所规范和约束的对象中包括了危害信息网络安全的行为。

② 规范和惩罚网络犯罪的法律。这类法律包括《中华人民共和国刑法》《全国人大常委会关于维护互联网安全的决定》等。其中，刑法也是一般性法律规定，这里将其独立出来，作为规范和惩罚网络犯罪的法律规定。

③ 直接针对计算机信息网络安全的特别规定。这类法律法规主要有《中华人民共和国计算机信息系统安全保护条例》《中华人民共和国计算机信息网络国际联网管理暂行规定》《计算机信息网络国际联网安全保护管理办法》《中华人民共和国计算机软件保护条例》等。

④ 具体规范信息网络安全技术、信息网络安全管理等方面的规定。这一类法律主要有《商用密码管理条例》《计算机信息系统安全专用产品检测和销售许可证管理办法》《计算机病毒防治管理办法》《计算机信息系统保密管理暂行规定》《计算机信息系统国际联网保密管理规定》《电子出版物管理规定》《金融机构计算机信息系统安全保护工作暂行规定》等。

2016 年 11 月 7 日，十二届全国人大常委会第二十四次会议表决通过《中华人民共和国网络安全法》，2017 年 6 月 1 日起正式施行。《网络安全法》共有七章七十九条，内容十分丰富，具有六大突出亮点：一是明确了网络空间主权的原则；二是明确了网络产品和服务提供者的安全义务；三是明确了网络运营者的安全义务；四是进一步完善了个人信息保护规则；五是建立了关键信息基础设施安全保护制度；六是确立了关键信息基础设施重要数据跨境传输的规则。

《网络安全法》是我国第一部全面规范网络空间安全管理方面问题的基础性法律，是我国网络空间法治建设的重要里程碑，是依法治网、化解网络风险的法律重器，是让互联网在法治轨道上健康运行的重要保障。

本 章 小 结

通过本章的学习，了解了信息安全的概念和信息安全的主要威胁，掌握了计算机病毒的特点及防范措施，掌握了如何防范黑客的攻击，以及使用计算机的职业道德和相关法规。这些知识对今后使用计算机至关重要。

思考与练习

一、简答题

1. 信息安全的含义是什么？
2. 信息安全技术有哪些？
3. 密码体制从原理上分为几大类？
4. 什么是计算机病毒？
5. 计算机病毒的特点是什么？
6. 如何防范网络黑客？
7. 计算机道德的十条戒律是什么？
8. 《中华人民共和国网络安全法》的六大亮点是什么？

二、选择题

1. 通常所说的“计算机病毒”是指（　　）。
   A. 细菌感染　　B. 生物病毒感染
   C. 被损坏的程序　　D. 特制的具有破坏性的程序
2. 下列各项中，不属于计算机病毒特征的是（　　）。
   A. 潜伏性　　B. 传染性　　C. 破坏性　　D. 免疫性
3. 网络信息安全策略不包括（　　）。
   A. 先进的技术　　B. 法律约束　　C. 不使用网络　　D. 安全教育
4. 以下防治病毒的方法中错误的是（　　）。
   A. 定期修补漏洞，安装补丁　　B. 安装杀毒软件
   C. 定期备份数据　　D. 拒绝与他人任何方式交换数据
5. 计算机病毒不能够（　　）。
   A. 破坏计算机功能或者破坏数据　　B. 感染计算机使用者
   C. 能够自我复制　　D. 影响计算机使用
6. 在 Internet 上，不属于个人隐私信息的是（　　）。
   A. 昵称　　B. 姓名　　C. 生日　　D. 手机号码

参 考 文 献

[1] 龚沛曾，杨志强. 大学计算机[M]. 6 版. 北京：高等教育出版社，2013.
[2] 蒋家伏，沈岳. 大学计算机[M]. 北京：北京邮电大学出版社，2013.
[3] 高万萍，王德俊. 计算机应用基础教程（Windows 10，Office 2016）[M]. 北京：清华大学出版社，2019.
[4] 刘春茂，刘荣英，张金伟. Windows 10 + Office 2016 高效办公[M]. 北京：清华大学出版社，2018.
[5] 张琳. 大学计算机[M]. 北京：中国水利水电出版社，2009.
[6] 龚沛曾，杨志强. 大学计算机[M]. 7 版. 北京：高等教育出版社，2017.
[7] 袁津生，吴砚农. 计算机网络安全基础[M]. 5 版. 北京：人民邮电出版社，2018.
[8] 谢希仁. 计算机网络[M]. 7 版. 北京：电子工业出版社，2017.
[9] 科默. 计算机网络与因特网[M]. 6 版. 范冰冰，等译. 北京：电子工业出版社，2015.
[10] 宋一兵. 计算机网络基础与应用[M]. 3 版. 北京：人民邮电出版社，2019.
[11] 计斌. 信息检索与图书馆资源利用[M]. 北京：人民邮电出版社，2015.
[12] 靳小青. 新编信息检索教程：慕课版[M]. 北京：人民邮电出版社，2018.
[13] 黄如花. 网络信息的检索与利用[M]. 武汉：武汉大学出版社，2002.
[14] 张强，杨玉明. Access 2010 中文版入门与实例教程[M]. 北京：电子工业出版社，2014.
[15] 费岚. Access 2010 数据库应用教程[M]. 北京：人民邮电出版社，2014.
[16] 程克非，罗江华，兰文富. 云计算基础教程[M]. 北京：人民邮电出版社，2013.
[17] 周品. 云时代的大数据[M]. 北京：电子工业出版社，2013.
[18] 徐立冰. 云计算和大数据时代网络技术揭秘[M]. 北京：人民邮电出版社，2013.
[19] 徐强，王振江. 云计算应用开发实践[M]. 北京：机械工业出版社，2012.
[20] 杨巨龙. 大数据技术全解[M]. 北京：电子工业出版社，2014.
[21] 丁圣勇，樊勇兵，闵世武. 解惑大数据[M]. 北京：人民邮电出版社，2013.
[22] 黄颖. 一本书读懂大数据[M]. 长春：吉林出版集团有限责任公司，2014.
[23] 姚宏宇，田溯宁. 云计算：大数据时代的系统工程[M]. 北京：电子工业出版社，2013.
[24] 刘鹏. 云计算[M]. 3 版. 北京：电子工业出版社，2015.
[25] 赵刚. 大数据技术与应用实践指南[M]. 北京：电子工业出版社，2014.
[26] 人大经济论坛. 从零进阶：数据分析的统计基础[M]. 北京：电子工业出版社，2014.

[27] 里特豪斯，兰塞姆. 云计算实现、管理与安全[M]. 田思源，赵雪锋，译. 北京：机械工业出版社, 2010.

[28] 黄宜华. 深入理解大数据：大数据处理与编程实践[M]. 北京：机械工业出版社, 2014.

[29] 怀特. Hadoop 权威指南[M]. 周傲英，译. 北京：清华大学出版社, 2010.

[30] 拉贾拉曼，厄尔曼. 大数据：互联网大规模数据挖掘与分布式处理[M].王斌，译. 北京：人民邮电出版社, 2013.

[31] 贲可荣，张彦铎. 人工智能[M]. 3 版. 北京：清华大学出版社, 2018.

[32] 王东，利节，许莎. 人工智能[M]. 北京：清华大学出版社, 2019.

[33] 贺倩. 人工智能技术的发展与应用[J]. 电子信息与通信技术, 2017(2): 32-36.

[34] 罗兵，李华嵩，李敬民. 人工智能原理及应用[M]. 北京：机械工业出版社, 2011.

[35] 史巧硕，柴欣. 大学计算机基础与计算思维[M]. 北京：人民邮电出版社, 2015.

[36] 卢江，刘海英，陈婷. 大学计算机[M]. 北京：电子工业出版社, 2018.

[37] 麦克依文，卡西麦利. 物联网设计[M]. 张崇明，译. 北京：人民邮电出版社, 2015.

[38] 张玉艳. 现代移动通信技术与系统[M]. 2 版. 北京：人民邮电出版社, 2016.

[39] 金纯. ZigBee 技术基础与案例分析[M]. 北京：国防工业出版社, 2008.

[40] 李劼，张勇，王志辉. WiMAX 技术、应用及网络规划[M]. 北京：电子工业出版社, 2009.

[41] 黄玉兰. 物联网核心技术[M]. 北京：机械工业出版社, 2011.

[42] 黄玉兰. 物联网概论[M]. 2 版. 北京：人民邮电出版社, 2018.